高等数学

Gaodeng Shuxue

（下册）

陈文彦　潮小李　王　静　编

高等教育出版社·北京

内容提要

本书是根据教育部高等学校大学数学课程教学指导委员会制订的“工科类本科数学基础课程教学基本要求”，并结合东南大学多年教学改革实践经验编写而成的。全书叙述清晰，结构合理，题目丰富，便于自学，分为上、下两册。上册主要包括极限与连续、一元函数微分学、一元函数积分学、微分方程等内容，下册主要包括无穷级数、向量代数与空间解析几何、多元函数及其微分法、多元数量值函数的积分和向量场的积分等内容。

本书可作为高等学校工科类专业本科生使用的高等数学（微积分）教材，也可供其他专业选用和社会读者阅读。

图书在版编目（CIP）数据

高等数学．下册／陈文彦，潮小李，王静编．--北京：高等教育出版社，2021.1

ISBN 978-7-04-055347-5

Ⅰ.①高… Ⅱ.①陈… ②潮… ③王… Ⅲ.①高等数学-高等学校-教材 Ⅳ.①O13

中国版本图书馆CIP数据核字（2021）第000081号

策划编辑 李 蕊　责任编辑 高 丛　封面设计 张 志　版式设计 杨 树
插图绘制 于 博　责任校对 刘丽娴　责任印制 刁 毅

出版发行 高等教育出版社
社 址 北京市西城区德外大街4号
邮政编码 100120
印 刷 山东临沂新华印刷物流集团有限责任公司
开 本 787mm×1092mm 1/16
印 张 16.75
字 数 390千字
购书热线 010-58581118
咨询电话 400-810-0598
网 址 http://www.hep.edu.cn
http://www.hep.com.cn
网上订购 http://www.hepmall.com.cn
http://www.hepmall.com
http://www.hepmall.cn
版 次 2021年1月第1版
印 次 2021年1月第1次印刷
定 价 31.70元

物 料 号 55347-00

目　　录

第五章　无 穷 级 数

无穷级数是表示函数、研究函数性质及进行数值计算的一种重要的数学工具. 本章介绍无穷级数的基本知识和一些应用.

§5.1　数 项 级 数

5.1.1　无穷级数的概念

定义 1　设有数列 $\{u_n\}$, 称表达式

$$u_1+u_2+\cdots+u_n+\cdots$$

为**数项级数**, 简称为**级数**, 记作 $\sum\limits_{n=1}^{\infty}u_n$, 其中 $u_1,u_2,\cdots,u_n,\cdots$ 称为这个级数的**项**, u_n 称为级数的**通项**(或**一般项**).

有限多个实数相加有确定的意义, 其和仍然是一个实数. 那么无穷多个实数相加是否也有"和"? 我们不可能把所有项一起加起来, 而是从前有限个和出发, 观察该和的变化趋势, 采用"由有限认识无限"的方法讨论这个问题. 例如, 考虑级数

$$\frac{1}{2}+\frac{1}{4}+\frac{1}{8}+\cdots,$$

该级数前两项的和为 $\frac{1}{2}+\frac{1}{4}=\frac{3}{4}$, 前三项和为 $\frac{1}{2}+\frac{1}{4}+\frac{1}{8}=\frac{7}{8}$, 等等. 我们把前 n 项的和称为**前 n 项部分和**, 记作 S_n. 对于上面这个级数

$$S_1=\frac{1}{2},$$

$$S_2=\frac{1}{2}+\frac{1}{4}=\frac{3}{4},$$

$$S_3=\frac{1}{2}+\frac{1}{4}+\frac{1}{8}=\frac{7}{8},$$

$$\cdots$$

$$S_n=\frac{1}{2}+\frac{1}{4}+\frac{1}{8}+\cdots+\frac{1}{2^n}=1-\frac{1}{2^n}.$$

显然, 级数的前 n 项部分和随着 n 增大趋近 1, 即

$$\lim_{n\to\infty}S_n=\lim_{n\to\infty}\left(1-\frac{1}{2^n}\right)=1.$$

无穷和是由部分和 S_n 的极限定义的.

定义 2 若部分和数列 $\{S_n\}$ 有极限 S, 即 $\lim\limits_{n\to\infty} S_n = S$, 则称级数 $\sum\limits_{n=1}^{\infty} u_n$ **收敛**, 并称 S 为级数 $\sum\limits_{n=1}^{\infty} u_n$ **的和**. 若部分和数列 $\{S_n\}$ 没有极限, 则称级数 $\sum\limits_{n=1}^{\infty} u_n$ **发散**.

当级数 $\sum\limits_{n=1}^{\infty} u_n$ 收敛时, 称

$$r_n = S - S_n = \sum_{k=n+1}^{\infty} u_k$$

为该级数的**余项**, S_n 与 S 之间的误差可由 $|r_n|$ 去衡量. 由于 $\lim\limits_{n\to\infty} S_n = S$, 所以 $\lim\limits_{n\to\infty} |r_n| = 0$.

例 1 讨论**等比级数(几何级数)** $\sum\limits_{n=0}^{\infty} aq^n (a \neq 0)$ 的敛散性.

解 部分和

$$S_n = a + aq + \cdots + aq^{n-1} = \begin{cases} a\dfrac{1-q^n}{1-q}, & q \neq 1, \\ na, & q = 1. \end{cases}$$

当 $|q| < 1$ 时, $\lim\limits_{n\to\infty} S_n = \dfrac{a}{1-q}$;

当 $|q| > 1$ 时, 由于 $\lim\limits_{n\to\infty} q^n$ 不存在, 所以 $\lim\limits_{n\to\infty} S_n$ 不存在;

当 $q = 1$ 时, $\lim\limits_{n\to\infty} S_n = \lim\limits_{n\to\infty} na$ 不存在;

当 $q = -1$ 时,

$$S_n = \begin{cases} a, & n \text{ 为奇数}, \\ 0, & n \text{ 为偶数}, \end{cases}$$

故 $\lim\limits_{n\to\infty} S_n$ 不存在.

综上分析知, 等比级数 $\sum\limits_{n=0}^{\infty} aq^n (a \neq 0)$ 当 $|q| < 1$ 时收敛, 其和为 $\dfrac{a}{1-q}$; 当 $|q| \geqslant 1$ 时发散.

例 2 考察级数 $\sum\limits_{n=1}^{\infty} \dfrac{1}{n(n+1)}$ 的敛散性.

解 部分和

$$\begin{aligned} S_n &= \frac{1}{1\cdot 2} + \frac{1}{2\cdot 3} + \cdots + \frac{1}{n(n+1)} \\ &= \left(1 - \frac{1}{2}\right) + \left(\frac{1}{2} - \frac{1}{3}\right) + \cdots + \left(\frac{1}{n} - \frac{1}{n+1}\right) = 1 - \frac{1}{n+1}, \end{aligned}$$

且

$$\lim_{n\to\infty} S_n = \lim_{n\to\infty} \left(1 - \frac{1}{n+1}\right) = 1.$$

所以此级数收敛, 其和为 1.

例 3 考察级数 $\sum_{n=1}^{\infty}\ln\left(1+\frac{1}{n}\right)$ 的敛散性.

解 $\ln\left(1+\frac{1}{n}\right)=\ln\frac{n+1}{n}=\ln(n+1)-\ln n$, 故部分和

$$\begin{aligned}S_n&=\sum_{k=1}^{n}\ln\left(1+\frac{1}{k}\right)=\sum_{k=1}^{n}[\ln(k+1)-\ln k]\\&=(\ln 2-\ln 1)+(\ln 3-\ln 2)+\cdots+[\ln(n+1)-\ln n]=\ln(n+1).\end{aligned}$$

从而

$$\lim_{n\to\infty}S_n=\lim_{n\to\infty}\ln(n+1)=+\infty,$$

所以此级数发散.

例 4 考察**调和级数**

$$\sum_{n=1}^{\infty}\frac{1}{n}=1+\frac{1}{2}+\cdots+\frac{1}{n}+\cdots$$

的敛散性.

解 考虑该级数部分和数列 $\{S_n\}$ 的一个子列 $\{S_{2^k}\}$, 有

$$\begin{aligned}S_{2^1}&=S_2=1+\frac{1}{2},\\S_{2^2}&=S_4=1+\frac{1}{2}+\frac{1}{3}+\frac{1}{4}\\&>1+\frac{1}{2}+\frac{1}{4}+\frac{1}{4}=1+2\cdot\frac{1}{2},\\S_{2^3}&=S_8=1+\frac{1}{2}+\frac{1}{3}+\frac{1}{4}+\frac{1}{5}+\frac{1}{6}+\frac{1}{7}+\frac{1}{8}\\&=S_{2^2}+\frac{1}{5}+\frac{1}{6}+\frac{1}{7}+\frac{1}{8}\\&>1+2\cdot\frac{1}{2}+\frac{1}{8}+\frac{1}{8}+\frac{1}{8}+\frac{1}{8}=1+3\cdot\frac{1}{2},\end{aligned}$$

一般地, 由数学归纳法可得

$$\begin{aligned}S_{2^k}&=S_{2^{k-1}}+\frac{1}{2^{k-1}+1}+\cdots+\frac{1}{2^k}\\&>1+(k-1)\cdot\frac{1}{2}+\underbrace{\frac{1}{2^k}+\cdots+\frac{1}{2^k}}_{2^{k-1}\text{项}}=1+k\cdot\frac{1}{2}.\end{aligned}$$

由于 $\lim_{k\to\infty}\left(1+k\cdot\frac{1}{2}\right)=+\infty$, 所以 $\lim_{n\to\infty}S_n$ 不存在, 从而调和级数 $\sum_{n=1}^{\infty}\frac{1}{n}$ 发散.

定理 1 (级数收敛的必要条件) 若级数 $\sum_{n=1}^{\infty}u_n$ 收敛, 则 $\lim_{n\to\infty}u_n=0$.

证 记收敛级数 $\sum\limits_{n=1}^{\infty} u_n = S$, 因为通项 u_n 与部分和 S_n 有关系式 $u_n = S_n - S_{n-1}$, 所以

$$\lim_{n\to\infty} u_n = \lim_{n\to\infty}(S_n - S_{n-1}) = \lim_{n\to\infty} S_n - \lim_{n\to\infty} S_{n-1} = S - S = 0.$$

由定理 1 可知, 如果 $\lim\limits_{n\to\infty} u_n \neq 0$, 则级数 $\sum\limits_{n=1}^{\infty} u_n$ 发散.

值得注意的是通项 u_n 趋于零仅是级数收敛的一个必要条件, 而不是级数收敛的充分条件. 换句话说, 即使 $\lim\limits_{n\to\infty} u_n = 0$, 级数 $\sum\limits_{n=1}^{\infty} u_n$ 也不一定收敛. 如例 4 中, $\lim\limits_{n\to\infty} u_n = \lim\limits_{n\to\infty} \dfrac{1}{n} = 0$, 但调和级数发散.

例 5 判别下列级数的敛散性:

(1) $\sum\limits_{n=0}^{\infty}(-1)^n$; (2) $\sum\limits_{n=1}^{\infty}\left(\dfrac{n}{n+1}\right)^n$; (3) $\sum\limits_{n=1}^{\infty} n\sin\dfrac{\pi}{n}$.

解 (1) 由于 $\lim\limits_{n\to\infty} u_n = \lim\limits_{n\to\infty}(-1)^n$ 不存在, 故级数 $\sum\limits_{n=0}^{\infty}(-1)^n$ 发散.

(2) 由于

$$\lim_{n\to\infty} u_n = \lim_{n\to\infty} \frac{1}{\left(1+\dfrac{1}{n}\right)^n} = \frac{1}{\mathrm{e}} \neq 0,$$

故级数 $\sum\limits_{n=1}^{\infty}\left(\dfrac{n}{n+1}\right)^n$ 发散.

(3) 由于

$$\lim_{n\to\infty} u_n = \lim_{n\to\infty} n\sin\frac{\pi}{n} = \lim_{n\to\infty} \frac{\sin\dfrac{\pi}{n}}{\dfrac{\pi}{n}}\cdot\pi = \pi \neq 0,$$

故级数 $\sum\limits_{n=1}^{\infty} n\sin\dfrac{\pi}{n}$ 发散.

5.1.2 数项级数的基本性质

性质 1 若级数 $\sum\limits_{n=1}^{\infty} u_n$ 收敛, 其和为 S, 则对任意常数 k, 级数 $\sum\limits_{n=1}^{\infty} ku_n$ 也收敛, 且其和为 kS.

证 设 $\sum\limits_{n=1}^{\infty} u_n$ 与 $\sum\limits_{n=1}^{\infty} ku_n$ 的部分和分别为 S_n 与 σ_n, 则

$$\lim_{n\to\infty} S_n = S, \quad \sigma_n = ku_1 + ku_2 + \cdots + ku_n = kS_n,$$

于是

$$\lim_{n\to\infty} \sigma_n = \lim_{n\to\infty} kS_n = k\lim_{n\to\infty} S_n = kS,$$

所以 $\sum\limits_{n=1}^{\infty} ku_n$ 收敛, 且其和为 kS.

由性质 1 不难推出: 若 k 为非零常数, 则级数 $\sum\limits_{n=1}^{\infty} u_n$ 与 $\sum\limits_{n=1}^{\infty} ku_n$ 敛散性相同.

性质 2 若级数 $\sum\limits_{n=1}^{\infty} u_n$, $\sum\limits_{n=1}^{\infty} v_n$ 收敛, 其和分别为 S 与 T, 则级数 $\sum\limits_{n=1}^{\infty}(u_n \pm v_n)$ 也收敛, 且其和为 $S \pm T$.

证 设 $\sum\limits_{n=1}^{\infty} u_n$ 和 $\sum\limits_{n=1}^{\infty} v_n$ 的部分和分别为 S_n, T_n, 则有

$$\begin{aligned}\sum_{n=1}^{\infty}(u_n \pm v_n) &= \lim_{n\to\infty}\sum_{k=1}^{n}(u_k \pm v_k)\\ &= \lim_{n\to\infty}\left(\sum_{k=1}^{n} u_k \pm \sum_{k=1}^{n} v_k\right) = \lim_{n\to\infty}(S_n \pm T_n)\\ &= \lim_{n\to\infty} S_n \pm \lim_{n\to\infty} T_n = S \pm T = \sum_{n=1}^{\infty} u_n \pm \sum_{n=1}^{\infty} v_n.\end{aligned}$$

性质 2 不难推出: 如果 $\sum\limits_{n=1}^{\infty} u_n$ 收敛, 而 $\sum\limits_{n=1}^{\infty} v_n$ 发散, 则级数 $\sum\limits_{n=1}^{\infty}(u_n + v_n)$ 和 $\sum\limits_{n=1}^{\infty}(u_n - v_n)$ 均发散.

性质 3 若级数 $\sum\limits_{n=1}^{\infty} u_n$ 收敛, 则级数 $\sum\limits_{n=m+1}^{\infty} u_n$ 也收敛, 反之亦然.

证 设级数 $\sum\limits_{n=1}^{\infty} u_n$ 与 $\sum\limits_{n=m+1}^{\infty} u_n$ 的前 n 项部分和分别为 S_n 与 σ_n, 并记 $a = \sum\limits_{n=1}^{m} u_n$ 则有

$$S_{m+n} = \sigma_n + a.$$

若 $\sum\limits_{n=1}^{\infty} u_n$ 收敛于 S, 则有 $\lim\limits_{n\to\infty} S_{m+n} = S$, 于是

$$\lim_{n\to\infty} \sigma_n = \lim_{n\to\infty}(S_{m+n} - a) = S - a,$$

所以 $\sum\limits_{n=m+1}^{\infty} u_n$ 收敛, 其和为 $S - a$.

反之, 若 $\sum\limits_{n=m+1}^{\infty} u_n$ 收敛于 σ, 则有 $\lim\limits_{n\to\infty} \sigma_n = \sigma$, 于是

$$\lim_{n\to\infty} S_{m+n} = \lim_{n\to\infty}(\sigma_n + a) = \sigma + a,$$

所以 $\sum\limits_{n=1}^{\infty} u_n$ 也收敛.

对于发散级数, 也有类似结论. 该结论说明在级数中去掉或添加有限多项, 不改变级数的敛散性.

性质 4 　若级数 $\sum\limits_{n=1}^{\infty} u_n$ 收敛, 则不改变它的各项次序任意添加括号后构成的新级数

$$\sum_{m=1}^{\infty} v_m = (u_1 + \cdots + u_{n_1}) + (u_{n_1+1} + \cdots + u_{n_2}) + \cdots + (u_{n_{m-1}+1} + \cdots + u_{n_m}) + \cdots$$

仍然收敛, 且和不变.

证 　设级数 $\sum\limits_{n=1}^{\infty} u_n$ 和 $\sum\limits_{m=1}^{\infty} v_m$ 的部分和分别为 S_n 与 σ_n, 则 $\{\sigma_n\}$ 是 $\{S_n\}$ 的一个子列. 当级数 $\sum\limits_{n=1}^{\infty} u_n$ 收敛于 S, 即 $\lim\limits_{n\to\infty} S_n = S$, 子列 $\{\sigma_n\}$ 必收敛, 且 $\lim\limits_{n\to\infty} \sigma_n = S$. 所以 $\sum\limits_{m=1}^{\infty} v_m$ 仍然收敛, 且和不变.

性质 4 的逆命题不成立, 即加括号后的级数收敛, 不能保证原级数收敛. 例如级数 $\sum\limits_{n=0}^{\infty}(-1)^n$ 发散, 而加括号后的级数

$$(1-1) + (1-1) + \cdots + (1-1) + \cdots = 0 + 0 + \cdots$$

收敛.

例 6 　判别下列级数的敛散性:

(1) $\sum\limits_{n=1}^{\infty}\left[\dfrac{3}{n(n+1)} + \dfrac{(-1)^n 2^n}{3^n}\right]$; 　(2) $\sum\limits_{n=1}^{\infty}\left(\dfrac{1}{n} + \dfrac{3}{4^n}\right)$.

解 　(1) 由例 2 和性质 1 可知级数 $\sum\limits_{n=1}^{\infty} \dfrac{3}{n(n+1)}$ 收敛, 而 $\sum\limits_{n=1}^{\infty} \dfrac{(-1)^n 2^n}{3^n}$ 是公比为 $-\dfrac{2}{3}$ 的等比级数, 它收敛. 所以由性质 2 知级数 $\sum\limits_{n=1}^{\infty}\left[\dfrac{3}{n(n+1)} + \dfrac{(-1)^n 2^n}{3^n}\right]$ 收敛.

(2) 调和级数 $\sum\limits_{n=1}^{\infty} \dfrac{1}{n}$ 是发散的, $\sum\limits_{n=1}^{\infty} \dfrac{3}{4^n}$ 是以 $\dfrac{1}{4}$ 为公比的等比级数, 它收敛. 所以由性质 2 知级数 $\sum\limits_{n=1}^{\infty}\left(\dfrac{1}{n} + \dfrac{3}{4^n}\right)$ 发散.

习　题　5.1

1. 写出下列级数的前五项:

(1) $\sum\limits_{n=1}^{\infty}(-1)^{n-1}\dfrac{1}{n}$; 　(2) $\sum\limits_{n=1}^{\infty} \dfrac{n!}{n^n}$; 　(3) $\sum\limits_{n=1}^{\infty} \dfrac{(2n-1)!!}{2^n n!}$.

2. 写出下列级数的一般项:

(1) $\dfrac{1}{2} + \dfrac{2}{5} + \dfrac{3}{10} + \dfrac{4}{17} + \cdots$; 　(2) $1 - \dfrac{2}{3} + \dfrac{3}{5} - \dfrac{4}{7} + \cdots$;

(3) $\dfrac{1}{3} + \dfrac{1\cdot 3}{3\cdot 6} + \dfrac{1\cdot 3\cdot 5}{3\cdot 6\cdot 9} + \dfrac{1\cdot 3\cdot 5\cdot 7}{3\cdot 6\cdot 9\cdot 12} + \cdots$.

3. 根据级数收敛的定义判别下列级数的敛散性, 若收敛求其和:

(1) $\sum_{n=1}^{\infty} \frac{1}{(2n-1)(2n+1)}$; (2) $\sum_{n=1}^{\infty} (-1)^{n-1} \left(\frac{6}{7}\right)^n$;

(3) $\sum_{n=1}^{\infty} \left(\sqrt{n+2} - 2\sqrt{n+1} + \sqrt{n}\right)$; (4) $\frac{1}{1+\sqrt{2}} + \frac{1}{\sqrt{2}+\sqrt{3}} + \frac{1}{\sqrt{3}+\sqrt{4}} + \cdots$;

(5) $\sum_{n=1}^{\infty} \frac{n}{(n+1)!}$.

4. 根据收敛级数的性质判别下列级数的敛散性:

(1) $\sum_{n=1}^{\infty} \sin\frac{n\pi}{6}$; (2) $\frac{3}{2} + \frac{3^2}{2^2} + \frac{3^3}{2^3} + \frac{3^4}{2^4} + \cdots$;

(3) $1 + \frac{2}{3} + \frac{3}{5} + \frac{4}{7} + \frac{5}{9} + \cdots$; (4) $\sum_{n=1}^{\infty} \left(\frac{n-1}{n}\right)^n$;

(5) $\sum_{n=1}^{\infty} \left[1 + \left(\frac{1}{2}\right)^n\right]$; (6) $\sum_{n=1}^{\infty} n\left(\mathrm{e}^{\frac{1}{n}} - 1\right)$.

5. 求 $\sum_{n=0}^{\infty} r(1-r)^n,\ 0 < r < 2$.

6. 证明 $\sum_{k=2}^{\infty} \ln\left(1 - \frac{1}{k^2}\right) = -\ln 2$.

7. 求级数 $\sum_{n=1}^{\infty} \left[\frac{2+(-1)^{n+1}}{3^n} + \frac{4}{4n^2-1}\right]$ 之和.

8. 已知级数 $u_1 + u_2 + \cdots + u_n + \cdots\ (u_n > 0)$ 收敛, 证明级数 $u_1 + u_3 + u_5 + \cdots + u_{2n+1} + \cdots$ 也收敛.

§5.2 数项级数判敛法

判别级数的敛散性是级数理论中一个基本问题. 如果按照定义判别级数的敛散性, 就要计算级数的部分和的极限. 对于一般的级数而言, 这往往很困难. 为此, 我们将寻求一些判别级数敛散性的有效方法.

5.2.1 正项级数判敛法

本节考虑正项级数 (各项都是正数或零的级数) 收敛的判别条件.

定理 1 正项级数 $\sum_{n=1}^{\infty} u_n$ 收敛的充要条件是它的部分和数列 $\{S_n\}$ 有界.

证 由于 $u_n \geqslant 0$, 级数的部分和数列 $\{S_n\}$ 是单调递增的, 即 $S_n \leqslant S_{n+1}$. 于是, 若 $\{S_n\}$ 有界, 则根据单调有界原理, $\lim\limits_{n\to\infty} S_n$ 存在, 级数收敛. 反之, 当级数收敛时, 假设 $\{S_n\}$ 无界, 则 $\lim\limits_{n\to\infty} S_n = +\infty$, 矛盾. 由此定理得证.

例 1 判定级数 $\sum\limits_{n=1}^{\infty} \dfrac{1}{2^n+1}$ 的敛散性.

解 由于

$$\begin{aligned} S_n &= \frac{1}{2+1} + \frac{1}{2^2+1} + \cdots + \frac{1}{2^n+1} \\ &< \frac{1}{2} + \frac{1}{2^2} + \cdots + \frac{1}{2^n} = \frac{1}{2} \cdot \frac{1-\dfrac{1}{2^n}}{1-\dfrac{1}{2}} \\ &= 1 - \frac{1}{2^n} < 1, \end{aligned}$$

据定理 1 知级数收敛.

在定理 1 的基础上, 我们可以得到正项级数的一些重要判敛法.

定理 2 (比较判别法) 设当 $n > N$ 时, $0 \leqslant u_n \leqslant v_n$, 则

(1) $\sum\limits_{n=1}^{\infty} v_n$ 收敛时, $\sum\limits_{n=1}^{\infty} u_n$ 也收敛;

(2) $\sum\limits_{n=1}^{\infty} u_n$ 发散时, $\sum\limits_{n=1}^{\infty} v_n$ 也发散.

证 (1) 不妨假设 $N = 1$. 如果 $N > 1$, 下面的证明只要稍作调整. 设 $S_n = \sum\limits_{k=1}^{n} u_k$. 若 $\sum\limits_{n=1}^{\infty} v_n$ 收敛, 设它的和是 T, 则

$$S_n = \sum_{k=1}^{n} u_k \leqslant \sum_{k=1}^{n} v_k \leqslant \sum_{k=1}^{\infty} v_k = T,$$

因此 $\{S_n\}$ 有界, 由定理 1 知 $\sum\limits_{n=1}^{\infty} u_n$ 收敛.

(2) 用反证法. 假设 $\sum\limits_{n=1}^{\infty} v_n$ 收敛, 则由 (1) 知 $\sum\limits_{n=1}^{\infty} u_n$ 收敛, 这与 $\sum\limits_{n=1}^{\infty} u_n$ 发散矛盾, 故 $\sum\limits_{n=1}^{\infty} v_n$ 发散.

例 2 判定下列级数的敛散性:

(1) $\sum\limits_{n=1}^{\infty} \dfrac{4^n}{3^n+4}$;　　(2) $\sum\limits_{n=1}^{\infty} \dfrac{1}{1+(\ln n)^n}$.

解 (1) 当 $n \geqslant 2$ 时, $3^n > 4$. 故

$$\frac{4^n}{3^n+4} > \frac{4^n}{3^n+3^n} = \frac{1}{2}\left(\frac{4}{3}\right)^n \qquad (n \geqslant 2),$$

而等比级数 $\sum\limits_{n=2}^{\infty}\frac{1}{2}\left(\frac{4}{3}\right)^n$ 发散, 故由比较判别法知 $\sum\limits_{n=1}^{\infty}\frac{4^n}{3^n+4}$ 发散.

(2) 当 $n\geqslant 8$ 时, $\ln n>2$. 故

$$\frac{1}{1+(\ln n)^n}<\frac{1}{(\ln n)^n}<\left(\frac{1}{2}\right)^n \qquad (n\geqslant 8),$$

而等比级数 $\sum\limits_{n=8}^{\infty}\left(\frac{1}{2}\right)^n$ 收敛, 故级数 $\sum\limits_{n=1}^{\infty}\frac{1}{1+(\ln n)^n}$ 收敛.

例 3 级数 $\sum\limits_{n=1}^{\infty}\frac{1}{n^p}$ 称为 p **级数**. 证明: 当 $p>1$ 时, p 级数收敛; 当 $p\leqslant 1$ 时, p 级数发散.

证 当 $p<0$ 时, $\lim\limits_{n\to\infty}\frac{1}{n^p}=+\infty$, 故级数发散.

当 $0\leqslant p\leqslant 1$ 时, $\frac{1}{n^p}\geqslant\frac{1}{n}$, 而调和级数 $\sum\limits_{n=1}^{\infty}\frac{1}{n}$ 发散, 故 $\sum\limits_{n=1}^{\infty}\frac{1}{n^p}$ 发散.

当 $p>1$ 时, 由

$$\frac{1}{k^p}<\int_{k-1}^{k}\frac{1}{x^p}\mathrm{d}x \qquad (k=2,3,\cdots)$$

得到

$$\begin{aligned}S_n&=1+\frac{1}{2^p}+\cdots+\frac{1}{n^p}<1+\int_1^2\frac{1}{x^p}\mathrm{d}x+\cdots+\int_{n-1}^{n}\frac{1}{x^p}\mathrm{d}x\\&=1+\int_1^n\frac{1}{x^p}\mathrm{d}x=1+\frac{1}{1-p}x^{1-p}\Big|_1^n=1+\frac{1}{p-1}\left(1-\frac{1}{n^{p-1}}\right)\\&<1+\frac{1}{p-1},\end{aligned}$$

故部分和数列 $\{S_n\}$ 有界, 从而级数 $\sum\limits_{n=1}^{\infty}\frac{1}{n^p}$ 收敛.

应用比较判别法判定一个正项级数的敛散性时, 需要找一个已知敛散性的正项级数作为比较对象. 但建立通项之间的不等式往往需要一定的技巧, 因此我们常用下面的比较判别法的极限形式判定正项级数的敛散性.

定理 3 (比较判别法的极限形式) 设当 $n>N$ 时, $u_n\geqslant 0, v_n>0$, 且

$$\lim_{n\to\infty}\frac{u_n}{v_n}=l,$$

则

(1) 当 $0<l<+\infty$ 时, $\sum\limits_{n=1}^{\infty}u_n$ 与 $\sum\limits_{n=1}^{\infty}v_n$ 具有相同的敛散性;

(2) 当 $l=0$, 且 $\sum\limits_{n=1}^{\infty}v_n$ 收敛时, $\sum\limits_{n=1}^{\infty}u_n$ 也收敛;

(3) 当 $l=+\infty$, 且 $\sum\limits_{n=1}^{\infty}v_n$ 发散时, $\sum\limits_{n=1}^{\infty}u_n$ 也发散.

证 仅证 (1), (2) 和 (3) 留作习题. 由于 $\lim\limits_{n\to\infty}\dfrac{u_n}{v_n}=l$, 故对 $\varepsilon=\dfrac{l}{2}>0$, 存在 $N\in\mathbb{N}_+$, 使当 $n>N$ 时, 有

$$\left|\frac{u_n}{v_n}-l\right|<\frac{l}{2},$$

从而

$$\frac{l}{2}v_n<u_n<\frac{3l}{2}v_n\quad(n>N),$$

由比较判别法知结论成立.

例 4 判定下列级数的敛散性:

(1) $\sum\limits_{n=1}^{\infty}\dfrac{1}{\sqrt[3]{n(n+2)}}$; (2) $\sum\limits_{n=1}^{\infty}\sin\dfrac{x}{n}(x>0)$.

解 (1) 由于

$$\lim_{n\to\infty}\frac{\dfrac{1}{\sqrt[3]{n(n+2)}}}{\dfrac{1}{n^{\frac{2}{3}}}}=\lim_{n\to\infty}\frac{n^{\frac{2}{3}}}{\sqrt[3]{n(n+2)}}=1,$$

而 $\sum\limits_{n=1}^{\infty}\dfrac{1}{n^{\frac{2}{3}}}$ 发散, 故 $\sum\limits_{n=1}^{\infty}\dfrac{1}{\sqrt[3]{n(n+2)}}$ 发散.

(2) 对任意 $x>0$, 只要 n 充分大, 总有 $\dfrac{x}{n}\in(0,\pi)$, 所以可以把 $\sum\limits_{n=1}^{\infty}\sin\dfrac{x}{n}$ 作为正项级数处理. 由于

$$\lim_{n\to\infty}\frac{\sin\dfrac{x}{n}}{\dfrac{x}{n}}=1,$$

而 $\sum\limits_{n=1}^{\infty}\dfrac{x}{n}(x>0)$ 发散, 故 $\sum\limits_{n=1}^{\infty}\sin\dfrac{x}{n}(x>0)$ 发散.

利用比较判别法判断级数的敛散性, 关键在于选择一个敛散性已知的级数作为比较的参照物. 而下面给出的两个判别法不必再找其他级数作比较, 而是直接从通项自身出发来判别级数的敛散性.

定理 4 (比值判别法) 设 $\sum\limits_{n=1}^{\infty}u_n$ 为正项级数, 且 $\lim\limits_{n\to\infty}\dfrac{u_{n+1}}{u_n}=\rho$, 则

(1) 当 $\rho<1$ 时, $\sum\limits_{n=1}^{\infty}u_n$ 收敛;

(2) 当 $\rho>1$ 或为 ∞ 时, $\sum\limits_{n=1}^{\infty}u_n$ 发散;

(3) 当 $\rho=1$ 时, 判别法失效.

证 (1) 当 $\rho<1$ 时, 取 r, 使 $\rho<r<1$. 进而取 $N\in\mathbb{N}_+$, 使得当 $n>N$ 时, 有 $\dfrac{u_{n+1}}{u_n}<r$. 即

$$\begin{aligned}
&u_{N+2}<ru_{N+1},\\
&u_{N+3}<ru_{N+2}<r^2u_{N+1},\\
&\quad\cdots\cdots\cdots\cdots\\
&u_{N+k}<ru_{N+k-1}<r^{k-1}u_{N+1},\\
&\quad\cdots\cdots\cdots\cdots
\end{aligned}$$

而

$$ru_{N+1}+r^2u_{N+1}+\cdots+r^{k-1}u_{N+1}+\cdots=u_{N+1}\sum_{k=1}^{\infty}r^k$$

是公比为 r $(0<r<1)$ 的等比级数, 它收敛. 于是由比较判别法及级数性质 3 知 $\sum\limits_{n=1}^{\infty}u_n$ 收敛.

(2) 当 $\rho>1$ 或 $\lim\limits_{n\to\infty}\dfrac{u_{n+1}}{u_n}=\infty$ 时, 存在 $N\in\mathbb{N}_+$, 当 $n>N$ 时, 有

$$\frac{u_{n+1}}{u_n}>1.$$

上式表明当 $n>N$ 时, $u_n>u_N>0$, 从而 $\lim\limits_{n\to\infty}u_n\neq0$, 故 $\sum\limits_{n=1}^{\infty}u_n$ 发散.

(3) 我们已知级数 $\sum\limits_{n=1}^{\infty}\dfrac{1}{n}$ 发散, $\sum\limits_{n=1}^{\infty}\dfrac{1}{n^2}$ 收敛. 对于级数 $\sum\limits_{n=1}^{\infty}\dfrac{1}{n}$,

$$\lim_{n\to\infty}\frac{u_{n+1}}{u_n}=\lim_{n\to\infty}\frac{\dfrac{1}{n+1}}{\dfrac{1}{n}}=1;$$

对于级数 $\sum\limits_{n=1}^{\infty}\dfrac{1}{n^2}$,

$$\lim_{n\to\infty}\frac{u_{n+1}}{u_n}=\lim_{n\to\infty}\frac{\dfrac{1}{(n+1)^2}}{\dfrac{1}{n^2}}=1,$$

所以当 $\rho=1$ 时, 级数可能收敛, 也可能发散, 比值判别法失效.

例 5 判定下列级数的敛散性:

(1) $\sum\limits_{n=1}^{\infty}\dfrac{2^n}{n!}$; (2) $\sum\limits_{n=1}^{\infty}\dfrac{3^n}{n^4}$; (3) $\sum\limits_{n=1}^{\infty}n!\left(\dfrac{x}{n}\right)^n$ $(x>0)$.

解 (1)

$$\rho=\lim_{n\to\infty}\frac{u_{n+1}}{u_n}=\lim_{n\to\infty}\frac{\dfrac{2^{n+1}}{(n+1)!}}{\dfrac{2^n}{n!}}=\lim_{n\to\infty}\frac{2}{n+1}=0<1,$$

所以级数收敛.

(2)

$$\rho=\lim_{n\to\infty}\frac{u_{n+1}}{u_n}=\lim_{n\to\infty}\frac{\dfrac{3^{n+1}}{(n+1)^4}}{\dfrac{3^n}{n^4}}=\lim_{n\to\infty}\frac{3n^4}{(n+1)^4}=3>1,$$

所以级数发散.

(3)

$$\rho=\lim_{n\to\infty}\frac{u_{n+1}}{u_n}=\lim_{n\to\infty}\frac{(n+1)!\left(\dfrac{x}{n+1}\right)^{n+1}}{n!\left(\dfrac{x}{n}\right)^n}=\lim_{n\to\infty}\frac{x}{\left(1+\dfrac{1}{n}\right)^n}=\frac{x}{\mathrm{e}}.$$

当 $0<x<\mathrm{e}$ 时, 级数收敛;

当 $x>\mathrm{e}$ 时, 级数发散;

当 $x=\mathrm{e}$ 时, 级数为 $\sum\limits_{n=1}^{\infty}n!\left(\dfrac{\mathrm{e}}{n}\right)^n$. 此时,

$$\frac{u_{n+1}}{u_n}=\frac{(n+1)!\left(\dfrac{\mathrm{e}}{n+1}\right)^{n+1}}{n!\left(\dfrac{\mathrm{e}}{n}\right)^n}=\frac{\mathrm{e}}{\left(1+\dfrac{1}{n}\right)^n}>1,\quad n=1,2,\cdots,$$

于是 $\lim\limits_{n\to\infty}u_n\neq0$, 所以级数 $\sum\limits_{n=1}^{\infty}n!\left(\dfrac{\mathrm{e}}{n}\right)^n$ 发散.

定理 5 (根值判别法) 设 $\sum\limits_{n=1}^{\infty}u_n$ 为正项级数, 且 $\lim\limits_{n\to\infty}\sqrt[n]{u_n}=\rho$, 则

(1) 当 $\rho<1$ 时, $\sum\limits_{n=1}^{\infty}u_n$ 收敛;

(2) 当 $\rho>1$ 或为 ∞ 时, $\sum\limits_{n=1}^{\infty}u_n$ 发散;

(3) 当 $\rho=1$ 时, 判别法失效.

根值判别法的证明思路与比值判别法的证明思路相同, 证明留给读者完成.

例 6 判定下列级数的敛散性:

(1) $\sum\limits_{n=1}^{\infty}\dfrac{(3n^2-1)^n}{n^{2n}}$; (2) $\sum\limits_{n=1}^{\infty}2^{-n+(-1)^{n+1}}$.

解 (1)

$$\rho=\lim_{n\to\infty}\sqrt[n]{\frac{(3n^2-1)^n}{n^{2n}}}=\lim_{n\to\infty}\frac{3n^2-1}{n^2}=3>1,$$

所以级数 $\sum\limits_{n=1}^{\infty}\dfrac{(3n^2-1)^n}{n^{2n}}$ 发散.

(2)

$$\rho=\lim_{n\to\infty}\sqrt[n]{2^{-n+(-1)^{n+1}}}=\lim_{n\to\infty}2^{-1+\frac{(-1)^{n+1}}{n}}=\frac{1}{2}<1,$$

所以级数 $\sum\limits_{n=1}^{\infty}2^{-n+(-1)^{n+1}}$ 收敛.

对此例中的 (2),

$$\lim_{n\to\infty}\frac{u_{n+1}}{u_n}=\lim_{n\to\infty}\frac{2^{-(n+1)+(-1)^{n+2}}}{2^{-n+(-1)^{n+1}}}=\lim_{n\to\infty}2^{-1+2(-1)^{n+2}}$$

比值的极限不存在, 故用比值判别法不能判定该级数的敛散性. 可以证明: 凡是能用比值判别法判定其敛散性的级数必能用根值判别法判定其敛散性, 反之未必.

定理 6 (积分判别法) 设函数 f 在 $[1,+\infty)$ 上非负连续且单调递减, 且

$$u_n=f(n)\quad(n=1,2,\cdots),$$

则正项级数 $\sum\limits_{n=1}^{\infty}u_n$ 收敛的充要条件是反常积分 $\int_1^{+\infty}f(x)\mathrm{d}x$ 收敛.

证 由于函数 f 在 $[1,+\infty)$ 上非负连续且单调递减, 故当 $k\leqslant x\leqslant k+1$ 时,

$$u_{k+1}=f(k+1)\leqslant f(x)\leqslant f(k)=u_k,$$

不等式两边积分得

$$u_{k+1}\leqslant\int_k^{k+1}f(x)\mathrm{d}x\leqslant u_k\quad(k=1,2,\cdots),$$

故有

$$\sum_{k=1}^{n}u_{k+1}\leqslant\sum_{k=1}^{n}\int_k^{k+1}f(x)\mathrm{d}x\leqslant\sum_{k=1}^{n}u_k,$$

即

$$S_{n+1}-u_1\leqslant\int_1^{n+1}f(x)\mathrm{d}x\leqslant S_n\quad(n=1,2,\cdots).$$

若反常积分 $\int_1^{+\infty}f(x)\mathrm{d}x$ 收敛, 由上面左边不等式得

$$S_{n+1}\leqslant u_1+\int_1^{n+1}f(x)\mathrm{d}x\leqslant u_1+\int_1^{+\infty}f(x)\mathrm{d}x.$$

于是由定理 1 知正项级数 $\sum\limits_{n=1}^{\infty}u_n$ 收敛.

若级数 $\sum\limits_{n=1}^{\infty}u_n$ 收敛. 由上面右边不等式得, 对于任意 $t\leqslant n$,

$$\int_1^{t}f(x)\mathrm{d}x\leqslant\int_1^{n}f(x)\mathrm{d}x\leqslant\sum_{k=1}^{n-1}u_k\leqslant\sum_{n=1}^{\infty}u_n$$

由于 $\int_1^t f(x)\mathrm{d}x$ 关于 t 递增并且有上界, 故 $\lim\limits_{t\to+\infty}\int_1^t f(x)\mathrm{d}x$ 存在, 即 $\int_1^{+\infty} f(x)\mathrm{d}x$ 收敛.

例 7 判定级数 $\sum\limits_{n=2}^{\infty}\frac{1}{n\ln n}$ 的敛散性.

解 取 $f(x)=\frac{1}{x\ln x}$, 则 $f(x)$ 在 $[2,+\infty)$ 上非负连续且单调递减, 满足 $f(n)=u_n$.

$$\int_2^{+\infty}\frac{1}{x\ln x}\mathrm{d}x=\lim_{b\to+\infty}\int_2^b\frac{1}{x\ln x}\mathrm{d}x=\lim_{b\to+\infty}\ln|\ln x|\Big|_2^b=+\infty,$$

反常积分 $\int_2^{+\infty}\frac{1}{x\ln x}\mathrm{d}x$ 发散. 由定理 6 知, 级数 $\sum\limits_{n=2}^{\infty}\frac{1}{n\ln n}$ 发散.

5.2.2 交错级数

所谓变号级数 (也称任意项级数), 是指有无穷多项为正、无穷多项为负的级数. 首先考虑一类特殊的变号级数——**交错级数**, 即各项的正负号交替变化的级数, 它可以表示成

$$\sum_{n=1}^{\infty}(-1)^{n-1}u_n=u_1-u_2+u_3-u_4+\cdots+(-1)^{n-1}u_n+\cdots,$$

其中 $u_n>0\ (n=1,2,\cdots)$. 对于交错级数, 有下面的判敛法.

定理 7 (Leibniz 判别法) 若交错级数 $\sum\limits_{n=1}^{\infty}(-1)^{n-1}u_n(u_n>0)$ 满足条件

(1) $u_n\geqslant u_{n+1}(n=1,2\cdots)$;

(2) $\lim\limits_{n\to\infty}u_n=0$,

则级数 $\sum\limits_{n=1}^{\infty}(-1)^{n-1}u_n$ 收敛, 且其和 $S\leqslant u_1$, 余项 r_n 满足 $|r_n|\leqslant u_{n+1}$.

证 由于

$$\begin{aligned}S_{2n}&=u_1-u_2+u_3-u_4+\cdots+u_{2n-1}-u_{2n}\\&=(u_1-u_2)+(u_3-u_4)+\cdots+(u_{2n-1}-u_{2n})\\&\leqslant(u_1-u_2)+(u_3-u_4)+\cdots+(u_{2n-1}-u_{2n})+(u_{2n+1}-u_{2n+2})\\&=S_{2(n+1)},\end{aligned}$$

所以 $\{S_{2n}\}$ 为单调递增数列, 又 S_{2n} 可改写成

$$S_{2n}=u_1-(u_2-u_3)-\cdots-(u_{2n-2}-u_{2n-1})-u_{2n}<u_1,$$

故 $\{S_{2n}\}$ 有界, 由单调有界原理知, $\lim\limits_{n\to\infty}S_{2n}$ 存在. 设 $\lim\limits_{n\to\infty}S_{2n}=S$, 显然, $S\leqslant u_1$.

由 $S_{2n+1}=S_{2n}+u_{2n+1}$ 得

$$\lim_{n\to\infty}S_{2n+1}=\lim_{n\to\infty}S_{2n}+\lim_{n\to\infty}u_{2n+1}=S,$$

于是 $\lim\limits_{n\to\infty} S_n = S$, 从而级数 $\sum\limits_{n=1}^{\infty}(-1)^{n-1}u_n$ 收敛, 且其和 $S \leqslant u_1$.

余项 r_n 可以写成

$$\begin{aligned} r_n &= (-1)^n u_{n+1} + (-1)^{n+1}u_{n+2} + \cdots \\ &= (-1)^n(u_{n+1} - u_{n+2} + \cdots). \end{aligned}$$

故由级数前 n 项和来代替级数的和所带来的误差不超过 u_{n+1},

$$\begin{aligned} |S - S_n| = |r_n| &= u_{n+1} - u_{n+2} + u_{n+3} - \cdots \\ &= u_{n+1} - (u_{n+2} - u_{n+3}) - \cdots \leqslant u_{n+1}. \end{aligned}$$

例 8 判定下列级数的敛散性:

(1) $\sum\limits_{n=1}^{\infty}(-1)^{n-1}\dfrac{1}{n}$; (2) $\sum\limits_{n=1}^{\infty}(-1)^n\dfrac{1}{n-\ln n}$.

解 (1) 设 $u_n = \dfrac{1}{n}$, 显然

$$\lim_{n\to\infty} u_n = 0$$

且 $\{u_n\}$ 单调递减. 由 Leibniz 判别法知级数 $\sum\limits_{n=1}^{\infty}(-1)^{n-1}\dfrac{1}{n}$ 收敛.

(2) 设 $u_n = \dfrac{1}{n-\ln n}$, 则

$$\lim_{n\to\infty} u_n = \lim_{n\to\infty}\frac{1}{n-\ln n} = 0.$$

记 $f(x) = x - \ln x$, 则

$$f'(x) = 1 - \frac{1}{x} > 0 \quad (x > 1),$$

从而当 $x \geqslant 1$ 时, $f(x)$ 单调递增, 因此 $\{u_n\}$ 单调递减. 由 Leibniz 判别法知级数 $\sum\limits_{n=1}^{\infty}(-1)^n\dfrac{1}{n-\ln n}$ 收敛.

5.2.3 条件收敛与绝对收敛

定义 1 若绝对值级数 $\sum\limits_{n=1}^{\infty}|u_n|$ 收敛, 则称级数 $\sum\limits_{n=1}^{\infty}u_n$**绝对收敛**. 若绝对值级数 $\sum\limits_{n=1}^{\infty}|u_n|$ 发散, 而 $\sum\limits_{n=1}^{\infty}u_n$ 收敛, 则称级数 $\sum\limits_{n=1}^{\infty}u_n$**条件收敛**.

定理 8 绝对收敛的级数其自身一定收敛.

证 设 $v_n = u_n + |u_n|$, 且 $\sum\limits_{n=1}^{\infty}|u_n|$ 收敛, 则

$$u_n = v_n - |u_n|.$$

由于 $0 \leqslant v_n \leqslant 2|u_n|$, 则由比较判别法知级数 $\sum\limits_{n=1}^{\infty} v_n$ 收敛, 从而由收敛级数的线性性质知 $\sum\limits_{n=1}^{\infty} u_n$ 收敛.

对级数 $\sum\limits_{n=1}^{\infty} u_n$, 我们可先考虑 $\sum\limits_{n=1}^{\infty} |u_n|$, 这是一个正项级数, 可用正项级数的判别法去判定它是否收敛. 当它收敛时, 由定理 8 知, 原级数 $\sum\limits_{n=1}^{\infty} u_n$ 也收敛; 但当它发散时, 我们却不能断定原级数 $\sum\limits_{n=1}^{\infty} u_n$ 也发散, 不过如果是由比值判别法或根值判别法判断出 $\sum\limits_{n=1}^{\infty} |u_n|$ 发散时, 则可断定原级数 $\sum\limits_{n=1}^{\infty} u_n$ 也发散.

例 9 判定下列级数的敛散性. 若收敛, 是绝对收敛还是条件收敛?

(1) $\sum\limits_{n=1}^{\infty}(-1)^n \dfrac{1}{n^p}$; (2) $\sum\limits_{n=1}^{\infty}(-1)^{n-1} \dfrac{x^n}{n}$.

解 (1) 对于 $\sum\limits_{n=1}^{\infty} \left|(-1)^n \dfrac{1}{n^p}\right| = \sum\limits_{n=1}^{\infty} \dfrac{1}{n^p}$, 当 $p > 1$ 时收敛, $p \leqslant 1$ 时发散. 从而当 $p > 1$ 时, $\sum\limits_{n=1}^{\infty}(-1)^n \dfrac{1}{n^p}$ 绝对收敛; 当 $0 < p \leqslant 1$ 时, 由 Leibniz 判别法知 $\sum\limits_{n=1}^{\infty}(-1)^n \dfrac{1}{n^p}$ 收敛, 故 $\sum\limits_{n=1}^{\infty}(-1)^n \dfrac{1}{n^p}$ 条件收敛; 当 $p \leqslant 0$ 时, 由于 $\lim\limits_{n\to\infty} (-1)^n \dfrac{1}{n^p} \neq 0$, 故 $\sum\limits_{n=1}^{\infty}(-1)^n \dfrac{1}{n^p}$ 发散.

(2) 首先考察绝对值级数 $\sum\limits_{n=1}^{\infty} \left|(-1)^{n-1} \dfrac{x^n}{n}\right| = \sum\limits_{n=1}^{\infty} \dfrac{|x|^n}{n}$. 因为

$$\lim_{n\to\infty} \frac{|x|^{n+1}}{n+1} \Big/ \frac{|x|^n}{n} = \lim_{n\to\infty} \frac{n}{n+1}|x| = |x|,$$

故由比值判别法知, 当 $|x| < 1$ 时, 绝对值级数收敛, 从而原级数绝对收敛; 当 $|x| > 1$ 时, 绝对值级数发散, 其理由是 $\lim\limits_{n\to\infty} \dfrac{|x|^n}{n} \neq 0$, 故原级数也发散; 当 $x = 1$ 时, 原级数为 $\sum\limits_{n=1}^{\infty}(-1)^{n-1}\dfrac{1}{n}$, 它是条件收敛的; 当 $x = -1$ 时, 原级数为 $\sum\limits_{n=1}^{\infty} -\dfrac{1}{n}$, 它是发散的.

习 题 5.2

1. 用比较判别法判定下列级数的敛散性:

(1) $\sum\limits_{n=1}^{\infty} \frac{1}{\sqrt{n}}$; (2) $\sum\limits_{n=1}^{\infty} \frac{1}{(n+1)(n+4)}$;

(3) $\sum\limits_{n=1}^{\infty} \frac{1}{n\sqrt[n]{n}}$; (4) $\sum\limits_{n=1}^{\infty} \sin\frac{\pi}{2^n}$;

(5) $\sum\limits_{n=1}^{\infty} \frac{1}{1+r^n}\,(r>0)$; (6) $\sum\limits_{n=1}^{\infty} \frac{1+2!+\cdots+n!}{(n+1)!}$.

2. 用比值判别法判定下列级数的敛散性:

(1) $\sum\limits_{n=1}^{\infty} \frac{3^n n^2}{n!}$; (2) $\sum\limits_{n=1}^{\infty} \frac{1\cdot 3\cdot \cdots \cdot (2n-1)}{2\cdot 5\cdot \cdots \cdot (3n-1)}$;

(3) $\sum\limits_{n=1}^{\infty} \frac{3^n}{n\cdot 2^n}$; (4) $\sum\limits_{n=1}^{\infty} \frac{x^n}{n^p}\,(x>0,p>0)$.

3. 用根值判别法判定下列级数的敛散性:

(1) $\sum\limits_{n=1}^{\infty} \left(\frac{n}{3n+1}\right)^n$; (2) $\sum\limits_{n=1}^{\infty} \left(\frac{1+n^2}{1+n^3}\right)^n$;

(3) $\sum\limits_{n=1}^{\infty} \frac{2^n}{n^{\frac{n}{2}}}$; (4) $\sum\limits_{n=2}^{\infty} \left(\frac{1}{\ln n}\right)^n$.

4. 判定下列级数的敛散性:

(1) $\sum\limits_{n=1}^{\infty} \frac{1}{9n^2+3n-1}$; (2) $\sum\limits_{n=1}^{\infty} \frac{1}{\sqrt{n^2+n}}$;

(3) $\sum\limits_{n=1}^{\infty} \left(\frac{n}{n+1}\right)^{n^2}$; (4) $\sum\limits_{n=1}^{\infty} \frac{n-\sqrt{n}}{2n-1}$;

(5) $\sum\limits_{n=1}^{\infty} \int_0^{\frac{1}{n}} \frac{\sqrt{x}}{1+x}\mathrm{d}x$; (6) $\sum\limits_{n=1}^{\infty} \sqrt{\frac{n+1}{n}}$;

(7) $\sum\limits_{n=1}^{\infty} 2^n \sin\frac{\pi}{3^n}$; (8) $\sum\limits_{n=1}^{\infty} \frac{2+(-1)^n}{3^n}$;

(9) $\sum\limits_{n=1}^{\infty} \left(\frac{\ln n}{n}\right)^2$; (10) $\sum\limits_{n=2}^{\infty} \frac{1}{(\ln n)^{\ln n}}$.

5. 判定下列级数是否收敛. 如果收敛, 是绝对收敛还是条件收敛?

(1) $\frac{1}{\ln 2}-\frac{1}{\ln 3}+\frac{1}{\ln 4}-\frac{1}{\ln 5}+\cdots$; (2) $\sum_{n=1}^{\infty}(-1)^{n-1}\frac{n}{3^{n-1}}$;

(3) $\sum_{n=1}^{\infty}\frac{(-1)^{n-1}}{n\cdot 2^n}$; (4) $\sum_{n=1}^{\infty}\frac{(-1)^{n-1}}{\pi^{n+1}}\sin\frac{\pi}{n+1}$;

(5) $\sum_{n=1}^{\infty}\frac{n\cos n\pi}{1+n^2}$; (6) $\sum_{n=1}^{\infty}\frac{\sin n}{n^3}$;

(7) $\sum_{n=1}^{\infty}\frac{(-1)^n+2}{(-1)^{n-1}2^n}$; (8) $\sum_{n=2}^{\infty}(-1)^n\frac{\ln^2 n}{n}$;

(9) $\sum_{n=2}^{\infty}\frac{n^3-n^4}{3^n+4^n}$; (10) $\sum_{n=1}^{\infty}\frac{x^n}{(1+x^n)^2}\ (x\neq -1)$.

6. 设 $\lim\limits_{n\to\infty} nu_n=0$, 且级数 $\sum_{n=1}^{\infty}n(u_n-u_{n-1})$ 收敛, 证明级数 $\sum_{n=1}^{\infty}u_n$ 收敛.

7. 已知级数 $\sum_{n=1}^{\infty}u_n(u_n\geqslant 0)$ 收敛, 证明级数 $\sum_{n=1}^{\infty}u_n^2$ 也收敛.

8. 设级数 $\sum_{n=1}^{\infty}u_n$ 与 $\sum_{n=1}^{\infty}v_n$ 都收敛, 且 $u_n\leqslant w_n\leqslant v_n$, 证明级数 $\sum_{n=1}^{\infty}w_n$ 收敛.

9. 设正项级数 $\sum_{n=1}^{\infty}u_n$ 收敛, 且 $\lim\limits_{n\to\infty} nu_n=A$, 证明 $A=0$.

10. 已知 $\sum_{n=1}^{\infty}u_n^2$ 及 $\sum_{n=1}^{\infty}v_n^2$ 收敛, 问 $\sum_{n=1}^{\infty}|u_nv_n|$, $\sum_{n=1}^{\infty}(u_n+v_n)^2$ 及 $\sum_{n=1}^{\infty}\frac{|u_n|}{n}$ 是否收敛?

11. 利用级数理论证明 $\lim\limits_{n\to\infty}\frac{n!}{n^n}=0$.

12. 证明一个由条件收敛级数的正项所构成的级数一定是发散的, 其负项所构成的级数同样也发散.

13. 利用等式

$$\begin{aligned}&1-\frac{1}{2}+\frac{1}{3}-\frac{1}{4}+\cdots-\frac{1}{2n}\\=&\left(1+\frac{1}{2}+\frac{1}{3}+\cdots+\frac{1}{2n}\right)-\left(1+\frac{1}{2}+\frac{1}{3}+\frac{1}{4}+\cdots+\frac{1}{n}\right)\\=&\frac{1}{n+1}+\frac{1}{n+2}+\cdots+\frac{1}{2n},\end{aligned}$$

求交错调和级数 $1-\frac{1}{2}+\frac{1}{3}-\frac{1}{4}+\frac{1}{5}-\frac{1}{6}+\cdots$ 的和.

§5.3 反常积分判敛法

在第三章中已经给出了两类反常积分收敛的概念. 本节将介绍判定非负函数反常积分敛散性的几个判别法, 它们类似于正项级数敛散性的判别法.

5.3.1 无穷区间上的反常积分判敛法

定理 1 (比较判别法) 设 $f(x),g(x)$ 是 $[a,+\infty)$ 上的连续函数, 且当 $x\in[a,+\infty)$ 时, $0\leqslant f(x)\leqslant g(x)$, 则

(1) 当 $\int_a^{+\infty}g(x)\mathrm{d}x$ 收敛时, $\int_a^{+\infty}f(x)\mathrm{d}x$ 也收敛;

(2) 当 $\int_a^{+\infty}f(x)\mathrm{d}x$ 发散时, $\int_a^{+\infty}g(x)\mathrm{d}x$ 也发散.

证 (1) 设 $\int_a^{+\infty}g(x)\mathrm{d}x$ 收敛于 A, 则由 $0\leqslant f(x)\leqslant g(x)$ 知,

$$I(b)=\int_a^b f(x)\mathrm{d}x\leqslant\int_a^b g(x)\mathrm{d}x\leqslant\int_a^{+\infty}g(x)\mathrm{d}x=A,$$

故 $I(b)$ 单调不减且有上界, 从而 $\lim\limits_{b\to+\infty}I_b=\lim\limits_{b\to+\infty}\int_a^b f(x)\mathrm{d}x$ 存在, 即反常积分 $\int_a^{+\infty}f(x)\mathrm{d}x$ 收敛.

(2) 用反证法和 (1) 即得.

我们已经知道反常积分 $\int_a^{+\infty}\frac{1}{x^p}\mathrm{d}x$ 当 $p>1$ 时, 收敛; 当 $p\leqslant 1$ 时, 发散. 以此积分作为比较对象, 利用比较判别法可得

定理 2 (极限判别法) 设 $f(x)$ 在 $[a,+\infty)$ 上非负连续, 且 $\lim\limits_{x\to+\infty}x^pf(x)=l$, 则

(1) 当 $p>1,0\leqslant l<+\infty$ 时, $\int_a^{+\infty}f(x)\mathrm{d}x$ 收敛;

(2) 当 $p\leqslant 1,0<l\leqslant+\infty$ 时, $\int_a^{+\infty}f(x)\mathrm{d}x$ 发散.

例 1 判定下列反常积分的敛散性:

(1) $\int_1^{+\infty}\frac{1}{x^2(1+\mathrm{e}^x)}\mathrm{d}x$; (2) $\int_0^{+\infty}\mathrm{e}^{-x^2}\mathrm{d}x$; (3) $\int_1^{+\infty}\frac{x\arctan x}{\sqrt[3]{x^4+1}}\mathrm{d}x$.

解 (1) 由于 $1+\mathrm{e}^x>1$, 所以

$$\frac{1}{x^2(1+\mathrm{e}^x)}<\frac{1}{x^2},$$

而 $\int_1^{+\infty}\frac{1}{x^2}\mathrm{d}x$ 收敛, 故由定理 1 知 $\int_1^{+\infty}\frac{1}{x^2(1+\mathrm{e}^x)}\mathrm{d}x$ 收敛.

(2) 由于

$$\lim_{x\to+\infty}x^2\mathrm{e}^{-x^2}=\lim_{x\to+\infty}\frac{x^2}{\mathrm{e}^{x^2}}=\lim_{x\to+\infty}\frac{2x}{2x\mathrm{e}^{x^2}}=0,$$

故由定理 2 知 $(l=0,p=2)$, $\int_0^{+\infty}\mathrm{e}^{-x^2}\mathrm{d}x$ 收敛.

(3) 由于

$$\lim_{x\to+\infty}x^{\frac{1}{3}}\frac{x\arctan x}{\sqrt[3]{x^4+1}}=\lim_{x\to+\infty}\frac{\arctan x}{\sqrt[3]{1+\frac{1}{x^4}}}=\frac{\pi}{2},$$

故由定理 2 知 $\left(l=\frac{\pi}{2}\neq 0, p=\frac{1}{3}\right)$, $\int_1^{+\infty}\frac{x\arctan x}{\sqrt[3]{x^4+1}}\mathrm{d}x$ 发散.

5.3.2 无界函数的反常积分判敛法

与无穷区间上的反常积分类似, 无界函数的反常积分也有比较判别法和极限判别法.

定理 3 (比较判别法) 设 $f(x), g(x)$ 在 $[a,b)$ 上连续, $\lim\limits_{x\to b^-}f(x)=\infty$. 当 $x\in[a,b)$ 时, $0\leqslant f(x)\leqslant g(x)$, 则

(1) 当 $\int_a^b g(x)\mathrm{d}x$ 收敛时, $\int_a^b f(x)\mathrm{d}x$ 也收敛;

(2) 当 $\int_a^b f(x)\mathrm{d}x$ 发散时, $\int_a^b g(x)\mathrm{d}x$ 也发散.

定理 4 (极限判别法) 设 $f(x)$ 在 $[a,b)$ 上非负连续, $\lim\limits_{x\to b^-}f(x)=\infty$ 且 $\lim\limits_{x\to b^-}(b-x)^p f(x)=l$, 则

(1) 当 $p<1, 0\leqslant l<+\infty$ 时, $\int_a^b f(x)\mathrm{d}x$ 收敛;

(2) 当 $p\geqslant 1, 0<l\leqslant+\infty$ 时, $\int_a^b f(x)\mathrm{d}x$ 发散.

当 $\lim\limits_{x\to a^+}f(x)=\infty$ 时也有相应的判别法.

例 2 判定反常积分 $\int_0^1\frac{\mathrm{d}x}{\sqrt{(1-x^2)(1-k^2x^2)}}$ $(k^2<1)$ 的敛散性.

解 $\lim\limits_{x\to 1^-}\frac{1}{\sqrt{(1-x^2)(1-k^2x^2)}}=\infty$, 由于

$$\lim_{x\to 1^-}\sqrt{1-x}\frac{1}{\sqrt{(1-x^2)(1-k^2x^2)}}=\frac{1}{\sqrt{2(1-k^2)}},$$

由定理 4 知 $\left(p=\frac{1}{2}, l=\frac{1}{\sqrt{2(1-k^2)}}\right)$, $\int_0^1\frac{\mathrm{d}x}{\sqrt{(1-x^2)(1-k^2x^2)}}$ 收敛.

积分 $\int_0^1\frac{\mathrm{d}x}{\sqrt{(1-x^2)(1-k^2x^2)}}(k^2<1)$ 称为**椭圆积分**.

以上所介绍的判别法均要求 $f(x)$ 非负. 对于 $f(x)$ 不定号情形, 类似于变号级数的处理方法, 可引进绝对收敛和条件收敛的概念, 并且可以证明绝对收敛的反常积分其自身一定收敛.

例 3 证明反常积分 $\int_0^{+\infty}\mathrm{e}^{-\alpha x}\sin\beta x\mathrm{d}x(\alpha>0)$ 绝对收敛.

证 由于 $|\mathrm{e}^{-\alpha x}\sin\beta x|\leqslant\mathrm{e}^{-\alpha x}$, 而

$$\int_0^{+\infty}\mathrm{e}^{-\alpha x}\mathrm{d}x=\lim_{b\to+\infty}\int_0^b\mathrm{e}^{-\alpha x}\mathrm{d}x=\lim_{b\to+\infty}\left.\frac{-\mathrm{e}^{-\alpha x}}{\alpha}\right|_0^b=\frac{1}{\alpha},$$

所以由比较判别法知 $\int_0^{+\infty}\mathrm{e}^{-\alpha x}\sin\beta x\mathrm{d}x(\alpha>0)$ 绝对收敛.

5.3.3 Γ 函数

例 4 判定反常积分 $\int_0^{+\infty} \mathrm{e}^{-t}t^{x-1}\mathrm{d}t$ 的敛散性.

解 这个积分的积分区间为无穷区间, 又当 $x<1$ 时, $\lim\limits_{t\to0^+} \mathrm{e}^{-t}t^{x-1}=\infty$. 因此, 将原积分写成两个积分之和

$$\int_0^{+\infty} \mathrm{e}^{-t}t^{x-1}\mathrm{d}t=\int_0^{1} \mathrm{e}^{-t}t^{x-1}\mathrm{d}t+\int_1^{+\infty} \mathrm{e}^{-t}t^{x-1}\mathrm{d}t.$$

对于第一个积分, 由于

$$\lim_{t\to0^+} t^{1-x}\mathrm{e}^{-t}t^{x-1}=1,$$

由极限判别法知, 当$x>0$ 时, $\int_0^{1} \mathrm{e}^{-t}t^{x-1}\mathrm{d}t$ 收敛; 当 $x\leqslant 0$ 时, $\int_0^{1} \mathrm{e}^{-t}t^{x-1}\mathrm{d}t$ 发散. 对于第二个积分, 由于

$$\lim_{t\to+\infty} t^2\mathrm{e}^{-t}t^{x-1}=\lim_{t\to+\infty}\frac{t^{x+1}}{\mathrm{e}^t}=0,$$

故对于任意 $x\in\mathbb{R}$ 它总是收敛的.

综上可知, 反常积分 $\int_0^{+\infty} \mathrm{e}^{-t}t^{x-1}\mathrm{d}t$ 当 $x>0$ 时, 收敛; 当 $x\leqslant 0$ 时, 发散.

于是当 $x>0$ 时, 反常积分 $\int_0^{+\infty} \mathrm{e}^{-t}t^{x-1}\mathrm{d}t$ 定义了一个以 x 为自变量的函数, 这个函数称为 **Gamma (伽马) 函数**, 记为 $\Gamma(x)$, 即

$$\Gamma(x)=\int_0^{+\infty} \mathrm{e}^{-t}t^{x-1}\mathrm{d}t,\quad x\in(0,+\infty).$$

Γ 函数在工程技术问题中有着广泛的应用. 下面讨论 Γ 函数的一些性质:

(1) Γ 函数的递推公式

$$\Gamma(x+1)=x\Gamma(x)\quad (x>0).$$

证

$$\begin{aligned}\Gamma(x+1)&=\int_0^{+\infty} \mathrm{e}^{-t}t^{x}\mathrm{d}t\\&=-t^x\mathrm{e}^{-t}\Big|_0^{+\infty}+x\int_0^{+\infty} \mathrm{e}^{-t}t^{x-1}\mathrm{d}t\\&=x\Gamma(x),\end{aligned}$$

特别地, 由 $\Gamma(1)=\int_0^{+\infty} \mathrm{e}^{-t}\mathrm{d}t=1$, 当 x 为正整数 n 时, 利用递推公式得

$$\Gamma(n+1)=n\Gamma(n)=n(n-1)\Gamma(n-1)=\cdots=n!\Gamma(1)=n!.$$

(2) Γ 函数的其他形式

在 $\Gamma(x)=\int_0^{+\infty}\mathrm{e}^{-t}t^{x-1}\mathrm{d}t$ 中, 令 $t=u^2(u>0)$, 则得 Γ 函数的另一种形式

$$\Gamma(x)=2\int_0^{+\infty}\mathrm{e}^{-u^2}u^{2x-1}\mathrm{d}u.$$

如果在上式中令 $x=\frac{1}{2}$, 则得

$$\Gamma\left(\frac{1}{2}\right)=2\int_0^{+\infty}\mathrm{e}^{-u^2}\mathrm{d}u,$$

反常积分 $\int_0^{+\infty}\mathrm{e}^{-u^2}\mathrm{d}u$ 叫做**概率积分**, 我们将在重积分中计算出它的值为 $\frac{\sqrt{\pi}}{2}$, 从而

$$\Gamma\left(\frac{1}{2}\right)=2\cdot\frac{\sqrt{\pi}}{2}=\sqrt{\pi}.$$

例 5 计算反常积分 $\int_0^{+\infty}x^{20}\mathrm{e}^{-x^6}\mathrm{d}x$.

解 设法化为 Γ 函数后计算. 令 $x^6=t$, 则 $6x^5\mathrm{d}x=\mathrm{d}t$, 故

$$\begin{aligned}\int_0^{+\infty}x^{20}\mathrm{e}^{-x^6}\mathrm{d}x&=\frac{1}{6}\int_0^{+\infty}t^{\frac{5}{2}}\mathrm{e}^{-t}\mathrm{d}t=\frac{1}{6}\Gamma\left(\frac{7}{2}\right)\\&=\frac{1}{6}\cdot\frac{5}{2}\cdot\frac{3}{2}\cdot\frac{1}{2}\Gamma\left(\frac{1}{2}\right)=\frac{5}{16}\sqrt{\pi}.\end{aligned}$$

习 题 5.3

1. 判定下列反常积分的敛散性:

(1) $\int_1^{+\infty}\frac{1}{x\sqrt[3]{x^2+1}}\mathrm{d}x$;

(2) $\int_1^{+\infty}\sin\frac{1}{x^2}\mathrm{d}x$;

(3) $\int_1^{+\infty}\frac{x^{\frac{3}{2}}\arctan x}{1+x^2}\mathrm{d}x$;

(4) $\int_1^{2}\frac{1}{x^3\sqrt{x^2-1}}\mathrm{d}x$;

(5) $\int_0^{2}\frac{1}{x^2-4x+3}\mathrm{d}x$;

(6) $\int_0^{1}\frac{1}{\sqrt[3]{x^2(1-x)}}\mathrm{d}x$;

(7) $\int_0^{\frac{\pi}{2}}\frac{1-\cos x}{x^\alpha}\mathrm{d}x$ (α为实数);

(8) $\int_0^{+\infty}\frac{\sin x}{\sqrt{x^3}}\mathrm{d}x$.

2. 用 Γ 函数表示下列积分:

(1) $\int_1^{+\infty}\mathrm{e}^{-x^2+2x}\mathrm{d}x$;

(2) $\int_0^{+\infty}x^m\mathrm{e}^{-x^n}\mathrm{d}x\,(n>0)$;

(3) $\int_0^{1}\left(\ln\frac{1}{x}\right)^p\mathrm{d}x\,(p>1)$.

§5.4 函数项级数

5.4.1 函数项级数的基本概念

在 §5.1 中所讨论的级数的各项均为常数, 现在我们研究形如

$$\sum_{n=1}^{\infty} u_n(x) = u_1(x) + u_2(x) + \cdots + u_n(x) + \cdots$$

的级数, 其中各项 $u_1(x), u_2(x), \cdots, u_n(x), \cdots$ 都是定义在某个数集 A 上的函数. 这样的级数称为数集 A 上的**函数项级数**, 并称

$$S_n(x) = u_1(x) + u_2(x) + \cdots + u_n(x)$$

为这个级数的**部分和**.

对于 A 中每一个确定的 x_0, $\sum\limits_{n=1}^{\infty} u_n(x_0)$ 是一个数项级数, 如果该级数收敛, 则称 x_0 为函数项级数 $\sum\limits_{n=1}^{\infty} u_n(x)$ 的**收敛点**; 如果该级数发散, 则称 x_0 为函数项级数 $\sum\limits_{n=1}^{\infty} u_n(x)$ 的**发散点**. 函数项级数 $\sum\limits_{n=1}^{\infty} u_n(x)$ 的收敛点组成的集合, 称为此级数的**收敛域**; 发散点组成的集合称为**发散域**.

如 §5.2 中例 9(2), 函数项级数 $\sum\limits_{n=1}^{\infty} (-1)^{n-1}\dfrac{x^n}{n}$ 的收敛域为 $(-1, 1]$.

设 $\sum\limits_{n=1}^{\infty} u_n(x)$ 的收敛域为 B, 则对任一 $x \in B$, $\lim\limits_{n\to\infty} S_n(x)$ 存在, 设极限为 $S(x)$, 即

$$\lim_{n\to\infty} S_n(x) = S(x), \quad x \in B,$$

称函数 $S(x)$ 为函数项级数 $\sum\limits_{n=1}^{\infty} u_n(x)$ 的**和函数**, 也称 $\sum\limits_{n=1}^{\infty} u_n(x)$ 收敛于 $S(x)$, 记作

$$\sum_{n=1}^{\infty} u_n(x) = S(x), \quad x \in B.$$

例 1 求下列函数项级数的收敛域:

(1) $\sum\limits_{n=1}^{\infty} x^{n-1} = 1 + x + x^2 + \cdots + x^n + \cdots$;

(2) $\sum\limits_{n=1}^{\infty} \dfrac{(-1)^{n-1}}{2n-1}\left(\dfrac{1-x}{1+x}\right)^n (x \neq -1)$.

解 (1) $\sum_{n=1}^{\infty} x^{n-1}$ 是公比为 x 的等比级数, 故当 $|x|<1$ 时, $\sum_{n=1}^{\infty} x^{n-1}$ 收敛; 当 $|x| \geqslant 1$ 时, $\sum_{n=1}^{\infty} x^{n-1}$ 发散. 所以, 此级数的收敛域为 $(-1,1)$, 且和函数为 $S(x)=\frac{1}{1-x}$, 即 $\sum_{n=1}^{\infty} x^{n-1}=\frac{1}{1-x}, x \in(-1,1)$.

(2) 把 x 看成参数, 利用数项级数判敛的方法判别级数的敛散性. 首先考虑绝对值级数 $\sum_{n=1}^{\infty}\left|\frac{(-1)^{n-1}}{2n-1}\left(\frac{1-x}{1+x}\right)^{n}\right|=\sum_{n=1}^{\infty} \frac{1}{2n-1}\left|\frac{1-x}{1+x}\right|^{n}$, 由于

$$
\lim _{n \rightarrow \infty}\left|\frac{u_{n+1}(x)}{u_{n}(x)}\right|=\lim _{n \rightarrow \infty} \frac{\frac{1}{2n+1}\left|\frac{1-x}{1+x}\right|^{n+1}}{\frac{1}{2n-1}\left|\frac{1-x}{1+x}\right|^{n}}=\lim _{n \rightarrow \infty} \frac{2n-1}{2n+1}\left|\frac{1-x}{1+x}\right|=\left|\frac{1-x}{1+x}\right|,
$$

于是由正项级数的比值判别法知, 当 $\left|\frac{1-x}{1+x}\right|<1$, 即 $x>0$ 时, 绝对值级数收敛, 从而原级数绝对收敛; 当 $\left|\frac{1-x}{1+x}\right|>1$, 即 $x<0, x \neq-1$ 时, 绝对值级数发散, 由于是用比值法判定的, 故原级数也发散; 当 $\left|\frac{1-x}{1+x}\right|=1$, 即 $x=0$ 时, 原级数化为交错级数 $\sum_{n=1}^{\infty} \frac{(-1)^{n-1}}{2n-1}$, 由 Leibniz 判别法知, 它是收敛的.

综上可知, 原级数的收敛域为 $[0,+\infty)$.

5.4.2 函数项级数的一致收敛性

考虑函数项级数

$$
\frac{x^{2}}{1+x^{2}}+\frac{x^{2}}{\left(1+x^{2}\right)^{2}}+\cdots+\frac{x^{2}}{\left(1+x^{2}\right)^{n}}+\cdots .
$$

显然当 $x=0$ 时, 级数的每一项都是 0, 所以级数在点 $x=0$ 处的和是 0. 当 $x \neq 0$ 时, 级数是公比为 $q=\frac{1}{1+x^{2}}<1$ 的几何级数, 其和为

$$
\frac{\frac{x^{2}}{1+x^{2}}}{1-\frac{1}{1+x^{2}}}=1 .
$$

因此, 函数项级数的和函数为

$$
S(x)=1, \quad x \neq 0 ; \qquad S(0)=0 .
$$

上面这个函数项级数中每项都是连续函数, 但是其和函数在 $x=0$ 处间断.

为了保证无限多个连续函数的和函数仍旧连续, 我们引入函数项级数一致收敛的概念.

定义 1 设函数项级数 $\sum\limits_{n=1}^{\infty} u_n(x)$ 在数集 B 上收敛于 $S(x)$, 若对任意 $\varepsilon>0$, 存在 $N\in\mathbb{N}_+$, 使当 $n>N$ 时, 对一切 $x\in B$ 总有

$$|S_n(x)-S(x)|<\varepsilon,$$

则称函数项级数 $\sum\limits_{n=1}^{\infty} u_n(x)$ 在 B 上**一致收敛于** $S(x)$.

用定义判别函数项级数一致收敛非常不方便, 为此, 我们不加证明地给出下面常用的判别法.

定理 1 (Weierstrass (魏尔斯特拉斯) 判别法) 对区间 I 上的函数项级数 $\sum\limits_{n=1}^{\infty} u_n(x)$, 若存在收敛的正项级数 $\sum\limits_{n=1}^{\infty} a_n$, 使当 $x\in I$ 时, 有

$$|u_n(x)|\leqslant a_n \quad (n=1,2,\cdots),$$

则函数项级数 $\sum\limits_{n=1}^{\infty} u_n(x)$ 在 I 上一致收敛.

定理 1 也称为 **M 判别法**或**优级数判别法**, $\sum\limits_{n=1}^{\infty} a_n$ 称为 $\sum\limits_{n=1}^{\infty} u_n(x)$ 的**优级数**.

例 2 判别下列级数在给定区间上的一致收敛性:

(1) $\sum\limits_{n=1}^{\infty} \dfrac{x}{1+n^4x^2}, x\in(-\infty,+\infty)$; (2) $\sum\limits_{n=1}^{\infty} \dfrac{(-1)^n}{x+2^n}, x\in(-2,+\infty)$.

解 (1) 当 $x\in(-\infty,+\infty)$ 时, $1+n^4x^2\geqslant 2n^2|x|$, 所以

$$\left|\frac{x}{1+n^4x^2}\right|\leqslant\frac{1}{2n^2},$$

而 $\sum\limits_{n=1}^{\infty}\dfrac{1}{2n^2}$ 收敛, 故由 M 判别法知级数 $\sum\limits_{n=1}^{\infty}\dfrac{x}{1+n^4x^2}$ 在 $(-\infty,+\infty)$ 内一致收敛.

(2) 当 $x\in(-2,+\infty)$ 时, 有

$$\left|\frac{(-1)^n}{x+2^n}\right|<\frac{1}{2^n-2}\leqslant\frac{1}{2^{n-1}} \quad (n\geqslant 2),$$

而 $\sum\limits_{n=2}^{\infty}\dfrac{1}{2^{n-1}}$ 收敛, 故由 M 判别法知级数 $\sum\limits_{n=2}^{\infty}\dfrac{(-1)^n}{x+2^n}$ 在 $(-2,+\infty)$ 内一致收敛, 从而添加第一项后所成的级数 $\sum\limits_{n=1}^{\infty}\dfrac{(-1)^n}{x+2^n}$ 在 $(-2,+\infty)$ 内也一致收敛.

5.4.3 一致收敛级数的性质

我们知道, 有限个连续函数之和仍是连续的, 有限个可导 (可积) 函数之和仍可导 (可积), 且和函数的导数 (积分) 等于各函数导数 (积分) 之和, 那么, 函数项级数的和函数在其收敛域内是否也有类似的结论呢? 一般说来, 对于函数项级数, 上述结论未必成立. 但是, 一致收敛的函数项级数的和函数却保持了有限个函数相加时的一些重要分析性质.

定理 2 设 $u_n(x)(n=1,2,\cdots)$ 在 $[a,b]$ 上连续, 且 $\sum\limits_{n=1}^{\infty}u_n(x)$ 在 $[a,b]$ 上一致收敛于 $S(x)$, 则 $S(x)$ 在 $[a,b]$ 上连续.

定理 3 (逐项积分) 设 $u_n(x)$ $(n=1,2,\cdots)$ 在 $[a,b]$ 上连续 (从而可积), 且 $\sum\limits_{n=1}^{\infty}u_n(x)$ 在 $[a,b]$ 上一致收敛于 $S(x)$, 则 $S(x)$ 在 $[a,b]$ 上可积, 且有

$$\int_a^b S(x)\mathrm{d}x=\int_a^b\left[\sum_{n=1}^{\infty}u_n(x)\right]\mathrm{d}x=\sum_{n=1}^{\infty}\int_a^b u_n(x)\mathrm{d}x.$$

定理 4 (逐项求导) 设级数 $\sum\limits_{n=1}^{\infty}u_n(x)$ 在 $[a,b]$ 上收敛于 $S(x)$, 又 $u_n(x)(n=1,2,\cdots)$ 在 $[a,b]$ 上有连续的导数, 且级数 $\sum\limits_{n=1}^{\infty}u_n'(x)$ 在 $[a,b]$ 上一致收敛, 则 $S(x)$ 在 $[a,b]$ 上有连续的导数, 且有

$$S'(x)=\left[\sum_{n=1}^{\infty}u_n(x)\right]'=\sum_{n=1}^{\infty}u_n'(x).$$

注意: 定理 2 和定理 3 中一致收敛的条件是加在级数 $\sum\limits_{n=1}^{\infty}u_n(x)$ 上, 而定理 4 是要求级数 $\sum\limits_{n=1}^{\infty}u_n'(x)$ 一致收敛.

例 3 设 $S(x)=\sum\limits_{n=1}^{\infty}\dfrac{\cos nx}{n^2}$, 求 $\int_0^{\pi}S(x)\mathrm{d}x$.

解 因为对一切 $x\in[0,\pi]$, 有 $\left|\dfrac{\cos nx}{n^2}\right|\leqslant\dfrac{1}{n^2}$, 而 $\sum\limits_{n=1}^{\infty}\dfrac{1}{n^2}$ 收敛, 故由 M 判别法知 $\sum\limits_{n=1}^{\infty}\dfrac{\cos nx}{n^2}$ 在 $[0,\pi]$ 上一致收敛.

又因 $\dfrac{\cos nx}{n^2}(n=1,2,\cdots)$ 在 $[0,\pi]$ 上连续, 故由定理 3 知

$$\int_0^{\pi}S(x)\mathrm{d}x=\sum_{n=1}^{\infty}\int_0^{\pi}\frac{\cos nx}{n^2}\mathrm{d}x=\sum_{n=1}^{\infty}\frac{\sin nx}{n^3}\bigg|_0^{\pi}=0.$$

例 4 证明函数 $S(x)=\sum\limits_{n=1}^{\infty}\frac{\cos nx}{n^4}$ 在 $(-\infty,+\infty)$ 内有连续的二阶导数, 并求 $S''(x)$.

解 因为

$$\sum_{n=1}^{\infty}\left(\frac{\cos nx}{n^4}\right)'=-\sum_{n=1}^{\infty}\frac{\sin nx}{n^3}.$$

由 M 判别法知它在 $(-\infty,+\infty)$ 内是一致收敛的, 故由定理 4 得

$$S'(x)=\sum_{n=1}^{\infty}\left(\frac{\cos nx}{n^4}\right)'=-\sum_{n=1}^{\infty}\frac{\sin nx}{n^3}.$$

又因 $-\sum\limits_{n=1}^{\infty}\left(\frac{\sin nx}{n^3}\right)'=-\sum\limits_{n=1}^{\infty}\frac{\cos nx}{n^2}$ 在 $(-\infty,+\infty)$ 内是一致收敛的, 再次应用定理 4, 即得

$$S''(x)=-\sum_{n=1}^{\infty}\frac{\cos nx}{n^2},$$

且由定理 2 知 $S''(x)$ 是连续的.

习 题 5.4

1. 求下列函数项级数的收敛域:

(1) $\sum\limits_{n=1}^{\infty}n\mathrm{e}^{-nx}$; (2) $\sum\limits_{n=1}^{\infty}n!x^n$;

(3) $\sum\limits_{n=1}^{\infty}\frac{1}{1+x^n}$; (4) $\sum\limits_{n=1}^{\infty}\frac{n+1}{n-1}\left(\frac{x}{1+3x}\right)^n$;

(5) $\sum\limits_{n=1}^{\infty}\frac{x^n}{1-x^n}$; (6) $\sum\limits_{n=1}^{\infty}\frac{\sin x}{2^n}$.

2. 讨论下列函数项级数在所给区间内是否一致收敛:

(1) $\sum\limits_{n=1}^{\infty}\frac{x^n}{n^2}$, $[-1,1]$; (2) $\sum\limits_{n=1}^{\infty}(1-x)x^n$, $[0,1]$.

3. 证明下列函数项级数在所给区间内一致收敛:

(1) $\sum\limits_{n=1}^{\infty}x^{n-1}$, $\left(0,\frac{1}{2}\right)$; (2) $\sum\limits_{n=1}^{\infty}\frac{1}{x^2+n^2}$, $(-\infty,+\infty)$;

(3) $\sum\limits_{n=1}^{\infty}n\mathrm{e}^{-nx}$, $[\delta,+\infty)$ $(\delta>0)$.

4. 设 $S(x)=\sum\limits_{n=1}^{\infty}\frac{x^{n-1}}{n^2}$, $x\in[-1,1]$, 求 $\int_0^x S(t)\mathrm{d}t$, $x\in[-1,1]$.

5. 设 $S(x)=\sum\limits_{n=1}^{\infty}\frac{\sin nx}{n^4}$, $x\in(-\infty,+\infty)$, 求 $S'(x)$.

§5.5 幂级数

形如

$$\sum_{n=0}^{\infty} a_n(x-x_0)^n = a_0 + a_1(x-x_0) + \cdots + a_n(x-x_0)^n + \cdots$$

的函数项级数称为 $x-x_0$ 的**幂级数**, $a_0, a_1, \cdots, a_n, \cdots$ 称为幂级数的**系数**.

幂级数是一类特殊的函数项级数, 其形式相当于一个"无穷多项"的多项式, 因此可以说幂级数是一类最简单的函数项级数. 后面我们将看到, 幂级数有许多类似于多项式的性质.

令 $t=x-x_0$, 便可把幂级数 $\sum\limits_{n=0}^{\infty} a_n(x-x_0)^n$ 化为 t 的幂级数 $\sum\limits_{n=0}^{\infty} a_n t^n$. 因此, 为了方便起见, 下面我们主要讨论 x 的幂级数 $\sum\limits_{n=0}^{\infty} a_n x^n$.

5.5.1 幂级数的收敛半径和收敛区间

定理 1 (Abel (阿贝尔) 定理) (1) 若幂级数 $\sum\limits_{n=0}^{\infty} a_n x^n$ 在点 $x_0(x_0 \neq 0)$ 收敛, 则对于一切满足 $|x|<|x_0|$ 的 x, $\sum\limits_{n=0}^{\infty} a_n x^n$ 绝对收敛;

(2) 若幂级数 $\sum\limits_{n=0}^{\infty} a_n x^n$ 在点 x_0 发散, 则对于一切满足 $|x|>|x_0|$ 的 x, $\sum\limits_{n=0}^{\infty} a_n x^n$ 发散.

证 (1) 设 $\sum\limits_{n=0}^{\infty} a_n x_0^n$ 收敛, 根据级数收敛的必要条件, 有 $\lim\limits_{n\to\infty} a_n x_0^n = 0$, 从而数列 $\{a_n x_0^n\}$ 有界, 即存在 $M>0$, 使得

$$|a_n x_0^n| \leqslant M \quad (n=0,1,2,\cdots),$$

于是

$$|a_n x^n| = \left|a_n x_0^n \frac{x^n}{x_0^n}\right| = |a_n x_0^n|\left|\frac{x}{x_0}\right|^n \leqslant M\left|\frac{x}{x_0}\right|^n,$$

由于对任何使 $|x|<|x_0|$ 的 x, 等比级数 $\sum\limits_{n=0}^{\infty} M\left|\frac{x}{x_0}\right|^n$ 收敛, 故由比较判别法知 $\sum\limits_{n=0}^{\infty} |a_n x^n|$ 收敛, 因而对一切满足 $|x|<|x_0|$ 的 x, 级数 $\sum\limits_{n=0}^{\infty} a_n x^n$ 绝对收敛.

(2) 根据 (1) 中结论用反证法即得.

Abel 定理表明: 只要幂级数 $\sum\limits_{n=0}^{\infty} a_n x^n$ 在 $x_0 \neq 0$ 处收敛, 则幂级数在以原点为中心, $|x_0|$ 为半径的开区间 $(-|x_0|, |x_0|)$ 内绝对收敛.

根据 Abel 定理, 还可以得到如下定理:

定理 2 若幂级数 $\sum_{n=0}^{\infty} a_n x^n$ 不是仅在 $x=0$ 处收敛, 也不是在整个数轴上收敛, 则必存在数 $R>0$, 使得

(1) 当 $|x|<R$ 时, 级数 $\sum_{n=0}^{\infty} a_n x^n$ 绝对收敛;

(2) 当 $|x|>R$ 时, 级数 $\sum_{n=0}^{\infty} a_n x^n$ 发散.

证 设级数 $\sum_{n=0}^{\infty} a_n x^n$ 的收敛域为 B, 由假设知 B 不是单点集 $\{0\}$, 也不是整个实数集 $\mathbb{R}$. 设 $x_0 \in B(x_0 \neq 0)$, 则由定理 1 知 $(-|x_0|, |x_0|) \subset B$, 因而 B 中必含有正数. 因为由假设知, $\sum_{n=0}^{\infty} a_n x^n$ 必有发散点 x_1, 又由定理 1 知, 一切满足 $|x|>|x_1|$ 的 x 均为 $\sum_{n=0}^{\infty} a_n x^n$ 的发散点, 故 $|x_1|$ 为 B 的一个上界. 根据确界原理, B 有上确界. 记 R 为 B 的上确界, 由前面讨论知, $R>0$. 现证 R 满足 (1)、(2).

当 $|x|<R$ 时, 由于 R 是 B 的最小上界, 所以 $|x|$ 不是 B 的上界, 即存在 $\overline{x} \in B$, 使 $|x|<\overline{x}$, 即 $\overline{x}$ 是 $\sum_{n=0}^{\infty} a_n x^n$ 的收敛点, 又 $|x|<\overline{x}$, 故由定理 1 知 $\sum_{n=0}^{\infty} a_n x^n$ 在 x 处绝对收敛.

当 $|x|>R$ 时, 由于 R 是 B 的最小上界, 可推出 $x \notin B$, 从而 $\sum_{n=0}^{\infty} a_n x^n$ 在 x 处发散.

定理 2 中的 R 称为幂级数 $\sum_{n=0}^{\infty} a_n x^n$ 的**收敛半径**, 区间 $(-R,R)$ 称为幂级数 $\sum_{n=0}^{\infty} a_n x^n$ 的**收敛区间**. 幂级数在收敛区间 $(-R,R)$ 内绝对收敛, 在收敛区间的两个端点 $x=-R, x=R$ 处幂级数可能收敛, 也可能发散, 这要视具体的级数而定. 在考虑了幂级数在收敛区间两个端点处的敛散性之后, 便可得到幂级数的收敛域.

为了统一起见, 我们作如下规定:

若幂级数 $\sum_{n=0}^{\infty} a_n x^n$ 仅在 $x=0$ 处收敛, 则规定收敛半径 $R=0$;

若幂级数 $\sum_{n=0}^{\infty} a_n x^n$ 在整个实数集 $\mathbb{R}$ 上收敛, 则规定收敛半径 $R=+\infty$.

由上面的讨论可知, 求幂级数 $\sum_{n=0}^{\infty} a_n x^n$ 的收敛域的关键在于求出收敛半径 R, 那么, 如何求幂级数的收敛半径 R 呢?

定理 3 设有幂级数 $\sum\limits_{n=0}^{\infty} a_n x^n$, 若 $a_n \neq 0$, 且

$$\lim_{n\to\infty} \frac{|a_{n+1}|}{|a_n|} = \rho \quad 或 \quad \lim_{n\to\infty} \sqrt[n]{|a_n|} = \rho,$$

则幂级数的收敛半径

$$R = \begin{cases} \dfrac{1}{\rho}, & 0 < \rho < +\infty, \\ 0, & \rho = +\infty, \\ +\infty, & \rho = 0. \end{cases}$$

证 考虑级数 $\sum\limits_{n=0}^{\infty} |a_n x^n|$, 并假定 $\lim\limits_{n\to\infty} \left|\dfrac{a_{n+1}}{a_n}\right| = \rho$.

(1) 若 $0 < \rho < +\infty$, 由于

$$\lim_{n\to\infty} \left|\frac{a_{n+1}x^{n+1}}{a_n x^n}\right| = \lim_{n\to\infty} \left|\frac{a_{n+1}}{a_n}\right| |x| = \rho|x|,$$

则当 $\rho|x| < 1$, 即 $|x| < \dfrac{1}{\rho}$ 时, 级数 $\sum\limits_{n=0}^{\infty} |a_n x^n|$ 绝对收敛; 当 $\rho|x| > 1$, 即 $|x| > \dfrac{1}{\rho}$ 时, 级数 $\sum\limits_{n=0}^{\infty} |a_n x^n|$ 发散, 由于这里用的是比值判别法, 所以级数 $\sum\limits_{n=0}^{\infty} a_n x^n$ 也发散. 故收敛半径 $R = \dfrac{1}{\rho}$.

(2) 若 $\rho = 0$, 由于对任何 $x \neq 0$, 都有 $\lim\limits_{n\to\infty} \left|\dfrac{a_{n+1}x^{n+1}}{a_n x^n}\right| = \lim\limits_{n\to\infty} \left|\dfrac{a_{n+1}}{a_n}\right| |x| = 0 < 1$, 所以在整个数轴上级数 $\sum\limits_{n=0}^{\infty} |a_n x^n|$ 收敛, 因而级数 $\sum\limits_{n=0}^{\infty} a_n x^n$ 绝对收敛. 故收敛半径 $R = +\infty$.

(3) 若 $\rho = +\infty$, 由于对一切 $x \neq 0$, $\lim\limits_{n\to\infty} |a_n x^n| \neq 0$, 从而对 $x \neq 0$, $\lim\limits_{n\to\infty} a_n x^n \neq 0$, 级数收敛的必要条件不满足, 所以级数 $\sum\limits_{n=0}^{\infty} a_n x^n$ 发散. 故收敛半径 $R = 0$.

若 $\lim\limits_{n\to\infty} \sqrt[n]{|a_n|} = \rho$, 则对级数 $\sum\limits_{n=0}^{\infty} |a_n x^n|$ 用根值判别法, 同样可证得结论成立.

例 1 求幂级数 $\sum\limits_{n=1}^{\infty} \dfrac{(-1)^{n-1}}{n} x^n$ 的收敛半径和收敛域.

解 因为 $\lim\limits_{n\to\infty} \left|\dfrac{a_{n+1}}{a_n}\right| = \lim\limits_{n\to\infty} \dfrac{\dfrac{1}{n+1}}{\dfrac{1}{n}} = 1 = \rho$, 所以收敛半径 $R = \dfrac{1}{\rho} = 1$, 从而收敛区间为 $(-1,1)$. 当 $x = 1$ 时, 级数成为 $\sum\limits_{n=1}^{\infty} \dfrac{(-1)^{n-1}}{n}$, 它是收敛的; 当 $x = -1$ 时, 级数成为 $\sum\limits_{n=1}^{\infty} -\dfrac{1}{n}$, 它是发散的, 故原级数的收敛域为 $(-1,1]$.

例 2 求幂级数 $\sum\limits_{n=1}^{\infty}\dfrac{3^n}{n^2}(x+1)^n$ 的收敛半径和收敛域.

解 这是一个 $x+1$ 的幂级数, 令 $x+1=t$, 级数化为 $\sum\limits_{n=1}^{\infty}\dfrac{3^n}{n^2}t^n$. 由于

$$\lim_{n\to\infty}\left|\frac{a_{n+1}}{a_n}\right|=\lim_{n\to\infty}\frac{\dfrac{3^{n+1}}{(n+1)^2}}{\dfrac{3^n}{n^2}}=\lim_{n\to\infty}\frac{3n^2}{(n+1)^2}=3=\rho,$$

故级数 $\sum\limits_{n=1}^{\infty}\dfrac{3^n}{n^2}t^n$ 的收敛半径为 $R=\dfrac{1}{\rho}=\dfrac{1}{3}$. 当 $t=\dfrac{1}{3}$ 时, $\sum\limits_{n=1}^{\infty}\dfrac{3^n}{n^2}\left(\dfrac{1}{3}\right)^n=\sum\limits_{n=1}^{\infty}\dfrac{1}{n^2}$ 收敛; 当 $t=-\dfrac{1}{3}$ 时, $\sum\limits_{n=1}^{\infty}\dfrac{3^n}{n^2}\left(-\dfrac{1}{3}\right)^n=\sum\limits_{n=1}^{\infty}\dfrac{(-1)^n}{n^2}$ 收敛, 故级数 $\sum\limits_{n=1}^{\infty}\dfrac{3^n}{n^2}t^n$ 的收敛域为 $\left[-\dfrac{1}{3},\dfrac{1}{3}\right]$. 由 $t=x+1$, 得原级数的收敛域为 $\left[-\dfrac{4}{3},-\dfrac{2}{3}\right]$.

例 3 求幂级数 $\sum\limits_{n=1}^{\infty}\dfrac{2n-1}{2^n}x^{2n-2}$ 的收敛半径和收敛域.

解 此幂级数只含有 x 的偶数次幂, 即奇数次幂的系数 $a_{2n-1}=0(n=1,2,\cdots)$. 这种级数称为**缺项的幂级数**, 求它的收敛半径时不能直接用定理 3 中的公式. 但定理 3 证明过程中的思想方法仍然可用.

对绝对值级数 $\sum\limits_{n=1}^{\infty}\dfrac{2n-1}{2^n}|x^{2n-2}|$ 用比值判别法得

$$\lim_{n\to\infty}\frac{|u_{n+1}(x)|}{|u_n(x)|}=\lim_{n\to\infty}\frac{\dfrac{2n+1}{2^{n+1}}|x^{2n}|}{\dfrac{2n-1}{2^n}|x^{2n-2}|}=\lim_{n\to\infty}\frac{2n+1}{2(2n-1)}|x|^2=\frac{1}{2}|x|^2,$$

当 $\dfrac{1}{2}|x|^2<1$, 即 $|x|<\sqrt{2}$ 时, $\sum\limits_{n=1}^{\infty}\dfrac{2n-1}{2^n}|x^{2n-2}|$ 收敛, 从而原级数绝对收敛; 当 $\dfrac{1}{2}|x|^2>1$, 即 $|x|>\sqrt{2}$ 时, $\sum\limits_{n=1}^{\infty}\dfrac{2n-1}{2^n}|x^{2n-2}|$ 发散, 从而原级数发散; 当 $\dfrac{1}{2}|x|^2=1$, 即 $|x|=\sqrt{2}$ 时, 原级数成为 $\sum\limits_{n=1}^{\infty}\dfrac{2n-1}{2}$, 它是发散的. 所以原级数的收敛半径 $R=\sqrt{2}$, 收敛域为 $(-\sqrt{2},\sqrt{2})$.

本题也可令 $t=x^2$, 化成不缺项幂级数 $\sum\limits_{n=1}^{\infty}\dfrac{2n-1}{2^n}t^{n-1}$, 再用定理 3 求收敛半径.

5.5.2 幂级数的性质

幂级数在其收敛域上确定了一个和函数, 下面我们介绍幂级数的和函数所具有的一些性质.

(1) 幂级数的代数运算

设幂级数 $\sum\limits_{n=0}^{\infty} a_n x^n$, $\sum\limits_{n=0}^{\infty} b_n x^n$ 的收敛半径分别为 R_1 与 R_2, 和函数分别为 $S_1(x)$ 与 $S_2(x)$, $R=\min(R_1,R_2)$, 则当 $x\in(-R,R)$ 时, 有

$$S_1(x)\pm S_2(x)=\sum_{n=0}^{\infty} a_n x^n \pm \sum_{n=0}^{\infty} b_n x^n=\sum_{n=0}^{\infty}(a_n\pm b_n)x^n,$$

$$S_1(x)\cdot S_2(x)=\sum_{n=0}^{\infty} a_n x^n \cdot \sum_{n=0}^{\infty} b_n x^n=\sum_{n=0}^{\infty}(a_0b_n+a_1b_{n-1}+\cdots+a_nb_0)x^n.$$

(2) 幂级数的分析性质

定理 4 设幂级数 $\sum\limits_{n=0}^{\infty} a_n x^n$ 的收敛半径为 R, 则对任一满足 $r<R$ 的正数 r, 该幂级数在闭区间 $[-r,r]$ 上一致收敛.

证 因为 $0<r<R$, 故级数 $\sum\limits_{n=0}^{\infty} |a_n| r^n$ 是收敛的, 由于对任一 $x\in[-r,r]$, 有

$$|a_n x^n| \leqslant |a_n r^n| = |a_n| r^n \quad (n=0,1,2,\cdots),$$

所以, 根据 M 判别法知幂级数 $\sum\limits_{n=0}^{\infty} a_n x^n$ 在区间 $[-r,r]$ 上一致收敛.

根据一致收敛级数的性质, 可得下面的定理 5.

定理 5 设幂级数 $\sum\limits_{n=0}^{\infty} a_n x^n$ 的收敛半径为 $R(R>0)$, 和函数为 $S(x)$, 则

(1) $S(x)$ 在 $(-R,R)$ 内连续. 如果幂级数在 $x=R$（或 $x=-R$）处也收敛, 则 $S(x)$ 在 $(-R,R]$（或 $[-R,R)$）上连续.

(2) $S(x)$ 在 $(-R,R)$ 内可导, 且

$$S'(x)=\Big(\sum_{n=0}^{\infty} a_n x^n\Big)'=\sum_{n=0}^{\infty}(a_n x^n)'=\sum_{n=1}^{\infty} n a_n x^{n-1}, \quad x\in(-R,R),$$

逐项求导后的幂级数 $\sum\limits_{n=1}^{\infty} n a_n x^{n-1}$ 的收敛半径仍为 R.

(3) $S(x)$ 在 $(-R,R)$ 内可积, 且

$$\int_0^x S(x)\mathrm{d}x=\int_0^x \Big(\sum_{n=0}^{\infty} a_n x^n\Big)\mathrm{d}x=\sum_{n=0}^{\infty}\int_0^x a_n x^n \mathrm{d}x=\sum_{n=0}^{\infty}\frac{1}{n+1}a_n x^{n+1}, \quad x\in(-R,R),$$

逐项积分后的幂级数 $\sum\limits_{n=0}^{\infty}\frac{1}{n+1}a_n x^{n+1}$ 的收敛半径仍为 R.

定理 5 表明: 幂级数在其收敛区间内可以逐项求导和逐项积分, 而且逐项求导和逐项积分后所得的幂级数与原幂级数具有相同的收敛半径.

重复应用定理 5, 可得下列结论:

幂级数 $\sum\limits_{n=0}^{\infty} a_n x^n$ 的和函数 $S(x)$ 在其收敛区间 $(-R,R)$ 内具有任意阶导数, 且

$$S^{(k)}(x)=\sum_{n=0}^{\infty}(a_n x^n)^{(k)}=\sum_{n=k}^{\infty} n(n-1)\cdots(n-k+1)a_n x^{n-k}, \quad x\in(-R,R).$$

上述这些性质, 粗略地说, 就是幂级数在收敛区间内, 其加减运算、乘法运算、微分与积分运算都能像多项式那样进行, 只是多项式只有有限项而幂级数却有无穷多项. 幂级数的这些性质, 在幂级数的计算中是非常有用的.

例 4 求下列幂级数的和函数:

(1) $\sum\limits_{n=1}^{\infty} \dfrac{(-1)^{n-1}}{2n-1} x^{2n-1}$;　　(2) $\sum\limits_{n=1}^{\infty} \dfrac{x^{n-1}}{n}$;

(3) $\sum\limits_{n=1}^{\infty} \dfrac{2n-1}{2^n} x^{2n-2}$,并求 $\sum\limits_{n=1}^{\infty} \dfrac{2n-1}{2^n}$的和.

解 (1) 易得幂级数的收敛域为 $[-1,1]$. 设和函数为 $S(x)$, 则

$$S(x)=\sum_{n=1}^{\infty}\frac{(-1)^{n-1}}{2n-1}x^{2n-1}, \quad x\in[-1,1],$$

逐项求导, 得

$$\begin{aligned} S'(x)&=\sum_{n=1}^{\infty}\left[\frac{(-1)^{n-1}}{2n-1}x^{2n-1}\right]'=\sum_{n=1}^{\infty}(-1)^{n-1}x^{2n-2}\\ &=\frac{1}{1+x^2}, \quad x\in(-1,1), \end{aligned}$$

由于 $S(0)=0$, 故对上式从 0 到 x 积分得

$$\begin{aligned} S(x)&=\int_0^x S'(x)\mathrm{d}x+S(0)\\ &=\int_0^x \frac{1}{1+x^2}\mathrm{d}x=\arctan x, \quad x\in(-1,1), \end{aligned}$$

由定理 5(1) 知, 上式当 $x=\pm1$ 时也成立, 即当 $x\in[-1,1]$ 时, 有

$$S(x)=\arctan x.$$

(2) 易得幂级数的收敛域为 $[-1,1)$. 当 $x\in[-1,1)$ 且 $x\neq0$ 时,

$$\begin{aligned} S(x)&=\sum_{n=1}^{\infty}\frac{x^{n-1}}{n}=\frac{1}{x}\sum_{n=1}^{\infty}\frac{x^n}{n}=\frac{1}{x}\sum_{n=1}^{\infty}\int_0^x t^{n-1}\mathrm{d}t\\ &=\frac{1}{x}\int_0^x\Big(\sum_{n=1}^{\infty}t^{n-1}\Big)\mathrm{d}t=\frac{1}{x}\int_0^x\frac{1}{1-t}\mathrm{d}t=-\frac{\ln(1-x)}{x}, \end{aligned}$$

当 $x=0$ 时, $S(0)=1$. 所以

$$S(x)=\begin{cases}-\dfrac{\ln(1-x)}{x}, & x\in[-1,0)\cup(0,1),\\ 1, & x=0.\end{cases}$$

(3) 例 3 中已求出此级数的收敛域为 $(-\sqrt{2},\sqrt{2})$. 当 $x\in(-\sqrt{2},\sqrt{2})$ 时,

$$\begin{aligned}S(x)&=\sum_{n=1}^{\infty}\frac{2n-1}{2^n}x^{2n-2}=\sum_{n=1}^{\infty}\frac{(x^{2n-1})'}{2^n}\\&=\sum_{n=1}^{\infty}\left(\frac{x^{2n-1}}{2^n}\right)'=\left(\sum_{n=1}^{\infty}\frac{x^{2n-1}}{2^n}\right)'=\left[\frac{x}{2}\sum_{n=1}^{\infty}\left(\frac{x^2}{2}\right)^{n-1}\right]'\\&=\left(\frac{x}{2}\cdot\frac{1}{1-\dfrac{x^2}{2}}\right)'=\left(\frac{x}{2-x^2}\right)'=\frac{2+x^2}{(2-x^2)^2}.\end{aligned}$$

在上式中令 $x=1$, 得

$$\sum_{n=1}^{\infty}\frac{2n-1}{2^n}=S(1)=\frac{2+1}{(2-1)^2}=3.$$

习 题 5.5

1. 求下列幂级数的收敛域:

(1) $\displaystyle\sum_{n=1}^{\infty}10^n x^n$;

(2) $\displaystyle\sum_{n=1}^{\infty}nx^n$;

(3) $\displaystyle\sum_{n=1}^{\infty}\frac{(-1)^{n-1}}{(2n-1)(2n-1)!}x^{2n-1}$;

(4) $\displaystyle\sum_{n=1}^{\infty}\frac{2^n}{n^2+1}x^n$;

(5) $\displaystyle\sum_{n=1}^{\infty}(-1)^n\frac{(3x)^n}{n^2}$;

(6) $\displaystyle\sum_{n=1}^{\infty}\frac{3^n+(-1)^n}{n}x^n$;

(7) $\displaystyle\sum_{n=1}^{\infty}\frac{(-1)^n}{\sqrt{n}}(x-5)^n$;

(8) $\displaystyle\sum_{n=1}^{\infty}\left(\sqrt{n+1}-\sqrt{n}\right)(3x-1)^n$;

(9) $\displaystyle\sum_{n=1}^{\infty}\frac{(-1)^n}{2n+1}x^{2n+1}$;

(10) $\displaystyle\sum_{n=1}^{\infty}\frac{(-1)^n}{n8^n}x^{3n}$.

2. 求下列幂级数在收敛域内的和函数:

(1) $\displaystyle\sum_{n=0}^{\infty}\frac{x^n}{2^n}$;

(2) $\displaystyle\sum_{n=0}^{\infty}(n+1)x^n$;

(3) $\displaystyle\sum_{n=1}^{\infty}\frac{n}{3^n}x^{n-1}$;

(4) $\displaystyle\sum_{n=1}^{\infty}(n+2)x^n$;

(5) $\displaystyle\sum_{n=1}^{\infty}\frac{(-1)^{n-1}}{n}x^n$;

(6) $\displaystyle\sum_{n=1}^{\infty}n(n+1)x^n$;

(7) $\sum_{n=1}^{\infty}\frac{(-1)^{n-1}}{n(n+1)}x^{n+1}$.

3. 求下列数项级数的和:

(1) $\sum_{n=1}^{\infty}\frac{n(n+1)}{2^n}$;

(2) $\sum_{n=1}^{\infty}\frac{1}{(2n+1)3^{2n}}$;

(3) $\sum_{n=0}^{\infty}(-1)^n\frac{n^2-n+1}{2^n}$;

(4) $\sum_{n=2}^{\infty}\frac{1}{(n^2-1)2^n}$.

§5.6 函数展开为幂级数

前面我们讨论了对于给定的幂级数, 如何确定它的收敛域及求和函数的表达式等问题. 下面讨论相反的问题, 即给定一个函数 f, 能否找到这样一个幂级数, 它在某一区间内收敛, 且其和函数恰好就是给定的函数 f (如果这样的幂级数存在, 我们就称函数 f **在该区间内可以展开成幂级数**). 为此, 首先分析如果函数 f 可以展开成幂级数, 它需要满足什么条件.

由上一节定理 5 可知, 如果函数 f 可以展开成 $x-x_0$ 的幂级数, 则 f 必须在 x_0 的邻域内具有任意阶导数, 这是函数 f 可以展开的一个必要条件.

定义 1 如果函数 f 在 x_0 的某邻域内具有任意阶导数, 则称幂级数

$$\sum_{n=0}^{\infty}\frac{f^{(n)}(x_0)}{n!}(x-x_0)^n$$

为函数 f 在 x_0 处的 **Taylor 级数**, 记为 $f(x)\sim\sum_{n=0}^{\infty}\frac{f^{(n)}(x_0)}{n!}(x-x_0)^n$. f 在 $x_0=0$ 处的 Taylor 级数, 即幂级数

$$\sum_{n=0}^{\infty}\frac{f^{(n)}(0)}{n!}x^n$$

称为函数 f 的 **Maclaurin (麦克劳林) 级数**, 记为 $f(x)\sim\sum_{n=0}^{\infty}\frac{f^{(n)}(0)}{n!}x^n$.

当函数 f 在 x_0 的邻域内具有任意阶导数时, 其在 x_0 处的 Taylor 级数是否收敛? 若收敛, 是否一定以 f 为和函数? 对此, 我们有如下定理:

定理 1 设 $f(x)$ 在 x_0 的某邻域 $N(x_0)$ 内有任意阶导数, 则 $f(x)$ 在 x_0 处的 Taylor 级数在此邻域内收敛并以 $f(x)$ 为和函数的充要条件是 $f(x)$ 在 x_0 处的 n 阶 Taylor 公式的余项 $r_n(x)$ 满足

$$\lim_{n\to\infty}r_n(x)=0,$$

其中 $x\in N(x_0)$.

证 $f(x)$ 在 x_0 处的 n 阶 Taylor 公式为

$$f(x)=f(x_0)+f'(x_0)(x-x_0)+\cdots+\frac{f^{(n)}(x_0)}{n!}(x-x_0)^n+r_n(x),\quad x\in N(x_0),$$

$f(x)$ 在 x_0 处的 Taylor 级数 $\sum\limits_{n=0}^{\infty}\frac{f^{(n)}(x_0)}{n!}(x-x_0)^n$ 的前 $n+1$ 项部分和 $S_{n+1}(x)$ 就是 $f(x)$ 在 x_0 处的 n 阶 Taylor 多项式, 即

$$S_{n+1}(x)=f(x_0)+f'(x_0)(x-x_0)+\cdots+\frac{f^{(n)}(x_0)}{n!}(x-x_0)^n,$$

于是

$$f(x)=S_{n+1}(x)+r_n(x),$$

即

$$S_{n+1}(x)=f(x)-r_n(x).$$

如果 $f(x)$ 在 x_0 处的 Taylor 级数在 $N(x_0)$ 内收敛并以 $f(x)$ 为和函数, 即 $x\in N(x_0)$ 时,

$$\lim_{n\to\infty}S_{n+1}(x)=f(x),$$

则

$$\begin{aligned}\lim_{n\to\infty}r_n(x)&=\lim_{n\to\infty}(f(x)-S_{n+1}(x))\\&=f(x)-\lim_{n\to\infty}S_{n+1}(x)=f(x)-f(x)=0.\end{aligned}$$

反之, 如果 $x\in N(x_0)$ 时, $\lim\limits_{n\to\infty}r_n(x)=0$, 则

$$\begin{aligned}\lim_{n\to\infty}S_{n+1}(x)&=\lim_{n\to\infty}(f(x)-r_n(x))\\&=f(x)-\lim_{n\to\infty}r_n(x)=f(x),\end{aligned}$$

从而 $f(x)$ 在 x_0 处的 Taylor 级数 $\sum\limits_{n=0}^{\infty}\frac{f^{(n)}(x_0)}{n!}(x-x_0)^n$ 在 $N(x_0)$ 内收敛并以 $f(x)$ 为和函数.

定理 2 如果 $f(x)$ 在 x_0 的邻域内可以展开为 $x-x_0$ 的幂级数 $\sum\limits_{n=0}^{\infty}a_n(x-x_0)^n$, 则必有

$$a_n=\frac{f^{(n)}(x_0)}{n!}(n=0,1,2,\cdots)$$

证 如果 $f(x)$ 在 x_0 的某邻域 $N(x_0)$ 内可以展开成 $x-x_0$ 的幂级数, 即当 $x\in N(x_0)$ 时, 有

$$\begin{aligned}f(x)&=\sum_{n=0}^{\infty}a_n(x-x_0)^n\\&=a_0+a_1(x-x_0)+a_2(x-x_0)^2+\cdots+a_n(x-x_0)^n+\cdots,\end{aligned}$$

根据幂级数在收敛区间内可以逐项求导的性质得

$$f'(x) = a_1 + 2a_2(x-x_0) + \cdots + na_n(x-x_0)^{n-1} + \cdots,$$
$$f''(x) = 2!a_2 + 3\cdot 2a_3(x-x_0) + \cdots + n(n-1)a_n(x-x_0)^{n-2} + \cdots,$$
$$\cdots\cdots\cdots\cdots$$
$$f^{(n)}(x) = n!a_n + (n+1)n\cdot\cdots\cdot 2a_{n+1}(x-x_0) + \cdots,$$
$$\cdots\cdots\cdots\cdots$$

在以上各式中令 $x = x_0$, 得

$$a_0 = f(x_0), a_1 = f'(x_0), a_2 = \frac{f''(x_0)}{2!}, \cdots, a_n = \frac{f^{(n)}(x_0)}{n!}, \cdots.$$

定理 2 表明: 如果 $f(x)$ 能展开成 $x - x_0$ 的幂级数, 则其展开式是唯一的, 它就是 $f(x)$ 在 x_0 处的 Taylor 级数.

下面介绍将函数 f 展开为幂级数的基本方法.

1. 直接展开法

根据定理 1 与定理 2, 将 $f(x)$ 展开成 $x - x_0$ 的幂级数, 可以按如下步骤进行:

(1) 计算 $f(x)$ 在 x_0 处的各阶导数 $f'(x_0), f''(x_0), \cdots, f^{(n)}(x_0), \cdots$.

(2) 写出 $f(x)$ 在 x_0 处的 Taylor 级数

$$f(x_0) + f'(x_0)(x-x_0) + \cdots + \frac{f^{(n)}(x_0)}{n!}(x-x_0)^n + \cdots,$$

并求出其收敛半径 R 及收敛域 B.

(3) 考察当 $x \in B$ 时, 余项 $r_n(x)$ 的极限

$$\lim_{n\to\infty} r_n(x) = \lim_{n\to\infty} \frac{f^{(n+1)}(\xi)}{(n+1)!}(x-x_0)^{n+1} \quad (\xi \text{ 在 } x \text{ 与 } x_0 \text{ 之间})$$

是否为零, 如果极限为零, 则得到 $f(x)$ 在 x_0 处的幂级数展开式为

$$f(x) = \sum_{n=0}^{\infty} \frac{f^{(n)}(x_0)}{n!}(x-x_0)^n, \quad x \in B.$$

这种将 $f(x)$ 展开成幂级数的方法称为**直接展开法** (简称为直接法).

例 1 将 $f(x) = \mathrm{e}^x$ 展开为 x 的幂级数.

解 因为 e^x 的 Maclaurin 公式为

$$\mathrm{e}^x = 1 + x + \frac{x^2}{2!} + \cdots + \frac{x^n}{n!} + r_n(x),$$

其中 $r_n(x) = \dfrac{\mathrm{e}^{\xi}}{(n+1)!}x^{n+1}$, ξ 在 0 与 x 之间, 级数 $1 + x + \dfrac{x^2}{2!} + \cdots + \dfrac{x^n}{n!} + \cdots$ 的收敛半径 $R = +\infty$.

由于对任何有限的数 x, ξ (ξ 在 0 与 x 之间), 有

$$|r_n(x)| = \left|e^{\xi}\frac{x^{n+1}}{(n+1)!}\right| < e^{|x|}\frac{|x|^{n+1}}{(n+1)!},$$

而级数 $\sum\limits_{n=1}^{\infty}\frac{|x|^{n+1}}{(n+1)!}$ 收敛, 故当 $n\to\infty$ 时, $\frac{|x|^{n+1}}{(n+1)!}\to 0$. 因此有

$$|r_n(x)| < e^{|x|}\frac{|x|^{n+1}}{(n+1)!}\to 0(n\to\infty).$$

于是 e^x 可展开为 x 的幂级数

$$e^x = 1 + x + \frac{x^2}{2!} + \cdots + \frac{x^n}{n!} + \cdots (-\infty < x < +\infty). \tag{5.6.1}$$

例 2 将 $f(x) = \sin x$ 展开为 x 的幂级数.

解 因为 $\sin x$ 的 Maclaurin 公式为

$$\sin x = x - \frac{x^3}{3!} + \frac{x^5}{5!} - \cdots + (-1)^{n-1}\frac{x^{2n-1}}{(2n-1)!} + \frac{\sin[\xi + (2n+1)\frac{\pi}{2}]}{(2n+1)!}\cdot x^{2n+1},$$

其中 ξ 在 0 与 x 之间, 而级数 $x - \frac{x^3}{3!} + \frac{x^5}{5!} - \frac{x^7}{7!} + \cdots$ 的收敛半径 $R = +\infty$.

由于对任何有限的数 x 及 ξ(ξ 在 0 与 x 之间), 有

$$|r_{2n}(x)| = \left|\sin\left(\xi + \frac{2n+1}{2}\pi\right)\cdot\frac{x^{2n+1}}{(2n+1)!}\right| \leqslant \frac{|x|^{2n+1}}{(2n+1)!},$$

而级数 $\sum\limits_{n=0}^{\infty}\frac{|x|^{2n+1}}{(2n+1)!}$ 收敛, 故当 $n\to\infty$ 时, $\frac{|x|^{2n+1}}{(2n+1)!}\to 0$, 从而 $\lim\limits_{n\to\infty} r_{2n}(x) = 0$. 于是 $\sin x$ 可展开为 x 的幂级数

$$\sin x = x - \frac{x^3}{3!} + \frac{x^5}{5!} - \frac{x^7}{7!} + \cdots + (-1)^{n-1}\frac{x^{2n-1}}{(2n-1)!} + \cdots \quad (-\infty < x < +\infty). \tag{5.6.2}$$

2. 间接展开法

从上面的两个例题可以看到, 用直接展开法时, 需要求出 $f(x)$ 的 n 阶导数的通式, 还要考虑是否有 $\lim\limits_{n\to\infty} r_n(x) = 0$. 对有些函数这两点不易做到, 有时甚至无法做到. 因此只要可能, 我们就避免使用直接法而用其他的方法, 常用的方法是间接展开法, 所谓**间接展开法** (简称间接法) 就是利用一些已知函数的 Taylor 展开式, 通过幂级数的运算, 特别是逐项微分和逐项积分等而得到所给函数的幂级数展开式, 由定理 2 可知, 由间接法得到的结果应当与用直接法得出的结果完全一致. 间接法有较大的灵活性, 下面通过例子来说明这种方法.

例 3 将下列函数展开为 x 的幂级数:

(1) $f(x) = \cos x$;
(2) $f(x) = \ln(1+x)$;
(3) $f(x) = (1+x)^m$(m为任意常数);
(4) $f(x) = \arctan x$.

解 (1) 因为

$$\sin x = x - \frac{x^3}{3!} + \frac{x^5}{5!} - \cdots + (-1)^n \frac{x^{2n+1}}{(2n+1)!} + \cdots, \quad x \in (-\infty, +\infty),$$

对上式逐项求导得

$$\cos x = 1 - \frac{x^2}{2!} + \frac{x^4}{4!} + \cdots + (-1)^n \frac{x^{2n}}{(2n)!} + \cdots, \quad x \in (-\infty, +\infty). \tag{5.6.3}$$

(2) 因为

$$\frac{1}{1+x} = 1 - x + x^2 - x^3 + \cdots + (-1)^{n-1} x^{n-1} + \cdots = \sum_{n=1}^{\infty} (-1)^{n-1} x^{n-1}, \quad x \in (-1, 1).$$

对上式从 0 到 x 逐项积分并注意到 $\ln 1 = 0$, 得

$$\begin{aligned} \ln(1+x) &= \int_0^x \frac{1}{1+x} \mathrm{d}x = \sum_{n=1}^{\infty} (-1)^{n-1} \int_0^x x^{n-1} \mathrm{d}x \\ &= \sum_{n=1}^{\infty} \frac{(-1)^{n-1}}{n} x^n, \quad x \in (-1, 1), \end{aligned}$$

由上一节例 1 知, 上式右端的幂级数的收敛域为 $(1, 1]$, 因为幂级数 $\sum\limits_{n=1}^{\infty} \frac{(-1)^{n-1}}{n} x^n$ 在 $x = 1$ 处收敛, $\ln(1+x)$ 在 $x = 1$ 处连续, 所以

$$\ln(1+x) = \sum_{n=1}^{\infty} \frac{(-1)^{n-1}}{n} x^n, \quad x \in (-1, 1]. \tag{5.6.4}$$

(3) 为了避免讨论 Taylor 公式的余项 $r_n(x)$, 我们采用以下的步骤进行: 先求出 $f(x)$ 的 Maclaurin 级数, 并求出收敛区间, 再设在收敛区间上的和函数为 $\varphi(x)$, 然后证明 $\varphi(x) \equiv f(x)$.

因为

$$\begin{aligned} &f'(x) = m(1+x)^{m-1}, \\ &f''(x) = m(m-1)(1+x)^{m-2}, \\ &\cdots\cdots\cdots\cdots \\ &f^{(n)}(x) = m(m-1)\cdots(m-n+1)(1+x)^{m-n}, \\ &\cdots\cdots\cdots\cdots \end{aligned}$$

于是

$$\begin{aligned} &f'(0) = m, \\ &f''(0) = m(m-1), \\ &\cdots\cdots\cdots\cdots \\ &f^{(n)}(0) = m(m-1)\cdots(m-n+1), \\ &\cdots\cdots\cdots\cdots \end{aligned}$$

写出级数

$$1+mx+\frac{m(m-1)}{2!}x^2+\cdots+\frac{m(m-1)\cdots(m-n+1)}{n!}x^n+\cdots,$$

不难求出它的收敛半径 $R=1$.

现设上述级数在 $(-1,1)$ 内收敛于 $\varphi(x)$, 即

$$\varphi(x)=1+mx+\frac{m(m-1)}{2!}x^2+\cdots+\frac{m(m-1)\cdots(m-n+1)}{n!}x^n+\cdots,\quad x\in(-1,1).\quad(5.6.5)$$

下面证明 $\varphi(x)=f(x)=(1+x)^m$.

(5.6.5) 式两边对 x 求导得

$$\varphi'(x)=m\Big[1+\frac{m-1}{1}x+\cdots+\frac{(m-1)\cdots(m-n+1)}{(n-1)!}x^{n-1}+\cdots\Big],$$

上式两边同乘 $(1+x)$, 并将含有 x^n 的两项合并起来, 再利用恒等式

$$\begin{aligned}&\frac{(m-1)\cdots(m-n+1)}{(n-1)!}+\frac{(m-1)\cdots(m-n+1)(m-n)}{n!}\\=&\frac{m(m-1)\cdots(m-n+1)}{n!},\end{aligned}$$

则得

$$\begin{aligned}&(1+x)\varphi'(x)\\=&m\Big[1+mx+\frac{m(m-1)}{2!}x^2+\cdots+\frac{m(m-1)\cdots(m-n+1)}{n!}x^n+\cdots\Big],\end{aligned}$$

即

$$(1+x)\varphi'(x)=m\varphi(x).$$

这是一阶微分方程, 它满足初值条件 $\varphi(0)=1$, 解此方程得

$$\varphi(x)=(1+x)^m.$$

因此, 在区间 $(-1,1)$ 内我们有展开式

$$(1+x)^m=1+mx+\frac{m(m-1)}{2!}x^2+\cdots+\frac{m(m-1)\cdots(m-n+1)}{n!}x^n+\cdots.\quad(5.6.6)$$

在区间 $(-1,1)$ 的端点处, 展开式是否成立要由 m 的数值而定, 情况较复杂, 这里不加讨论.(5.6.6) 式右端的级数称为**二项级数**.

(4) 因为

$$\frac{1}{1+x^2}=\sum_{n=0}^{\infty}(-1)^n x^{2n},\quad x\in(-1,1),$$

对上式从 0 到 x 逐项积分并注意到 $\arctan 0=0$, 得

$$\begin{aligned}\arctan x&=\int_0^x\frac{1}{1+x^2}\mathrm{d}x=\sum_{n=0}^{\infty}(-1)^n\int_0^x x^{2n}\mathrm{d}x\\&=\sum_{n=0}^{\infty}\frac{(-1)^n}{2n+1}x^{2n+1},\quad x\in(-1,1),\end{aligned}$$

当 $x=\pm 1$ 时, 上式右端的级数分别化为 $\sum\limits_{n=0}^{\infty}\dfrac{(-1)^n}{2n+1}$ 与 $\sum\limits_{n=0}^{\infty}\dfrac{(-1)^{n+1}}{2n+1}$, 它们都是收敛的, $\arctan x$ 在 $x=\pm 1$ 处连续, 所以

$$\arctan x=\sum_{n=0}^{\infty}\frac{(-1)^n}{2n+1}x^{2n+1},\quad x\in[-1,1]. \tag{5.6.7}$$

至此我们已导出一些基本初等函数的幂级数展开式, 读者应记住它们. 以这些公式为基础, 通过适当的方法, 就可导出另外一些初等函数的展开式.

例如, 将 $\mathrm{e}^x=1+x+\dfrac{x^2}{2!}+\cdots+\dfrac{x^n}{n!}+\cdots(-\infty<x<+\infty)$ 中的 x 换为 $-x^2$, 可得 e^{-x^2} 的展开式

$$\mathrm{e}^{-x^2}=1-x^2+\frac{x^4}{2!}-\cdots+(-1)^n\frac{x^{2n}}{n!}+\cdots(-\infty<x<+\infty).$$

例 4 将 $\ln x$ 展开为 $x-2$ 的幂级数.

解 因为

$$\begin{aligned}\ln x&=\ln[2+(x-2)]=\ln\left[2\left(1+\frac{x-2}{2}\right)\right]\\&=\ln 2+\ln\left(1+\frac{x-2}{2}\right),\end{aligned}$$

设 $y=\dfrac{x-2}{2}$, 则有

$$\begin{aligned}\ln\left(1+\frac{x-2}{2}\right)&=\ln(1+y)\\&=y-\frac{y^2}{2}+\frac{y^3}{3}-\cdots+\frac{(-1)^{n-1}}{n}y^n+\cdots\\&=\frac{x-2}{2}-\frac{1}{2}\left(\frac{x-2}{2}\right)^2+\cdots+\frac{(-1)^{n-1}}{n}\left(\frac{x-2}{2}\right)^n+\cdots(0<x\leqslant 4),\end{aligned}$$

于是得

$$\ln x=\ln 2+\frac{x-2}{2}-\frac{1}{2}\left(\frac{x-2}{2}\right)^2+\cdots+\frac{(-1)^{n-1}}{n}\left(\frac{x-2}{2}\right)^n+\cdots(0<x\leqslant 4).$$

例 5 将 $\sin x$ 展开为 $x-\dfrac{\pi}{6}$ 的幂级数.

解 因为

$$\begin{aligned}\sin x&=\sin\left[\left(x-\frac{\pi}{6}\right)+\frac{\pi}{6}\right]\\&=\sin\frac{\pi}{6}\cos\left(x-\frac{\pi}{6}\right)+\cos\frac{\pi}{6}\sin\left(x-\frac{\pi}{6}\right)\\&=\frac{1}{2}\cos\left(x-\frac{\pi}{6}\right)+\frac{\sqrt{3}}{2}\sin\left(x-\frac{\pi}{6}\right),\end{aligned}$$

利用

$$\cos\left(x-\frac{\pi}{6}\right)=1-\frac{1}{2!}\left(x-\frac{\pi}{6}\right)^2+\cdots+\frac{(-1)^n}{(2n)!}\left(x-\frac{\pi}{6}\right)^{2n}+\cdots(-\infty<x<+\infty),$$

$$\sin\left(x-\frac{\pi}{6}\right)=\left(x-\frac{\pi}{6}\right)-\frac{1}{3!}\left(x-\frac{\pi}{6}\right)^3+\cdots+\frac{(-1)^n}{(2n+1)!}\left(x-\frac{\pi}{6}\right)^{2n+1}+\cdots(-\infty<x<+\infty),$$

则得

$$\begin{aligned}\sin x=&\frac{1}{2}+\frac{\sqrt{3}}{2}\left(x-\frac{\pi}{6}\right)-\frac{1}{2\cdot 2!}\left(x-\frac{\pi}{6}\right)^2-\frac{\sqrt{3}}{2\cdot 3!}\left(x-\frac{\pi}{6}\right)^3+\cdots+\\&\frac{(-1)^n}{2\cdot(2n)!}\left(x-\frac{\pi}{6}\right)^{2n}+\frac{(-1)^n\sqrt{3}}{2\cdot(2n+1)!}\left(x-\frac{\pi}{6}\right)^{2n+1}+\cdots(-\infty<x<+\infty).\end{aligned}$$

习 题 5.6

1. 将下列函数展开成 x 的幂级数:

(1) $f(x)=x^2\mathrm{e}^{-x}$;

(2) $f(x)=\cosh x$;

(3) $f(x)=\ln(a+x)\,(a>0)$;

(4) $f(x)=\ln\dfrac{1+x}{1-x}$;

(5) $f(x)=\arcsin x$;

(6) $f(x)=\cos^2 2x$;

(7) $f(x)=\dfrac{1+x}{\sqrt{1+x^2}}$;

(8) $f(x)=\dfrac{1}{x^2+3x+2}$.

2. 将下列函数在指定点处展开成幂级数:

(1) $f(x)=\dfrac{1}{x},\quad x_0=-2$;

(2) $f(x)=\mathrm{e}^x,\quad x_0=1$;

(3) $f(x)=\cos x,\quad x_0=-\dfrac{\pi}{3}$;

(4) $f(x)=\ln x,\quad x_0=3$;

(5) $f(x)=x^{\frac{3}{2}},\quad x_0=1$;

(6) $f(x)=\dfrac{1}{2x^2+7x+6},\quad x_0=2$.

§5.7 Fourier (傅里叶) 级数

前面所讨论的幂级数是一类重要的函数项级数, 用幂级数表示函数有许多优越性. 但是, 函数展开成 $x-x_0$ 的幂级数的条件很苛刻, 它要求函数在 x_0 的邻域内有任意阶导数. 因此, 用幂级数表示函数在理论上和应用中都有很大的局限性, 如函数 $|x|$ 尽管很简单, 但也不能展开成 x 的幂级数.

另一方面, 在实际问题中, 常常会遇到各种各样的周期现象, 周期现象在数学上可以用周期函数来描述. 最常见、最简单的周期函数是正弦函数, 如描述简谐振动的函数 $y=A\sin(\omega t+\varphi)$ 就是一个以 $\dfrac{2\pi}{\omega}$ 为周期的正弦函数. 除了正弦函数外, 还有非正弦的周期函数, 它们反映了较复杂的周期运动. 如何研究非正弦周期函数呢? 联系到前面所介绍的函数的幂级数展开, 能否将周期函数展开成由简单的周期函数 (如正弦、余弦函数) 组成的级数呢? 为此, 我们引进三角级数的概念.

由三角函数 $1, \cos x, \sin x, \cos 2x, \sin 2x, \cdots, \cos nx, \sin nx, \cdots$ 构成的函数项级数

$$\frac{a_0}{2}+\sum_{n=1}^{\infty}(a_n \cos nx+b_n \sin nx)$$

称为**三角级数**. 本节着重讨论如何将周期函数展成三角级数.

5.7.1 三角函数系的正交性

函数系

$$1, \cos x, \sin x, \cos 2x, \sin 2x, \cdots, \cos nx, \sin nx, \cdots \tag{5.7.1}$$

称为**三角函数系**. 显然, 三角函数系中的每一个函数都是以 2π 为周期的函数.

我们称三角函数系 (5.7.1) 在 $[-\pi, \pi]$ 上是**正交**的, 是指三角函数系 (5.7.1) 中任何两个不同函数的乘积在区间 $[-\pi, \pi]$ 上的积分等于零, 即

$$\begin{aligned}
&\int_{-\pi}^{\pi} \cos nx \mathrm{d}x=0 \quad(n=1,2,3, \cdots), \\
&\int_{-\pi}^{\pi} \sin nx \mathrm{d}x=0 \quad(n=1,2,3, \cdots), \\
&\int_{-\pi}^{\pi} \cos mx \sin nx \mathrm{d}x=0 \quad(m, n=1,2,3, \cdots), \\
&\int_{-\pi}^{\pi} \cos mx \cos nx \mathrm{d}x=0 \quad(m, n=1,2,3, \cdots, m \neq n), \\
&\int_{-\pi}^{\pi} \sin mx \sin nx \mathrm{d}x=0 \quad(m, n=1,2,3, \cdots, m \neq n).
\end{aligned}$$

以上各式, 都可以通过直接计算定积分来验证, 在此就不加证明了.

此外, 三角函数系 (5.7.1) 中的任意一个函数的自乘在 $[-\pi, \pi]$ 上的积分为

$$\begin{aligned}
&\int_{-\pi}^{\pi} 1^2 \mathrm{d}x=2\pi, \\
&\int_{-\pi}^{\pi} \cos^2 nx \mathrm{d}x=\pi \quad(n=1,2, \cdots), \\
&\int_{-\pi}^{\pi} \sin^2 nx \mathrm{d}x=\pi \quad(n=1,2, \cdots).
\end{aligned}$$

5.7.2 函数展开为 Fourier 级数

设以 2π 为周期的函数 $f(x)$ 可展开为三角级数, 即

$$f(x)=\frac{a_0}{2}+\sum_{n=1}^{\infty}(a_n \cos nx+b_n \sin nx), \tag{5.7.2}$$

我们自然要问: 系数 $a_0,a_1,b_1,a_2,b_2,\cdots$ 与函数 $f(x)$ 之间存在着怎样的关系? 或者说如何利用 $f(x)$ 把 $a_0,a_1,b_1,a_2,b_2,\cdots$ 表示出来? 为此, 我们进一步假设级数 (5.7.2) 在 $[-\pi,\pi]$ 上可以逐项积分.

(5.7.2) 式两边在 $[-\pi,\pi]$ 上积分, 得

$$\int_{-\pi}^{\pi} f(x)\mathrm{d}x=\int_{-\pi}^{\pi}\frac{a_0}{2}\mathrm{d}x+\sum_{k=1}^{\infty}\left(a_k\int_{-\pi}^{\pi}\cos kx\mathrm{d}x+b_k\int_{-\pi}^{\pi}\sin kx\mathrm{d}x\right),$$

根据三角函数系的正交性, 得

$$\int_{-\pi}^{\pi} f(x)\mathrm{d}x=\pi a_0,$$

故

$$a_0=\frac{1}{\pi}\int_{-\pi}^{\pi} f(x)\mathrm{d}x.$$

为了求系数 a_n, 用 $\cos nx$ 乘 (5.7.2) 式两边后, 在 $[-\pi,\pi]$ 上逐项积分, 得

$$\int_{-\pi}^{\pi} f(x)\cos nx\mathrm{d}x=\frac{a_0}{2}\int_{-\pi}^{\pi}\cos nx\mathrm{d}x+\sum_{k=1}^{\infty}\left(a_k\int_{-\pi}^{\pi}\cos kx\cos nx\mathrm{d}x+b_k\int_{-\pi}^{\pi}\sin kx\cos nx\mathrm{d}x\right),$$

由三角函数系的正交性知, 等式右端 $k=n$ 那一项为

$$a_n\int_{-\pi}^{\pi}\cos^2 nx\mathrm{d}x=\frac{a_n}{2}\int_{-\pi}^{\pi}(1+\cos 2nx)\mathrm{d}x=a_n\pi,$$

其余 $k\neq n$ 的项均为零. 于是

$$\int_{-\pi}^{\pi} f(x)\cos nx\mathrm{d}x=a_n\int_{-\pi}^{\pi}\cos^2 nx\mathrm{d}x=a_n\pi,$$

故

$$a_n=\frac{1}{\pi}\int_{-\pi}^{\pi} f(x)\cos nx\mathrm{d}x\quad(n=1,2,\cdots).$$

同理, 用 $\sin nx$ 乘 (5.7.2) 式两边后, 在 $[-\pi,\pi]$ 上逐项积分, 可得

$$b_n=\frac{1}{\pi}\int_{-\pi}^{\pi} f(x)\sin nx\mathrm{d}x\quad(n=1,2,\cdots).$$

由于当 $n=0$ 时, a_n 的表达式正好给出 a_0, 所以, 上述结果可以合并写成

$$\begin{cases}a_n=\dfrac{1}{\pi}\displaystyle\int_{-\pi}^{\pi} f(x)\cos nx\mathrm{d}x\quad(n=0,1,2,\cdots),\\ b_n=\dfrac{1}{\pi}\displaystyle\int_{-\pi}^{\pi} f(x)\sin nx\mathrm{d}x\quad(n=1,2,\cdots).\end{cases}\tag{5.7.3}$$

(5.7.3) 式称为**Euler–Fourier 公式**. 如果函数 f 在 $[-\pi,\pi]$ 上可积, 则 Euler–Fourier 公式中的定积分存在, $a_n(n=0,1,\cdots)$, $b_n(n=1,2,\cdots)$ 称为函数 f 的 **Fourier 系数**. 由这些系数作出的三角级数

$$\frac{a_0}{2}+\sum_{n=1}^{\infty}(a_n\cos nx+b_n\sin nx)$$

称为函数 f 的 **Fourier 级数**, 记为

$$f(x) \sim \frac{a_0}{2} + \sum_{n=1}^{\infty}(a_n \cos nx + b_n \sin nx). \tag{5.7.4}$$

例 1 设以 2π 为周期的函数 f 在一个周期内的表达式为

$$f(x) = x, \quad -\pi < x \leqslant \pi,$$

求 $f(x)$ 的 Fourier 级数.

解 由公式 (5.7.3), 得

$$\begin{aligned}
a_0 &= \frac{1}{\pi}\int_{-\pi}^{\pi} f(x)\mathrm{d}x = \frac{1}{\pi}\int_{-\pi}^{\pi} x\mathrm{d}x = 0,\\
a_n &= \frac{1}{\pi}\int_{-\pi}^{\pi} f(x)\cos nx\mathrm{d}x = \frac{1}{\pi}\int_{-\pi}^{\pi} x\cos nx\mathrm{d}x\\
&= 0 \quad (n = 1, 2, \cdots),\\
b_n &= \frac{1}{\pi}\int_{-\pi}^{\pi} f(x)\sin nx\mathrm{d}x = \frac{1}{\pi}\int_{-\pi}^{\pi} x\sin nx\mathrm{d}x\\
&= -\frac{1}{n\pi}\left(x\cos nx - \frac{1}{n}\sin nx\right)\Big|_{-\pi}^{\pi}\\
&= -\frac{2}{n}(-1)^n = \frac{2(-1)^{n+1}}{n} \quad (n = 1, 2, \cdots),
\end{aligned}$$

故

$$f(x) \sim \sum_{n=1}^{\infty} \frac{2(-1)^{n+1}}{n}\sin nx.$$

由上面的讨论知道, 只要函数 f 在 $[-\pi, \pi]$ 上可积, 就可根据公式 (5.7.3) 算出 f 的 Fourier 系数从而得到 f 的 Fourier 级数 (5.7.4). 现在的问题是: 函数 f 满足什么条件时, 其 Fourier 级数收敛, 而且收敛于 f?

下面给出的 Fourier 级数的收敛定理回答了这个问题.

定理 1 (Dirichlet (狄利克雷) 充分条件, 收敛定理) 设 $f(x)$ 是以 2π 为周期的函数, 在区间 $[-\pi, \pi]$ 上满足:

(1) 连续或只有有限个第一类间断点;

(2) 只有有限个极值点,

则 $f(x)$ 的 Fourier 级数

$$\frac{a_0}{2} + \sum_{n=1}^{\infty}(a_n \cos nx + b_n \sin nx)$$

在 $[-\pi, \pi]$ 上收敛, 并且其和函数 $S(x)$ 为

$$S(x) = \begin{cases} f(x), & x\text{为}f(x)\text{的连续点},\\ \dfrac{f(x+0) + f(x-0)}{2}, & x\text{为}f(x)\text{的间断点},\\ \dfrac{f(-\pi+0) + f(\pi-0)}{2}, & x = \pm\pi. \end{cases}$$

证明略.

定理 1 中的条件称为 **Dirichlet 条件**, 这些条件对常见的函数都是满足的, 因而定理的适用范围是相当广泛的.

由于函数 f 和它的 Fourier 级数的各项都以 2π 为周期, 所以级数的收敛情况也适用于 $[-\pi,\pi]$ 以外的一切点. 因此, 对于以 2π 为周期的函数, 其 Fourier 级数的收敛情况只要在一个周期 $[-\pi,\pi]$ 上考虑即可.

由定理 1 可知, 对于满足 Dirichlet 条件的函数 f, 在其连续点处有

$$f(x)=\frac{a_0}{2}+\sum_{n=1}^{\infty}(a_n\cos nx+b_n\sin nx), \tag{5.7.5}$$

即 $f(x)$ 可用它的 Fourier 级数表示, (5.7.5) 式中是“$=$”号, 而不再是“$\sim$”号; 在其间断点处级数收敛于 $f(x)$ 在该点的左极限与右极限的算术平均值.

例 2 设函数 f 以 2π 为周期, 在一个周期内

$$f(x)=\begin{cases}-\pi, & -\pi<x\leqslant 0,\\ x, & 0<x\leqslant\pi,\end{cases}$$

将 $f(x)$ 展开成 Fourier 级数.

解 因为

$$\begin{aligned}
a_0&=\frac{1}{\pi}\int_{-\pi}^{\pi}f(x)\mathrm{d}x=\frac{1}{\pi}\int_{-\pi}^{0}-\pi\mathrm{d}x+\frac{1}{\pi}\int_{0}^{\pi}x\mathrm{d}x=-\frac{\pi}{2},\\
a_n&=\frac{1}{\pi}\int_{-\pi}^{\pi}f(x)\cos nx\mathrm{d}x=\frac{1}{\pi}\left(\int_{-\pi}^{0}-\pi\cos nx\mathrm{d}x+\int_{0}^{\pi}x\cos nx\mathrm{d}x\right)\\
&=\frac{1}{\pi}\cdot\frac{\cos n\pi-1}{n^2}=\frac{1}{\pi n^2}[(-1)^n-1]\quad(n=1,2,\cdots),\\
b_n&=\frac{1}{\pi}\int_{-\pi}^{\pi}f(x)\sin nx\mathrm{d}x=\frac{1}{\pi}\left(\int_{-\pi}^{0}-\pi\sin nx\mathrm{d}x+\int_{0}^{\pi}x\sin nx\mathrm{d}x\right)\\
&=\frac{1-2\cos n\pi}{n}=\frac{1}{n}[1-2(-1)^n]\quad(n=1,2,\cdots),
\end{aligned}$$

所以 $f(x)$ 的 Fourier 级数为

$$\begin{gathered}
-\frac{\pi}{4}-\frac{1}{\pi}\left(2\cos x+\frac{2\cos 3x}{3^2}+\frac{2\cos 5x}{5^2}+\cdots\right)+\\
\left(3\sin x-\frac{\sin 2x}{2}+\frac{3\sin 3x}{3}-\frac{\sin 4x}{4}+\frac{3\sin 5x}{5}-\cdots\right),
\end{gathered}$$

由于 $f(x)$ 满足 Dirichlet 条件, 故由定理 1 得

$$\begin{aligned}
f(x)=&-\frac{\pi}{4}-\frac{1}{\pi}\left(2\cos x+\frac{2\cos 3x}{3^2}+\frac{2\cos 5x}{5^2}+\cdots\right)+\\
&\left(3\sin x-\frac{\sin 2x}{2}+\frac{3\sin 3x}{3}-\frac{\sin 4x}{4}+\frac{3\sin 5x}{5}-\cdots\right)\\
&(-\pi<x<0,0<x<\pi),
\end{aligned}$$

当 $x=0$ 时, 级数收敛于 $\frac{1}{2}[f(0+0)+f(0-0)]=-\frac{\pi}{2}$;

当 $x=\pm\pi$ 时, 级数收敛于 $\frac{1}{2}[f(-\pi+0)+f(\pi-0)]=0$.

$f(x)$ 的图形与其 Fourier 级数的和函数的图形分别如图 5.1(a), (b) 所示.

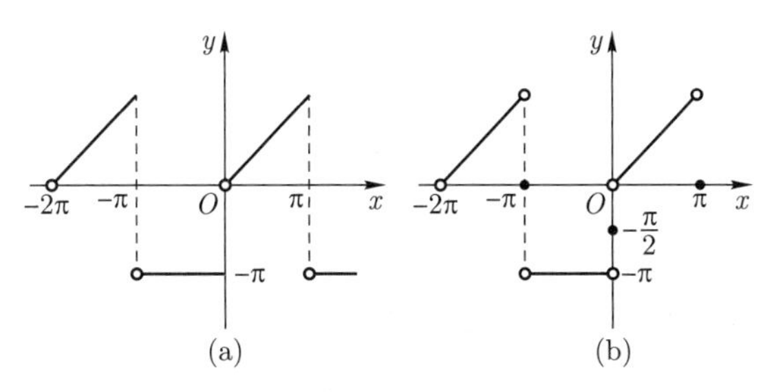

图 5.1

例 3 设函数 f 以 2π 为周期, 在一个周期内

$$f(x)=\begin{cases}0, & -\pi<x\leqslant 0,\\ 1, & 0<x\leqslant\pi,\end{cases}$$

将 $f(x)$ 展开成 Fourier 级数.

解 因为

$$\begin{aligned}a_0&=\frac{1}{\pi}\int_{-\pi}^{\pi}f(x)\mathrm{d}x=\frac{1}{\pi}\int_0^{\pi}1\mathrm{d}x=1,\\ a_n&=\frac{1}{\pi}\int_{-\pi}^{\pi}f(x)\cos nx\mathrm{d}x=\frac{1}{\pi}\int_0^{\pi}\cos nx\mathrm{d}x=0\quad(n=1,2,\cdots),\\ b_n&=\frac{1}{\pi}\int_{-\pi}^{\pi}f(x)\sin nx\mathrm{d}x=\frac{1}{\pi}\int_0^{\pi}\sin nx\mathrm{d}x\\ &=\frac{1}{n\pi}(1-\cos n\pi)=\frac{1}{n\pi}[1-(-1)^n]\quad(n=1,2,\cdots),\end{aligned}$$

所以

$$f(x)\sim\frac{1}{2}+\sum_{n=1}^{\infty}\frac{1}{n\pi}[1-(-1)^n]\sin nx.$$

由于 $f(x)$ 满足 Dirichlet 条件, 故由定理 1 得

$$f(x)=\frac{1}{2}+\sum_{n=1}^{\infty}\frac{1}{n\pi}[1-(-1)^n]\sin nx\quad(-\pi<x<0,0<x<\pi),$$

当 $x=0$ 时, 级数收敛于 $\frac{1}{2}[f(0+0)+f(0-0)]=\frac{1}{2}$;

当 $x=\pm\pi$ 时, 级数收敛于 $\frac{1}{2}[f(-\pi+0)+f(\pi-0)]=\frac{1}{2}$.

$f(x)$ 的图形与其 Fourier 级数的和函数的图形分别如图 5.2(a), (b) 所示.

前面所述的函数 f 都是以 2π 为周期的周期函数, 如果函数 f 只在区间 $[-\pi,\pi]$ 上有定义, 并且满足 Dirichlet 条件, 那么 f 在 $[-\pi,\pi]$ 上也可以展开成 Fourier 级数. 事实上, 我们可以将

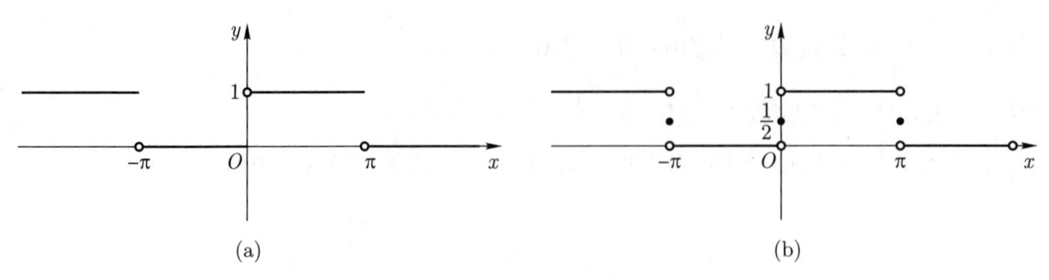

(a) (b)

图 5.2

f 延拓为以 2π 为周期的函数 F, 即定义一个函数 $F(x)$, 使它在 $(-\infty,+\infty)$ 上以 2π 为周期, 在 $[-\pi,\pi]$ 上 $F(x)=f(x)$, $F(x)$ 称为 $f(x)$ 的**周期延拓**. 将 $F(x)$ 展开成 Fourier 级数 (其中 Fourier 系数 $a_n=\dfrac{1}{\pi}\displaystyle\int_{-\pi}^{\pi}F(x)\cos nx\mathrm{d}x=\dfrac{1}{\pi}\displaystyle\int_{-\pi}^{\pi}f(x)\cos nx\mathrm{d}x, n=0,1,2,\cdots$; $b_n=\displaystyle\int_{-\pi}^{\pi}F(x)\sin nx\mathrm{d}x=\displaystyle\int_{-\pi}^{\pi}f(x)\sin nx\mathrm{d}x, n=1,2,\cdots$), 限制 x 在 $[-\pi,\pi]$ 上, 便得到 $f(x)$ 的 Fourier 级数展开式.

例 4 将 $f(x)=x^2(-\pi\leqslant x\leqslant\pi)$ 展开成 Fourier 级数.

解 因为 $f(x)=x^2$ 在 $[-\pi,\pi]$ 上为偶函数, 所以

$$\begin{aligned}
b_n&=0\quad(n=1,2,\cdots),\\
a_0&=\frac{2}{\pi}\int_0^{\pi}x^2\mathrm{d}x=\frac{2}{3}\pi^2,\\
a_n&=\frac{2}{\pi}\int_0^{\pi}x^2\cos nx\mathrm{d}x=\frac{2}{\pi}\int_0^{\pi}\frac{x^2}{n}\mathrm{d}(\sin nx)\\
&=\frac{2}{\pi}\left(\frac{x^2}{n}\sin nx\Big|_0^{\pi}-\frac{1}{n}\int_0^{\pi}\sin nx\cdot 2x\mathrm{d}x\right)\\
&=\frac{2}{\pi}\left[\frac{2}{n^2}\int_0^{\pi}x\mathrm{d}(\cos nx)\right]=\frac{4}{\pi n^2}\left(x\cos nx\Big|_0^{\pi}-\int_0^{\pi}\cos nx\mathrm{d}x\right)\\
&=\frac{4}{n^2}\cos n\pi=\frac{4(-1)^n}{n^2}\quad(n=1,2,\cdots).
\end{aligned}$$

$f(x)$ 在 $(-\pi,\pi)$ 内连续, 又 $\dfrac{1}{2}[f(\pi-0)+f(-\pi+0)]=\pi^2=f(\pm\pi)$, 故由定理 1 得

$$x^2=\frac{\pi^2}{3}+4\sum_{n=1}^{\infty}\frac{(-1)^n}{n^2}\cos nx\quad(-\pi\leqslant x\leqslant\pi).$$

利用函数的 Fourier 级数展开式, 可以求出某些常数项级数的和. 例如在上面的展开式中, 若令 $x=0$, 则得

$$\frac{\pi^2}{3}+4\sum_{n=1}^{\infty}\frac{(-1)^n}{n^2}=0,$$

从而

$$\sum_{n=1}^{\infty}\frac{(-1)^{n-1}}{n^2}=\frac{\pi^2}{12}.$$

再令 $x=\pi$ 得

$$\frac{\pi^2}{3}+4\sum_{n=1}^{\infty}\frac{1}{n^2}=\pi^2,$$

从而

$$\sum_{n=1}^{\infty}\frac{1}{n^2}=\frac{\pi^2}{6}.$$

5.7.3 正弦级数和余弦级数

一般说来, 一个函数的 Fourier 级数既含正弦项, 又含余弦项. 但是, 也有一些函数的 Fourier 级数只含有正弦项 (如例 1) 或只含有常数项和余弦项 (如例 4). 这些情况与所给函数 f 的奇偶性有关.

如果函数 f 在区间 $[-\pi,\pi]$ 上为奇函数, 则 $f(x)\cos nx$ 为奇函数, $f(x)\sin nx$ 为偶函数, 于是 $f(x)$ 的 Fourier 系数

$$a_n=\frac{1}{\pi}\int_{-\pi}^{\pi}f(x)\cos nx\mathrm{d}x=0\quad(n=0,1,2,\cdots),$$
$$b_n=\frac{1}{\pi}\int_{-\pi}^{\pi}f(x)\sin nx\mathrm{d}x=\frac{2}{\pi}\int_{0}^{\pi}f(x)\sin nx\mathrm{d}x\quad(n=1,2,\cdots).$$

从而 $f(x)$ 的 Fourier 级数为

$$\sum_{n=1}^{\infty}b_n\sin nx,$$

它是仅有正弦项的级数, 称为**正弦级数**.

如果函数 f 在区间 $[-\pi,\pi]$ 上为偶函数, 则 $f(x)\cos nx$ 为偶函数, $f(x)\sin nx$ 为奇函数, 于是 $f(x)$ 的 Fourier 系数

$$a_0=\frac{1}{\pi}\int_{-\pi}^{\pi}f(x)\mathrm{d}x=\frac{2}{\pi}\int_{0}^{\pi}f(x)\mathrm{d}x,$$
$$a_n=\frac{1}{\pi}\int_{-\pi}^{\pi}f(x)\cos nx\mathrm{d}x=\frac{2}{\pi}\int_{0}^{\pi}f(x)\cos nx\mathrm{d}x\quad(n=1,2,\cdots),$$
$$b_n=\frac{1}{\pi}\int_{-\pi}^{\pi}f(x)\sin nx\mathrm{d}x=0\quad(n=1,2,\cdots).$$

从而 $f(x)$ 的 Fourier 级数为

$$\frac{a_0}{2}+\sum_{n=1}^{\infty}a_n\cos nx,$$

它是仅有常数项和余弦项的级数, 称为**余弦级数**.

在许多实际应用 (如波动问题、热的传导、扩散问题) 中, 有时还需要把定义在区间 $[0,\pi]$ 上的函数 f 展开成正弦级数或余弦级数. 结合前面的讨论结果, 这类问题可按如下方法解决.

如果要将函数 f 在 $[0,\pi]$ 上展开成正弦级数, 可以定义一个函数

$$F(x)=\begin{cases}-f(-x), & x\in(-\pi,0),\\ 0, & x=0,\\ f(x), & x\in(0,\pi],\end{cases}$$

则 $F(x)$ 为 $(-\pi,\pi)$ 的奇函数, 称它为 $f(x)$ 的**奇延拓**. 将 $F(x)$ 在 $(-\pi,\pi]$ 上展开成 Fourier 级数, 这个级数必为正弦级数. 当限制 x 在 $(0,\pi]$ 上时, $F(x)=f(x)$, 于是得到 $f(x)$ 的正弦级数展开式. 此时, Fourier 系数为

$$\begin{aligned}a_n&=\frac{1}{\pi}\int_{-\pi}^{\pi}F(x)\cos nx\mathrm{d}x=0\quad(n=0,1,2,\cdots),\\ b_n&=\frac{1}{\pi}\int_{-\pi}^{\pi}F(x)\sin nx\mathrm{d}x=\frac{2}{\pi}\int_0^{\pi}f(x)\sin nx\mathrm{d}x\quad(n=1,2,\cdots).\end{aligned}$$

如果要将函数 f 在 $[0,\pi]$ 上展开成余弦级数, 可以定义一个函数

$$F(x)=\begin{cases}f(-x), & x\in[-\pi,0),\\ f(x), & x\in[0,\pi],\end{cases}$$

则 $F(x)$ 为 $[-\pi,\pi]$ 上的偶函数, 称它为 $f(x)$ 的**偶延拓**. 将 $F(x)$ 在 $[-\pi,\pi]$ 上展开成 Fourier 级数, 这个级数必为余弦级数. 再限制 x 在 $[0,\pi]$ 上, 便得到 $f(x)$ 的余弦级数展开式. 此时, Fourier 系数为

$$\begin{aligned}a_n&=\frac{1}{\pi}\int_{-\pi}^{\pi}F(x)\cos nx\mathrm{d}x=\frac{2}{\pi}\int_0^{\pi}f(x)\cos nx\mathrm{d}x\quad(n=0,1,2,\cdots),\\ b_n&=\frac{1}{\pi}\int_{-\pi}^{\pi}F(x)\sin nx\mathrm{d}x=0\quad(n=1,2,\cdots).\end{aligned}$$

由此可见, 要将函数 f 在 $[0,\pi]$ 上展开为正弦级数或余弦级数, 只要对它分别作奇延拓或偶延拓. 因为计算 Fourier 系数时只用到 $f(x)\cos nx$, $f(x)\sin nx$ 在 $[0,\pi]$ 上的积分, 所以在具体计算时, 并不需要写出延拓函数 $F(x)$.

例 5 将函数 $f(x)=x+1(0\leqslant x\leqslant\pi)$ 分别展开成正弦级数和余弦级数.

解 先展成正弦级数. 为此, 对 $f(x)$ 进行奇延拓 (如图 5.3(a) 所示). 此时

$$\begin{aligned}a_n&=0\quad(n=0,1,2,\cdots),\\ b_n&=\frac{2}{\pi}\int_0^{\pi}f(x)\sin nx\mathrm{d}x=\frac{2}{\pi}\int_0^{\pi}(x+1)\sin nx\mathrm{d}x\\ &=\frac{2}{n\pi}(1-\pi\cos n\pi-\cos n\pi)=\frac{2}{n\pi}[1-(-1)^n\pi-(-1)^n]\\ &=\begin{cases}\dfrac{2}{n\pi}(\pi+2), & n\text{ 为奇数},\\ -\dfrac{2}{n}, & n\text{ 为偶数},\end{cases}\end{aligned}$$

故

$$x+1=\frac{2}{\pi}\left[(\pi+2)\sin x-\frac{\pi}{2}\sin 2x+\frac{1}{3}(\pi+2)\sin 3x-\frac{\pi}{4}\sin 4x+\cdots\right]\quad(0<x<\pi).$$

当 $x=0$ 及 $x=\pi$ 时, 级数收敛于 0. 和函数的图形如图 5.3(b) 所示.

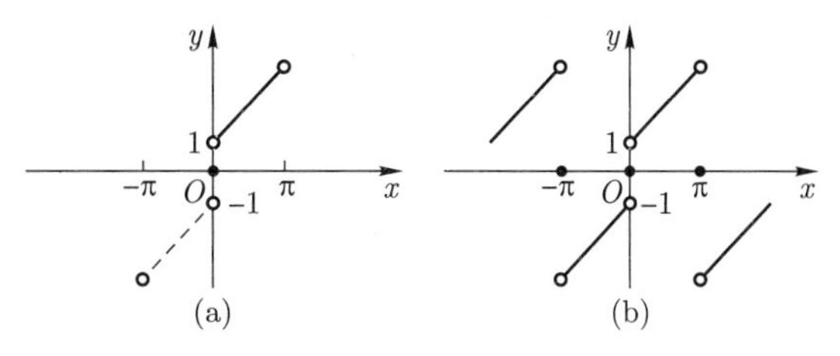

图 5.3

为了展成余弦级数, 应作偶延拓 (如图 5.4(a) 所示). 此时

$$\begin{aligned}
&b_n=0\quad(n=1,2,\cdots),\\
&a_0=\frac{2}{\pi}\int_0^{\pi}(x+1)\mathrm{d}x=\pi+2,\\
&a_n=\frac{2}{\pi}\int_0^{\pi}(x+1)\cos nx\mathrm{d}x=\frac{2}{n^2\pi}(\cos n\pi-1)\\
&\quad=\frac{2}{n^2\pi}[(-1)^n-1]=\begin{cases}0, & n\text{ 为偶数},\\ -\dfrac{4}{n^2\pi}, & n\text{ 为奇数},\end{cases}
\end{aligned}$$

故

$$x+1=\frac{\pi}{2}+1-\frac{4}{\pi}\left(\cos x+\frac{1}{3^2}\cos 3x+\frac{1}{5^2}\cos 5x+\cdots\right)\quad(0\leqslant x\leqslant\pi).$$

和函数的图形如图 5.4(b) 所示.

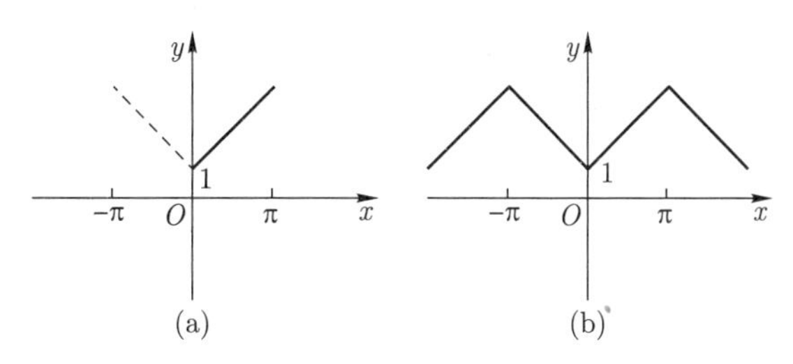

图 5.4

5.7.4 以 $2l$ 为周期的函数的 Fourier 级数

前面讨论的是以 2π 为周期的函数的 Fourier 级数, 但在实际问题中所遇到的周期函数, 它的周期未必是 2π, 所以有必要讨论以 $2l$ (l 为任意正数) 为周期的函数的 Fourier 级数. 关于这个问题我们只需作周期变换就可以解决, 即有以下定理.

定理 2 设以 $2l$ 为周期的函数 f 在 $[-l,l]$ 上满足 Dirichlet 条件, 则在连续点处, 它的 Fourier 级数展开式为

$$f(x)=\frac{a_0}{2}+\sum_{n=1}^{\infty}\left(a_n\cos\frac{n\pi x}{l}+b_n\sin\frac{n\pi x}{l}\right),$$

其中

$$a_n=\frac{1}{l}\int_{-l}^{l}f(x)\cos\frac{n\pi x}{l}\mathrm{d}x\quad(n=0,1,2,\cdots),$$
$$b_n=\frac{1}{l}\int_{-l}^{l}f(x)\sin\frac{n\pi x}{l}\mathrm{d}x\quad(n=1,2,\cdots).$$

证 作变量代换 $t=\dfrac{\pi x}{l}$, 于是区间 $-l\leqslant x\leqslant l$ 变换为区间 $-\pi\leqslant t\leqslant\pi$.

设函数 $f(x)=f\left(\dfrac{l}{\pi}t\right)=F(t)$, 则 $F(t)$ 是以 2π 为周期的函数, 并且满足 Dirichlet 条件. 因而在 $F(t)$ 的连续点处有

$$F(t)=\frac{a_0}{2}+\sum_{n=1}^{\infty}(a_n\cos nt+b_n\sin nt),$$

其中

$$a_n=\frac{1}{\pi}\int_{-\pi}^{\pi}F(t)\cos nt\mathrm{d}t\quad(n=0,1,2,\cdots),$$
$$b_n=\frac{1}{\pi}\int_{-\pi}^{\pi}F(t)\sin nt\mathrm{d}t\quad(n=1,2,\cdots).$$

换回到原变量 x, 并注意到 $F(t)=f(x)$, $t=\dfrac{\pi x}{l}$, $\mathrm{d}t=\dfrac{\pi}{l}\mathrm{d}x$, 则得

$$f(x)=\frac{a_0}{2}+\sum_{n=1}^{\infty}\left(a_n\cos\frac{n\pi x}{l}+b_n\sin\frac{n\pi x}{l}\right),$$

其中

$$a_n=\frac{1}{l}\int_{-l}^{l}f(x)\cos\frac{n\pi x}{l}\mathrm{d}x\quad(n=0,1,2,\cdots),$$
$$b_n=\frac{1}{l}\int_{-l}^{l}f(x)\sin\frac{n\pi x}{l}\mathrm{d}x\quad(n=1,2,\cdots).$$

定理 2 只给出了 $f(x)$ 在连续点处的 Fourier 级数展开式, 类似于以 2π 为周期的函数 Fourier 级数收敛定理, 对于以 $2l$ 为周期的函数 $f(x)$, 如果满足 Dirichlet 条件, 则其 Fourier 级数收敛情况如下

$$\frac{a_0}{2}+\sum_{n=1}^{\infty}\left(a_n\cos\frac{n\pi x}{l}+b_n\sin\frac{n\pi x}{l}\right)$$

$$=\begin{cases} f(x), & x\ \text{为}\ f(x)\ \text{的连续点;} \\ \dfrac{f(x+0)+f(x-0)}{2}, & x\ \text{为}\ f(x)\ \text{的第一类间断点;} \\ \dfrac{f(-l+0)+f(l-0)}{2}, & x=\pm l. \end{cases}$$

类似地, 若 $f(x)$ 在 $(-l,l)$ 上为奇函数, 则

$$f(x)\sim\sum_{n=1}^{\infty}b_n\sin\frac{n\pi x}{l},$$

其中 $b_n=\dfrac{2}{l}\displaystyle\int_0^l f(x)\sin\frac{n\pi x}{l}\mathrm{d}x\quad(n=1,2,\cdots)$.

若 $f(x)$ 在 $(-l,l)$ 上为偶函数, 则

$$f(x)\sim\frac{a_0}{2}+\sum_{n=1}^{\infty}a_n\cos\frac{n\pi x}{l},$$

其中 $a_n=\dfrac{2}{l}\displaystyle\int_0^l f(x)\cos\frac{n\pi x}{l}\mathrm{d}x\quad(n=0,1,2,\cdots)$.

例 6 将以 4 为周期的函数

$$f(x)=\begin{cases} 0, & -2\leqslant x<0, \\ 1, & 0\leqslant x<2 \end{cases}$$

展开成 Fourier 级数.

解 $l=2$, 周期为 4.

$$\begin{aligned} a_0&=\frac{1}{2}\int_{-2}^{2}f(x)\mathrm{d}x=\frac{1}{2}\int_0^2 1\cdot\mathrm{d}x=1, \\ a_n&=\frac{1}{2}\int_{-2}^{2}f(x)\cos\frac{n\pi x}{2}\mathrm{d}x=\frac{1}{2}\left(\int_{-2}^{0}0\cdot\cos\frac{n\pi x}{2}\mathrm{d}x+\int_0^2 1\cdot\cos\frac{n\pi x}{2}\mathrm{d}x\right)=0, \\ b_n&=\frac{1}{2}\int_{-2}^{2}f(x)\sin\frac{n\pi x}{2}\mathrm{d}x=\frac{1}{2}\left(\int_{-2}^{0}0\cdot\sin\frac{n\pi x}{2}\mathrm{d}x+\int_0^2 1\cdot\sin\frac{n\pi x}{2}\mathrm{d}x\right) \\ &=\frac{1}{n\pi}(1-\cos n\pi)=\frac{1}{n\pi}[1-(-1)^n]=\begin{cases} 0, & n\ \text{为偶数,} \\ \dfrac{2}{n\pi}, & n\ \text{为奇数.} \end{cases} \end{aligned}$$

故

$$f(x)=\frac{1}{2}+\frac{2}{\pi}\left(\sin\frac{\pi x}{2}+\frac{1}{3}\sin\frac{3\pi x}{2}+\frac{1}{5}\sin\frac{5\pi x}{2}+\cdots\right)\quad(-2<x<0,0<x<2).$$

当 $x=0$, $x=\pm2$ 时, 级数收敛于 $\dfrac{1}{2}$. 和函数的图形如图 5.5 所示.

例 7 将 $f(x)=\begin{cases} 1, & 0<x<\dfrac{a}{2}, \\ -1, & \dfrac{a}{2}<x<a \end{cases}$ 展开为余弦级数.

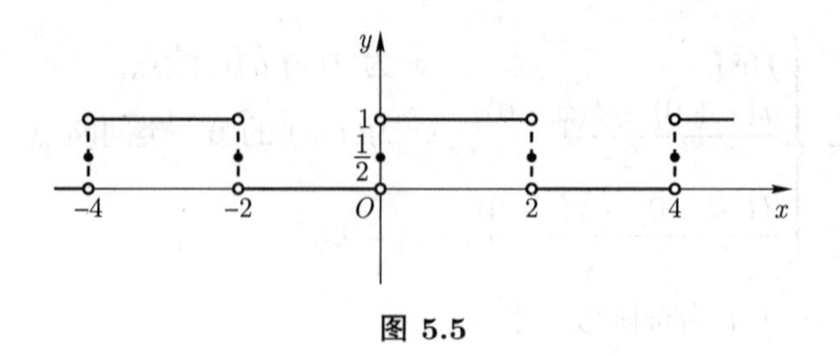

图 5.5

解 作偶延拓 $l=a$, 周期为 $2a$, 此时

$$
\begin{aligned}
a_0 &= \frac{2}{a}\Big(\int_0^{\frac{a}{2}} \mathrm{d}x + \int_{\frac{a}{2}}^{a} -1\mathrm{d}x\Big) = 0,\\
a_n &= \frac{2}{a}\Big(\int_0^{\frac{a}{2}} \cos\frac{n\pi x}{a}\mathrm{d}x + \int_{\frac{a}{2}}^{a} -\cos\frac{n\pi x}{a}\mathrm{d}x\Big) = \frac{4}{n\pi}\sin\frac{n\pi}{2},\\
&= \begin{cases} 0, & n \text{ 为偶数},\\ \dfrac{4}{n\pi}(-1)^{\frac{n-1}{2}}, & n \text{ 为奇数},\end{cases}\\
b_n &= 0 \quad (n=1,2,\cdots),
\end{aligned}
$$

故

$$
f(x) = \frac{4}{\pi}\Big(\cos\frac{\pi x}{a} - \frac{1}{3}\cos\frac{3\pi x}{a} + \frac{1}{5}\cos\frac{5\pi x}{a} - \cdots\Big) \quad \Big(0<x<\frac{a}{2}, \frac{a}{2}<x<a\Big).
$$

当 $x=0$ 时, 级数收敛于 1; 当 $x=\dfrac{a}{2}$ 时, 级数收敛于 0; 当 $x=\pm a$ 时, 级数收敛于 -1. 和函数的图形如图 5.6 所示.

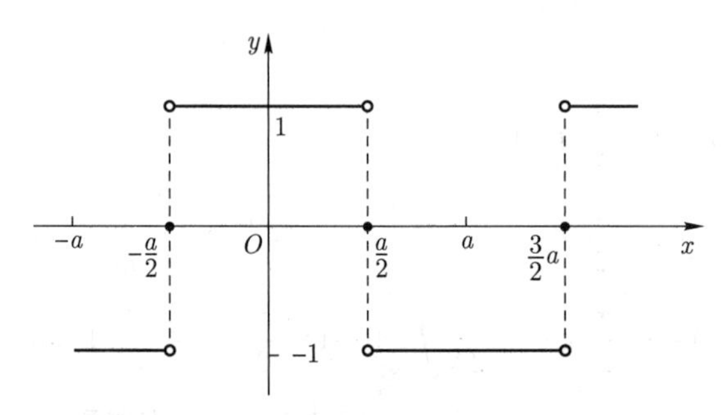

图 5.6

例 8 将以 T 为周期的函数 $f(x)=\begin{cases} -E, & \dfrac{T}{2}\leqslant x<T,\\ E, & T\leqslant x<\dfrac{3T}{2}\end{cases}$ $(T>0)$ 展开为 Fourier 级数.

解 作变量代换 $t=x-T$, 则区间 $\dfrac{T}{2}\leqslant x<\dfrac{3T}{2}$ 变换为区间 $-\dfrac{T}{2}\leqslant t<\dfrac{T}{2}$, 而

$$
f(x)=f(t+T)=F(t)=\begin{cases} -E, & -\dfrac{T}{2}\leqslant t<0,\\ E, & 0\leqslant t<\dfrac{T}{2}\end{cases} \quad (T>0).
$$

将 $F(t)$ 在 $\left[-\frac{T}{2},\frac{T}{2}\right]$ 上展开成 Fourier 级数, 其 Fourier 系数为

$$\begin{aligned}
a_n &= \frac{2}{T}\int_{-\frac{T}{2}}^{\frac{T}{2}} F(t)\cos\frac{2n\pi}{T}t\mathrm{d}t = 0 \quad (n=0,1,2,\cdots),\\
b_n &= \frac{2}{T}\int_{-\frac{T}{2}}^{\frac{T}{2}} F(t)\sin\frac{2n\pi}{T}t\mathrm{d}t = \frac{4}{T}\int_0^{\frac{T}{2}} E\sin\frac{2n\pi}{T}t\mathrm{d}t\\
&= \frac{2E}{n\pi}[1-(-1)^n] = \begin{cases} \dfrac{4E}{n\pi}, & n\text{ 为奇数},\\ 0, & n\text{ 为偶数} \end{cases} \quad (n=1,2,\cdots),
\end{aligned}$$

于是

$$F(t) = \frac{4E}{\pi}\sum_{n=1}^{\infty}\frac{1}{2n-1}\sin\frac{2(2n-1)\pi}{T}t \quad \left(-\frac{T}{2}<t<0, 0<t<\frac{T}{2}\right).$$

在 $t=0,\pm\frac{T}{2}$ 处, 级数均收敛于 0.

以 $t=x-T$ 代入上面的展开式, 得

$$\begin{aligned}
f(x) &= \frac{4E}{\pi}\sum_{n=1}^{\infty}\frac{1}{2n-1}\sin\frac{2(2n-1)\pi}{T}(x-T)\\
&= \frac{4E}{\pi}\sum_{n=1}^{\infty}\frac{1}{2n-1}\sin\frac{2(2n-1)\pi}{T}x \quad \left(\frac{T}{2}<x<T, T<x<\frac{3T}{2}\right),
\end{aligned}$$

在 $x=T,\frac{T}{2},\frac{3T}{2}$ 处, 级数均收敛于 0.

本题也可利用周期函数的积分性质来求 Fourier 系数:

将 $f(x)$ 延拓成以 T 为周期的周期函数 $F(x)$, 则其 Fourier 系数为

$$\begin{aligned}
a_n &= \frac{2}{T}\int_{-\frac{T}{2}}^{\frac{T}{2}} F(x)\cos\frac{2n\pi x}{T}\mathrm{d}x = \frac{2}{T}\int_{\frac{T}{2}}^{\frac{3T}{2}} f(x)\cos\frac{2n\pi x}{T}\mathrm{d}x,\\
b_n &= \frac{2}{T}\int_{-\frac{T}{2}}^{\frac{T}{2}} F(x)\sin\frac{2n\pi x}{T}\mathrm{d}x = \frac{2}{T}\int_{\frac{T}{2}}^{\frac{3T}{2}} f(x)\sin\frac{2n\pi x}{T}\mathrm{d}x,
\end{aligned}$$

具体计算请读者自己完成.

5.7.5 Fourier 级数的复数形式

我们知道, 以 $2l$ 为周期的函数 f 的 Fourier 级数为

$$\frac{a_0}{2}+\sum_{n=1}^{\infty}\left(a_n\cos\frac{n\pi x}{l}+b_n\sin\frac{n\pi x}{l}\right), \tag{5.7.6}$$

其中

$$a_n=\frac{1}{l}\int_{-l}^{l}f(x)\cos\frac{n\pi x}{l}\mathrm{d}x\quad(n=0,1,2,\cdots),$$
$$b_n=\frac{1}{l}\int_{-l}^{l}f(x)\sin\frac{n\pi x}{l}\mathrm{d}x\quad(n=1,2,\cdots).$$

利用 Euler 公式

$$\cos t=\frac{\mathrm{e}^{\mathrm{i}t}+\mathrm{e}^{-\mathrm{i}t}}{2},\sin t=\frac{\mathrm{e}^{\mathrm{i}t}-\mathrm{e}^{-\mathrm{i}t}}{2\mathrm{i}},$$

(5.7.6) 式化为

$$\frac{a_0}{2}+\sum_{n=1}^{\infty}\left[\frac{a_n}{2}(\mathrm{e}^{\mathrm{i}\frac{n\pi x}{l}}+\mathrm{e}^{-\mathrm{i}\frac{n\pi x}{l}})-\frac{\mathrm{i}b_n}{2}(\mathrm{e}^{\mathrm{i}\frac{n\pi x}{l}}-\mathrm{e}^{-\mathrm{i}\frac{n\pi x}{l}})\right].\tag{5.7.7}$$

记 $C_0=\frac{a_0}{2},C_n=\frac{a_n-\mathrm{i}b_n}{2},C_{-n}=\frac{a_n+\mathrm{i}b_n}{2}\quad(n=1,2,\cdots)$, 则 (5.7.7) 式化为

$$\begin{aligned}&C_0+\sum_{n=1}^{\infty}(C_n\mathrm{e}^{\mathrm{i}\frac{n\pi x}{l}}+C_{-n}\mathrm{e}^{-\mathrm{i}\frac{n\pi x}{l}})\\=&(C_n\mathrm{e}^{\mathrm{i}\frac{n\pi x}{l}})_{(n=0)}+\sum_{n=1}^{\infty}C_n\mathrm{e}^{\mathrm{i}\frac{n\pi x}{l}}+\sum_{n=1}^{\infty}C_{-n}\mathrm{e}^{-\mathrm{i}\frac{n\pi x}{l}}\\=&(C_n\mathrm{e}^{\mathrm{i}\frac{n\pi x}{l}})_{(n=0)}+\sum_{n=1}^{\infty}C_n\mathrm{e}^{\mathrm{i}\frac{n\pi x}{l}}+\sum_{n=-\infty}^{-1}C_n\mathrm{e}^{\mathrm{i}\frac{n\pi x}{l}}\\=&\sum_{n=-\infty}^{+\infty}C_n\mathrm{e}^{\mathrm{i}\frac{n\pi x}{l}},\end{aligned}$$

其中

$$\begin{aligned}C_0&=\frac{a_0}{2}=\frac{1}{2l}\int_{-l}^{l}f(x)\mathrm{d}x,\\C_n&=\frac{a_n-\mathrm{i}b_n}{2}\\&=\frac{1}{2}\Big[\frac{1}{l}\int_{-l}^{l}f(x)\cos\frac{n\pi x}{l}\mathrm{d}x-\mathrm{i}\frac{1}{l}\int_{-l}^{l}f(x)\sin\frac{n\pi x}{l}\mathrm{d}x\Big]\\&=\frac{1}{2l}\int_{-l}^{l}f(x)\Big(\cos\frac{n\pi x}{l}-\mathrm{i}\sin\frac{n\pi x}{l}\Big)\mathrm{d}x\\&=\frac{1}{2l}\int_{-l}^{l}f(x)\mathrm{e}^{-\mathrm{i}\frac{n\pi x}{l}}\mathrm{d}x\quad(n=1,2,\cdots),\\C_{-n}&=\frac{a_n+\mathrm{i}b_n}{2}=\frac{1}{2l}\int_{-l}^{l}f(x)\mathrm{e}^{\mathrm{i}\frac{n\pi x}{l}}\mathrm{d}x\quad(n=1,2,\cdots).\end{aligned}$$

C_0, C_n 与 C_{-n} 可合并写为

$$C_n=\frac{1}{2l}\int_{-l}^{l}f(x)\mathrm{e}^{-\mathrm{i}\frac{n\pi x}{l}}\mathrm{d}x\quad(n=0,\pm1,\pm2,\cdots).$$

综上可得 $f(x)$ 的**复数形式的 Fourier 级数**为

$$f(x) \sim \sum_{n=-\infty}^{+\infty} C_n \mathrm{e}^{\mathrm{i}\frac{n\pi x}{l}},$$

其中 $C_n = \dfrac{1}{2l}\displaystyle\int_{-l}^{l} f(x)\mathrm{e}^{-\mathrm{i}\frac{n\pi x}{l}}\mathrm{d}x \quad (n = 0, \pm 1, \pm 2, \cdots)$.

Fourier 级数的两种形式本质上是一样的, 但由于复数形式比较简洁, 工程上常用这种形式.

例 9 将以 T 为周期的矩形波 $f(t) = \begin{cases} 0, & -\dfrac{T}{2} \leqslant t < -\dfrac{\tau}{2}, \\ E, & -\dfrac{\tau}{2} \leqslant t < \dfrac{\tau}{2}, \\ 0, & \dfrac{\tau}{2} \leqslant t < \dfrac{T}{2} \end{cases}$ 展开为复数形式的 Fourier 级数.

解

$$\begin{aligned} C_0 &= \frac{1}{T}\int_{-\frac{T}{2}}^{\frac{T}{2}} f(t)\mathrm{d}t = \frac{1}{T}\int_{-\frac{\tau}{2}}^{\frac{\tau}{2}} E\mathrm{d}t = \frac{E\tau}{T}, \\ C_n &= \frac{1}{T}\int_{-\frac{T}{2}}^{\frac{T}{2}} f(t)\mathrm{e}^{-\mathrm{i}\frac{2n\pi t}{T}}\mathrm{d}t = \frac{1}{T}\int_{-\frac{\tau}{2}}^{\frac{\tau}{2}} E\mathrm{e}^{-\mathrm{i}\frac{2n\pi t}{T}}\mathrm{d}t \\ &= \frac{E}{T}\frac{-T}{2n\pi\mathrm{i}}\mathrm{e}^{-\mathrm{i}\frac{2n\pi t}{T}}\Big|_{-\frac{\tau}{2}}^{\frac{\tau}{2}} = \frac{-E}{2n\pi\mathrm{i}}(\mathrm{e}^{-\mathrm{i}\frac{n\pi\tau}{T}} - \mathrm{e}^{\mathrm{i}\frac{n\pi\tau}{T}}) \\ &= \frac{E}{n\pi}\frac{\mathrm{e}^{\mathrm{i}\frac{n\pi\tau}{T}} - \mathrm{e}^{-\mathrm{i}\frac{n\pi\tau}{T}}}{2\mathrm{i}} = \frac{E}{n\pi}\sin\frac{n\pi\tau}{T}. \end{aligned}$$

由于 $f(t)$ 满足 Dirichlet 条件, 故

$$f(t) = \frac{E\tau}{T} + \frac{E}{\pi}\sum_{n=-\infty, n\neq 0}^{+\infty} \frac{1}{n}\sin\frac{n\pi\tau}{T}\mathrm{e}^{\mathrm{i}\frac{2n\pi t}{T}} \quad \left(-\frac{T}{2} \leqslant t \leqslant \frac{T}{2}, t \neq \pm\frac{\tau}{2}\right).$$

当 $t = \pm\dfrac{\tau}{2}$ 时, 级数收敛于 $\dfrac{E}{2}$.

习 题 5.7

1. 函数 f 以 2π 为周期, 在一个周期内的表达式为

$$f(x) = x\sin x \quad (-\pi \leqslant x < \pi),$$

求 $f(x)$ 的 Fourier 级数.

2. 证明三角函数系

$$1, \sin\omega t, \cos\omega t, \sin 2\omega t, \cos 2\omega t, \cdots, \sin n\omega t, \cos n\omega t, \cdots$$

在 $\left[-\dfrac{T}{2}, \dfrac{T}{2}\right]$ 上是正交的, 其中 $\omega = \dfrac{2\pi}{T}$.

3. 函数 f 以 2π 为周期, 在一个周期内的表达式如下, 试将各函数展开成 Fourier 级数:

(1) $f(x)=|\sin x| \quad (-\pi<x\leqslant\pi)$;

(2) $f(x)=\mathrm{e}^{2x} \quad (-\pi<x\leqslant\pi)$;

(3) $f(x)=\begin{cases}-\dfrac{x}{\pi}, & -\pi\leqslant x\leqslant 0,\\ \dfrac{2x}{\pi}, & 0<x<\pi;\end{cases}$

(4) $f(x)=\cos\dfrac{x}{2} \quad (-\pi<x\leqslant\pi)$.

4. 将 $f(x)=\dfrac{\pi-x}{2} \quad (0\leqslant x\leqslant\pi)$ 展开成正弦级数.

5. 将 $f(x)=\begin{cases}1-\dfrac{x}{2h}, & 0\leqslant x\leqslant 2h,\\ 0, & 2h<x\leqslant\pi\end{cases}$ 展开成余弦级数, 并求常数项级数 $\sum\limits_{n=1}^{\infty}\left(\dfrac{\sin nh}{nh}\right)^2$ 的和.

6. 将 $f(x)=x\,(0\leqslant x\leqslant\pi)$ 展开成正弦级数和余弦级数.

7. 一锯齿波周期为 $2l$, 在一个周期内的表达式为

$$f(x)=\frac{A}{l}x \quad (-l<x\leqslant l),$$

画出它的波形, 并将它展开成 Fourier 级数.

8. 函数 f 以 T 为周期, 在一个周期内的表达式为

$$f(t)=\begin{cases}0, & -\dfrac{T}{2}<t<0,\\ 1, & 0\leqslant t\leqslant\dfrac{T}{2},\end{cases}$$

将它展开成 Fourier 级数.

9. 将 $f(x)=\begin{cases}\sin\dfrac{\pi}{l}x, & 0<x<\dfrac{l}{2},\\ 0, & \dfrac{l}{2}\leqslant x\leqslant l\end{cases}$ 展开成正弦级数.

10. 将 $f(x)=ax-x^2\ (x\in[0,a])$ 展开成余弦级数.

11. 将 $f(x)=\begin{cases}x, & -\dfrac{\pi}{2}\leqslant x<\dfrac{\pi}{2},\\ \pi-x, & \dfrac{\pi}{2}\leqslant x\leqslant\dfrac{3}{2}\pi\end{cases}$ 展开成以 2π 为周期的 Fourier 级数.

12. 将 $f(x)=10-x$ 在 $[5,15]$ 上展开成以 10 为周期的 Fourier 级数.

总习题五

1. 判定下列级数的收敛性:

(1) $\sum\limits_{n=1}^{\infty}\sin\dfrac{n\pi}{6}$;

(2) $\sum\limits_{n=1}^{\infty}\dfrac{n^{10}}{10^n}$;

(3) $\sum\limits_{n=2}^{\infty}\dfrac{1}{[\ln(\ln n)]^n}$;

(4) $\sum\limits_{n=1}^{\infty}\dfrac{1}{\sqrt{n(n^2+1)}}$;

(5) $\sum\limits_{n=1}^{\infty}\dfrac{n!}{10^n}$;

(6) $\sum\limits_{n=1}^{\infty}\dfrac{n\left[\sqrt{2}+(-1)^n\right]}{2^n}$.

2. 判定下列级数是绝对收敛还是条件收敛:

(1) $\sum\limits_{n=1}^{\infty}(-1)^{n+1}\dfrac{4^n}{n!}$;

(2) $\sum\limits_{n=2}^{\infty}\sin\left(n\pi+\dfrac{1}{\ln n}\right)$;

(3) $1+\sum\limits_{n=1}^{\infty}\dfrac{x^n}{(1+x)(1+x^2)\cdots(1+x^n)}(x\neq -1)$;

(4) $\sum\limits_{n=1}^{\infty}(-1)^{n-1}\left(a^{\frac{1}{n}}-1\right)\ (a>0)$.

3. 证明下列各题:

(1) 设正项级数 $\sum\limits_{n=1}^{\infty}\dfrac{1}{a^n}$, $\sum\limits_{n=1}^{\infty}\dfrac{1}{b^n}$ 均收敛, 且 $a\neq b$, 证明级数 $\sum\limits_{n=1}^{\infty}\dfrac{1}{a^nb^n}$ 收敛.

(2) 设数列 $\{na_n\}\,(a_n>0)$ 有界, 证明级数 $\sum\limits_{n=1}^{\infty}a_n^2$ 收敛.

(3) 已知级数 $\sum\limits_{n=1}^{\infty}(a_n-a_{n-1})$ 收敛, $\sum\limits_{n=1}^{\infty}b_n$ 绝对收敛, 证明级数 $\sum\limits_{n=1}^{\infty}a_nb_n$ 绝对收敛.

4. 设正数列 $\{a_n\}$ 单调递减, 级数 $\sum\limits_{n=1}^{\infty}(-1)^na_n$ 发散, 问级数 $\sum\limits_{n=1}^{\infty}\left(\dfrac{1}{a_n+1}\right)^n$ 是否收敛? 请说明理由.

5. 求下列函数项级数的收敛域:

(1) $\sum\limits_{n=1}^{\infty}\dfrac{1}{n}\left(\dfrac{x-1}{x}\right)^n$;

(2) $\sum\limits_{n=0}^{\infty}\dfrac{1}{2n+1}\left(\dfrac{1-x}{1+x}\right)^n$;

(3) $\sum\limits_{n=1}^{\infty}\dfrac{x}{n^x}$;

(4) $\sum\limits_{n=1}^{\infty}\left(\dfrac{n}{x}\right)^n$.

6. 设级数 $\sum\limits_{n=1}^{\infty}a_n$ 绝对收敛, 证明级数 $\sum\limits_{n=1}^{\infty}a_n\sin nx$, $\sum\limits_{n=1}^{\infty}a_n\cos nx$ 在 $(-\infty,+\infty)$ 内一致收敛.

7. 设幂级数 $\sum\limits_{n=1}^{\infty}a_nx^n$ 的收敛半径是 R, 求幂级数 $\sum\limits_{n=1}^{\infty}a_n\left(\dfrac{x}{3}\right)^n$ 及 $\sum\limits_{n=1}^{\infty}a_nx^{2n}$ 的收敛半径.

8. 求下列级数的收敛域, 并求它们的和函数:

(1) $\sum\limits_{n=1}^{\infty}\frac{(-1)^n}{n}(x-4)^n$; (2) $\sum\limits_{n=1}^{\infty}n^2x^{n-1}$;

(3) $\sum\limits_{n=1}^{\infty}\frac{1}{(2n+1)3^{2n}}x^{2n+1}$, 并求 $\sum\limits_{n=1}^{\infty}\frac{1}{(2n+1)3^n}$ 的和;

(4) $\sum\limits_{n=0}^{\infty}\frac{(n-1)^2}{n+1}x^n$.

9. 将下列函数展开为 x 的幂级数:

(1) $f(x)=\frac{x^3}{1+x-2x^2}$; (2) $f(x)=\ln(1+x+x^2)$;

(3) $f(x)=\arctan\frac{4+x^2}{4-x^2}$.

10. 判定下列反常积分的敛散性:

(1) $\int_1^{+\infty}\frac{x^{\frac{4}{3}}}{2x^2+1}\mathrm{d}x$; (2) $\int_0^{+\infty}\frac{\arctan x}{(1+x^2)^{\frac{3}{2}}}\mathrm{d}x$;

(3) $\int_0^1\frac{x}{\sqrt{1-x^4}}\mathrm{d}x$; (4) $\int_2^3\frac{1}{x^2-5x+6}\mathrm{d}x$.

11. 设 $I_m=\int_0^{+\infty}x^m\mathrm{e}^{-\frac{n}{2}x^2}\mathrm{d}x\,(m>1,n>0)$, 证明 $I_m=\frac{m-1}{n}I_{m-2}$, 并求 I_2 的值.

12. 将下列函数展开成 Fourier 级数, 并求出 Fourier 级数的和函数 $S(x)$:

(1) $f(x)=\begin{cases}\mathrm{e}^x, & -\pi\leqslant x<0,\\ 1, & 0\leqslant x<\pi;\end{cases}$

(2) $f(x)=\begin{cases}-\frac{\pi}{2}, & -\pi\leqslant x\leqslant-\frac{\pi}{2},\\ x, & -\frac{\pi}{2}<x\leqslant\frac{\pi}{2},\\ \frac{\pi}{2}, & \frac{\pi}{2}<x<\pi.\end{cases}$

13. 将函数 $f(x)=\begin{cases}x, & 0\leqslant x\leqslant\frac{l}{2},\\ l-x, & \frac{l}{2}<x<l\end{cases}$ 展开为正弦级数.

14. 将函数 $f(x)=\begin{cases}\cos\frac{\pi}{l}x, & 2l\leqslant x<\frac{5l}{2},\\ 0, & \frac{5l}{2}\leqslant x<3l\end{cases}$ 展开为余弦级数 (其中 $l>0$).

15. 设 $f(x)=\begin{cases}\mathrm{e}^{-\frac{1}{x^2}}, & x\neq0,\\ 0, & x=0.\end{cases}$

(1) 用数学归纳法证明 $f^{(n)}(0)=0\,(n=1,2,\cdots)$;

(2) 证明 $f(x)$ 的 Maclaurin 级数对一切 x 收敛, 但仅在 $x=0$ 处收敛于 $f(x)$.

16. 设数列 $\{a_n\}$ 定义如下:

$$a_1=a_2=1,a_{n+1}=a_n+a_{n-1}\quad(n\geqslant2),$$

(1) 证明: $\dfrac{a_{n+1}}{a_n} \leqslant 2$;

(2) 证明: 当 $|x| < \dfrac{1}{2}$ 时, 级数 $\sum\limits_{n=1}^{\infty} a_n x^{n-1}$ 收敛.

第五章

部分习题答案

第六章　向量代数与空间解析几何

微积分中的许多概念和原理都有直观的几何意义. 几何是现代数学重要的组成部分, 而向量是研究几何问题的有力工具. 本章介绍向量的代数运算与多元函数微积分中常用的一些空间解析几何知识.

§6.1　向量及其运算

6.1.1　向量的概念

现实世界里的量, 按数学抽象可以分为两类: 一类只有大小, 如时间、长度、面积、体积、温度等, 这类量只需用一个实数表示, 称为“**数量**”或“**标量**”; 而另一类量则既有大小又有方向, 如力、位移、速度、电场强度、磁场强度等. 如果一个量既有大小 (用一个非负实数表示) 又有方向, 则称这个量为**向量**.

在数学中, 通常用规定了起点和终点的线段, 即有向线段来表示向量, 有向线段的长度表示向量的大小, 有向线段由起点至终点的方向表示向量的方向, 以 A 为起点、B 为终点的有向线段所表示的向量记为 $\overrightarrow{AB}$ (图 6.1). 向量也常用一个粗体字母或一个上面带有箭头的字母来表示, 如 $\boldsymbol{a}$, $\boldsymbol{F}$ 或 $\vec{a}$, $\vec{F}$ 等.

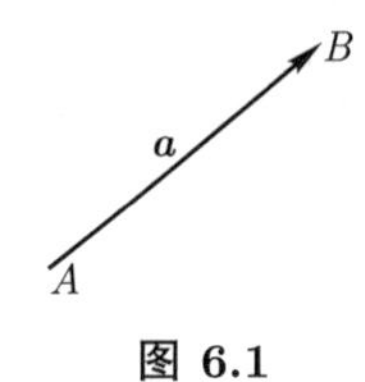

图 6.1

向量 $\boldsymbol{a}$ 的大小称为 $\boldsymbol{a}$ 的**模** (或**长度**), 也称为向量 $\boldsymbol{a}$ 的**范数**, 记为 $|\boldsymbol{a}|$.

模为 0 的向量称为**零向量**, 记为 $\mathbf{0}$, 零向量的方向是任意的, 模为 1 的向量称为**单位向量**, 与非零向量 $\boldsymbol{a}$ 同方向的单位向量记为 $\boldsymbol{a}_0$.

模为 $|\boldsymbol{a}|$ 而方向与 $\boldsymbol{a}$ 相反的向量称为 $\boldsymbol{a}$ 的**负** (或**逆**) **向量**, 记为 $-\boldsymbol{a}$.

两个向量 $\boldsymbol{a}$ 与 $\boldsymbol{b}$ 的方向相同或相反, 称为 $\boldsymbol{a}$ 与 $\boldsymbol{b}$**平行或共线**, 记为 $\boldsymbol{a}//\boldsymbol{b}$. 显然, $\mathbf{0}$ 与任何向量 $\boldsymbol{a}$ 都平行.

设 $\boldsymbol{a},\boldsymbol{b}$ 是两个向量, 如果 $|\boldsymbol{a}|=|\boldsymbol{b}|$ 且 $\boldsymbol{a}$ 与 $\boldsymbol{b}$ 的方向相同, 则称 $\boldsymbol{a}$ 与 $\boldsymbol{b}$ 相等, 记为 $\boldsymbol{a}=\boldsymbol{b}$. 两个相等的向量, 其起点未必是同一点. 但因一个向量和它经过平行移动后所得的向量是相等的, 所以为了讨论问题方便, 我们常把几个有关向量的起点放在同一点来考虑.

6.1.2　向量的线性运算

线性运算是向量最主要的一种运算, 它包括向量的加减法与数乘.

1. 向量的加法与减法

向量的加法服从平行四边形法则: 设 $\boldsymbol{a},\boldsymbol{b}$ 是任意两个向量 (图 6.2(a)) , 用 $\overrightarrow{OA}$ 表示 $\boldsymbol{a}$, 将 $\boldsymbol{b}$

的起点移至 O 点, 并用 $\overrightarrow{OB}$ 表示 $\boldsymbol{b}$, 然后以 $\overrightarrow{OA}$ 和 $\overrightarrow{OB}$ 为邻边作平行四边形 $OACB$(图 6.2(b)),该平行四边形的对角线向量 $\overrightarrow{OC}$ 称为向量 $\boldsymbol{a}$ 与 $\boldsymbol{b}$ 的和, 记作 $\boldsymbol{c}=\boldsymbol{a}+\boldsymbol{b}$. 也可用三角形法则说明向量的加法: 设 $\boldsymbol{a}$ 为向量 $\overrightarrow{OA}$, 将向量 $\boldsymbol{b}$ 的起点移至 $\boldsymbol{a}$ 的终点 A, 此时 $\boldsymbol{b}$ 的终点为 C, 那么向量 $\overrightarrow{OC}$ 就是 $\boldsymbol{a}+\boldsymbol{b}$(图 6.2(c)).

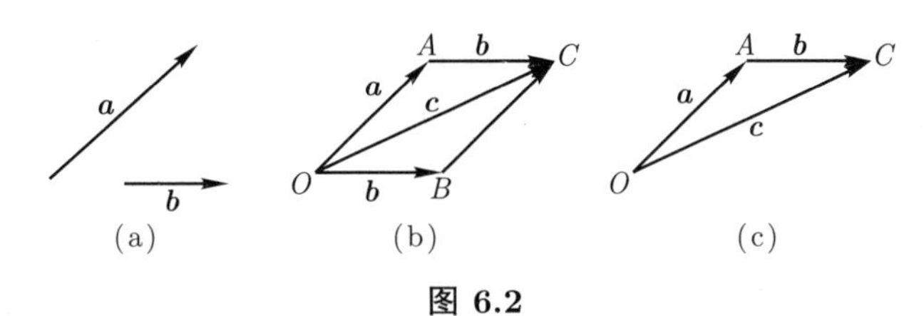

图 6.2

减法是加法的逆运算, 如果 $\boldsymbol{a}=\boldsymbol{b}+\boldsymbol{c}$, 那么 $\boldsymbol{c}$ 就称为 $\boldsymbol{a}$ 与 $\boldsymbol{b}$ 之差, 或 $\boldsymbol{b}$ 是 $\boldsymbol{a}$ 与 $\boldsymbol{c}$ 之差, 分别记为 $\boldsymbol{c}=\boldsymbol{a}-\boldsymbol{b}$ 与 $\boldsymbol{b}=\boldsymbol{a}-\boldsymbol{c}$.

由向量的加法法则可以得到向量的减法法则: 将向量 $\boldsymbol{a}$ 及向量 $\boldsymbol{b}$ 的起点重合, 由向量 $\boldsymbol{b}$ 的终点指向向量 $\boldsymbol{a}$ 的终点的向量 $\boldsymbol{c}$ 就是 $\boldsymbol{a}-\boldsymbol{b}$(图 6.3).

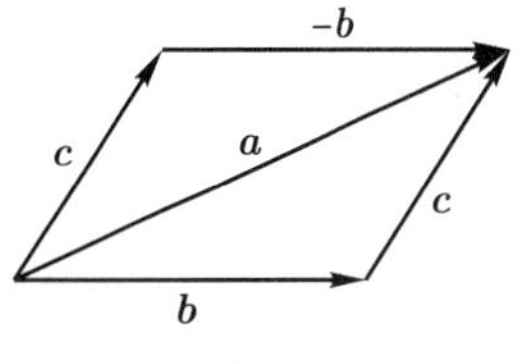

图 6.3

向量的加法具有下列性质:

(1) 交换律: $\boldsymbol{a}+\boldsymbol{b}=\boldsymbol{b}+\boldsymbol{a}$;

(2) 结合律: $\boldsymbol{a}+(\boldsymbol{b}+\boldsymbol{c})=(\boldsymbol{a}+\boldsymbol{b})+\boldsymbol{c}$;

(3) $\boldsymbol{a}+\boldsymbol{0}=\boldsymbol{0}+\boldsymbol{a}=\boldsymbol{a}$;

(4) $\boldsymbol{a}+(-\boldsymbol{a})=\boldsymbol{a}-\boldsymbol{a}=\boldsymbol{0}$;

(5) $|\boldsymbol{a}+\boldsymbol{b}|\leqslant|\boldsymbol{a}|+|\boldsymbol{b}|$.

最后的不等式具有明显的几何意义: 三角形的任意一条边长不超过其他两条边长之和.

2. 向量与数的乘法(数乘)

设 $\boldsymbol{a}$ 为任意向量, λ 为任意实数. 我们定义 **λ 与 $\boldsymbol{a}$ 的乘积**(**简称数乘**)是一个向量, 记为 $\lambda\boldsymbol{a}$, 它的模为 $|\lambda\boldsymbol{a}|=|\lambda||\boldsymbol{a}|$. 它的方向, 当 $\lambda>0$ 时与 $\boldsymbol{a}$ 相同; 当 $\lambda<0$ 时与 $\boldsymbol{a}$ 相反; 当 $\lambda=0$ 时, $\lambda\boldsymbol{a}$ 为零向量, 此时方向是任意的.

向量的数乘具有下列性质:

(1) $\lambda(\boldsymbol{a}+\boldsymbol{b})=\lambda\boldsymbol{a}+\lambda\boldsymbol{b}, (\lambda+\mu)\boldsymbol{a}=\lambda\boldsymbol{a}+\mu\boldsymbol{a}$;

(2) $(\lambda\mu)\boldsymbol{a}=\lambda(\mu\boldsymbol{a})=\mu(\lambda\boldsymbol{a})$;

(3) $1\cdot\boldsymbol{a}=\boldsymbol{a}$, $(-1)\boldsymbol{a}=-\boldsymbol{a}$;

(4) $0\cdot\boldsymbol{a}=\boldsymbol{0}, \lambda\boldsymbol{0}=\boldsymbol{0}$;

(5) 若$\boldsymbol{a}\neq\boldsymbol{0}$, 则 $\boldsymbol{a}$ 的单位向量 $\boldsymbol{a}_0=\dfrac{\boldsymbol{a}}{|\boldsymbol{a}|}$,

其中 $\boldsymbol{a},\boldsymbol{b}$ 为任意向量, λ,μ 为任意实数.

6.1.3 向量的数量积与向量积

1. 向量在轴上的投影

(1) 两个向量的夹角

设有两个非零向量 $\boldsymbol{a}$ 与 $\boldsymbol{b}$, 将它们的起点移至同一点 O, 若它们可以用 $\overrightarrow{OA}$ 和 $\overrightarrow{OB}$ 表示, 则称 $\theta=\angle AOB$（限定 $0\leqslant\theta\leqslant\pi$）为向量 $\boldsymbol{a},\boldsymbol{b}$ 的**夹角**, 记为 $(\widehat{\boldsymbol{a},\boldsymbol{b}})$. 当两向量的夹角 $\theta=\dfrac{\pi}{2}$ 时, 称两向量垂直, 记作 $\boldsymbol{a}\perp\boldsymbol{b}$.

(2) 向量 $\overrightarrow{AB}$ 在向量 $\boldsymbol{l}$ 上的投影

设有一个向量 $\overrightarrow{AB}$ 及向量 $\boldsymbol{l}$, 过 $\overrightarrow{AB}$ 的起点 A 和终点 B, 分别作垂直于 $\boldsymbol{l}$ 的平面, 它们与平行 $\boldsymbol{l}$ 的直线分别交于 A' 及 B'（图 6.4）, 则向量 $\overrightarrow{A'B'}$ 称为向量 $\overrightarrow{AB}$ 在向量 $\boldsymbol{l}$ 上的**投影向量**, 记为 $\mathrm{Prj}_{\boldsymbol{l}}\overrightarrow{AB}$. 事实上, 由图 6.5 易见

$$\overrightarrow{A'B'}=\overrightarrow{AB''}=|\overrightarrow{AB}|\cos\varphi\boldsymbol{l}_0=|\overrightarrow{AB}|\cos(\widehat{\overrightarrow{AB},\boldsymbol{l}})\boldsymbol{l}_0.$$

即

$$\mathrm{Prj}_{\boldsymbol{l}}\overrightarrow{AB}=|\overrightarrow{AB}|\cos(\widehat{\overrightarrow{AB},\boldsymbol{l}})\boldsymbol{l}_0.$$

数值 $|\overrightarrow{AB}|\cos(\widehat{\overrightarrow{AB},\boldsymbol{l}})$ 称为向量 $\overrightarrow{AB}$ 在向量 $\boldsymbol{l}$ 上的**投影**. 记作 $(\overrightarrow{AB})_{\boldsymbol{l}}$, 即

$$(\overrightarrow{AB})_{\boldsymbol{l}}=|\overrightarrow{AB}|\cos(\widehat{\overrightarrow{AB},\boldsymbol{l}}).$$

投影是一个数, 其绝对值等于向量 $\overrightarrow{A'B'}$ 的长度. 当 $\overrightarrow{A'B'}$ 与 $\boldsymbol{l}$ 同方向时, 其值为正; 反方向时, 其值为负.

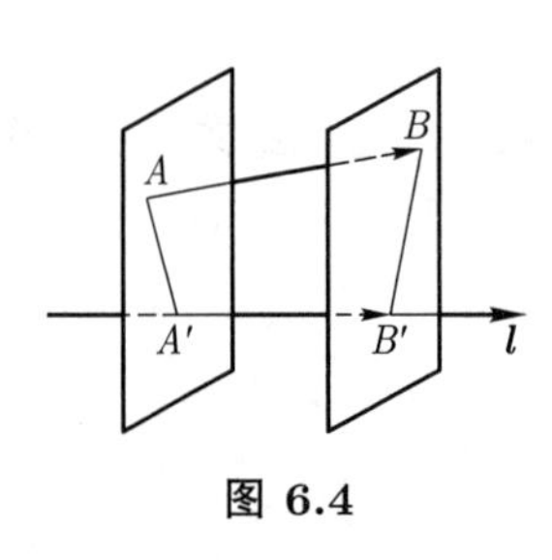

图 6.4

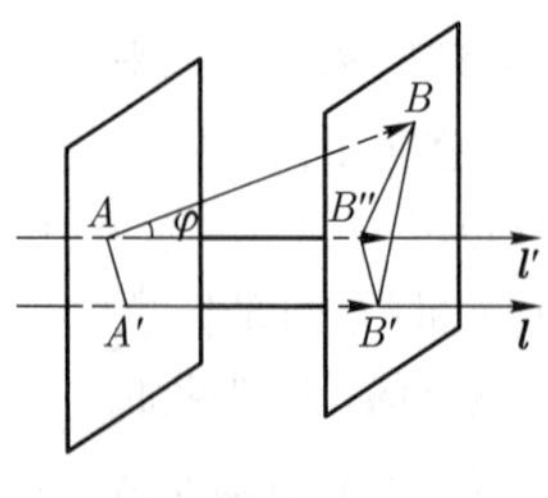

图 6.5

2. 数量积

设一物体在常力 $\boldsymbol{F}$ 作用下沿某一直线移动, 其位移为 $\boldsymbol{s}$, 则作用在物体上的常力 $\boldsymbol{F}$ 所做的功为

$$W=|\boldsymbol{F}||\boldsymbol{s}|\cos\theta,$$

其中 θ 为力 $\boldsymbol{F}$ 与位移 $\boldsymbol{s}$ 的夹角.

显然, 功 W 是由向量 $\boldsymbol{F}$ 与 $\boldsymbol{s}$ 确定的一个数. 现在我们抽去其物理意义, 来定义两个向量的数量积.

> **定义 1** 两个向量 $\boldsymbol{a}$ 和 $\boldsymbol{b}$ 的模与它们夹角的余弦的乘积, 称为向量 $\boldsymbol{a}$ 与 $\boldsymbol{b}$ 的**数量积**, 记作 $\boldsymbol{a}\cdot\boldsymbol{b}$, 即
>
> $$\boldsymbol{a}\cdot\boldsymbol{b}=|\boldsymbol{a}||\boldsymbol{b}|\cos(\widehat{\boldsymbol{a},\boldsymbol{b}}),$$
>
> 其中 $\boldsymbol{a},\boldsymbol{b}$ 只要有一个是零向量, 则规定它们的数量积为零.

数量积也叫**点积**或**内积**. 由定义 1, 作用在物体上的常力 $\boldsymbol{F}$ 所做的功为 $\boldsymbol{F}$ 和位移 $\overrightarrow{AB}$ 的数量积, 即 $W=\boldsymbol{F}\cdot\overrightarrow{AB}$.

注意到 $(\boldsymbol{b})_{\boldsymbol{a}}=|\boldsymbol{b}|\cos(\widehat{\boldsymbol{a},\boldsymbol{b}})$ 和 $(\boldsymbol{a})_{\boldsymbol{b}}=|\boldsymbol{a}|\cos(\widehat{\boldsymbol{a},\boldsymbol{b}})$, 于是有

$$\boldsymbol{a}\cdot\boldsymbol{b}=|\boldsymbol{a}|(\boldsymbol{b})_{\boldsymbol{a}}=|\boldsymbol{b}|(\boldsymbol{a})_{\boldsymbol{b}},$$

即两个向量的数量积等于一个向量的模乘另一个向量在这个向量上的投影.

由数量积的定义, 可以导出下面几个重要结果:

1° $\boldsymbol{a}\cdot\boldsymbol{a}=|\boldsymbol{a}|^2$, 即 $|\boldsymbol{a}|=\sqrt{\boldsymbol{a}\cdot\boldsymbol{a}}$;

2° 设 $\boldsymbol{a},\boldsymbol{b}$ 是两个非零向量, 则 $(\widehat{\boldsymbol{a},\boldsymbol{b}})$ 满足

$$\cos(\widehat{\boldsymbol{a},\boldsymbol{b}})=\frac{\boldsymbol{a}\cdot\boldsymbol{b}}{|\boldsymbol{a}||\boldsymbol{b}|};$$

3° 设 $\boldsymbol{a},\boldsymbol{b}$ 是两个非零向量, 则 $\boldsymbol{a}\perp\boldsymbol{b}$ 的充要条件是 $\boldsymbol{a}\cdot\boldsymbol{b}=0$.

数量积满足以下的运算规律:

1° 交换律: $\boldsymbol{a}\cdot\boldsymbol{b}=\boldsymbol{b}\cdot\boldsymbol{a}$;

2° 与数相乘的结合律: $(\lambda\boldsymbol{a})\cdot\boldsymbol{b}=\boldsymbol{a}\cdot(\lambda\boldsymbol{b})=\lambda(\boldsymbol{a}\cdot\boldsymbol{b})$;

3° 分配律: $(\boldsymbol{a}+\boldsymbol{b})\cdot\boldsymbol{c}=\boldsymbol{a}\cdot\boldsymbol{c}+\boldsymbol{b}\cdot\boldsymbol{c}$.

例 1 试用向量证明余弦定理.

解 如图 6.6, 作 $\triangle ABC$ 及向量 $\boldsymbol{a},\boldsymbol{b},\boldsymbol{c}$, 则有

$$\boldsymbol{c}=\boldsymbol{a}-\boldsymbol{b},$$

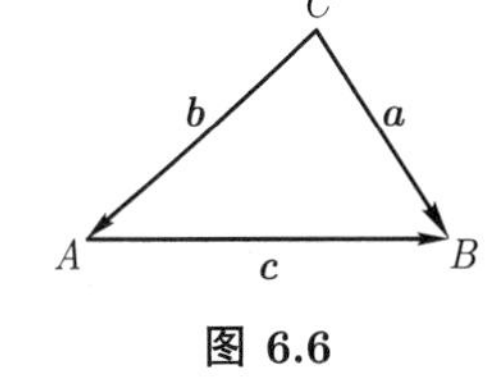

图 6.6

从而可得

$$\begin{aligned}|\boldsymbol{c}|^2&=(\boldsymbol{a}-\boldsymbol{b})\cdot(\boldsymbol{a}-\boldsymbol{b})\\&=\boldsymbol{a}\cdot\boldsymbol{a}+\boldsymbol{b}\cdot\boldsymbol{b}-2\boldsymbol{a}\cdot\boldsymbol{b}\\&=|\boldsymbol{a}|^2+|\boldsymbol{b}|^2-2|\boldsymbol{a}||\boldsymbol{b}|\cos(\widehat{\boldsymbol{a},\boldsymbol{b}}).\end{aligned}$$

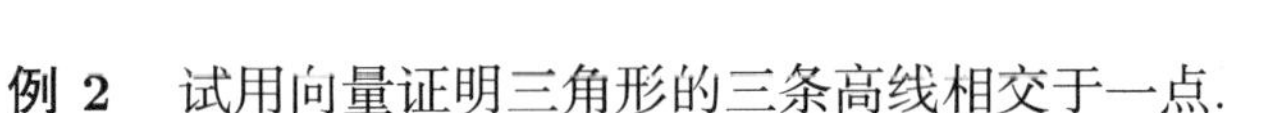

例 2 试用向量证明三角形的三条高线相交于一点.

证 任给 $\triangle ABC$, 设 BC 边上的高线 AD 与 AC 边上的高线 BE 相交于点 P, 连接点 C 与点 P 并延长交 AB 边于 F（图 6.7）.

作向量 $\overrightarrow{AB}$, $\overrightarrow{AC}$, $\overrightarrow{BC}$, $\overrightarrow{AP}$, $\overrightarrow{BP}$ 及 $\overrightarrow{CP}$, 则 $\overrightarrow{AP}\perp\overrightarrow{BC}$, $\overrightarrow{BP}\perp\overrightarrow{AC}$, $\overrightarrow{BC}=\overrightarrow{AC}-\overrightarrow{AB}$, $\overrightarrow{BP}=\overrightarrow{AP}-\overrightarrow{AB}$, 从而 $\overrightarrow{AP}\perp(\overrightarrow{AC}-\overrightarrow{AB})$, $(\overrightarrow{AP}-\overrightarrow{AB})\perp\overrightarrow{AC}$, 于是有

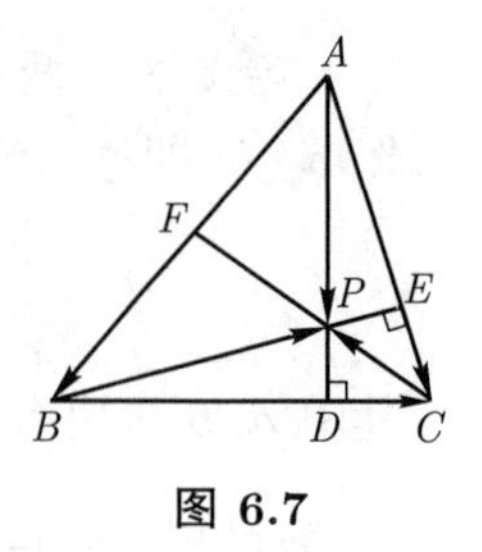

图 6.7

$$\overrightarrow{AP}\cdot\overrightarrow{AC}-\overrightarrow{AP}\cdot\overrightarrow{AB}=0, \tag{6.1.1}$$

$$\overrightarrow{AP}\cdot\overrightarrow{AC}-\overrightarrow{AB}\cdot\overrightarrow{AC}=0, \tag{6.1.2}$$

(6.1.2) 式减 (6.1.1) 式得

$$(\overrightarrow{AP}-\overrightarrow{AC})\cdot\overrightarrow{AB}=0,$$

即有

$$\overrightarrow{CP}\cdot\overrightarrow{AB}=0,$$

所以 $\overrightarrow{CP}\perp\overrightarrow{AB}$. 这表明 CF 是 AB 边上的高线, 从而证明了 $\triangle ABC$ 的三条高线交于一点.

3. 向量积

在一均匀磁场 $\boldsymbol{B}$ 中 (图 6.8), 有一单位长度的导线, 导线上通有强度为 $\boldsymbol{I}$ 的电流, 在磁场作用下导线受到一力 $\boldsymbol{F}$ 的作用, 此力的大小为

$$|\boldsymbol{F}|=|\boldsymbol{I}||\boldsymbol{B}|\sin\theta,$$

这里 $\theta=(\widehat{\boldsymbol{I},\boldsymbol{B}})$ 是 $\boldsymbol{I}$ 与 $\boldsymbol{B}$ 的夹角, $\boldsymbol{F}$ 的方向垂直于 $\boldsymbol{I}$ 和 $\boldsymbol{B}$ 所在的平面, 且 $\boldsymbol{F}$ 与 $\boldsymbol{I},\boldsymbol{B}$ 之间符合右手法则. 有序向量组 $\boldsymbol{a}$, $\boldsymbol{b}$, $\boldsymbol{c}$ 符合**右手法则**, 是指当右手四指从 $\boldsymbol{a}$ 经角 $(\widehat{\boldsymbol{a},\boldsymbol{b}})$ 到 $\boldsymbol{b}$ 的转向握拳时, 竖起的大拇指所指的方向便是 $\boldsymbol{c}$ 的方向. 见图 6.9.

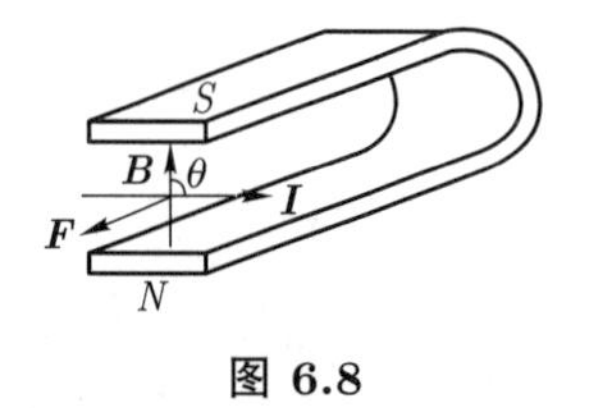

图 6.8

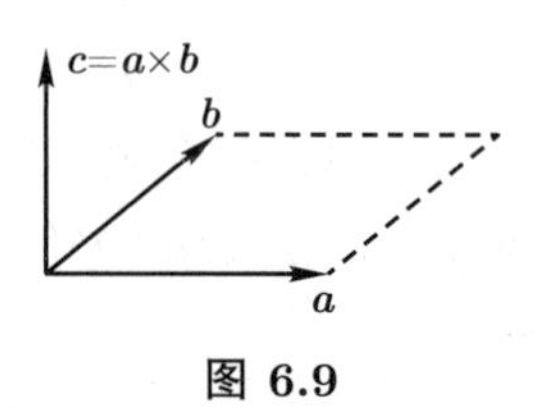

图 6.9

定义 2 若由向量 $\boldsymbol{a}$ 与 $\boldsymbol{b}$ 所确定的一个向量 $\boldsymbol{c}$ 满足下列条件:

1° $\boldsymbol{c}$ 与 $\boldsymbol{a},\boldsymbol{b}$ 都垂直, 其方向按右手法则确定;

2° $\boldsymbol{c}$ 的大小为 $|\boldsymbol{c}|=|\boldsymbol{a}||\boldsymbol{b}|\sin(\widehat{\boldsymbol{a},\boldsymbol{b}})$,

则称 $\boldsymbol{c}$ 为向量 $\boldsymbol{a}$ 与 $\boldsymbol{b}$ 的**向量积**, 记作

$$\boldsymbol{c}=\boldsymbol{a}\times\boldsymbol{b},$$

如果 $\boldsymbol{a},\boldsymbol{b}$ 中有一个是零向量, 则规定它们的向量积为零向量.

向量积也叫做**叉积**或**外积**. 向量 $\boldsymbol{a},\boldsymbol{b}$ 外积的模 $|\boldsymbol{a}\times\boldsymbol{b}|=|\boldsymbol{a}||\boldsymbol{b}|\sin(\widehat{\boldsymbol{a},\boldsymbol{b}})$ 是以 $\boldsymbol{a},\boldsymbol{b}$ 为边的平行四边形面积（图 6.9）. 由向量积的定义可得下列结果:

1° $\boldsymbol{a}\times\boldsymbol{0}=\boldsymbol{0},\quad \boldsymbol{0}\times\boldsymbol{a}=\boldsymbol{0}$;

2° $\boldsymbol{a}\times\boldsymbol{a}=\boldsymbol{0}$;

3° 如果 $\boldsymbol{a},\boldsymbol{b}$ 是两个非零向量, 则 $\boldsymbol{a}//\boldsymbol{b}$ 的充要条件是 $\boldsymbol{a}\times\boldsymbol{b}=\boldsymbol{0}$.

向量积具有下列运算性质:

1° 反交换律: $\boldsymbol{a}\times\boldsymbol{b}=-\boldsymbol{b}\times\boldsymbol{a}$;

2° 分配律: $(\boldsymbol{a}+\boldsymbol{b})\times\boldsymbol{c}=\boldsymbol{a}\times\boldsymbol{c}+\boldsymbol{b}\times\boldsymbol{c}$;

3° 与数相乘的结合律: $(\lambda\boldsymbol{a})\times\boldsymbol{b}=\boldsymbol{a}\times(\lambda\boldsymbol{b})=\lambda(\boldsymbol{a}\times\boldsymbol{b})$.

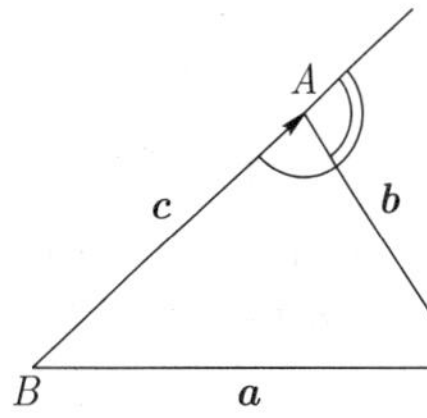

例 3 试用向量证明正弦定理.

证 如图 6.10, 任给 $\triangle ABC$, 记 $\overrightarrow{BC}=\boldsymbol{a},\overrightarrow{AC}=\boldsymbol{b},\overrightarrow{BA}=\boldsymbol{c}$, 则有

图 6.10

$$\boldsymbol{a}=\boldsymbol{b}+\boldsymbol{c},$$

从而有

$$\boldsymbol{a}\times\boldsymbol{b}=(\boldsymbol{b}+\boldsymbol{c})\times\boldsymbol{b}=\boldsymbol{c}\times\boldsymbol{b},$$

$$\boldsymbol{c}\times\boldsymbol{b}=\boldsymbol{c}\times(\boldsymbol{a}-\boldsymbol{c})=\boldsymbol{c}\times\boldsymbol{a}=-\boldsymbol{a}\times\boldsymbol{c},$$

于是有

$$|\boldsymbol{a}\times\boldsymbol{b}|=|\boldsymbol{c}\times\boldsymbol{b}|=|-\boldsymbol{a}\times\boldsymbol{c}|,$$

即

$$|\boldsymbol{a}||\boldsymbol{b}|\sin(\widehat{\boldsymbol{a},\boldsymbol{b}})=|\boldsymbol{c}||\boldsymbol{b}|\sin(\widehat{\boldsymbol{c},\boldsymbol{b}})=|\boldsymbol{a}||\boldsymbol{c}|\sin(\widehat{\boldsymbol{a},\boldsymbol{c}}),$$

用 $|\boldsymbol{a}||\boldsymbol{b}||\boldsymbol{c}|$ 除上式得

$$\frac{\sin(\widehat{\boldsymbol{a},\boldsymbol{b}})}{|\boldsymbol{c}|}=\frac{\sin(\pi-(\widehat{\boldsymbol{c},\boldsymbol{b}}))}{|\boldsymbol{a}|}=\frac{\sin(\widehat{\boldsymbol{a},\boldsymbol{c}})}{|\boldsymbol{b}|},$$

上式即为正弦定理.

4. 向量的混合积

我们称 $\boldsymbol{a}\cdot(\boldsymbol{b}\times\boldsymbol{c})$ 为向量 $\boldsymbol{a},\boldsymbol{b},\boldsymbol{c}$ 的**混合积**, 常记为 $[\boldsymbol{a}\quad\boldsymbol{b}\quad\boldsymbol{c}]$, 即

$$[\boldsymbol{a}\quad\boldsymbol{b}\quad\boldsymbol{c}]=\boldsymbol{a}\cdot(\boldsymbol{b}\times\boldsymbol{c}),$$

我们知道, $|\boldsymbol{b}\times\boldsymbol{c}|$ 是以 $\boldsymbol{b},\boldsymbol{c}$ 为边的平行四边形的面积 S, 因此,

$$[\boldsymbol{a}\quad\boldsymbol{b}\quad\boldsymbol{c}]=\boldsymbol{a}\cdot(\boldsymbol{b}\times\boldsymbol{c})=|\boldsymbol{b}\times\boldsymbol{c}|(\boldsymbol{a})_{\boldsymbol{b}\times\boldsymbol{c}}=S|\boldsymbol{a}|\cos\theta,$$

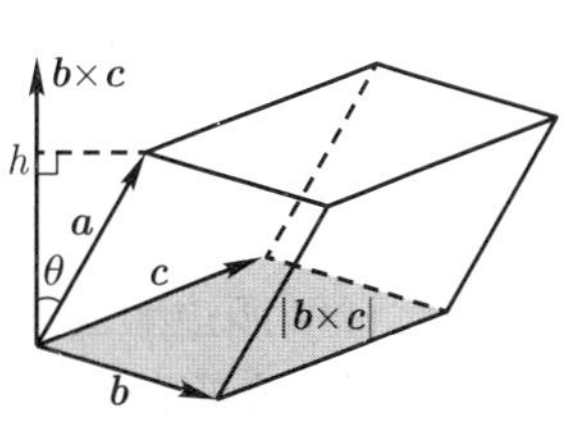

图 6.11

其中 θ 为向量 $\boldsymbol{a}$ 与 $\boldsymbol{b}\times\boldsymbol{c}$ 的夹角, 如图 6.11 所示. 设以 $\boldsymbol{a},\boldsymbol{b},\boldsymbol{c}$ 为棱的平行六面体的体积为 V, 其底面积为 S、高为 h, 因为当 $\boldsymbol{a},\boldsymbol{b},\boldsymbol{c}$ 成右手系时, θ 为锐角, $|\boldsymbol{a}|\cos\theta=h$, 所以混合积

$$[\boldsymbol{a}\quad\boldsymbol{b}\quad\boldsymbol{c}]=S|\boldsymbol{a}|\cos\theta=Sh=V,$$

当 $\boldsymbol{a},\boldsymbol{b},\boldsymbol{c}$ 成左手系时, θ 为钝角, $|\boldsymbol{a}|\cos\theta=-h$, 所以混合积

$$[\boldsymbol{a}\quad\boldsymbol{b}\quad\boldsymbol{c}]=S|\boldsymbol{a}|\cos\theta=-Sh=-V,$$

综合以上讨论, 得

$$[\boldsymbol{a}\quad\boldsymbol{b}\quad\boldsymbol{c}]=\pm V.$$

当 $\boldsymbol{a},\boldsymbol{b},\boldsymbol{c}$ 成右手系时, 上式取 "+" 号; 当 $\boldsymbol{a},\boldsymbol{b},\boldsymbol{c}$ 成左手系时, 上式取 "−" 号. 由此可知混合积 $[\boldsymbol{a}\quad\boldsymbol{b}\quad\boldsymbol{c}]$ 的几何意义是: 其绝对值表示以 $\boldsymbol{a},\boldsymbol{b},\boldsymbol{c}$ 为棱所构成的平行六面体的体积, 其符号由 $\boldsymbol{a},\boldsymbol{b},\boldsymbol{c}$ 成右手系还是左手系而定.

由混合积的几何意义易见: 混合积 $[\boldsymbol{a}\quad\boldsymbol{b}\quad\boldsymbol{c}]$ 轮换因子的顺序, 其值不变, 对换两因子的位置, 只改变一个符号.

$$(\boldsymbol{a}\times\boldsymbol{b})\cdot\boldsymbol{c}=(\boldsymbol{b}\times\boldsymbol{c})\cdot\boldsymbol{a}=(\boldsymbol{c}\times\boldsymbol{a})\cdot\boldsymbol{b}.$$

$$[\boldsymbol{a}\quad\boldsymbol{b}\quad\boldsymbol{c}]=[\boldsymbol{b}\quad\boldsymbol{c}\quad\boldsymbol{a}]=[\boldsymbol{c}\quad\boldsymbol{a}\quad\boldsymbol{b}]=-[\boldsymbol{a}\quad\boldsymbol{c}\quad\boldsymbol{b}]=-[\boldsymbol{b}\quad\boldsymbol{a}\quad\boldsymbol{c}]=-[\boldsymbol{c}\quad\boldsymbol{b}\quad\boldsymbol{a}].$$

当 $(\boldsymbol{a}\times\boldsymbol{b})\cdot\boldsymbol{c}=0$, 平行六面体的体积为零, 即该六面体的三条棱落在一个平面上, 也就是说向量 $\boldsymbol{a}$, $\boldsymbol{b}$, $\boldsymbol{c}$ 共面, 反之显然也成立. 由此可得

定理 1 三向量 $\boldsymbol{a},\boldsymbol{b},\boldsymbol{c}$ 共面的充要条件是 $[\boldsymbol{a}\quad\boldsymbol{b}\quad\boldsymbol{c}]=0$.

例 4 已知 $\boldsymbol{a}\cdot(\boldsymbol{b}\times\boldsymbol{c})=2$, 求 $[(\boldsymbol{a}+\boldsymbol{b})\times(\boldsymbol{b}+\boldsymbol{c})]\cdot(\boldsymbol{c}+\boldsymbol{a})$.

解 由数量积、向量积的分配律,

$$\begin{aligned}&[(\boldsymbol{a}+\boldsymbol{b})\times(\boldsymbol{b}+\boldsymbol{c})]\cdot(\boldsymbol{c}+\boldsymbol{a})\\=&(\boldsymbol{a}\times\boldsymbol{b}+\boldsymbol{a}\times\boldsymbol{c}+\boldsymbol{b}\times\boldsymbol{b}+\boldsymbol{b}\times\boldsymbol{c})\cdot(\boldsymbol{c}+\boldsymbol{a})\\=&(\boldsymbol{a}\times\boldsymbol{b})\cdot\boldsymbol{c}+(\boldsymbol{b}\times\boldsymbol{c})\cdot\boldsymbol{a}=2[\boldsymbol{a}\quad\boldsymbol{b}\quad\boldsymbol{c}]=4.\end{aligned}$$

例 5 已知 $\boldsymbol{a}\times\boldsymbol{b}+\boldsymbol{b}\times\boldsymbol{c}+\boldsymbol{c}\times\boldsymbol{a}=\boldsymbol{0}$, 证明三个向量 $\boldsymbol{a},\boldsymbol{b},\boldsymbol{c}$ 共面.

解 因为 $\boldsymbol{a}\cdot(\boldsymbol{a}\times\boldsymbol{b}+\boldsymbol{b}\times\boldsymbol{c}+\boldsymbol{c}\times\boldsymbol{a})=\boldsymbol{a}\cdot\boldsymbol{0}$, 所以

$$\boldsymbol{a}\cdot(\boldsymbol{a}\times\boldsymbol{b})+\boldsymbol{a}\cdot(\boldsymbol{b}\times\boldsymbol{c})+\boldsymbol{a}\cdot(\boldsymbol{c}\times\boldsymbol{a})=0.$$

由 $\boldsymbol{a}\cdot(\boldsymbol{a}\times\boldsymbol{b})=0$ 和 $\boldsymbol{a}\cdot(\boldsymbol{c}\times\boldsymbol{a})=0$ 知 $\boldsymbol{a}\cdot(\boldsymbol{b}\times\boldsymbol{c})=0$. 由定理 1 知, 三个向量 $\boldsymbol{a},\boldsymbol{b},\boldsymbol{c}$ 共面.

习 题 6.1

1. 证明四边形 $ABCD$ 对边中点的连线的交点等分连线.

2. 设三角形的三个顶点为 A, B 和 C, 其顶点对边的中点分别为 a, b, c. 证明 $\overrightarrow{Aa}+\overrightarrow{Bb}+\overrightarrow{Cc}=\boldsymbol{0}$.

3. 设 AB 是圆的直径, C 是圆上的任意一点. 证明向量 $\overrightarrow{CA}$ 和 $\overrightarrow{CB}$ 垂直.

4. 证明任意菱形的对角线互相垂直.

5. 已知 $\boldsymbol{u_1}$ 和 $\boldsymbol{u_2}$ 是相互正交的单位向量, 且 $\boldsymbol{v}=a\boldsymbol{u_1}+b\boldsymbol{u_2}$, 求 $\boldsymbol{v}\cdot\boldsymbol{u_1}$.

6. 已知 $|\boldsymbol{a}|=3$, $|\boldsymbol{b}|=26$, $|\boldsymbol{a}\times\boldsymbol{b}|=72$, 求 $\boldsymbol{a}\cdot\boldsymbol{b}$.

7. 已知 $|\boldsymbol{a}|=10$, $|\boldsymbol{b}|=2$, $\boldsymbol{a}\cdot\boldsymbol{b}=12$, 求 $|\boldsymbol{a}\times\boldsymbol{b}|$.

8. 已知 $\boldsymbol{a}, \boldsymbol{b}, \boldsymbol{c}$ 为单位向量, 并满足 $\boldsymbol{a}+\boldsymbol{b}+\boldsymbol{c}=\boldsymbol{0}$, 试求 $\boldsymbol{a}\cdot\boldsymbol{b}+\boldsymbol{b}\cdot\boldsymbol{c}+\boldsymbol{c}\cdot\boldsymbol{a}$.

9. 已知 $\boldsymbol{a}, \boldsymbol{b}, \boldsymbol{c}$ 满足 $\boldsymbol{a}+\boldsymbol{b}+\boldsymbol{c}=\boldsymbol{0}$, 求证 $\boldsymbol{a}\times\boldsymbol{b}=\boldsymbol{b}\times\boldsymbol{c}=\boldsymbol{c}\times\boldsymbol{a}$.

10. 如果 $\boldsymbol{a}\cdot\boldsymbol{b}_1=\boldsymbol{a}\cdot\boldsymbol{b}_2$, $\boldsymbol{a}\neq\boldsymbol{0}$, 是否有 $\boldsymbol{b}_1=\boldsymbol{b}_2$? 请说明原因.

11. 已知 $\boldsymbol{a}, \boldsymbol{b}$ 和 $\boldsymbol{c}$ 是相互垂直的向量. 设 $\boldsymbol{d}=5\boldsymbol{a}-6\boldsymbol{b}+3\boldsymbol{c}$.

(1) 如果 $\boldsymbol{a}, \boldsymbol{b}$ 和 $\boldsymbol{c}$ 均是单位向量, 求向量 $\boldsymbol{d}$ 的模 $|\boldsymbol{d}|$;

(2) 如果 $|\boldsymbol{a}|=2, |\boldsymbol{b}|=3$ 且 $|\boldsymbol{c}|=4$, 求向量 $\boldsymbol{d}$ 的模 $|\boldsymbol{d}|$.

12. 已知 $\boldsymbol{a}, \boldsymbol{b}$ 和 $\boldsymbol{c}$ 是相互垂直的单位向量. 设 $\boldsymbol{d}=\alpha\boldsymbol{a}+\beta\boldsymbol{b}+\gamma\boldsymbol{c}$, 其中 α, β 和 γ 是实数, 证明 $\alpha=\boldsymbol{d}\cdot\boldsymbol{a}$, $\beta=\boldsymbol{d}\cdot\boldsymbol{b}$, $\gamma=\boldsymbol{d}\cdot\boldsymbol{c}$.

§6.2 空间直角坐标系及向量运算的坐标表示

6.2.1 空间直角坐标系

1. 空间直角坐标系

为了能使前面引入的向量运算转化为代数运算进而用代数方法研究空间几何问题, 需在空间中建立描述点的位置的坐标系.

在空间中取定一点 O, 过 O 点作三条互相垂直且以 O 点为原点的数轴 Ox, Oy, Oz, 称为**坐标轴**, 也分别简称为 x 轴, y 轴, z 轴, O 点叫做**坐标原点**, 其中三根坐标轴的次序和方向通常符合右手法则（图 6.12）, 这样就构成了空间直角坐标系 $Oxyz$. 两坐标轴所确定的平面称为**坐标平面**, 按坐标轴的名称分别称为 Oxy 面、Oyz 面和 Ozx 面（或简称为 xy 面、yz 面和 zx 面）. 三个坐标平面将空间分成八个部分, 称为八个**卦限**, 在 Oxy 面上方的四个卦限按逆时针方向分别是第一、二、三、四卦限, 其中第一卦限是 Oxy 面上方、Oyz 面前方、Ozx 面右方的那个卦限. 在 Oxy 面下方按逆时针方向分别是第五、六、七、八卦限（图 6.13）, 其中第五卦限是第一卦限下方的那个卦限.

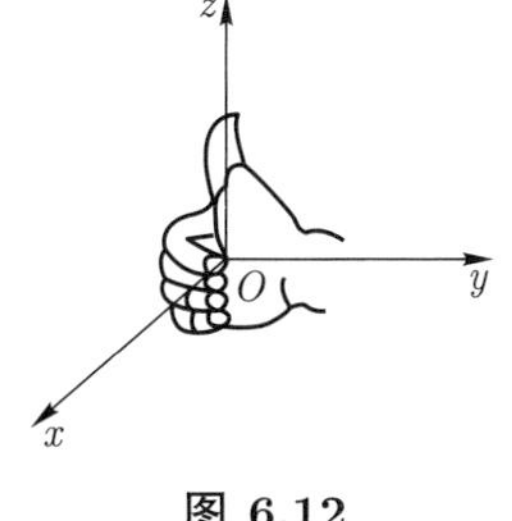

图 6.12

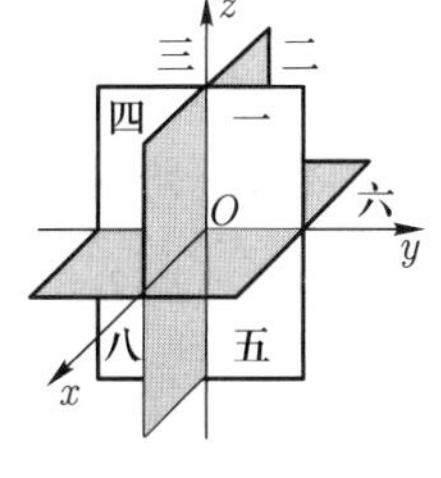

图 6.13

设 M 是空间的一点, 过点 M 作三个平面分别垂直于三根坐标轴, 它们与三根坐标轴分别交于 P, Q, R 三点, 设这三点关于所在坐标轴的坐标分别为 x, y, z, 这样就由点 M 唯一确定了一个三元有序数组 (x, y, z); 反之, 对任意一个三元有序数组 (x, y, z), 在三根坐标轴上分别取点

P, Q, R 使其在坐标轴上的坐标分别为 x, y, z, 过 P, Q, R 分别作垂直于相应的坐标轴的平面, 设这三个平面相交于点 M（图 6.14）, 于是, 一个三元有序数组 (x, y, z) 就确定了空间唯一的点 M, 这样就建立了空间的点 M 与三元有序数组 (x, y, z) 之间的一一对应关系. 三元有序数组 (x, y, z) 称为点 M 的**坐标**, 记为 $M(x, y, z)$, x, y, z 分别称为点 M 的**横坐标、纵坐标**和**竖坐标**（或称 x 坐标、y 坐标、z 坐标）.

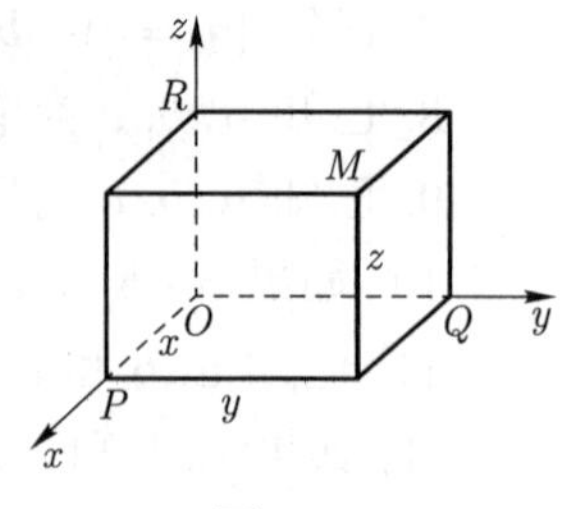

图 6.14

显然, 原点的坐标为 $(0,0,0)$; 在 x 轴, y 轴, z 轴上点的坐标分别是 $(x,0,0)$, $(0,y,0)$, $(0,0,z)$; 在坐标面 Oxy, Oyz, Ozx 上点的坐标分别是 $(x,y,0)$, $(0,y,z)$, $(x,0,z)$. 在今后的叙述中, 常把一个点和表示这个点的坐标对应起来而不加区别.

2. 向量的坐标表示

在给定的直角坐标系 $Oxyz$ 中, 分别在 x 轴、y 轴、z 轴的正方向上取单位向量 $\boldsymbol{i}, \boldsymbol{j}, \boldsymbol{k}$, 称它们为**基向量**.

设 $M(x,y,z)$ 为空间一点, 作向量 $\overrightarrow{OM}$, P, Q, R 分别为点 M 在 x 轴、y 轴、z 轴上的投影点, 显然点 P 在 x 轴上的坐标为 x, 点 Q 在 y 轴上的坐标为 y, 点 R 在 z 轴上的坐标为 z, 作向量 $\overrightarrow{OP}$, $\overrightarrow{OQ}$, $\overrightarrow{OR}$, 则有

$$\overrightarrow{OP} = x\boldsymbol{i}, \quad \overrightarrow{OQ} = y\boldsymbol{j}, \quad \overrightarrow{OR} = z\boldsymbol{k},$$

由向量的加法及图 6.15, 得

$$\begin{aligned}\overrightarrow{OM} &= \overrightarrow{OP} + \overrightarrow{PN} + \overrightarrow{NM} = \overrightarrow{OP} + \overrightarrow{OQ} + \overrightarrow{OR} \\ &= x\boldsymbol{i} + y\boldsymbol{j} + z\boldsymbol{k},\end{aligned} \tag{6.2.1}$$

(6.2.1) 式称为向量 $\overrightarrow{OM}$ 的**坐标表示式**或**投影表示式**, 简记为

$$\overrightarrow{OM} = (x, y, z) \quad 或 \quad \overrightarrow{OM} = \{x, y, z\},$$

其中 (x, y, z) 称为向量 $\overrightarrow{OM}$ 的**坐标**.

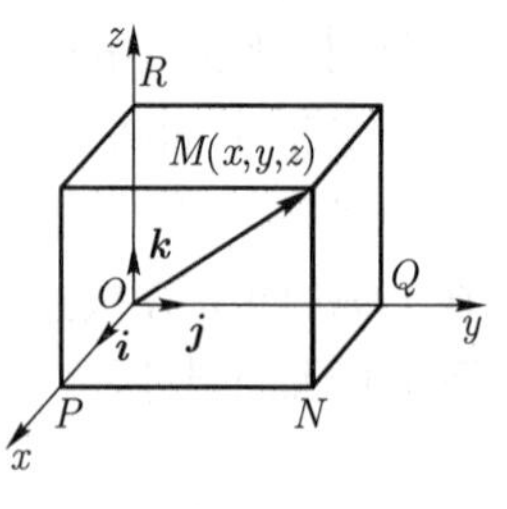

图 6.15

在直角坐标系 $Oxyz$ 中, 设有向线段 $\boldsymbol{a} = \overrightarrow{AB}$ 的起点为 $A(x_1, y_1, z_1)$, 终点为 $B(x_2, y_2, z_2)$, 向量 $\boldsymbol{a}$ 在三个坐标轴上的投影分别为 a_x, a_y, a_z, 则

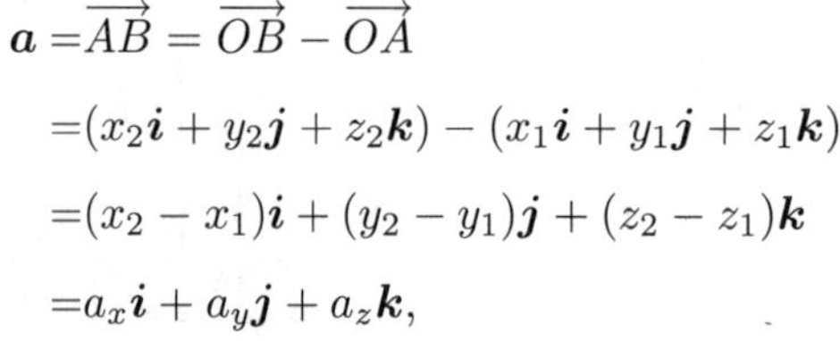

$$\begin{aligned}\boldsymbol{a} =& \overrightarrow{AB} = \overrightarrow{OB} - \overrightarrow{OA} \\ =&(x_2\boldsymbol{i} + y_2\boldsymbol{j} + z_2\boldsymbol{k}) - (x_1\boldsymbol{i} + y_1\boldsymbol{j} + z_1\boldsymbol{k}) \\ =&(x_2 - x_1)\boldsymbol{i} + (y_2 - y_1)\boldsymbol{j} + (z_2 - z_1)\boldsymbol{k} \\ =&a_x\boldsymbol{i} + a_y\boldsymbol{j} + a_z\boldsymbol{k},\end{aligned}$$

即向量 $\boldsymbol{a} = \overrightarrow{AB}$ 的坐标表示为

$$\boldsymbol{a} = \overrightarrow{AB} = (x_2 - x_1, y_2 - y_1, z_2 - z_1) = (a_x, a_y, a_z).$$

这表明只要知道一个向量在三个坐标轴上的投影, 就可以写出它的坐标表示式. 于是, 点 A 到点 B 的距离就是向量 $\boldsymbol{a}$ 的模, 即

$$d(A, B) = |\boldsymbol{a}| = \sqrt{a_x^2 + a_y^2 + a_z^2}.$$

非零向量 $\boldsymbol{a}=a_x\boldsymbol{i}+a_y\boldsymbol{j}+a_z\boldsymbol{k}$ 与三个坐标轴的夹角 α,β,γ 称为向量 $\boldsymbol{a}$ 的**方向角**, 方向角的余弦 $\cos\alpha,\cos\beta,\cos\gamma$ 称为向量 $\boldsymbol{a}$ 的**方向余弦**. 由向量在轴上的投影可知, 向量 $\boldsymbol{a}$ 的方向余弦为

$$\cos\alpha=\frac{a_x}{|\boldsymbol{a}|}=\frac{a_x}{\sqrt{a_x^2+a_y^2+a_z^2}},$$
$$\cos\beta=\frac{a_y}{|\boldsymbol{a}|}=\frac{a_y}{\sqrt{a_x^2+a_y^2+a_z^2}},$$
$$\cos\gamma=\frac{a_z}{|\boldsymbol{a}|}=\frac{a_z}{\sqrt{a_x^2+a_y^2+a_z^2}},$$

同时三个方向余弦满足 $\cos^2\alpha+\cos^2\beta+\cos^2\gamma=1$.

上式说明, 若已知一个向量的坐标, 则可唯一确定向量的模与方向余弦; 反之, 已知一个向量的模与方向余弦, 可唯一确定向量的坐标

$$a_x=|\boldsymbol{a}|\cos\alpha,\quad a_y=|\boldsymbol{a}|\cos\beta,\quad a_z=|\boldsymbol{a}|\cos\gamma,$$

于是,

$$\boldsymbol{a}=|\boldsymbol{a}|(\cos\alpha\boldsymbol{i}+\cos\beta\boldsymbol{j}+\cos\gamma\boldsymbol{k}).$$

而 $\cos\alpha\boldsymbol{i}+\cos\beta\boldsymbol{j}+\cos\gamma\boldsymbol{k}$ 为 $\boldsymbol{a}$ 的单位向量, 即

$$\boldsymbol{a}_0=\cos\alpha\boldsymbol{i}+\cos\beta\boldsymbol{j}+\cos\gamma\boldsymbol{k}.$$

例 1 设 $A(1,-2,3)$ 和 $B(4,2,-1)$ 为空间中的两个点, 写出向量 $\overrightarrow{AB}$ 的模与方向余弦.

解 $$\overrightarrow{AB}=\big(4-1,2-(-2),-1-3\big)=(3,4,-4)$$
且
$$|\overrightarrow{AB}|=\sqrt{3^2+4^2+(-4)^2}=\sqrt{41},$$
则 $\overrightarrow{AB}$ 的方向余弦为
$$\cos\alpha=\frac{3}{\sqrt{41}},\cos\beta=\frac{4}{\sqrt{41}},\cos\gamma=\frac{-4}{\sqrt{41}}.$$

例 2 设 $\boldsymbol{a}$ 的两个方向余弦为 $\cos\alpha=\dfrac{1}{3}$ 和 $\cos\beta=\dfrac{2}{3}$, 且 $|\boldsymbol{a}|=6$. 写出 $\boldsymbol{a}$ 的坐标表示式.

解 由关系式 $\cos^2\alpha+\cos^2\beta+\cos^2\gamma=1$ 和 $\cos\alpha=\dfrac{1}{3}$, $\cos\beta=\dfrac{2}{3}$ 知,

$$\cos\gamma=\pm\sqrt{1-\cos^2\alpha-\cos^2\beta}=\pm\frac{2}{3}$$

且

$$a_x=|\boldsymbol{a}|\cos\alpha=2,\quad a_y=|\boldsymbol{a}|\cos\beta=4,\quad a_z=|\boldsymbol{a}|\cos\gamma=\pm4.$$

于是 $\boldsymbol{a}=(2,4,4)$ 或 $\boldsymbol{a}=(2,4,-4)$.

6.2.2 向量运算的坐标表示

1. 向量的加减法与数乘的坐标表示

给定两个向量

$$\boldsymbol{a}=(a_x,a_y,a_z),\quad \boldsymbol{b}=(b_x,b_y,b_z),$$

则由向量的加法的运算规律可得

$$\begin{aligned}\boldsymbol{a}\pm\boldsymbol{b}&=(a_x\boldsymbol{i}+a_y\boldsymbol{j}+a_z\boldsymbol{k})\pm(b_x\boldsymbol{i}+b_y\boldsymbol{j}+b_z\boldsymbol{k})\\&=(a_x\pm b_x)\boldsymbol{i}+(a_y\pm b_y)\boldsymbol{j}+(a_z\pm b_z)\boldsymbol{k}\\&=(a_x\pm b_x,a_y\pm b_y,a_z\pm b_z),\end{aligned}$$

也就是说向量的加减变成了它们坐标的加减.

由数乘的运算规律可得

$$\begin{aligned}\lambda\boldsymbol{a}&=\lambda(a_x\boldsymbol{i}+a_y\boldsymbol{j}+a_z\boldsymbol{k})=(\lambda a_x)\boldsymbol{i}+(\lambda a_y)\boldsymbol{j}+(\lambda a_z)\boldsymbol{k}\\&=(\lambda a_x,\lambda a_y,\lambda a_z),\end{aligned}$$

于是数与向量的乘积就是用这个数去乘向量的三个坐标.

而两个非零向量 $\boldsymbol{a}$ 和 $\boldsymbol{b}$ 平行的充要条件 $\boldsymbol{b}=\lambda\boldsymbol{a}$, 则可写成

$$b_x=\lambda a_x,\quad b_y=\lambda a_y,\quad b_z=\lambda a_z,$$

或

$$\frac{b_x}{a_x}=\frac{b_y}{a_y}=\frac{b_z}{a_z}=\lambda,$$

即对应的坐标成比例. 上式若分母为零, 则规定分子也为零, 例如 $a_x=0$, 这时上式因为分母为零而失去意义, 但为了保持形式上的一致, 我们仍把它写成

$$\frac{b_x}{0}=\frac{b_y}{a_y}=\frac{b_z}{a_z}$$

的形式, 不过, 这时应作这样的理解

$$b_x=0,\quad \frac{b_y}{a_y}=\frac{b_z}{a_z}.$$

当 $a_y=0$ 或 $a_z=0$ 时可类推.

例 3 设有作用于同一点的三个力, 它们分别为 $\boldsymbol{F}_1=(1,2,3)$, $\boldsymbol{F}_2=(2,-3,4)$, $\boldsymbol{F}_3=(3,4,-5)$, 求合力 $\boldsymbol{F}$ 的大小和方向.

解

$$\begin{aligned}\boldsymbol{F}&=\boldsymbol{F}_1+\boldsymbol{F}_2+\boldsymbol{F}_3\\&=(1,2,3)+(2,-3,4)+(3,4,-5)=(6,3,2),\end{aligned}$$

故 $|\boldsymbol{F}|=\sqrt{6^2+3^2+2^2}=7$, $\boldsymbol{F}$ 的方向余弦为

$$\cos\alpha=\frac{6}{7},\quad \cos\beta=\frac{3}{7},\quad \cos\gamma=\frac{2}{7}.$$

例 4 (定比分点的坐标) 设有两点 $M_1(x_1,y_1,z_1)$ 和 $M_2(x_2,y_2,z_2)$, 点 C 将有向线段 M_1M_2 分成两部分, 使 $\dfrac{|M_1C|}{|CM_2|}=\lambda$, 求分点 C 的坐标.

解 如图 6.16, 设 C 点的坐标为 (x,y,z), 则依题意有

$$\overrightarrow{M_1C}=\lambda\overrightarrow{CM_2},$$

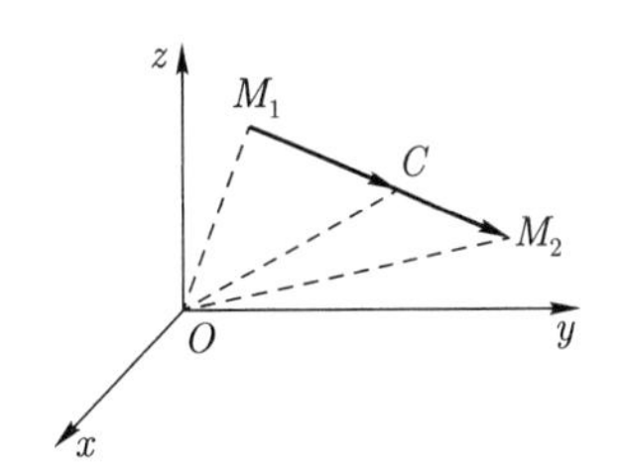

图 6.16

即

$$(x-x_1,y-y_1,z-z_1)=\lambda(x_2-x,y_2-y,z_2-z).$$

由两向量相等的定义, 知它们的对应坐标相等, 故有

$$x-x_1=\lambda(x_2-x),$$
$$y-y_1=\lambda(y_2-y),$$
$$z-z_1=\lambda(z_2-z),$$

解之得

$$x=\frac{x_1+\lambda x_2}{1+\lambda},\quad y=\frac{y_1+\lambda y_2}{1+\lambda},\quad z=\frac{z_1+\lambda z_2}{1+\lambda}.$$

特别地, 当 $\lambda=1$ 时, 得中点 C 的坐标为

$$x=\frac{x_1+x_2}{2},\quad y=\frac{y_1+y_2}{2},\quad z=\frac{z_1+z_2}{2}.$$

例 5 已知 $\overrightarrow{AB}=(-3,0,4)$, $\overrightarrow{AC}=(5,-2,-14)$, 求等分 $\angle BAC$ 的单位向量.

解 $|\overrightarrow{AB}|=5, |\overrightarrow{AC}|=15,$

$$(\overrightarrow{AB})_0=\frac{1}{5}\overrightarrow{AB}=\left(-\frac{3}{5},0,\frac{4}{5}\right),$$

$$(\overrightarrow{AC})_0=\frac{1}{15}\overrightarrow{AC}=\left(\frac{5}{15},-\frac{2}{15},-\frac{14}{15}\right).$$

显然, 以 $(\overrightarrow{AB})_0,(\overrightarrow{AC})_0$ 为边的菱形的对角线向量为

$$\boldsymbol{c}=(\overrightarrow{AB})_0+(\overrightarrow{AC})_0=\left(-\frac{4}{15},-\frac{2}{15},-\frac{2}{15}\right),$$

它平分 $\angle BAC$, 故所求的单位向量为

$$\boldsymbol{c}_0=\frac{\boldsymbol{c}}{|\boldsymbol{c}|}=\left(-\frac{2}{\sqrt{6}},-\frac{1}{\sqrt{6}},-\frac{1}{\sqrt{6}}\right).$$

2. 数量积的坐标表示

注意到基向量 $\boldsymbol{i},\boldsymbol{j},\boldsymbol{k}$ 是两两垂直的, 因此由数量积的定义有

$$\boldsymbol{i}\cdot\boldsymbol{i}=\boldsymbol{j}\cdot\boldsymbol{j}=\boldsymbol{k}\cdot\boldsymbol{k}=1,$$

$$\boldsymbol{i}\cdot\boldsymbol{j}=\boldsymbol{j}\cdot\boldsymbol{i}=\boldsymbol{j}\cdot\boldsymbol{k}=\boldsymbol{k}\cdot\boldsymbol{j}=\boldsymbol{k}\cdot\boldsymbol{i}=\boldsymbol{i}\cdot\boldsymbol{k}=0.$$

根据向量的数量积的运算规律, 可得数量积的坐标表示式. 设给定了两个向量

$$\boldsymbol{a}=a_x\boldsymbol{i}+a_y\boldsymbol{j}+a_z\boldsymbol{k},\quad \boldsymbol{b}=b_x\boldsymbol{i}+b_y\boldsymbol{j}+b_z\boldsymbol{k},$$

则有

$$\begin{aligned}\boldsymbol{a}\cdot\boldsymbol{b}=&(a_x\boldsymbol{i}+a_y\boldsymbol{j}+a_z\boldsymbol{k})\cdot(b_x\boldsymbol{i}+b_y\boldsymbol{j}+b_z\boldsymbol{k})\\=&a_xb_x(\boldsymbol{i}\cdot\boldsymbol{i})+a_xb_y(\boldsymbol{i}\cdot\boldsymbol{j})+a_xb_z(\boldsymbol{i}\cdot\boldsymbol{k})+\\&a_yb_x(\boldsymbol{j}\cdot\boldsymbol{i})+a_yb_y(\boldsymbol{j}\cdot\boldsymbol{j})+a_yb_z(\boldsymbol{j}\cdot\boldsymbol{k})+\\&a_zb_x(\boldsymbol{k}\cdot\boldsymbol{i})+a_zb_y(\boldsymbol{k}\cdot\boldsymbol{j})+a_zb_z(\boldsymbol{k}\cdot\boldsymbol{k})\\=&a_xb_x+a_yb_y+a_zb_z,\end{aligned}$$

即

$$\boldsymbol{a}\cdot\boldsymbol{b}=a_xb_x+a_yb_y+a_zb_z.$$

上式表明两向量的数量积等于它们对应坐标乘积之和.

利用两向量数量积的坐标表示式, 可得到以下重要结果:

若 $\boldsymbol{a}=a_x\boldsymbol{i}+a_y\boldsymbol{j}+a_z\boldsymbol{k},\quad \boldsymbol{b}=b_x\boldsymbol{i}+b_y\boldsymbol{j}+b_z\boldsymbol{k}$, 则

(1) $\boldsymbol{a}$ 和 $\boldsymbol{b}$ 垂直的充要条件是 $\boldsymbol{a}\cdot\boldsymbol{b}=a_xb_x+a_yb_y+a_zb_z=0$;

(2) $\cos(\widehat{\boldsymbol{a},\boldsymbol{b}})=\dfrac{\boldsymbol{a}\cdot\boldsymbol{b}}{|\boldsymbol{a}||\boldsymbol{b}|}=\dfrac{a_xb_x+a_yb_y+a_zb_z}{\sqrt{a_x^2+a_y^2+a_z^2}\sqrt{b_x^2+b_y^2+b_z^2}}$.

例 6 设在常力 $\boldsymbol{F}=2\boldsymbol{i}+4\boldsymbol{j}+6\boldsymbol{k}$ 作用下, 质点的位移为 $\boldsymbol{s}=3\boldsymbol{i}+2\boldsymbol{j}-\boldsymbol{k}$, 求力 $\boldsymbol{F}$ 所做的功, 并求 $\boldsymbol{F}$ 与 $\boldsymbol{s}$ 间的夹角 (力的单位为 N, 距离的单位为 m).

解 力 $\boldsymbol{F}$ 所做的功

$$W=\boldsymbol{F}\cdot\boldsymbol{s}=(2\boldsymbol{i}+4\boldsymbol{j}+6\boldsymbol{k})\cdot(3\boldsymbol{i}+2\boldsymbol{j}-\boldsymbol{k})=8\ \mathrm{J},$$

又 $|\boldsymbol{F}|=\sqrt{2^2+4^2+6^2}=\sqrt{56}$, $|\boldsymbol{s}|=\sqrt{3^2+2^2+(-1)^2}=\sqrt{14}$, 故

$$\cos(\widehat{\boldsymbol{F},\boldsymbol{s}})=\frac{\boldsymbol{F}\cdot\boldsymbol{s}}{|\boldsymbol{F}||\boldsymbol{s}|}=\frac{8}{\sqrt{56}\sqrt{14}}=\frac{2}{7},$$

于是

$$(\widehat{\boldsymbol{F},\boldsymbol{s}})=\arccos\frac{2}{7}\approx 73^\circ 24'.$$

例 7 求与 Oxy 面平行, 且垂直于向量 $\boldsymbol{a}=(-4,3,7)$ 的单位向量.

解 设所求向量为 $\boldsymbol{b}=(x_0,y_0,z_0)$, 由于它平行于 Oxy 面, 故 $z_0=0$. 因 $\boldsymbol{b}$ 与 $\boldsymbol{a}$ 垂直, 所以 $\boldsymbol{a}\cdot\boldsymbol{b}=0$, 即

$$-4x_0+3y_0=0,$$

又因为 $\boldsymbol{b}$ 是单位向量, 故有

$$x_0^2+y_0^2=1,$$

解上面两式得

$$x_0=\frac{3}{5},\quad y_0=\frac{4}{5}\quad 或\quad x_0=-\frac{3}{5},\quad y_0=-\frac{4}{5},$$

故所求的向量为

$$\left(\frac{3}{5},\frac{4}{5},0\right) \text{或} \left(-\frac{3}{5},-\frac{4}{5},0\right).$$

3. 向量积的坐标表示

先讨论基向量的向量积, 注意到基向量 $\boldsymbol{i},\boldsymbol{j},\boldsymbol{k}$ 两两垂直, 且按 $\boldsymbol{i},\boldsymbol{j},\boldsymbol{k}$ 的顺序成右手系, 所以由向量积的定义和运算规律有

$$\begin{aligned}
&\boldsymbol{i}\times\boldsymbol{i}=\boldsymbol{j}\times\boldsymbol{j}=\boldsymbol{k}\times\boldsymbol{k}=\boldsymbol{0},\\
&\boldsymbol{i}\times\boldsymbol{j}=\boldsymbol{k},\quad \boldsymbol{j}\times\boldsymbol{k}=\boldsymbol{i},\quad \boldsymbol{k}\times\boldsymbol{i}=\boldsymbol{j},\\
&\boldsymbol{j}\times\boldsymbol{i}=-\boldsymbol{k},\quad \boldsymbol{k}\times\boldsymbol{j}=-\boldsymbol{i},\quad \boldsymbol{i}\times\boldsymbol{k}=-\boldsymbol{j},
\end{aligned}$$

根据向量的向量积的运算规律, 可得向量积的坐标表示式. 设给定了两个向量

$$\boldsymbol{a}=a_x\boldsymbol{i}+a_y\boldsymbol{j}+a_z\boldsymbol{k},\quad \boldsymbol{b}=b_x\boldsymbol{i}+b_y\boldsymbol{j}+b_z\boldsymbol{k},$$

则有

$$\begin{aligned}
\boldsymbol{a}\times\boldsymbol{b}=&(a_x\boldsymbol{i}+a_y\boldsymbol{j}+a_z\boldsymbol{k})\times(b_x\boldsymbol{i}+b_y\boldsymbol{j}+b_z\boldsymbol{k})\\
=&a_xb_x(\boldsymbol{i}\times\boldsymbol{i})+a_xb_y(\boldsymbol{i}\times\boldsymbol{j})+a_xb_z(\boldsymbol{i}\times\boldsymbol{k})+\\
&a_yb_x(\boldsymbol{j}\times\boldsymbol{i})+a_yb_y(\boldsymbol{j}\times\boldsymbol{j})+a_yb_z(\boldsymbol{j}\times\boldsymbol{k})+\\
&a_zb_x(\boldsymbol{k}\times\boldsymbol{i})+a_zb_y(\boldsymbol{k}\times\boldsymbol{j})+a_zb_z(\boldsymbol{k}\times\boldsymbol{k})\\
=&(a_yb_z-a_zb_y)\boldsymbol{i}+(a_zb_x-a_xb_z)\boldsymbol{j}+(a_xb_y-a_yb_x)\boldsymbol{k}\\
=&\begin{vmatrix}a_y & a_z\\ b_y & b_z\end{vmatrix}\boldsymbol{i}-\begin{vmatrix}a_x & a_z\\ b_x & b_z\end{vmatrix}\boldsymbol{j}+\begin{vmatrix}a_x & a_y\\ b_x & b_y\end{vmatrix}\boldsymbol{k}.
\end{aligned}$$

为便于记忆, 我们借用三阶行列式按第一行展开的表达式, 将 $\boldsymbol{a}\times\boldsymbol{b}$ 形式地表示为

$$\boldsymbol{a}\times\boldsymbol{b}=\begin{vmatrix}\boldsymbol{i} & \boldsymbol{j} & \boldsymbol{k}\\ a_x & a_y & a_z\\ b_x & b_y & b_z\end{vmatrix}.$$

例 8 已知 $\boldsymbol{a}=4\boldsymbol{i}-\boldsymbol{j}+3\boldsymbol{k},\boldsymbol{b}=2\boldsymbol{i}+3\boldsymbol{j}-\boldsymbol{k}$, 求一个同时垂直于 $\boldsymbol{a}$ 和 $\boldsymbol{b}$ 的向量.

解 由向量积的定义, $\boldsymbol{a}\times\boldsymbol{b}$ 就是一个同时垂直于 $\boldsymbol{a}$ 和 $\boldsymbol{b}$ 的向量, 故有

$$\begin{aligned}
\boldsymbol{a}\times\boldsymbol{b}&=\begin{vmatrix}\boldsymbol{i} & \boldsymbol{j} & \boldsymbol{k}\\ 4 & -1 & 3\\ 2 & 3 & -1\end{vmatrix}\\
&=(1-9)\boldsymbol{i}-(-4-6)\boldsymbol{j}+(12+2)\boldsymbol{k}\\
&=-8\boldsymbol{i}+10\boldsymbol{j}+14\boldsymbol{k}.
\end{aligned}$$

例 9 已知三角形三顶点分别为 $A(4,10,7)$, $B(7,9,8)$ 和 $C(5,5,8)$, 求三角形的面积 S 及 AC 边上的高 h.

解 如图 6.17 所示,

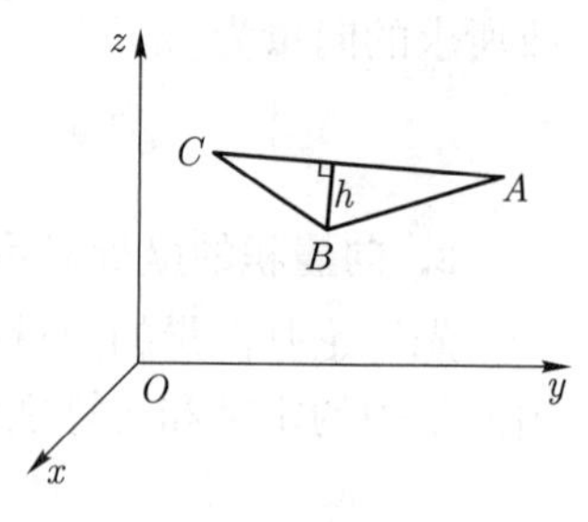

图 6.17

$$\overrightarrow{AB}=(3,-1,1),\quad \overrightarrow{AC}=(1,-5,1),$$

则

$$\overrightarrow{AB}\times\overrightarrow{AC}=\begin{vmatrix} \boldsymbol{i} & \boldsymbol{j} & \boldsymbol{k} \\ 3 & -1 & 1 \\ 1 & -5 & 1 \end{vmatrix}=(4,-2,-14).$$

三角形 ABC 的面积

$$S=\frac{1}{2}|\overrightarrow{AB}\times\overrightarrow{AC}|=\frac{1}{2}\sqrt{4^2+(-2)^2+(-14)^2}=3\sqrt{6}.$$

因为 $|\overrightarrow{AC}|=\sqrt{1^2+(-5)^2+1^2}=\sqrt{27}=3\sqrt{3}$, 而

$$S=\frac{1}{2}|\overrightarrow{AC}|h,$$

所以

$$h=\frac{2S}{|\overrightarrow{AC}|}=2\sqrt{2}.$$

4. 混合积的坐标表示

若 $\boldsymbol{a}=(a_x,a_y,a_z),\boldsymbol{b}=(b_x,b_y,b_z),\boldsymbol{c}=(c_x,c_y,c_z)$, 则

$$\boldsymbol{b}\times\boldsymbol{c}=\begin{vmatrix} \boldsymbol{i} & \boldsymbol{j} & \boldsymbol{k} \\ b_x & b_y & b_z \\ c_x & c_y & c_z \end{vmatrix}=\begin{vmatrix} b_y & b_z \\ c_y & c_z \end{vmatrix}\boldsymbol{i}-\begin{vmatrix} b_x & b_z \\ c_x & c_z \end{vmatrix}\boldsymbol{j}+\begin{vmatrix} b_x & b_y \\ c_x & c_y \end{vmatrix}\boldsymbol{k},$$

于是

$$\boldsymbol{a}\cdot(\boldsymbol{b}\times\boldsymbol{c})=a_x\begin{vmatrix} b_y & b_z \\ c_y & c_z \end{vmatrix}-a_y\begin{vmatrix} b_x & b_z \\ c_x & c_z \end{vmatrix}+a_z\begin{vmatrix} b_x & b_y \\ c_x & c_y \end{vmatrix}=\begin{vmatrix} a_x & a_y & a_z \\ b_x & b_y & b_z \\ c_x & c_y & c_z \end{vmatrix}.$$

这就是混合积的坐标表示式.

由此可直接推得:

(1) 三向量 $\boldsymbol{a},\boldsymbol{b},\boldsymbol{c}$ 共面的充要条件是

$$[\boldsymbol{a}\quad\boldsymbol{b}\quad\boldsymbol{c}]=\begin{vmatrix} a_x & a_y & a_z \\ b_x & b_y & b_z \\ c_x & c_y & c_z \end{vmatrix}=0.$$

(2) 四点 $M_i(x_i,y_i,z_i)(i=1,2,3,4)$ 共面的充要条件是

$$\begin{vmatrix} x_2-x_1 & y_2-y_1 & z_2-z_1 \\ x_3-x_1 & y_3-y_1 & z_3-z_1 \\ x_4-x_1 & y_4-y_1 & z_4-z_1 \end{vmatrix}=0.$$

例 10 已知不在一平面上的四点 $A(x_1,y_1,z_1),B(x_2,y_2,z_2),C(x_3,y_3,z_3),D(x_4,y_4,z_4)$, 求四面体 $ABCD$ 的体积.

解 由几何知, 四面体 $ABCD$ 的体积 V 等于以向量 $\overrightarrow{AB}$, $\overrightarrow{AC}$ 和 $\overrightarrow{AD}$ 为棱的平行六面体体积的 $\dfrac{1}{6}$, 因而

$$V=\frac{1}{6}|[\overrightarrow{AB}\quad\overrightarrow{AC}\quad\overrightarrow{AD}]|.$$

因 $\overrightarrow{AB}=(x_2-x_1,y_2-y_1,z_2-z_1)$, $\overrightarrow{AC}=(x_3-x_1,y_3-y_1,z_3-z_1)$, $\overrightarrow{AD}=(x_4-x_1,y_4-y_1,z_4-z_1)$, 所以

$$V=\frac{1}{6}\left|\begin{vmatrix}x_2-x_1 & y_2-y_1 & z_2-z_1\\ x_3-x_1 & y_3-y_1 & z_3-z_1\\ x_4-x_1 & y_4-y_1 & z_4-z_1\end{vmatrix}\right|.$$

习　题　6.2

1. 设 $\boldsymbol{a}=-3\boldsymbol{i}+2\boldsymbol{j}-2\boldsymbol{k}$, $\boldsymbol{b}=-\boldsymbol{i}+2\boldsymbol{j}-4\boldsymbol{k}$, $\boldsymbol{c}=7\boldsymbol{i}+3\boldsymbol{j}-4\boldsymbol{k}$. 求:
(1) $\boldsymbol{a}\times\boldsymbol{b}$　(2) $\boldsymbol{a}\times(\boldsymbol{b}+\boldsymbol{c})$　(3) $\boldsymbol{a}\cdot(\boldsymbol{b}+\boldsymbol{c})$　(4) $\boldsymbol{a}\times(\boldsymbol{b}\times\boldsymbol{c})$.
2. 求点 $A(1,-3,2)$ 关于点 $M(-1,2,1)$ 的对称点 B 的坐标.
3. 在 Oyz 平面上, 求与三个点 $A(3,1,2)$, $B(4,-2,-2)$, $C(0,5,1)$ 等距离的点.
4. 确定 α,β,γ 的值, 使两向量 $\alpha\boldsymbol{i}+3\boldsymbol{j}+(\beta-1)\boldsymbol{k}, 3\boldsymbol{i}+\gamma\boldsymbol{j}+3\boldsymbol{k}$ 相等, 并求出其模.
5. 原点 O 为起点, 点 $P(1,3,5)$ 为终点, M 是 $\overrightarrow{OP}$ 的中点, 求 $\overrightarrow{OM}$ 的坐标表示式.
6. 求向量 $\boldsymbol{u}=-\boldsymbol{i}+5\boldsymbol{j}+3\boldsymbol{k}$ 在 $\boldsymbol{v}=-\boldsymbol{i}+\boldsymbol{j}-\boldsymbol{k}$ 上的投影.
7. 求平行于向量 $\boldsymbol{a}=(6,7,-6)$ 的单位向量.
8. 设 $\boldsymbol{a}=\boldsymbol{i}+\boldsymbol{j}+\boldsymbol{k},\boldsymbol{b}=\boldsymbol{i}-2\boldsymbol{j}+\boldsymbol{k},\boldsymbol{c}=-2\boldsymbol{i}+\boldsymbol{j}+2\boldsymbol{k}$, 试用单位向量 $\boldsymbol{a}_0,\boldsymbol{b}_0,\boldsymbol{c}_0$ 表示向量 $\boldsymbol{i},\boldsymbol{j},\boldsymbol{k}$.
9. 求两个向量 $\boldsymbol{a}=\boldsymbol{i}+\boldsymbol{j}+\boldsymbol{k},\boldsymbol{b}=\boldsymbol{i}+\boldsymbol{j}-\boldsymbol{k}$ 之间的夹角.
10. 已知向量 $\boldsymbol{a}=(3,-6,1),\boldsymbol{b}=(1,4,-5),\boldsymbol{c}=(3-4,12)$, 求 $\boldsymbol{a}+\boldsymbol{b}$ 在 $\boldsymbol{c}$ 上的投影.
11. 证明三向量 $\boldsymbol{a}=\boldsymbol{i}+\boldsymbol{j}+\boldsymbol{k}$, $\boldsymbol{b}=\boldsymbol{i}-\boldsymbol{j}$ 和 $\boldsymbol{c}=-\boldsymbol{i}-\boldsymbol{j}+2\boldsymbol{k}$ 两两互相垂直.
12. 设 $\boldsymbol{u}=2\boldsymbol{i}+\boldsymbol{j}-\boldsymbol{k},\boldsymbol{v}=\boldsymbol{i}-\boldsymbol{j}+2\boldsymbol{k}$, 求非零向量 $\boldsymbol{w}$, 使得 $\boldsymbol{u}\cdot\boldsymbol{w}=\boldsymbol{v}\cdot\boldsymbol{w}=0$.
13. 试确定 m 和 n 为何值时, 向量 $\boldsymbol{a}=-2\boldsymbol{i}+3\boldsymbol{j}+n\boldsymbol{k}$ 和 $\boldsymbol{b}=m\boldsymbol{i}-6\boldsymbol{j}+2\boldsymbol{k}$ 共线.
14. 试求与 $\boldsymbol{a}=(2,-1,1)$ 及 $\boldsymbol{b}=(1,2,-1)$ 都垂直的单位向量.
15. 已知三角形顶点 $A(1,-1,2),B(5,-6,2)$ 和 $C(1,3,-1)$, 试计算 AC 边上高的长度.
16. 已知空间三个点 P_1,P_2,P_3, 设 O 为空间任意一点, 并设向量

$$\overrightarrow{OP_1}=\boldsymbol{r}_1,\quad\overrightarrow{OP_2}=\boldsymbol{r}_2,\quad\overrightarrow{OP_3}=\boldsymbol{r}_3,$$

证明三角形 $P_1P_2P_3$ 的面积是

$$\frac{1}{2}|\boldsymbol{r}_1\times\boldsymbol{r}_2+\boldsymbol{r}_2\times\boldsymbol{r}_3+\boldsymbol{r}_3\times\boldsymbol{r}_1|.$$

17. 试证四点 $A(1,2,-1),B(0,1,5),C(-1,2,1)$ 及 $D(2,1,3)$ 在同一平面上.
18. 证明向量 $\boldsymbol{a}=(2,-4,2),\boldsymbol{b}=(3,-3,6)$ 与 $\boldsymbol{c}=(3,-4,5)$ 共面, 并求出 λ,μ, 使 $\boldsymbol{c}=\lambda\boldsymbol{a}+\mu\boldsymbol{b}$.

19. 已知 $\boldsymbol{a}=(3,1,2),\boldsymbol{b}=(3,0,4),\boldsymbol{c}=(-3,1,-1),\boldsymbol{d}=(4,4,-1)$, 试求出 λ,μ,γ 使

$$\boldsymbol{d}=\lambda\boldsymbol{a}+\mu\boldsymbol{b}+\gamma\boldsymbol{c}.$$

§6.3 平面与直线

从这一节开始讨论空间的曲面和曲线及其方程. 我们先以曲面为例说明何谓几何图形的方程.

对空间的一张曲面 S, 当取定了空间直角坐标系后, 曲面上的点 $M(x,y,z)$ 的坐标 x,y,z 满足一定的条件, 这个条件一般可写成一个三元方程 $F(x,y,z)=0$, 如果曲面 S 与方程 $F(x,y,z)=0$ 之间存在如下关系:

(1) 若点 $M(x,y,z)$ 在曲面 S 上, 则 M 的坐标 x,y,z 就满足三元方程 $F(x,y,z)=0$;

(2) 若一组数 x,y,z 适合方程 $F(x,y,z)=0$, 则以 x,y,z 为坐标的点 $M(x,y,z)$ 就在曲面 S 上, 那么就称 $F(x,y,z)=0$ 是曲面 S 的**方程**, 而曲面 S 称为方程 $F(x,y,z)=0$ 的**图形**.

本节将以向量为工具建立平面与直线的方程并研究它们之间的一些关系.

6.3.1 平面的方程

如果一非零向量垂直于一已知平面, 这个向量就称为该平面的**法向量**. 设已知平面 π 上一点 $M_0(x_0,y_0,z_0)$ 和平面的法向量 $\boldsymbol{n}=(A,B,C)$, 我们来建立平面 π 的方程. 设 $M(x,y,z)$ 是平面 π 上的任意一点, 作向量 $\overrightarrow{M_0M}$ (图 6.18), 则 $\overrightarrow{M_0M}\perp\boldsymbol{n}$, 故

$$\overrightarrow{M_0M}\cdot\boldsymbol{n}=0.$$

又 $\overrightarrow{M_0M}=(x-x_0,y-y_0,z-z_0)$, 于是, 得

$$A(x-x_0)+B(y-y_0)+C(z-z_0)=0. \tag{6.3.1}$$

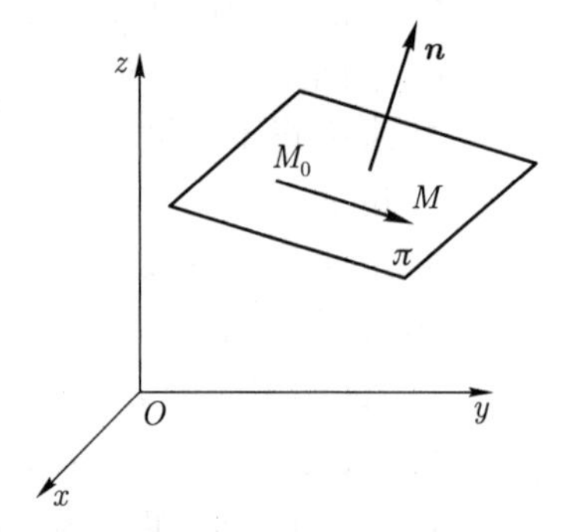

图 6.18

(6.3.1) 式就是过已知点 $M(x_0,y_0,z_0)$, 而法向量为 $\boldsymbol{n}=(A,B,C)$ 的平面的方程, 称它为平面的**点法式方程**.

如果将 (6.3.1) 式改写为

$$Ax+By+Cz-(Ax_0+By_0+Cz_0)=0,$$

其中 $-(Ax_0+By_0+Cz_0)$ 是一常数值, 若记为 D, 则得

$$Ax+By+Cx+D=0. \tag{6.3.2}$$

反之, 若 $(A,B,C)\neq\boldsymbol{0}$, 则一次方程 (6.3.2) 式一定表示一个平面. 事实上, 取方程 (6.3.2) 的一组解 (x_0,y_0,z_0), 则有

$$Ax_0+By_0+Cz_0+D=0, \tag{6.3.3}$$

由 (6.3.2) 式减去 (6.3.3) 式得

$$A(x-x_0)+B(y-y_0)+C(z-z_0)=0,$$

它表示过点 $M_0(x_0,y_0,z_0)$, 以 (A,B,C) 为法向量的一个平面. 方程 (6.3.2) 称为平面的**一般方程**.

对于一些特殊的三元一次方程, 读者应熟悉它们所表示的平面的特点, 例如:

当 $D=0$ 时, $Ax+By+Cz=0$ 表示过原点的平面;

当 $C=0$ 时, 平面的法向量 $\boldsymbol{n}=(A,B,0)$ 垂直于 z 轴, 故方程 $Ax+By+D=0$ 表示平行于 z 轴的平面; 同样, $Ax+Cz+D=0$ 表示平行于 y 轴的平面, $By+Cz+D=0$ 表示平行于 x 轴的平面;

当 $A=D=0$ 时, 平面的法向量 $\boldsymbol{n}=(A,B,C)$ 垂直于 x 轴, 且过原点 $(0,0,0)$, 故方程 $By+Cz=0$ 表示过 x 轴的平面; 同样, $Ax+Cz=0$ 表示过 y 轴的平面, $Ax+By=0$ 表示过 z 轴的平面.

当 $B=C=0$ 时, 因法向量 $\boldsymbol{n}=(A,0,0)$ 同时垂直于 y 轴与 z 轴, 故方程 $Ax+D=0$, 即 $x=-\dfrac{D}{A}$ 表示平行于 Oyz 面的平面; $By+D=0$ 表示平行于 Oxz 面的平面, $Cz+D=0$ 表示平行于 Oxy 面的平面.

例 1 已知平面 π_1 通过点 $M_1(1,1,1)$ 和 $M_2(0,1,-1)$, 而且垂直于平面 π_2: $x+y+z=0$, 求此平面的方程.

解 法一 设平面 π_1 的方程为

$$Ax+By+Cz+D=0,$$

则 π_1 法向量为 $\boldsymbol{n}_1=(A,B,C)$, 且与平面 π_2 的法向量 $\boldsymbol{n}_2=(1,1,1)$ 垂直. 由于点 M_1 和 M_2 在平面 π_1 上, 故

$$A+B+C+D=0,\ B-C+D=0.$$

由于平面 π_1 垂直于平面 π_2, 故 $\boldsymbol{n}_1\cdot\boldsymbol{n}_2=0$. 因此

$$A+B+C=0.$$

从而 $D=0, B=C, A=-2C$, 故平面 π_1 的方程为 $-2Cx+Cy+Cz=0$, 即 $2x-y-z=0$.

法二 设平面 π_1 的法向量为 $\boldsymbol{n}_1=(A,B,C)$, 平面 π_2 的法向量为 $\boldsymbol{n}_2=(1,1,1)$. 因为向量 $\overrightarrow{M_1M_2}$ 位于平面 π_1 上, 且 $\overrightarrow{M_1M_2}=(-1,0,-2)$, 故可得 $\boldsymbol{n}_1\perp\boldsymbol{n}_2$ 且 $\boldsymbol{n}_1\perp\overrightarrow{M_1M_2}$, 从而

$$\boldsymbol{n}_1=\boldsymbol{n}_2\times\overrightarrow{M_1M_2}=\begin{vmatrix}\boldsymbol{i}&\boldsymbol{j}&\boldsymbol{k}\\1&1&1\\-1&0&-2\end{vmatrix}=(-2,1,1),$$

又平面通过点 $M_1(1,1,1)$, 则平面 π_1 的方程为

$$-2(x-1)+(y-1)+(z-1)=0,$$

即 $2x-y-z=0$.

例 2 求通过三点 $P_1(a,0,0), P_2(0,b,0), P_3(0,0,c)$ 的平面方程 (其中 a,b,c 均不为零).

解 设平面的点法式方程为

$$A(x-a)+B(y-0)+C(z-0)=0.$$

因为平面的法向量 $\boldsymbol{n}=(A,B,C)$ 同时垂直于 $\overrightarrow{P_1P_2}, \overrightarrow{P_1P_3}$, 而

$$\overrightarrow{P_1P_2}=(-a,b,0),\quad \overrightarrow{P_1P_3}=(-a,0,c),$$

所以可取

$$\boldsymbol{n}=\overrightarrow{P_1P_2}\times\overrightarrow{P_1P_3}=\begin{vmatrix}\boldsymbol{i} & \boldsymbol{j} & \boldsymbol{k}\\ -a & b & 0\\ -a & 0 & c\end{vmatrix}=bc\boldsymbol{i}+ca\boldsymbol{j}+ab\boldsymbol{k},$$

故所求的平面方程为

$$bc(x-a)+ca(y-0)+ab(z-0)=0,$$

即

$$\frac{x}{a}+\frac{y}{b}+\frac{z}{c}=1. \tag{6.3.4}$$

方程 (6.3.4) 称为平面的**截距式方程**, a,b,c 分别称为该平面在 x 轴、y 轴、z 轴上的**截距**.

6.3.2 直线的方程

当直线 L 作为两个相交平面

$$\begin{aligned}\pi_1: A_1x+B_1y+C_1z+D_1=0,\\ \pi_2: A_2x+B_2y+C_2z+D_2=0\end{aligned} \tag{6.3.5}$$

的交线时, 两平面方程的联立方程组 (6.3.5) 式就表示这条交线 L 的方程, 我们称 (6.3.5) 式为直线的**一般方程**.

给定一点 $M_0(x_0,y_0,z_0)$ 与一个非零向量 $\boldsymbol{a}=(l,m,n)$, 则对过点 M_0 且与 $\boldsymbol{a}$ 平行的直线 L 上的任何一点 $M(x,y,z)$, 都有 $\overrightarrow{M_0M}//\boldsymbol{a}$. 而 $\overrightarrow{M_0M}//\boldsymbol{a}$ 的充要条件为两向量的对应坐标成比例, 即

$$\frac{x-x_0}{l}=\frac{y-y_0}{m}=\frac{z-z_0}{n}. \tag{6.3.6}$$

(6.3.6) 式称为直线的**标准方程** (或**点向式方程**), 向量 $\boldsymbol{a}$ 称为直线的**方向向量**, $\boldsymbol{a}$ 的三个坐标 l,m,n 称为直线的**方向数**.

若 (6.3.6) 式中, 分母有一为零, 例如 $l=0$, 习惯上仍将直线方程写成

$$\frac{x-x_0}{0}=\frac{y-y_0}{m}=\frac{z-z_0}{n}$$

的形式, 此时 $\dfrac{x-x_0}{0}$ 不是通常意义下的分式, 这里的 0 只表示直线方向向量在 x 轴上的投影为

零, 即直线垂直于 x 轴, 上述方程组应理解为

$$\begin{cases} \dfrac{y-y_0}{m}=\dfrac{z-z_0}{n}, \\ x=x_0. \end{cases}$$

若 (6.3.6) 式中 $l=m=0$, 则 (6.3.6) 式应理解为

$$\begin{cases} x=x_0, \\ y=y_0. \end{cases}$$

即直线与 z 轴平行.

在直线的标准方程 (6.3.6) 式中, 令等公比为 t, 即

$$\frac{x-x_0}{l}=\frac{y-y_0}{m}=\frac{z-z_0}{n}=t,$$

于是

$$\begin{cases} x=x_0+lt, \\ y=y_0+mt, \\ z=z_0+nt. \end{cases} \tag{6.3.7}$$

在 (6.3.7) 式中, 对于不同的 t 值对应着直线上不同的点, (6.3.7) 式称为直线的**参数方程**.

例 3 已知直线的一般方程为

$$\begin{cases} x+y+z+2=0, \\ 2x-y+3z+4=0. \end{cases}$$

求它的标准方程和参数方程.

解 法一 两个平面的法向量分别为 $\boldsymbol{n}_1=(1,1,1)$ 和 $\boldsymbol{n}_2=(2,-1,3)$. 因此, 直线的方向向量 $\boldsymbol{a}$ 可取为

$$\boldsymbol{a}=\boldsymbol{n}_1\times\boldsymbol{n}_2=\begin{vmatrix} \boldsymbol{i} & \boldsymbol{j} & \boldsymbol{k} \\ 1 & 1 & 1 \\ 2 & -1 & 3 \end{vmatrix}=(4,-1,-3).$$

为了求出直线上的一个点 M_0, 令 $z_0=0$, 代入方程得 $x_0=-2, y_0=0$, 即得直线上点 $M_0(-2,0,0)$. 因此直线的标准方程为

$$\frac{x+2}{4}=\frac{y}{-1}=\frac{z}{-3}.$$

法二 为了求出直线上的两个点 M_0 和 M_1. 令 $z_0=0$, 代入方程得 $x_0=-2, y_0=0$, 即得直线上点 $M_0(-2,0,0)$. 同样令 $x_0=0$ 得直线上点 $M_1(0,-\frac{1}{2},-\frac{3}{2})$. 因此直线的方向向量为 $\overrightarrow{M_0M_1}=(2,-\frac{1}{2},-\frac{3}{2})$. 又直线过点 $M_0(-2,0,0)$, 因此直线的标准方程为

$$\frac{x+2}{2}=\frac{y}{-\frac{1}{2}}=\frac{z}{-\frac{3}{2}},$$

即

$$\frac{x+2}{4}=\frac{y}{-1}=\frac{z}{-3}.$$

而参数方程为

$$\begin{cases} x=-2+4t, \\ y=-t, \\ z=-3t. \end{cases}$$

例 4 求通过点 $A(1,1,1)$ 并且与直线 $L_1\colon \dfrac{x}{1}=\dfrac{y}{2}=\dfrac{z}{3}$ 和直线 $L_2\colon \dfrac{x-1}{2}=\dfrac{y-2}{1}=\dfrac{z-3}{4}$ 相交的直线 L 的方程.

解 设所求直线 L 的方向向量为 (l,m,n), 由直线过 $A(1,1,1)$, 故所求直线 L 的方程为

$$\frac{x-1}{l}=\frac{y-1}{m}=\frac{z-1}{n}.$$

由直线 L_1 过点 $O(0,0,0)$, 且 L 和 L_1 相交, 故 L 和 L_1 的方向向量及 $\overrightarrow{OA}=(1,1,1)$ 共面, 从而

$$\begin{vmatrix} 1 & 1 & 1 \\ 1 & 2 & 3 \\ l & m & n \end{vmatrix}=l-2m+n=0.$$

在 L_2 上取点 $B(1,2,3)$, 由于 L 和 L_2 相交, 故 L 和 L_2 的方向向量及 $\overrightarrow{AB}=(0,1,2)$ 共面, 从而

$$\begin{vmatrix} 0 & 1 & 2 \\ 2 & 1 & 4 \\ l & m & n \end{vmatrix}=2l+4m-2n=0,$$

解方程组得 $l=0, n=2m$. 故直线 L 的方程为

$$\frac{x-1}{0}=\frac{y-1}{1}=\frac{z-1}{2},$$

即为

$$\begin{cases} \dfrac{y-1}{1}=\dfrac{z-1}{2}, \\ x=1. \end{cases}$$

6.3.3 有关平面、直线的几个基本问题

1. 夹角

(1) 直线与直线的夹角

设两条直线 L_1 和 L_2 的方向向量分别为 $\boldsymbol{a}_1=(l_1,m_1,n_1), \boldsymbol{a}_2=(l_2,m_2,n_2)$. 两条直线的夹角就是它们的方向向量 $\boldsymbol{a}_1$ 和 $\boldsymbol{a}_2$ 间的夹角, 并规定两条直线之间的夹角 θ 满足 $0\leqslant\theta\leqslant\dfrac{\pi}{2}$, 则可由公式

$$\cos\theta=\frac{|\boldsymbol{a}_1\cdot\boldsymbol{a}_2|}{|\boldsymbol{a}_1||\boldsymbol{a}_2|}=\frac{|l_1l_2+m_1m_2+n_1n_2|}{\sqrt{l_1^2+m_1^2+n_1^2}\sqrt{l_2^2+m_2^2+n_2^2}}$$

求出它们的夹角. 直线 L_1 和 L_2 互相垂直的充要条件是 $\boldsymbol{a}_1 \cdot \boldsymbol{a}_2 = 0$, 即

$$l_1 l_2 + m_1 m_2 + n_1 n_2 = 0;$$

直线 L_1 和 L_2 平行的充要条件是

$$\frac{l_1}{l_2} = \frac{m_1}{m_2} = \frac{n_1}{n_2}.$$

(2) 两个平面之间的夹角

设平面 π_1 和 π_2 的法向量分别为 $\boldsymbol{n}_1 = (A_1, B_1, C_1), \boldsymbol{n}_2 = (A_2, B_2, C_2)$. 平面 π_1 和 π_2 之间的夹角规定为它们的法向量 $\boldsymbol{n}_1$ 和 $\boldsymbol{n}_2$ 间的夹角, 通常夹角 θ 在 0 到 $\dfrac{\pi}{2}$ 之间 (图 6.19). 故

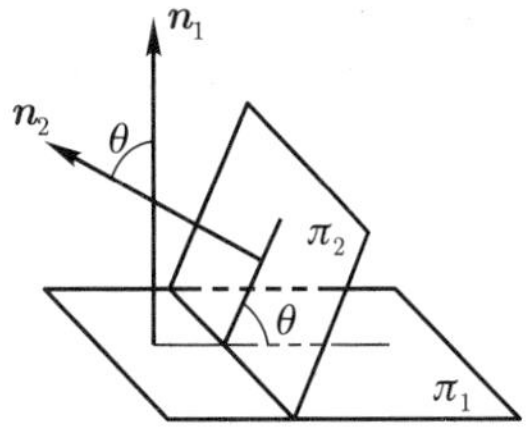

$$\cos\theta = \frac{|\boldsymbol{n}_1 \cdot \boldsymbol{n}_2|}{|\boldsymbol{n}_1||\boldsymbol{n}_2|} = \frac{|A_1 A_2 + B_1 B_2 + C_1 C_2|}{\sqrt{A_1^2 + B_1^2 + C_1^2}\sqrt{A_2^2 + B_2^2 + C_2^2}}.$$

图 6.19

平面 π_1 和 π_2 互相垂直的充要条件是 $\boldsymbol{n}_1 \cdot \boldsymbol{n}_2 = 0$, 即

$$A_1 A_2 + B_1 B_2 + C_1 C_2 = 0;$$

平面 π_1 和 π_2 平行的充要条件是

$$\frac{A_1}{A_2} = \frac{B_1}{B_2} = \frac{C_1}{C_2}.$$

(3) 直线与平面的夹角

直线与它在某平面上的投影直线的夹角 φ $\left(0 \leqslant \varphi \leqslant \dfrac{\pi}{2}\right)$ 称为直线与该平面的夹角.

设直线 L 的方向向量为 $\boldsymbol{a} = (l, m, n)$, 平面 π 的法向量为 $\boldsymbol{n} = (A, B, C)$. 因直线的方向向量 $\boldsymbol{a}$ 与平面的法向量 $\boldsymbol{n}$ 间的夹角为 $\dfrac{\pi}{2} - \varphi$ 或 $\dfrac{\pi}{2} + \varphi$ (图 6.20), 又因

$$\sin\varphi = \cos\left(\frac{\pi}{2} - \varphi\right) = \left|\cos\left(\frac{\pi}{2} + \varphi\right)\right| = |\cos(\widehat{\boldsymbol{a}, \boldsymbol{n}})|,$$

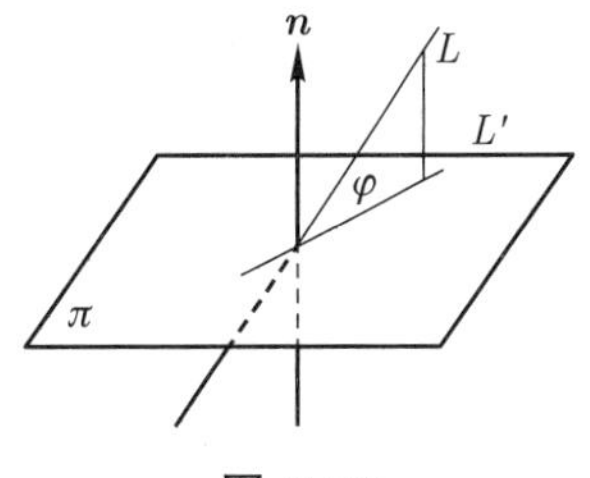

图 6.20

所以, 由两向量夹角余弦的公式, 得

$$\sin\varphi = \frac{|\boldsymbol{a} \cdot \boldsymbol{n}|}{|\boldsymbol{a}||\boldsymbol{n}|} = \frac{|Al + Bm + Cn|}{\sqrt{l^2 + m^2 + n^2}\sqrt{A^2 + B^2 + C^2}}.$$

若直线 L 与平面 π 垂直, 则直线的方向向量与平面的法向量必平行, 因此直线与平面垂直的充要条件是 $\dfrac{A}{l} = \dfrac{B}{m} = \dfrac{C}{n}$;

若直线 L 与平面 π 平行, 则直线的方向向量与平面的法向量必垂直, 因此直线与平面平行的充要条件是 $Al + Bm + Cn = 0$.

例 5 求直线 $x - 2 = y - 3 = \dfrac{z - 4}{2}$ 与平面 $2x - y + z - 6 = 0$ 的夹角.

解 直线的方向向量为 $\boldsymbol{a} = (1, 1, 2)$, 平面的法向量 $\boldsymbol{n} = (2, -1, 1)$, 直线与平面的夹角为 φ, 则

$$\sin\varphi = \frac{|\boldsymbol{a} \cdot \boldsymbol{n}|}{|\boldsymbol{a}||\boldsymbol{n}|} = \frac{|2 - 1 + 2|}{\sqrt{6}\sqrt{6}} = \frac{1}{2}.$$

所以

$$\varphi = \frac{\pi}{6} \quad (\varphi\text{不取钝角}).$$

2. 距离

(1) 点到平面的距离

设已知平面 π 的方程为

$$Ax+By+Cz+D=0,$$

$P_1(x_1,y_1,z_1)$ 为平面 π 外一点, 求 P_1 到平面 π 的距离 d.

设 $P_0(x_0,y_0,z_0)$ 是平面 π 上任一点, 平面的法向量 $\boldsymbol{n}$ 与向量 $\overrightarrow{P_0P_1}$ 的夹角为 θ（图 6.21）, 则从点 P_1 到平面的距离等于 $\overrightarrow{P_0P_1}$ 在法向量 $\boldsymbol{n}$ 上的投影的绝对值, 即

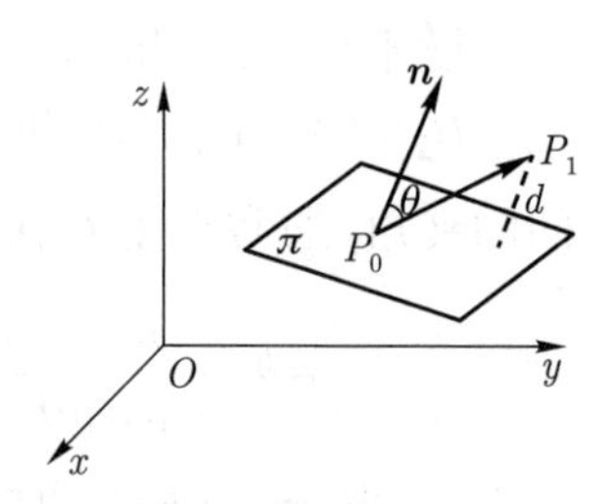

图 6.21

$$d=|\overrightarrow{P_0P_1}|\cdot|\cos\theta|.$$

因为 $|\boldsymbol{n}\cdot\overrightarrow{P_0P_1}|=|\boldsymbol{n}|\cdot|\overrightarrow{P_0P_1}|\cdot|\cos\theta|$, 所以

$$\begin{aligned}d=&|\overrightarrow{P_0P_1}|\cdot|\cos\theta|=\frac{|\boldsymbol{n}\cdot\overrightarrow{P_0P_1}|}{|\boldsymbol{n}|}\\=&\frac{|A(x_1-x_0)+B(y_1-y_0)+C(z_1-z_0)|}{\sqrt{A^2+B^2+C^2}}.\end{aligned}$$

注意到 $P_0(x_0,y_0,z_0)$ 是平面 π 上的点, 故有 $Ax_0+By_0+Cz_0=-D$, 于是就得到

$$d=\frac{|Ax_1+By_1+Cz_1+D|}{\sqrt{A^2+B^2+C^2}}.$$

(2) 点到直线的距离

设 $M_1(x_1,y_1,z_1)$ 为直线 L 外一点（L 的方向向量为 $\boldsymbol{a}$）, 求 M_1 到 L 的距离 d.

在直线 L 上任取一点 M_0, 作向量 $\overrightarrow{M_0M_1}$, 由向量积模的几何意义, 以 $\overrightarrow{M_0M_1}$ 和 $\boldsymbol{a}$ 为边的平行四边形面积为 $|\overrightarrow{M_0M_1}\times\boldsymbol{a}|$（图 6.22）, 则 M_1 到 L 的距离 d 为这个平行四边形在 $\boldsymbol{a}$ 上的高, 于是

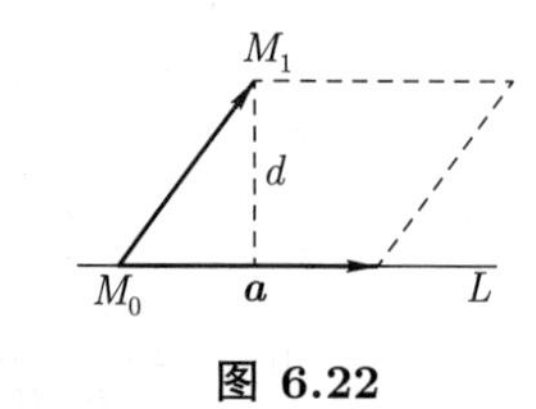

图 6.22

$$d=\frac{|\overrightarrow{M_0M_1}\times\boldsymbol{a}|}{|\boldsymbol{a}|}.$$

(3) 两异面直线的距离

一切从 L_1 上的点到 L_2 上的点所连线段长度的最小值称为异面直线 L_1,L_2 的距离.

设给定了两直线 L_1,L_2, 其方向向量分别为 $\boldsymbol{a}_1,\boldsymbol{a}_2$, 又设 M_1,M_2 分别为 L_1,L_2 上的已知点, 易知 L_1,L_2 的距离

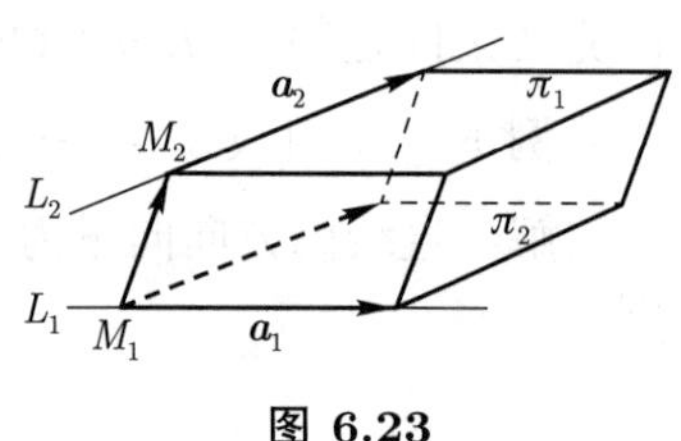

图 6.23

$$d=\frac{|[\overrightarrow{M_1M_2}\quad\boldsymbol{a}_1\quad\boldsymbol{a}_2]|}{|\boldsymbol{a}_1\times\boldsymbol{a}_2|},$$

其中 $|[\overrightarrow{M_1M_2}\quad\boldsymbol{a}_1\quad\boldsymbol{a}_2]|$ 为图 6.23 中平行六面体体积, $|\boldsymbol{a}_1\times\boldsymbol{a}_2|$ 为底面面积, 其实 d 即为平行平面 π_1,π_2 的距离.

3. 直线与平面的交点

设直线 L 的参数方程是

$$x = x_0 + lt, \quad y = y_0 + mt, \quad z = z_0 + nt,$$

平面 π 的方程是

$$Ax + By + Cz + D = 0,$$

则直线与平面的交点的坐标必须同时满足这两个方程, 将直线方程代入平面方程中, 得

$$A(x_0 + lt) + B(y_0 + mt) + C(z_0 + nt) + D = 0,$$

即

$$(Al + Bm + Cn)t + (Ax_0 + By_0 + Cz_0 + D) = 0.$$

(1) 若 $Al + Bm + Cn \neq 0$ (即直线与平面不平行), 则由上式可解得

$$t = -\frac{Ax_0 + By_0 + Cz_0 + D}{Al + Bm + Cn},$$

将 t 值代入直线方程, 即得直线与平面的交点坐标.

(2) 若 $Al + Bm + Cn = 0, Ax_0 + By_0 + Cz_0 + D \neq 0$, 则直线与平面平行, 且点 (x_0, y_0, z_0) 不在平面上, 所以没有交点.

(3) 若 $Al + Bm + Cn = 0, Ax_0 + By_0 + Cz_0 + D = 0$, 则直线在平面上, 此时直线上的所有点都是交点.

例 6 求直线 $\dfrac{x-2}{1} = \dfrac{y-3}{1} = \dfrac{z-4}{2}$ 与平面 $2x - y + z - 6 = 0$ 的交点.

解 将所给直线方程化为参数方程

$$x = 2 + t, \quad y = 3 + t, \quad z = 4 + 2t,$$

将它代入已知平面方程中, 得

$$2(2 + t) - (3 + t) + (4 + 2t) - 6 = 0,$$

解得 $t = \dfrac{1}{3}$, 从而得到

$$x = 2 + \frac{1}{3} = \frac{7}{3}, \quad y = 3 + \frac{1}{3} = \frac{10}{3}, \quad z = 4 + \frac{2}{3} = \frac{14}{3},$$

即交点的坐标为 $\left(\dfrac{7}{3}, \dfrac{10}{3}, \dfrac{14}{3}\right)$.

4. 过直线的平面束

设直线 L 的方程为

$$\begin{cases} A_1x + B_1y + C_1z + D_1 = 0, \\ A_2x + B_2y + C_2z + D_2 = 0, \end{cases}$$

我们建立一次方程

$$\lambda(A_1x+B_1y+C_1z+D_1)+\mu(A_2x+B_2y+C_2z+D_2)=0, \tag{6.3.8}$$

其中参数 λ,μ 满足 $\lambda^2+\mu^2\neq 0$. 因为 (6.3.8) 式是 x,y,z 的一次方程, 所以对于 λ,μ 的任何一组值, 它表示一个平面, 又若一点 M_0 在直线 L 上, 则点 M_0 的坐标也一定满足方程 (6.3.8), 于是点 M_0 在方程 (6.3.8) 所示的平面上, 因此方程 (6.3.8) 表示通过直线 L 的平面. 而且对应于不同的 λ,μ 值（确切地说是 λ,μ 的比值）, 方程 (6.3.8) 表示通过直线 L 的不同的平面; 反之可证, 通过直线 L 的任何平面都包含在方程 (6.3.8) 所表示的平面内.

通过定直线的所有平面的集合称为**平面束**, 而方程 (6.3.8) 称为交于直线 L 的平面束方程.

例 7 求过直线

$$L:\begin{cases}x-2y+3z-4=0,\\3x+y-z+1=0\end{cases}$$

和点 $M(-1,2,1)$ 的平面.

解 设所求平面的方程为

$$\lambda(x-2y+3z-4)+\mu(3x+y-z+1)=0.$$

由于点 M 在平面上, 代入方程解得 $\mu=-6\lambda$. 故所求平面方程为

$$-17x-8y+9z-10=0.$$

习 题 6.3

1. 求满足下列条件的平面方程:

(1) 过点 $(4,-7,1)$ 且与平面 $3x-7y+5z-12=0$ 平行;

(2) 过点 $A(2,9,-6)$ 且与向径 $\overrightarrow{OA}$ 垂直;

(3) 过原点且垂直于平面 $x-y+z-7=0$ 及 $3x+2y-12z-5=0$;

(4) 过点 $(6,2,-4)$ 且与各坐标轴截距相等;

(5) 过点 $(1,1,1)$ 和点 $(0,1,-1)$ 且与平面 $x+y+z=0$ 相垂直;

(6) 过点 $(7,6,7),(5,10,5)$ 和 $(-1,8,9)$;

(7) 过点 $(-3,1,-2)$ 和 z 轴;

(8) 过点 $(4,0,-2),(5,1,7)$ 且平行于 x 轴.

2. 求满足下列条件的直线方程:

(1) 通过点 $(2,-3,8)$ 且平行于 z 轴;

(2) 通过坐标原点和点 (a,b,c);

(3) 通过点 $(-3,5,-9)$ 且与两直线 $\begin{cases}y=3x+5,\\z=2x-3\end{cases}$ 和 $\begin{cases}z=5x+10,\\y=4x-7\end{cases}$ 相交;

(4) 通过点 $(1,2,3)$ 和 z 轴相交, 且和直线 $x=y=z$ 垂直.

3. 将下列直线的一般方程化为标准方程:

(1) $\begin{cases} x-y+z+5=0, \\ 5x-8y+4z+36=0; \end{cases}$ (2) $\begin{cases} x-5y+2z-1=0, \\ z=2+5y. \end{cases}$

4. 求点 $(2,2,0)$ 到直线 $\begin{cases} x=-t, \\ y=t, \\ z=-1+t \end{cases}$ 的距离.

5. 求点 $(6,0,-6)$ 到平面 $x-y=4$ 的距离.

6. 求下列直线夹角的余弦:

(1) $\dfrac{x-1}{1}=\dfrac{y}{-2}=\dfrac{z+4}{7}$ 和 $\dfrac{x+6}{5}=\dfrac{y-2}{1}=\dfrac{z-3}{-1}$;

(2) $\begin{cases} 5x-3y+3z-9=0, \\ 3x-2y+z-1=0 \end{cases}$ 和 $\begin{cases} 2x+2y-z+23=0, \\ 3x+8y+z-18=0. \end{cases}$

7. 求两平面之间的夹角:

(1) $x=7$ 和 $x+y+\sqrt{2}z=-3$;

(2) $x+y=1$ 和 $y+z=1$.

8. 求证下列各对直线相交, 并求交点坐标及由这对直线所确定的平面方程:

(1) $\dfrac{x+3}{1}=\dfrac{y+1}{1}=\dfrac{z-2}{2}$ 和 $\dfrac{x-8}{3}=\dfrac{y-1}{1}=\dfrac{z-6}{2}$;

(2) $\begin{cases} 2x-y+3z+3=0, \\ x+10y-21=0 \end{cases}$ 和 $\begin{cases} 2x-y=0, \\ 7x+z-6=0. \end{cases}$

9. 求直线 $x=1+2t, y=-1-t, z=3t$ 与三个坐标平面的交点.

10. 求通过原点且垂直于平面 $2x-y-z=4$ 的直线与平面 $3x-5y+2z=6$ 的交点.

11. 证明直线 $\begin{cases} x+2y-2z=5, \\ 5x-2y-z=0 \end{cases}$ 与直线 $x=-3+2t, y=3t, z=1+4t$ 平行.

12. 求出下列各对直线的距离和公垂线方程:

(1) $\dfrac{x}{1}=\dfrac{y-11}{-2}=\dfrac{z-4}{1}, \dfrac{x-6}{7}=\dfrac{y+7}{-6}=\dfrac{z}{1}$;

(2) $\dfrac{x-3}{1}=\dfrac{y-4}{1}=\dfrac{z+1}{-1}, \dfrac{x+6}{2}=\dfrac{y+5}{4}=\dfrac{z-1}{-1}$.

13. 求过原点且包含平面 $x+y+z=1$ 和 $2x-y+7z=5$ 的交线的平面方程.

14. 求垂直于平面 $5x-y+3z-2=0$ 且与它的交线在 Oxy 面上的平面方程.

15. 求过直线 $\dfrac{x-2}{5}=\dfrac{y+1}{2}=\dfrac{z-2}{4}$ 且垂直于平面 $x+4y-3x+7=0$ 的平面方程.

16. 求过直线 $\begin{cases} x+y+z-1=0, \\ 2x-y+3z=0 \end{cases}$ 且平行于直线 $x=2y=3z$ 的平面方程.

17. 求平行于 z 轴且含点 $(3,-1,5)$ 和 $(7,9,4)$ 的平面方程.

18. 求一平面, 使它通过两平面 $3x+y-z+5=0$ 与 $x-y+z-2=0$ 的交线且与平面 $y-z=0$ 的夹角为 $45°$.

§6.4 空间曲面与空间曲线

本节以两种方式来讨论空间曲面与空间曲线:

(1) 根据几何形体上动点的几何特征来建立其方程;

(2) 根据方程的特点, 讨论方程所表示的几何形体的形状 (对曲面仅限于常见的二次曲面).

6.4.1 球面与柱面

1. 球面

由两点间的距离公式, 容易推得球心在 $M_0(x_0, y_0, z_0)$, 半径为 R 的**球面方程**

$$(x-x_0)^2+(y-y_0)^2+(z-z_0)^2=R^2.$$

一般地, 一个关于 x, y, z 的二次方程, 若平方项系数相等且缺 xy, yz, zx 各项, 通过配方就可化成上述球面方程, 例如

$$x^2+y^2+z^2-2x+4y+2z+2=0$$

配方后得 $(x-1)^2+(y+2)^2+(z+1)^2=2^2$, 这是以 $(1,-2,-1)$ 为球心, 2 为半径的球面方程.

特别当球心在原点时, 半径为 R 的球面方程为

$$x^2+y^2+z^2=R^2.$$

2. 柱面

平行于直线 L 并沿定曲线 C 移动的直线所形成的曲面叫做**柱面** (图 6.24), 定曲线 C 叫做柱面的**准线**, 动直线 L 叫做柱面的**母线**.

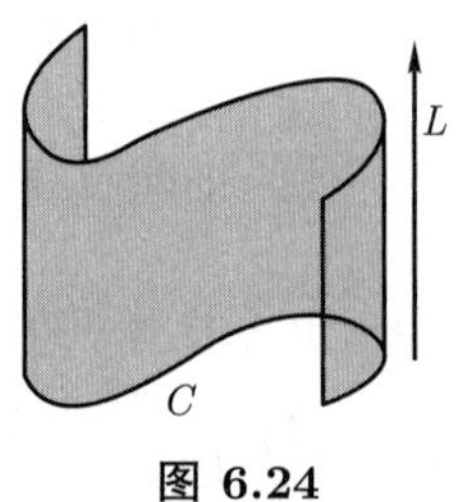

图 6.24

我们首先建立母线平行于坐标轴的柱面方程, 这样的方程以后经常用到.

设柱面的母线平行于 z 轴, 准线 C 是 Oxy 面上的曲线, 其方程为

$$\begin{cases} F(x,y)=0, \\ z=0, \end{cases}$$

如图 6.25 所示. 在柱面上任取一点 $M(x_0, y_0, z_0)$, 过 M 作平行于 z 轴的直线, 它与 Oxy 面交于点 $M_0(x_0, y_0, 0)$, 因 M_0 必在准线上, 故有

$$F(x_0, y_0)=0.$$

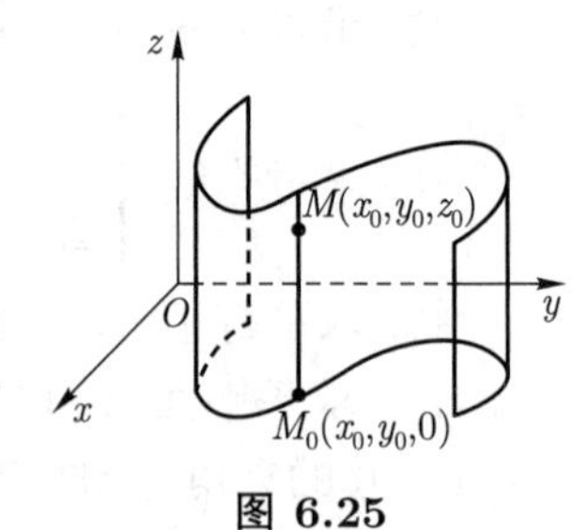

图 6.25

由于点 M 与点 M_0 有相同的横坐标与纵坐标, 故 M 点的坐标也必满足方程 $F(x,y)=0$; 反之, 如果空间一点 $M(x_0, y_0, z_0)$ 满足方程 $F(x,y)=0$, 即 $F(x_0, y_0)=0$, 则过 $M(x_0, y_0, z_0)$ 且与 z 轴平行

的直线必通过准线 C 上的点 $M_0(x_0,y_0,0)$, 即 $M(x_0,y_0,z_0)$ 在过 $M_0(x_0,y_0,0)$ 的母线上, 于是 $M(x_0,y_0,z_0)$ 必在柱面上. 因此, 方程 $F(x,y)=0$ 表示母线平行于 z 轴的柱面.

一般地, 只含 x,y 而缺 z 的方程 $F(x,y)=0$ 在空间直角坐标系中表示母线平行于 z 轴的柱面.

类似地, 只含 x,z 而缺 y 的方程 $G(x,z)=0$ 与只含 y,z 而缺 x 的方程 $H(y,z)=0$ 分别表示母线平行于 y 轴和 x 轴的柱面. 例如 $x^2+y^2=a^2$ 表示母线平行于 z 轴的圆柱面 (图 6.26(a)), $x^2=2py(p\neq 0)$ 表示母线平行于 z 轴的抛物柱面 (图 6.26(b)), $-\dfrac{x^2}{a^2}+\dfrac{z^2}{b^2}=1$ 表示母线平行于 y 轴的双曲柱面 (图 6.26(c)).

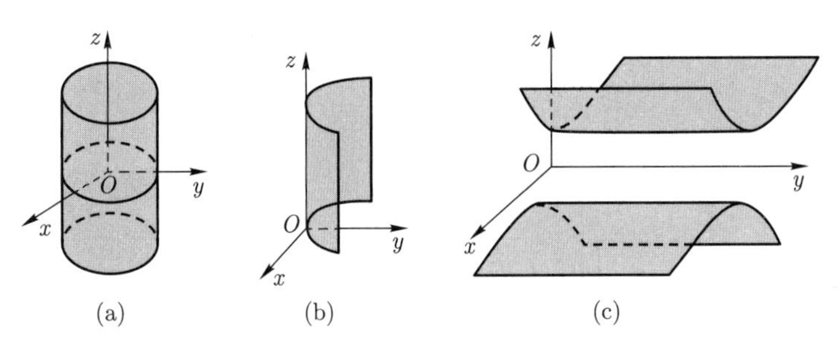

图 6.26

例 1 设 C 为

$$\begin{cases} x^2+y^2+z^2=1, \\ 2x^2+2y^2+z^2=2. \end{cases}$$

求以 C 为准线, 母线平行于 $\boldsymbol{a}=-\boldsymbol{i}+\boldsymbol{k}$ 的柱面.

解 设 $M(x,y,z)$ 是母线上一点, $M_0(x_0,y_0,z_0)$ 是 M 对应在准线上的点, 则 M_0 满足方程

$$\begin{cases} x_0^2+y_0^2+z_0^2=1, \\ 2x_0^2+2y_0^2+z_0^2=2. \end{cases}$$

通过点 M_0 平行于 $\boldsymbol{a}=(-1,0,1)$ 的母线 L 的直线方程为

$$\begin{cases} x=x_0-t, \\ y=y_0, \\ z=z_0+t, \end{cases}$$

从而

$$\begin{cases} x_0=x+t, \\ y_0=y, \\ z_0=z-t. \end{cases}$$

由于 M_0 在准线上, 故

$$\begin{cases} (x+t)^2+y^2+(z-t)^2=1, \\ 2(x+t)^2+2y^2+(z-t)^2=2. \end{cases}$$

消去 t 得到柱面方程 $(x+z)^2+y^2=1$.

6.4.2 空间曲线

1. 曲线的一般方程

我们知道, 直线可以看成是两个相交平面的交线, 其一般方程是这两个平面方程联立而得的方程组. 一般地, 空间曲线 L 可以看成是两个曲面 Σ_1 与 Σ_2 的交线. 设曲面 Σ_1 与 Σ_2 的方程分别为 $F(x,y,z)=0$ 与 $G(x,y,z)=0$, 则曲线 L 上的点的坐标应同时满足这两个方程; 反之, 若空间的点 $M(x,y,z)$ 的坐标满足这两个方程的联立方程组, 则说明 M 既在 Σ_1 上又在 Σ_2 上, 即 M 是曲线 L 上的点, 因此曲线 L 可以用方程组

$$\begin{cases} F(x,y,z)=0, \\ G(x,y,z)=0 \end{cases}$$

来表示, 方程组称为空间曲线 L 的**一般方程**.

例如, 空间曲线

$$\begin{cases} x^2+y^2+z^2=a^2(z\geqslant 0), \\ (x-\dfrac{a}{2})^2+y^2=\dfrac{a^2}{4}(a>0) \end{cases}$$

是上半球面和柱面的交线（图 6.27）.

因为通过一条空间曲线的曲面有无穷多个, 故我们可以用不同的方法选择其中两个曲面, 使其交线是给定的曲线. 这就是说, 表示曲线的方程组不是唯一的, 可以用与它等价的联立方程组来代替. 例如, 方程组

$$\begin{cases} x^2+y^2+z^2=R^2, \\ z=0, \end{cases} \quad \begin{cases} x^2+y^2=R^2, \\ z=0, \end{cases} \quad \begin{cases} x^2+y^2+z^2=R^2, \\ x^2+y^2=R^2 \end{cases}$$

都表示 Oxy 面上以原点为圆心, R 为半径的圆周.

2. 曲线的参数方程

空间曲线也可以用参数方程来表示, 即把曲线上的动点的坐标 x,y,z 分别表示成参数 t 的函数

$$\begin{cases} x=x(t), \\ y=y(t), \quad t\in I. \\ z=z(t), \end{cases} \tag{6.4.1}$$

当给定 $t\in I$ 时, 由方程组 (6.4.1) 即得曲线上的一个点 $(x(t),y(t),z(t))$, 随着 t 的变动, 可得到曲线上的全部点. 我们将此方程组称为曲线的**参数方程**.

例 2 点 P 在半径为 r 的圆柱面上以角速度 ω 做匀速圆周运动, 同时又以速度 v 沿平行于轴线的方向做匀速运动, 求点 P 的运动曲线方程.

解 取坐标系如图 6.28 所示. 设动点由 P_0 点出发, 经过时间 t 运动到点 P, 所转过的角为 $\theta=\omega t$, 点 P 的坐标为 $P(x,y,z)$, 则它在 Oxy 面上的投影 Q 一定在圆柱面的准线上, Q 点的坐标为 $Q(x,y,0)$, 故知

$$x=r\cos\theta, \quad y=r\sin\theta,$$

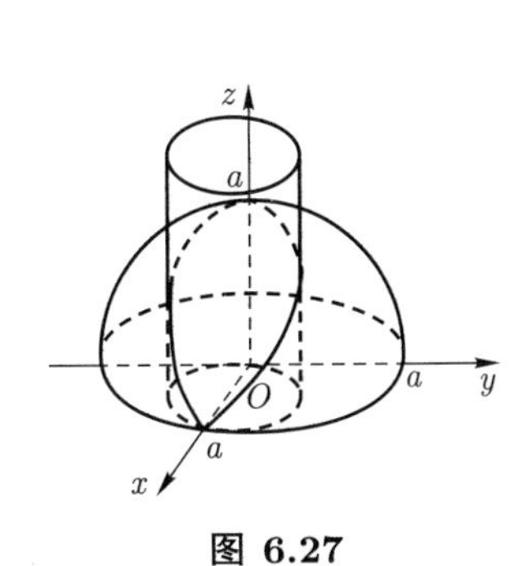

图 6.27

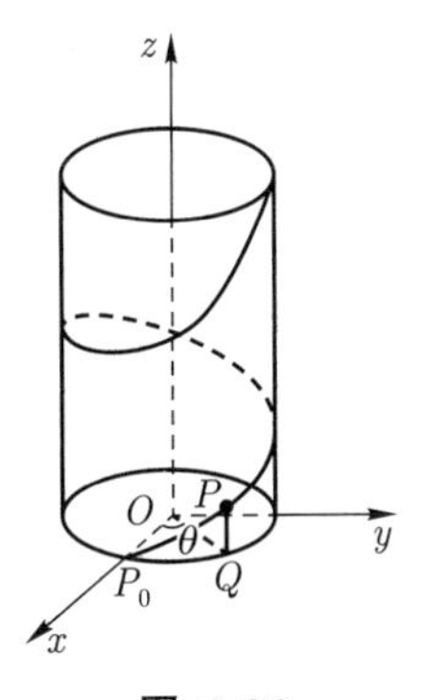

图 6.28

当动点由 P_0 运动到 P 时, 它就沿 z 轴方向从 Q 增高到 P, 故 $PQ = vt$, 即

$$z = vt = \frac{v}{\omega}\theta.$$

令 $\frac{v}{\omega} = b$, 则 $z = b\theta$, 所以得到曲线的参数方程为

$$\begin{cases} x = r\cos\theta, \\ y = r\sin\theta, \quad (0 \leqslant \theta < +\infty). \\ z = b\theta \end{cases}$$

这条曲线称为**圆柱螺旋线**（又称**等进螺线**）.

3. 空间曲线在坐标面上的投影

已知空间曲线 C 和平面 π（图 6.29）, 从 C 向平面 π 引垂线, 垂足构成的曲线 C_1 称为 C 在平面 π 上的**投影曲线**. 实际上它就是通过 C 且垂直于平面 π 的柱面与平面 π 的交线, 这个柱面称为从 C 到 π 的**投影柱面**.

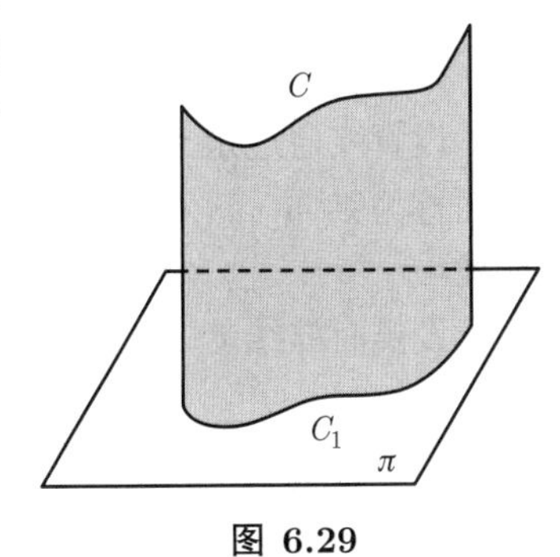

图 6.29

设曲线 C 的方程为

$$\begin{cases} F(x, y, z) = 0, \\ G(x, y, z) = 0 \end{cases}$$

由方程组消去 z, 得到一个不含 z 的方程

$$\Phi_1(x, y) = 0,$$

它表示母线平行于 z 轴的柱面. 因为此柱面方程是由曲线 C 的方程消去 z 得到的, 所以 C 上点的前两个坐标 x, y 必满足这个方程, 因此柱面过曲线 C. 这个柱面与 Oxy 面的交线

$$\begin{cases} \Phi_1(x, y) = 0, \\ z = 0 \end{cases}$$

一般说来就是曲线 C 在 Oxy 面上的投影曲线.

同样, 若从曲线 C 的方程中分别消去 x 与 y, 得到柱面方程

$$\Phi_2(y,z)=0 \quad 与 \quad \Phi_3(x,z)=0,$$

则

$$\begin{cases}\Phi_2(y,z)=0,\\ x=0\end{cases} \quad 与 \quad \begin{cases}\Phi_3(x,z)=0,\\ y=0\end{cases}$$

分别是曲线 C 在 Oyz 面与 Oxz 面上的投影曲线.

例 3 求曲线

$$C:\begin{cases}x^2+y^2+z^2=64,\\ x^2+y^2=8y\end{cases}$$

在 Oxy 面和 Oyz 面上的投影曲线.

解 从曲线 C 的方程中消去 z, 得到 $x^2+y^2=8y$, 所以曲线 C 在 Oxy 面的投影曲线为

$$\begin{cases}x^2+y^2=8y,\\ z=0.\end{cases}$$

这是 Oxy 面上的一个圆.

从曲线 C 的方程中消去 x, 得到 $z^2+8y=64$, 所以曲线 C 在 Oyz 面上的投影曲线为

$$\begin{cases}z^2+8y=64,\\ x=0\end{cases} \quad (0\leqslant y\leqslant 8).$$

这是 Oyz 面上的一段抛物线.

6.4.3 锥面

设直线通过定点 M 且和定曲线 C (C 不过定点 M) 相交, 这直线沿曲线 C 移动所生成的曲面称为**锥面** (图 6.30), 点 M 称为锥面的**顶点**, 动直线称为锥面的**母线**, 曲线 C 称为锥面的**准线**.

设锥面准线 C 的方程是

$$\begin{cases}F_1(x,y,z)=0,\\ F_2(x,y,z)=0,\end{cases}$$

其顶点 M 的坐标是 (x_0,y_0,z_0), 那么通过点 $M(x_0,y_0,z_0)$ 和准线 C 上的点 (X,Y,Z) 的母线的方程是

$$\frac{x-x_0}{X-x_0}=\frac{y-y_0}{Y-y_0}=\frac{z-z_0}{Z-z_0},$$

当点 (X,Y,Z) 在曲线 C 上移动时, 点 (x,y,z) 就是锥面上的点, 因为 (X,Y,Z) 是准线上的点, 所以满足方程

$$\begin{cases}F_1(X,Y,Z)=0,\\ F_2(X,Y,Z)=0,\end{cases}$$

将它与母线方程联立, 消去 X,Y 和 Z, 即得锥面的方程.

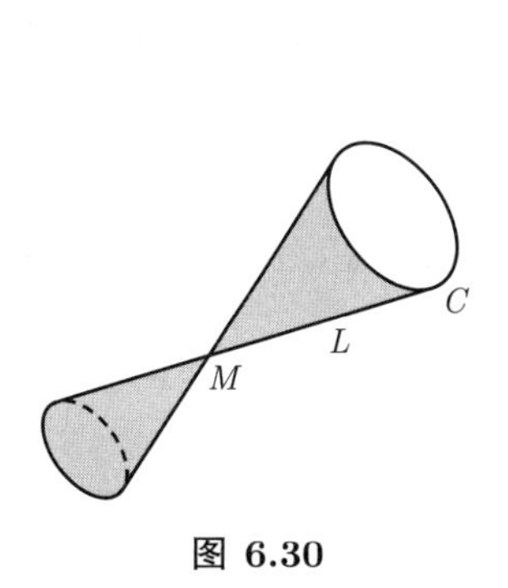

图 6.30

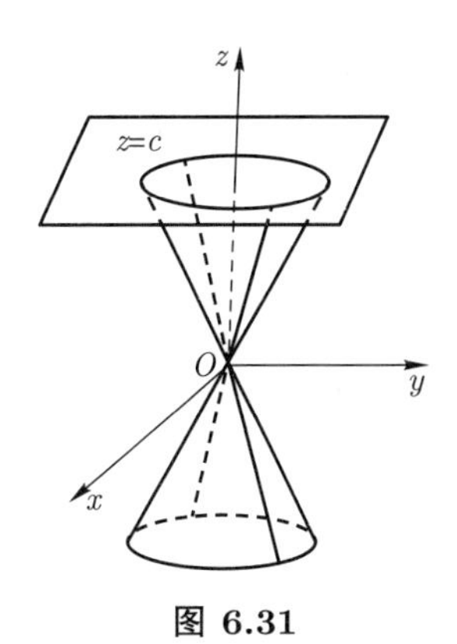

图 6.31

例 4 设锥面的顶点是坐标原点, 准线是椭圆

$$\begin{cases} \dfrac{x^2}{a^2}+\dfrac{y^2}{b^2}=1, \\ z=c, \end{cases}$$

求锥面的方程 (图 6.31).

解 通过顶点 $(0,0,0)$ 和准线上的点 (X,Y,Z) 的母线方程为

$$\frac{x}{X}=\frac{y}{Y}=\frac{z}{Z},$$

即

$$x=z\frac{X}{Z}, \quad y=z\frac{Y}{Z},$$

因为点 (X,Y,Z) 在准线上, 所以 $Z=c, \dfrac{X^2}{a^2}+\dfrac{Y^2}{b^2}=1$, 于是 $X=c\dfrac{x}{z}, Y=c\dfrac{y}{z}$, 代入 $\dfrac{X^2}{a^2}+\dfrac{Y^2}{b^2}=1$, 得

$$\frac{x^2}{a^2}+\frac{y^2}{b^2}-\frac{z^2}{c^2}=0,$$

这就是所求锥面 (称为椭圆锥面) 的方程.

6.4.4 旋转曲面

球面可以看作是圆周围绕其直径旋转而成的曲面, 圆柱面可以看成是一条直线绕与其平行的另一条直线旋转而成的曲面. 以下我们讨论一条平面曲线绕其同平面上的一条直线旋转而成的曲面的方程.

设在 Oyz 面上曲线 C 的方程为

$$\begin{cases} F(y,z)=0, \\ x=0, \end{cases}$$

将 C 绕 z 轴旋转一周就得到一个旋转曲面, 现在来求这个曲面的方程.

设 $M(x,y,z)$ 为旋转曲面上的任意一点, 它由曲线 C 上的点 $M_0(0,y_0,z_0)$ 绕 z 轴旋转而得 (图 6.32), 显然 M 与 M_0 有相同的竖坐标, 即 $z=z_0$, 同时, M 与 M_0 到 z 轴的距离相等, 即

$$\sqrt{x^2+y^2}=|y_0| \quad 或 \quad y_0=\pm\sqrt{x^2+y^2}.$$

由于 $M_0(0,y_0,z_0)$ 在 C 上, 应满足方程 $F(y,z)=0$, 将 $z_0=z, y_0=\pm\sqrt{x^2+y^2}$ 代入 $F(y_0,z_0)=0$, 得旋转曲面上的任一点 $M(x,y,z)$ 满足的方程为

$$F(\pm\sqrt{x^2+y^2},z)=0,$$

类似可以得出, 若在方程 $F(y,z)=0$ 中 y 保持不变, 将 z 改写成 $\pm\sqrt{x^2+z^2}$, 就得到曲线 C 绕 y 轴旋转而成的旋转曲面方程

$$F(y,\pm\sqrt{x^2+z^2})=0.$$

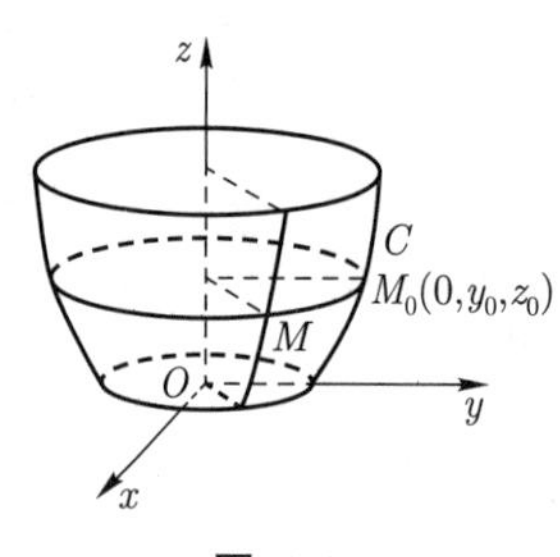

图 6.32

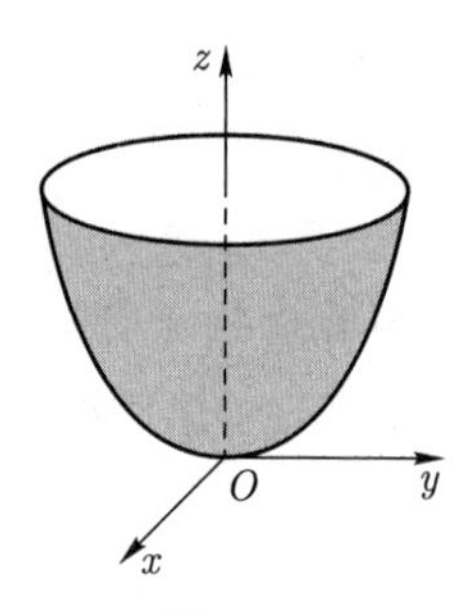

图 6.33

例 5 求抛物线线 $\begin{cases} y^2=2pz, \\ x=0 \end{cases}$ $(p>0)$ 绕 z 轴旋转所得的旋转曲面方程.

解 在方程 $y^2=2pz$ 中, 将 y^2 换成 x^2+y^2, 即

$$x^2+y^2=2pz \quad (p>0),$$

上式就是抛物线绕 z 轴旋转所得的旋转曲面方程, 这种曲面叫旋转抛物面 (图 6.33).

6.4.5 几个常见的二次曲面

二次曲面是三元二次方程所表示的曲面. 三元二次方程的一般形式为

$$Ax^2+By^2+Cz^2+Dxy+Eyz+Fxz+Gx+Hy+Jz+K=0,$$

其中 A,B,C 等系数均是常数. 上面介绍的球面、柱面、锥面都是二次曲面. 下面再给出几个常见的二次曲面, 并用平面截痕法 (即用平行于坐标面的不同平面去截曲面) 来讨论它们的图形.

(1) 椭球面

方程

$$\frac{x^2}{a^2}+\frac{y^2}{b^2}+\frac{z^2}{c^2}=1 \quad (a>0,b>0,c>0)$$

所确定的曲面称为**椭球面**, a,b,c 称为椭球的**半轴**.

由方程知

$$-a\leqslant x\leqslant a,-b\leqslant y\leqslant b,-c\leqslant z\leqslant c,$$

这说明整个曲面介于六个平面 $x=\pm a,y=\pm b,z=\pm c$ 所围成的长方体内.

用三个坐标面 $x=0,y=0,z=0$ 分别截这个椭球面, 所截得的曲线分别是三个坐标面上的椭圆

$$\frac{y^2}{b^2}+\frac{z^2}{c^2}=1,\quad \frac{x^2}{a^2}+\frac{z^2}{c^2}=1,\quad \frac{x^2}{a^2}+\frac{y^2}{b^2}=1.$$

用平面 $z=h(|h|\leqslant c)$ 截椭球面, 截得的曲线为

$$\begin{cases}\dfrac{x^2}{\left(a\sqrt{1-\dfrac{h^2}{c^2}}\right)^2}+\dfrac{y^2}{\left(b\sqrt{1-\dfrac{h^2}{c^2}}\right)^2}=1,\\ z=h,\end{cases}$$

它表示平面 $z=h$ 上的一个椭圆, 两个半轴分别为 $\dfrac{a}{c}\sqrt{c^2-h^2}$ 及 $\dfrac{b}{c}\sqrt{c^2-h^2}$. 当 $|h|$ 逐渐增大时, 所截得的椭圆逐渐缩小; 当 $|h|=c$ 时, 所截得的椭圆收缩成点 $(0,0,\pm c)$.

同样, 可以用平面 $x=h(|h|\leqslant a)$ 或 $y=h(|h|\leqslant b)$ 去截椭球面, 并进行类似的讨论. 这样就可以画出椭球面的图形 (图 6.34) . 如果椭球面的半轴 a,b 和 c 中有两个相等, 此时曲面称为**旋转椭球面**. 如果三个半轴全相等, 此时曲面就是一个**球面**.

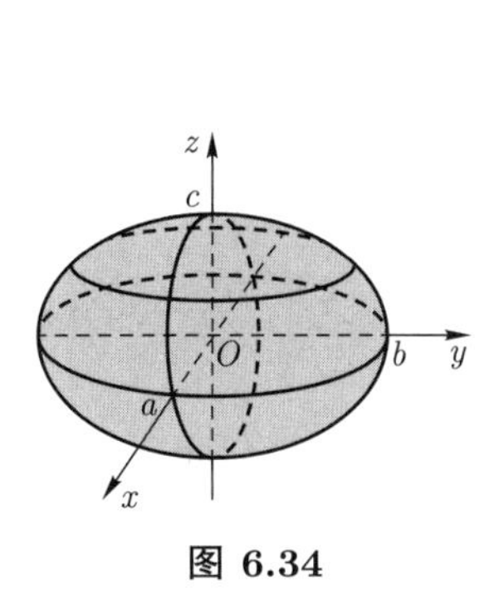

图 6.34

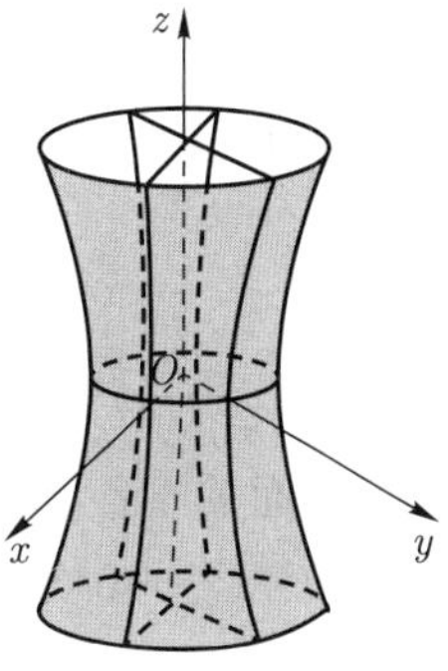

图 6.35

(2) 单叶双曲面

方程 $\dfrac{x^2}{a^2}+\dfrac{y^2}{b^2}-\dfrac{z^2}{c^2}=1$ 或 $\dfrac{x^2}{a^2}-\dfrac{y^2}{b^2}+\dfrac{z^2}{c^2}=1$ 或 $-\dfrac{x^2}{a^2}+\dfrac{y^2}{b^2}+\dfrac{z^2}{c^2}=1$ 所确定的曲面都称为**单叶双曲面**. 显然单叶双曲面关于各坐标平面是对称的.

下面利用痕截法讨论方程

$$\frac{x^2}{a^2}+\frac{y^2}{b^2}-\frac{z^2}{c^2}=1.$$

的图形 (图 6.35) . 用三个坐标面 $x=0,y=0,z=0$ 分别截这个单叶双曲面, 所截得的曲线分别

是三个坐标面上的双曲线和椭圆

$$\begin{cases}\dfrac{y^2}{b^2}-\dfrac{z^2}{c^2}=1,\\ x=0,\end{cases}\quad \begin{cases}\dfrac{x^2}{a^2}-\dfrac{z^2}{c^2}=1,\\ y=0,\end{cases}\quad \begin{cases}\dfrac{x^2}{a^2}+\dfrac{y^2}{b^2}=1,\\ z=0.\end{cases}$$

用平面 $z=h$ 截这个曲面, 所截得的曲线是以 $\dfrac{a}{c}\sqrt{c^2+h^2}$ 和 $\dfrac{b}{c}\sqrt{c^2+h^2}$ 为半轴的椭圆

$$\begin{cases}\dfrac{x^2}{\left(a\sqrt{1+\dfrac{h^2}{c^2}}\right)^2}+\dfrac{y^2}{\left(b\sqrt{1+\dfrac{h^2}{c^2}}\right)^2}=1,\\ z=h.\end{cases}$$

当 $|h|$ 不断增大, 椭圆也逐渐增大. 当 $a=b$ 时, 该曲面称为旋转单叶双曲面.

用平面 $y=h$ 截这个曲面, 所截得的曲线是

$$\begin{cases}\dfrac{x^2}{a^2}-\dfrac{z^2}{c^2}=1-\dfrac{h^2}{b^2}=\dfrac{b^2-h^2}{b^2},\\ y=h.\end{cases}$$

当 $|h|\neq|b|$ 时, 截线为双曲线. 当 $|h|<|b|$ 时, 双曲线的焦点在平行于 x 轴的直线上; 当 $|h|>|b|$ 时, 双曲线的焦点在平行于 z 轴的直线上; 当 $|h|=b$ 时, 截线是通过点 $(0,\pm b,0)$ 的两条直线.

(3) 双叶双曲面

方程 $-\dfrac{x^2}{a^2}-\dfrac{y^2}{b^2}+\dfrac{z^2}{c^2}=1$ 或 $-\dfrac{x^2}{a^2}+\dfrac{y^2}{b^2}-\dfrac{z^2}{c^2}=1$ 或 $\dfrac{x^2}{a^2}-\dfrac{y^2}{b^2}-\dfrac{z^2}{c^2}=1$ 所确定的曲面均称为**双叶双曲面**.

下面通过平面截痕法了解方程

$$-\frac{x^2}{a^2}-\frac{y^2}{b^2}+\frac{z^2}{c^2}=1$$

的图形, 如图 6.36 所示. 双叶双曲面有两部分, 一部分在平面 $z=c$ 之上, 另一部分在平面 $z=-c$ 之下. 显然双叶双曲面关于各坐标平面是对称的.

用坐标面 $x=0$ 和 $y=0$ 分别截这个双叶双曲面, 所截得的曲线是双曲线

$$\begin{cases}\dfrac{z^2}{c^2}-\dfrac{y^2}{b^2}=1,\\ x=0,\end{cases}\quad \begin{cases}\dfrac{z^2}{c^2}-\dfrac{x^2}{a^2}=1,\\ y=0.\end{cases}$$

用平面 $z=h(|h|\geqslant c)$ 截这个双叶双曲面, 所截得的曲线是

$$\begin{cases}\dfrac{x^2}{a^2}+\dfrac{y^2}{b^2}=\dfrac{h^2}{c^2}-1,\\ z=h,\end{cases}$$

这是以 $\dfrac{a}{c}\sqrt{h^2-c^2}$ 和 $\dfrac{b}{c}\sqrt{h^2-c^2}$ 为半轴的椭圆. 当 $|h|=c$ 时, 椭圆退化为点 $(0,0,c)$ 和 $(0,0,-c)$.

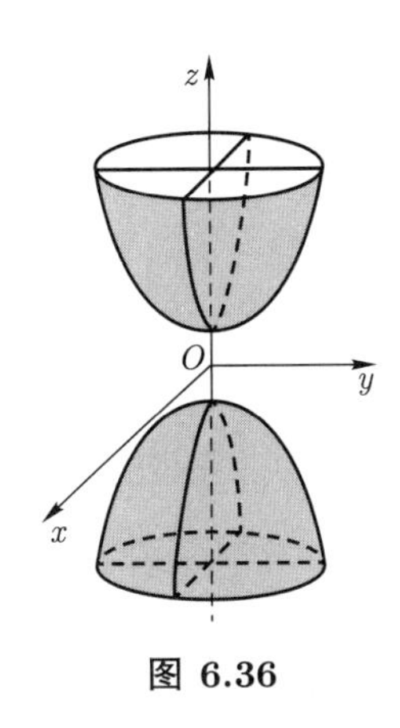

图 6.36

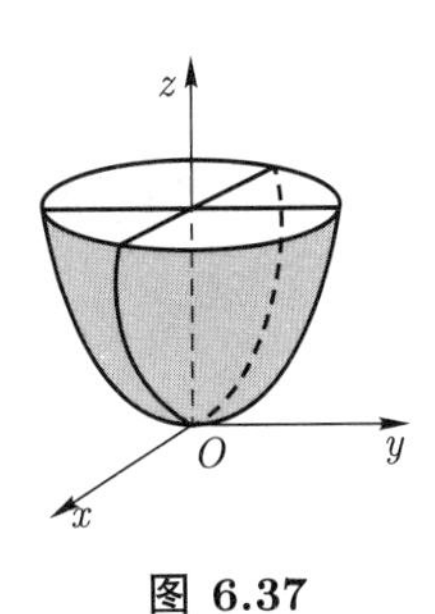

图 6.37

当 $a=b$ 时, 该曲面称为旋转双叶双曲面.

(4) 椭圆抛物面

方程 $z=\frac{x^2}{a^2}+\frac{y^2}{b^2}$ 或 $y=\frac{x^2}{a^2}+\frac{z^2}{c^2}$ 或 $x=\frac{y^2}{b^2}+\frac{z^2}{c^2}$ 所确定的曲面均称为**椭圆抛物面**.

下面通过平面截痕法了解方程

$$z=\frac{x^2}{a^2}+\frac{y^2}{b^2}$$

的图形, 如图 6.37 所示. 曲面关于坐标面 $x=0$ 和 $y=0$ 对称, 且在 Oxy 面上方. 用坐标面 $x=0$ 和 $y=0$ 分别截这个椭圆抛物面, 所截得的曲线是抛物线

$$\begin{cases} z=\dfrac{y^2}{b^2}, \\ x=0 \end{cases} \quad 和 \quad \begin{cases} z=\dfrac{x^2}{a^2}, \\ y=0. \end{cases}$$

用平面 $z=h$ 截这个曲面, 所截得的曲线是椭圆

$$\begin{cases} \dfrac{x^2}{a^2}+\dfrac{y^2}{b^2}=h, \\ z=h. \end{cases}$$

(5) 双曲抛物面

方程 $z=\frac{x^2}{a^2}-\frac{y^2}{b^2}$ 或 $y=\frac{x^2}{a^2}-\frac{z^2}{c^2}$ 或 $x=\frac{y^2}{b^2}-\frac{z^2}{c^2}$ 所确定的曲面均称为**双曲抛物面**.

我们来讨论双曲抛物面 $z=\frac{x^2}{a^2}-\frac{y^2}{b^2}$ 的图形, 如图 6.38 所示. 用平面 $z=0$ 去截此曲面, 得到 Oxy 面上的两条相交直线

$$\begin{cases} bx\pm ay=0, \\ z=0. \end{cases}$$

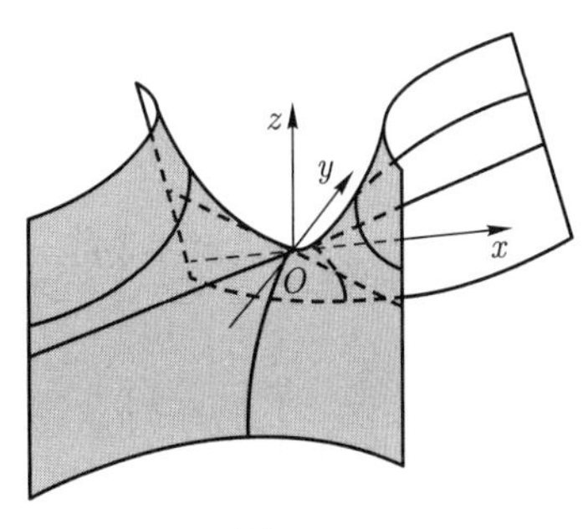

图 6.38

用平面 $x=0$ 截此曲面, 得到 Oyz 面上开口向下的抛物线

$$\begin{cases} y^2=-b^2z, \\ x=0. \end{cases}$$

用平面 $y=0$ 截此曲面, 得到 Oxz 面上开口向上的抛物线

$$\begin{cases} x^2=a^2z, \\ y=0. \end{cases}$$

用平面 $z=k$ 截此曲面, 得到曲线

$$\begin{cases} z=\dfrac{x^2}{a^2}-\dfrac{y^2}{b^2}, \\ z=k, \end{cases}$$

即在平面 $z=k$ 上的双曲线 $\dfrac{x^2}{ka^2}-\dfrac{y^2}{kb^2}=1$. 用平面 $x=k$ 截此曲面, 得到曲线

$$\begin{cases} z=\dfrac{k^2}{a^2}-\dfrac{y^2}{b^2}, \\ x=k, \end{cases}$$

即在平面 $x=k$ 上的抛物线 $z=\dfrac{k^2}{a^2}-\dfrac{y^2}{b^2}$. 用平面 $y=k$ 截此曲面, 则得到在平面 $y=k$ 上的抛物线

$$\begin{cases} z=\dfrac{x^2}{a^2}-\dfrac{k^2}{b^2}, \\ y=k. \end{cases}$$

双曲抛物面的形状像马鞍, 因此也叫**马鞍面**.

习 题 6.4

1. 指出下列方程表示怎样的曲面, 并作出草图:

(1) $x^2+y^2+z^2=4$;　　(2) $4x^2+4y^2=z^2$;

(3) $z=1+y^2-x^2$;　　(4) $y^2-z^2=4$;

(5) $y=-(x^2+z^2)$;　　(6) $z^2-4x^2-4y^2=4$;

(7) $16x^2+4y^2=1$;　　(8) $z=x^2+y^2+1$.

2. 求适合下列条件的旋转曲面方程:

(1) 曲线 $\begin{cases} z=2y, \\ x=0 \end{cases}$ 绕 z 轴旋转一周;

(2) 曲线 $\begin{cases} 4x^2+3y^2=12, \\ z=0 \end{cases}$ 绕 y 轴旋转一周;

(3) 曲线 $\begin{cases} 4x^2-3y^2=12, \\ z=0 \end{cases}$ 绕 x 轴旋转一周;

(4) 曲线 $\begin{cases} z^2=5x, \\ y=0 \end{cases}$ 绕 x 轴旋转一周.

3. 求从曲线 $\begin{cases} 2x^2+y^2+z^2=16, \\ x^2+z^2-y^2=0 \end{cases}$ 到 Oxy 面的投影柱面的方程.

4. 求曲线 $\begin{cases} x^2+y^2-z=0, \\ z=x+1 \end{cases}$ 在 Oxy 面上的投影曲线的方程.

5. 求曲面 $z=\dfrac{x^2}{4}+\dfrac{y^2}{9}$ 和平面 $z=4$ 相交所得椭圆的焦点坐标.

6. 求曲面 $\dfrac{x^2}{a^2}+\dfrac{y^2}{b^2}+\dfrac{z^2}{c^2}=1$ 被平面 $z=h\ (-c<h<c)$ 所截截面的面积.

7. 证明曲面 $y=4-x^2$ 和 $y=x^2+z^2$ 的交线在 Oxz 面上的投影曲线是椭圆, 并求出椭圆的长半轴和短半轴的长.

8. 求母线平行于向量 $2\boldsymbol{i}-3\boldsymbol{j}+4\boldsymbol{k}$, 而准线为 $\begin{cases} x^2+y^2=9, \\ z=1 \end{cases}$ 的柱面方程.

9. 求直线 $\begin{cases} x+y+z-1=0, \\ x-y+z+1=0 \end{cases}$ 在平面 $x+y+z=0$ 上的投影曲线的方程.

10. 已知锥面的顶点为 $M_0(3,-1,-2)$, 准线为单叶双曲面 $x^2+y^2-z^2=1$ 与平面 $x-y+z=0$ 的交线, 求锥面方程.

§6.5 向量值函数

在向量代数中所研究的向量是模和方向都不改变的向量, 即所谓常向量. 但在实际问题中遇到的向量大多是模和方向会改变的向量, 即所谓变向量或变矢. 变向量中比较重要的一类则是向量值函数.

定义 1 设有变量 t, 如果对于 t 在某个数集 D 内的每一个值, 按照法则 $\boldsymbol{A}$, 都有一个确定的向量 $\boldsymbol{A}$ 与之对应, 则称 $\boldsymbol{A}$ 为一元**向量值函数**, 记为 $\boldsymbol{A}=\boldsymbol{A}(t), t\in D$.

本教材中, 只讨论一元向量值函数, 并以 $\boldsymbol{A}$ 的取值为 3 维向量的情形作为代表. 为简单起见, 以下将一元向量值函数简称为向量值函数, 把普通实值函数称为数量值函数.

若在空间直角坐标系中向量值函数 $\boldsymbol{A}(t)$ 的三个分量分别取为 $f(t),g(t),h(t),t\in D$, 则向量值函数可表示为

$$\boldsymbol{A}(t)=f(t)\boldsymbol{i}+g(t)\boldsymbol{j}+h(t)\boldsymbol{k}=(f(t),g(t),h(t)),\quad t\in D, \tag{6.5.1}$$

其中 $f(t),g(t),h(t)$ 为数量值函数.

6.5.1 向量值函数的极限和连续

定义 2 设向量值函数 $\boldsymbol{A}=\boldsymbol{A}(t)$ 在 t_0 的某个邻域内有定义 (在 t_0 可以没有定义), $\boldsymbol{A}_0$ 为一常向量, 如果对于任意给定的 $\varepsilon>0$, 都存在 $\delta>0$, 使得当 $0<|t-t_0|<\delta$ 时, 恒有

$$|\boldsymbol{A}(t)-\boldsymbol{A}_0|<\varepsilon,$$

则称 t 趋于 t_0 时, 向量值函数 $\boldsymbol{A}(t)$ 有极限 $\boldsymbol{A}_0$, 或称 $\boldsymbol{A}(t)$ 在 t_0 的极限为 $\boldsymbol{A}_0$, 记为

$$\lim_{t\to t_0}\boldsymbol{A}(t)=\boldsymbol{A}_0. \tag{6.5.2}$$

若 $\boldsymbol{A}(t),\boldsymbol{A}_0$ 的坐标表示式分别为

$$\boldsymbol{A}(t)=(f(t),g(t),h(t)),\quad \boldsymbol{A}_0=(f_0,g_0,h_0),$$

则 (6.5.2) 式等价于 $\lim\limits_{t\to t_0}f(t)=f_0,\lim\limits_{t\to t_0}g(t)=g_0,\lim\limits_{t\to t_0}h(t)=h_0$.

设向量值函数 $\boldsymbol{A}(t)=(f(t),g(t),h(t))$ 在 t_0 的某一邻域内有定义, 如果 $f(t)$, $g(t)$, $h(t)$ 在 t_0 连续, 则称向量值函数 $\boldsymbol{A}(t)$ 在 t_0 连续. 如果 $f(t),g(t),h(t)$ 在某区间内连续, 则称 $\boldsymbol{A}(t)$ 在该区间内连续.

6.5.2 向量值函数的导数

定义 3 设向量值函数 $\boldsymbol{A}=\boldsymbol{A}(t)$ 在 t_0 的某个邻域内有定义, 若

$$\lim_{\Delta t\to 0}\frac{\Delta\boldsymbol{A}}{\Delta t}=\lim_{\Delta t\to 0}\frac{\boldsymbol{A}(t+\Delta t)-\boldsymbol{A}(t)}{\Delta t}$$

存在, 则称此极限向量为向量值函数 $\boldsymbol{A}=\boldsymbol{A}(t)$ 在 t_0 处的导数或导向量, 记为 $\boldsymbol{A}'(t)$ 或 $\left.\dfrac{\mathrm{d}\boldsymbol{A}}{\mathrm{d}t}\right|_{t=t_0}$. 若向量值函数 $\boldsymbol{A}(t)$ 的三个分量 $f(t),g(t),h(t)$ 都在某区间内可导, 则称 $\boldsymbol{A}(t)$ 在该区间内可导, 其导数

$$\begin{aligned}\boldsymbol{A}'(t)&=\lim_{\Delta t\to 0}\frac{[f(t+\Delta t)\boldsymbol{i}+g(t+\Delta t)\boldsymbol{j}+h(t+\Delta t)\boldsymbol{k}]-[f(t)\boldsymbol{i}+g(t)\boldsymbol{j}+h(t)\boldsymbol{k}]}{\Delta t}\\&=\lim_{\Delta t\to 0}\frac{f(t+\Delta t)-f(t)}{\Delta t}\boldsymbol{i}+\lim_{\Delta t\to 0}\frac{g(t+\Delta t)-g(t)}{\Delta t}\boldsymbol{j}+\lim_{\Delta t\to 0}\frac{h(t+\Delta t)-h(t)}{\Delta t}\boldsymbol{k}\\&=f'(t)\boldsymbol{i}+g'(t)\boldsymbol{j}+h'(t)\boldsymbol{k}.\end{aligned}$$

即导数

$$\boldsymbol{A}'(t)=(f'(t),g'(t),h'(t)).$$

例 1 设 $\boldsymbol{A}(t)=(t+t^2)\boldsymbol{i}+\mathrm{e}^t\boldsymbol{j}+2\boldsymbol{k}$, 求 $\boldsymbol{A}'(t)$, $\boldsymbol{A}''(t)$, 以及两个向量 $\boldsymbol{A}'(0),\boldsymbol{A}''(0)$ 之间所成的角度 θ.

解 $\boldsymbol{A}'(t)=(1+2t)\boldsymbol{i}+\mathrm{e}^t\boldsymbol{j}$, $\boldsymbol{A}''(t)=2\boldsymbol{i}+\mathrm{e}^t\boldsymbol{j}$. 从而, $\boldsymbol{A}'(0)=\boldsymbol{i}+\boldsymbol{j}$, $\boldsymbol{A}''(0)=2\boldsymbol{i}+\boldsymbol{j}$, 且

$$\cos\theta=\frac{\boldsymbol{A}'(0)\cdot\boldsymbol{A}''(0)}{|\boldsymbol{A}'(0)||\boldsymbol{A}''(0)|}=\frac{3}{\sqrt{10}},$$

则 $\theta=\arccos\dfrac{3}{\sqrt{10}}$.

向量值函数的导数运算法则和数量值函数基本类似.

定理 1 (导数运算法则) 设 $\boldsymbol{u}(t)$ 和 $\boldsymbol{v}(t)$ 是两个可导的向量值函数, $p(t)$ 是可导的数量值函数, c 是一个常数, 则

(1) $(\boldsymbol{u}(t)\pm\boldsymbol{v}(t))'=\boldsymbol{u}'(t)\pm\boldsymbol{v}'(t)$;

(2) $(c\boldsymbol{u}(t))'=c\boldsymbol{u}'(t)$;

(3) $(p(t)\boldsymbol{u}(t))'=p(t)\boldsymbol{u}'(t)+p'(t)\boldsymbol{u}(t)$;

(4) $(\boldsymbol{u}(t)\cdot\boldsymbol{v}(t))'=\boldsymbol{u}'(t)\cdot\boldsymbol{v}(t)+\boldsymbol{u}(t)\cdot\boldsymbol{v}'(t)$;

(5) $(\boldsymbol{u}(t)\times\boldsymbol{v}(t))'=\boldsymbol{u}'(t)\times\boldsymbol{v}(t)+\boldsymbol{u}(t)\times\boldsymbol{v}'(t)$;

(6) $\boldsymbol{u}(p(t))'=\boldsymbol{u}'(p(t))p'(t)$ (链式法则).

我们这里只证明公式 (4)、(5) 和 (6), 其余留给读者.

证 (4) 设 $\boldsymbol{u}(t)=u_1(t)\boldsymbol{i}+u_2(t)\boldsymbol{j}+u_3(t)\boldsymbol{k}$, $\boldsymbol{v}(t)=v_1(t)\boldsymbol{i}+v_2(t)\boldsymbol{j}+v_3(t)\boldsymbol{k}$, 则

$$\begin{aligned}\frac{\mathrm{d}}{\mathrm{d}t}(\boldsymbol{u}(t)\cdot\boldsymbol{v}(t))&=\frac{\mathrm{d}}{\mathrm{d}t}(u_1(t)v_1(t)+u_2(t)v_2(t)+u_3(t)v_3(t))\\&=\underbrace{u_1'(t)v_1(t)+u_2'(t)v_2(t)+u_3'(t)v_3(t)}_{\boldsymbol{u}'\cdot\boldsymbol{v}}+\underbrace{u_1(t)v_1'(t)+u_2(t)v_2'(t)+u_3(t)v_3'(t)}_{\boldsymbol{u}\cdot\boldsymbol{v}'}\\&=\boldsymbol{u}'(t)\cdot\boldsymbol{v}(t)+\boldsymbol{u}(t)\cdot\boldsymbol{v}'(t).\end{aligned}$$

(5) 由导数定义

$$\begin{aligned}\frac{\mathrm{d}}{\mathrm{d}t}(\boldsymbol{u}(t)\times\boldsymbol{v}(t))&=\lim_{h\to0}\frac{\boldsymbol{u}(t+h)\times\boldsymbol{v}(t+h)-\boldsymbol{u}(t)\times\boldsymbol{v}(t)}{h},\\&=\lim_{h\to0}\frac{\boldsymbol{u}(t+h)\times\boldsymbol{v}(t+h)-\boldsymbol{u}(t)\times\boldsymbol{v}(t+h)+\boldsymbol{u}(t)\times\boldsymbol{v}(t+h)-\boldsymbol{u}(t)\times\boldsymbol{v}(t)}{h}\\&=\lim_{h\to0}\left[\frac{\boldsymbol{u}(t+h)-\boldsymbol{u}(t)}{h}\times\boldsymbol{v}(t+h)+\boldsymbol{u}(t)\times\frac{\boldsymbol{v}(t+h)-\boldsymbol{v}(t)}{h}\right]\\&=\lim_{h\to0}\frac{\boldsymbol{u}(t+h)-\boldsymbol{u}(t)}{h}\times\lim_{h\to0}\boldsymbol{v}(t+h)+\lim_{h\to0}\boldsymbol{u}(t)\times\lim_{h\to0}\frac{\boldsymbol{v}(t+h)-\boldsymbol{v}(t)}{h}\\&=\boldsymbol{u}'(t)\times\boldsymbol{v}(t)+\boldsymbol{u}(t)\times\boldsymbol{v}'(t).\end{aligned}$$

这里用到了两个向量值函数的叉积的极限是向量值函数极限的叉积, 以及 h 趋于零时 $\boldsymbol{v}(t+h)$ 趋于 $\boldsymbol{v}(t)$.

(6) 设 $\boldsymbol{u}(s)=f(s)\boldsymbol{i}+g(s)\boldsymbol{j}+h(s)\boldsymbol{k}$ 是关于 s 的可导向量值函数, 而 $s=p(t)$ 是关于 t 的可

导的数量值函数, 则 f, g 和 h 都是关于 t 可导的数量值函数, 由数量值函数的链式法则可得

$$\begin{aligned}\frac{\mathrm{d}\boldsymbol{u}}{\mathrm{d}t}&=\frac{\mathrm{d}f}{\mathrm{d}t}\boldsymbol{i}+\frac{\mathrm{d}g}{\mathrm{d}t}\boldsymbol{j}+\frac{\mathrm{d}h}{\mathrm{d}t}\boldsymbol{k}\\&=\frac{\mathrm{d}f}{\mathrm{d}s}\frac{\mathrm{d}s}{\mathrm{d}t}\boldsymbol{i}+\frac{\mathrm{d}g}{\mathrm{d}s}\frac{\mathrm{d}s}{\mathrm{d}t}\boldsymbol{j}+\frac{\mathrm{d}h}{\mathrm{d}s}\frac{\mathrm{d}s}{\mathrm{d}t}\boldsymbol{k}\\&=\left(\frac{\mathrm{d}f}{\mathrm{d}s}\boldsymbol{i}+\frac{\mathrm{d}g}{\mathrm{d}s}\boldsymbol{j}+\frac{\mathrm{d}h}{\mathrm{d}s}\boldsymbol{k}\right)\frac{\mathrm{d}s}{\mathrm{d}t}\\&=\frac{\mathrm{d}\boldsymbol{u}}{\mathrm{d}s}\frac{\mathrm{d}s}{\mathrm{d}t}=\boldsymbol{u}'(p(t))p'(t).\end{aligned}$$

向量值函数 $\boldsymbol{A}(t)$ 的微分定义为

$$\mathrm{d}\boldsymbol{A}=\boldsymbol{A}'(t)\mathrm{d}t\quad(\mathrm{d}t=\Delta t).$$

由定义可知, $\mathrm{d}\boldsymbol{A}$ 也是一个向量, 当 $\mathrm{d}t>0$ 时, 它与 $\boldsymbol{A}'(t)$ 同向; 当 $\mathrm{d}t<0$ 时, 它与 $\boldsymbol{A}'(t)$ 反向. $\mathrm{d}\boldsymbol{A}$ 的坐标表示式为

$$\mathrm{d}\boldsymbol{A}=(f'(t)\mathrm{d}t,g'(t)\mathrm{d}t,h'(t)\mathrm{d}t)=(\mathrm{d}f,\mathrm{d}g,\mathrm{d}h).$$

特别地, 对于向量值函数 $\boldsymbol{r}(t)=(x(t),y(t),z(t))$, 有

$$\mathrm{d}\boldsymbol{r}=(\mathrm{d}x,\mathrm{d}y,\mathrm{d}z),$$

于是 $|\mathrm{d}\boldsymbol{r}|=\sqrt{(\mathrm{d}x)^2+(\mathrm{d}y)^2+(\mathrm{d}z)^2}$.

6.5.3 向量值函数的积分

定义 4 设向量值函数 $\boldsymbol{A}(t)=(f(t),g(t),h(t))$, 若存在向量值函数

$$\boldsymbol{B}(t)=(F(t),G(t),H(t)),$$

使得 $F'(t)=f(t),G'(t)=g(t),H'(t)=h(t)$, 则称 $\boldsymbol{B}(t)$ 为 $\boldsymbol{A}(t)$ 的一个原函数. $\boldsymbol{A}(t)$ 的原函数的全体称为 $\boldsymbol{A}(t)$ 的不定积分, 记为

$$\int\boldsymbol{A}(t)\mathrm{d}t,$$

其坐标表示式为

$$\int\boldsymbol{A}(t)\mathrm{d}t=(\int f(t)\mathrm{d}t,\int g(t)\mathrm{d}t,\int h(t)\mathrm{d}t),$$

若 $\boldsymbol{B}(t)$ 是 $\boldsymbol{A}(t)$ 的一个原函数, 则

$$\int\boldsymbol{A}(t)\mathrm{d}t=\boldsymbol{B}(t)+\boldsymbol{C}\quad(\boldsymbol{C}\text{ 为任意常向量}).$$

定义 5 设向量值函数 $\boldsymbol{A}(t)=(f(t),g(t),h(t))$ 在区间 $[\alpha,\beta]$ 上连续, 定义 $\boldsymbol{A}(t)$ 在 $[\alpha,\beta]$ 上的定积分为

$$\int_{\alpha}^{\beta}\boldsymbol{A}(t)\mathrm{d}t=(\int_{\alpha}^{\beta}f(t)\mathrm{d}t,\int_{\alpha}^{\beta}g(t)\mathrm{d}t,\int_{\alpha}^{\beta}h(t)\mathrm{d}t).$$

由以上定义可知, 向量值函数的不定积分、定积分与数量值函数的不定积分、定积分有完全类似的性质.

例 2 设 $\boldsymbol{A}(t)=t^2\boldsymbol{i}+\mathrm{e}^{-t}\boldsymbol{j}-2\boldsymbol{k}$, 计算 $\dfrac{\mathrm{d}(t^3\boldsymbol{A}(t))}{\mathrm{d}t}$ 和 $\displaystyle\int_0^1\boldsymbol{A}(t)\mathrm{d}t$.

解

$$\begin{aligned}\frac{\mathrm{d}(t^3\boldsymbol{A}(t))}{\mathrm{d}t}&=t^3(2t\boldsymbol{i}-\mathrm{e}^{-t}\boldsymbol{j})+3t^2(t^2\boldsymbol{i}+\mathrm{e}^{-t}\boldsymbol{j}-2\boldsymbol{k})\\&=5t^4\boldsymbol{i}+(3t^2-t^3)\mathrm{e}^{-t}\boldsymbol{j}-6t^2\boldsymbol{k},\end{aligned}$$

$$\begin{aligned}\int_0^1\boldsymbol{A}(t)\mathrm{d}t&=\Big(\int_0^1t^2\mathrm{d}t\Big)\boldsymbol{i}+\Big(\int_0^1\mathrm{e}^{-t}\mathrm{d}t\Big)\boldsymbol{j}+\Big(\int_0^1(-2)\mathrm{d}t\Big)\boldsymbol{k}\\&=\frac{1}{3}\boldsymbol{i}+(1-\mathrm{e}^{-1})\boldsymbol{j}-2\boldsymbol{k}.\end{aligned}$$

6.5.4 曲线运动

设向量值函数

$$\boldsymbol{r}(t)=f(t)\boldsymbol{i}+g(t)\boldsymbol{j}+h(t)\boldsymbol{k},\tag{6.5.3}$$

在几何上, 如果我们把 $\boldsymbol{r}(t)$ 的起点放在坐标原点, 则当 t 变化时 $\boldsymbol{r}(t)$ 的终点 M 就描绘出一条曲线（图 6.39）, 这条曲线称为向量值函数 $\boldsymbol{r}(t)$ 的**矢端曲线**. 它就是向量值函数 $\boldsymbol{r}(t)$ 的几何图形. 例如, 向量值函数 $\boldsymbol{r}=\boldsymbol{r}_0+\boldsymbol{a}t$ (其中 $\boldsymbol{r}_0=(x_0,y_0,z_0),\boldsymbol{a}=(l,m,n),-\infty<t<+\infty$ 的图形是一条过点 $P_0(x_0,y_0,z_0)$, 以向量 $\boldsymbol{a}$ 为方向向量的直线.

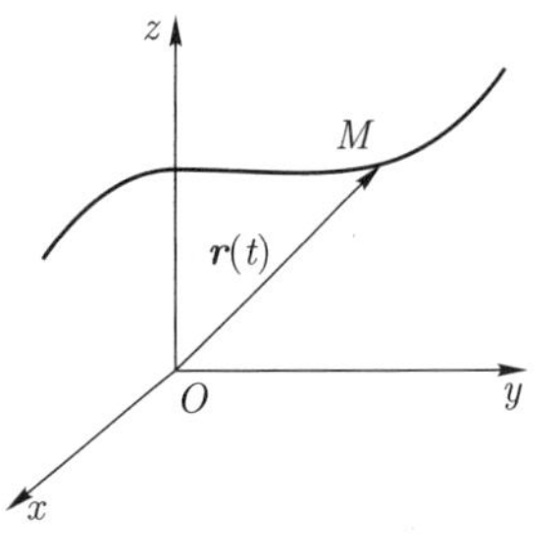

图 6.39

设向量值函数 $\boldsymbol{r}(t)$ 是沿空间光滑曲线运动的质点 M 的位置向量, 则其导数有以下物理意义: $\boldsymbol{v}(t)=\dfrac{\mathrm{d}\boldsymbol{r}}{\mathrm{d}t}$ 表示时刻 t 时质点 M 的速度向量, 它的方向与质点的移动方向一致, 大小为质点移动的速率; 速度的导数 $\boldsymbol{a}=\dfrac{\mathrm{d}\boldsymbol{v}}{\mathrm{d}t}=\dfrac{\mathrm{d}^2\boldsymbol{r}}{\mathrm{d}t^2}$ 表示质点 M 的加速度向量.

例 3 设一质点沿空间曲线

$$\boldsymbol{r}(t)=3\cos t\boldsymbol{i}+3\sin t\boldsymbol{j}+t^2\boldsymbol{k}$$

运动, 求 $t=2$ 时, 该质点的速率. 问什么时刻该质点的加速度向量与速度向量正好垂直?

解

$$\boldsymbol{v}=\frac{\mathrm{d}\boldsymbol{r}}{\mathrm{d}t}=-3\sin t\boldsymbol{i}+3\cos t\boldsymbol{j}+2t\boldsymbol{k},$$

$$\boldsymbol{a}=\frac{\mathrm{d}^2\boldsymbol{r}}{\mathrm{d}t^2}=-3\cos t\boldsymbol{i}-3\sin t\boldsymbol{j}+2\boldsymbol{k}.$$

当 $t=2$ 时, 该质点的速率为

$$|\boldsymbol{v}(2)|=\sqrt{(-3\sin 2)^2+(3\cos 2)^2+4^2}=5.$$

为求时刻, 使得该质点的加速度向量 $\boldsymbol{a}$ 与速度向量 $\boldsymbol{v}$ 正好垂直, 令

$$\boldsymbol{v}\cdot\boldsymbol{a}=9\sin t\cos t-9\cos t\sin t+4t=0,$$

解得 $t=0$.

在定积分的学习中我们知道, 对于光滑的曲线 $\boldsymbol{r}(t)=x(t)\boldsymbol{i}+y(t)\boldsymbol{j}+z(t)\boldsymbol{k}$ $(a\leqslant t\leqslant b)$, 其弧长为

$$L=\int_a^b\sqrt{(x'(t))^2+(y'(t))^2+(z'(t))^2}\mathrm{d}t=\int_a^b|\boldsymbol{r}'(t)|\mathrm{d}t.$$

从而有弧长函数

$$s=\int_a^t\sqrt{(x'(t))^2+(y'(t))^2+(z'(t))^2}\mathrm{d}t=\int_a^t|\boldsymbol{r}'(t)|\mathrm{d}t.$$

由微积分基本定理得

$$\frac{\mathrm{d}s}{\mathrm{d}t}=\sqrt{(x'(t))^2+(y'(t))^2+(z'(t))^2}=|\boldsymbol{r}'(t)|.$$

由于曲线是光滑的, 故 $|\boldsymbol{r}'(t)|>0$, 从而 $\dfrac{\mathrm{d}s}{\mathrm{d}t}>0$, 即 s 是关于 t 的单调增加函数.

光滑曲线 $\boldsymbol{r}(t)=x(t)\boldsymbol{i}+y(t)\boldsymbol{j}+z(t)\boldsymbol{k}$ 在 $t=t_0$ 处的切线通过切点 $\boldsymbol{r}_0=(x(t_0),y(t_0),z(t_0))$, 且方向向量为 $\boldsymbol{r}'(t_0)$, 故切线方程为

$$\boldsymbol{r}(t)=\boldsymbol{r}_0+t\boldsymbol{r}'(t_0).$$

由于 s 是关于 t 的单调增加函数, 故 s 有可导的反函数. 由反函数求导法可得

$$\frac{\mathrm{d}t}{\mathrm{d}s}=\frac{1}{\mathrm{d}s/\mathrm{d}t}=\frac{1}{|\boldsymbol{r}'(t)|}.$$

从而 $\boldsymbol{r}$ 关于 s 可导, 且由链式法则得

$$\frac{\mathrm{d}\boldsymbol{r}}{\mathrm{d}s}=\frac{\mathrm{d}\boldsymbol{r}}{\mathrm{d}t}\frac{\mathrm{d}t}{\mathrm{d}s}=\frac{\boldsymbol{r}'(t)}{|\boldsymbol{r}'(t)|}.$$

上式表明 $\dfrac{\mathrm{d}\boldsymbol{r}}{\mathrm{d}s}$ 是 $\boldsymbol{r}'(t)$ 的单位向量, 即 $\dfrac{\mathrm{d}\boldsymbol{r}}{\mathrm{d}s}$ 为曲线在 t 处的**单位切向量**, 记作 $\boldsymbol{T}$.

例 4 求圆柱螺旋线

$$\boldsymbol{r}(t)=\cos t\boldsymbol{i}+\sin t\boldsymbol{j}+t\boldsymbol{k}$$

在任一点处的单位切向量.

解

$$\boldsymbol{r}'(t)=-\sin t\boldsymbol{i}+\cos t\boldsymbol{j}+\boldsymbol{k},$$

$$|\boldsymbol{r}'(t)|=\sqrt{(-\sin t)^2+\cos^2 t+1^2}=\sqrt{2},$$

$$\boldsymbol{T}=\frac{\boldsymbol{r}'(t)}{|\boldsymbol{r}'(t)|}=-\frac{\sin t}{\sqrt{2}}\boldsymbol{i}+\frac{\cos t}{\sqrt{2}}\boldsymbol{j}+\frac{1}{\sqrt{2}}\boldsymbol{k}.$$

6.5.5 平面曲线的曲率

下面研究平面曲线弯曲程度.

图 6.40 和图 6.41 中可以看到, 弧段 $\overset{\frown}{AB}$ 比较平直, 而弧段 $\overset{\frown}{CD}$ 弯曲得比较厉害, 这里 $\overset{\frown}{AB}$ 和 $\overset{\frown}{CD}$ 的长度一样. 当动点沿弧段从 A 移动到 B 时单位切向量变动得小些, 即向量 $\boldsymbol{T}(t+\Delta t)-\boldsymbol{T}(t)$ 的模长小些; 而当动点沿弧段从 C 移动到 D 时, 单位切向量变动得大些, 即向量 $\boldsymbol{T}(t+\Delta t)-\boldsymbol{T}(t)$ 的模长大些. 很自然, 我们应当用单位弧长单位切向量的变化率的模来作为曲线弯曲程度的数量指标. 这一指标称作**曲率**, 记作 κ. 即

$$\kappa=\left|\frac{\mathrm{d}\boldsymbol{T}}{\mathrm{d}s}\right|$$

由于 $\dfrac{\mathrm{d}t}{\mathrm{d}s}=\dfrac{1}{\mathrm{d}s/\mathrm{d}t}=\dfrac{1}{|\boldsymbol{r}'(t)|}$, 曲率也表示成

$$\kappa=\left|\frac{\mathrm{d}\boldsymbol{T}}{\mathrm{d}s}\right|=\left|\frac{\mathrm{d}\boldsymbol{T}}{\mathrm{d}t}\frac{\mathrm{d}t}{\mathrm{d}s}\right|=\left|\frac{\mathrm{d}\boldsymbol{T}}{\mathrm{d}t}\right|\left|\frac{\mathrm{d}t}{\mathrm{d}s}\right|=\frac{|\boldsymbol{T}'(t)|}{|\boldsymbol{r}'(t)|}.$$

图 6.40　　图 6.41

例 5　证明直线上任何一点处的曲率为零.

证　直线上每一点处的单位切向量 $\boldsymbol{T}$ 均相等, 即为常向量. 因此 $\left|\dfrac{\mathrm{d}\boldsymbol{T}}{\mathrm{d}s}\right|=0$.

例 6　证明半径为 a 的圆的任何一点处的曲率为 $\dfrac{1}{a}$.

证　半径为 a 的圆的方程为

$$\boldsymbol{r}(\theta)=a\cos\theta\boldsymbol{i}+a\sin\theta\boldsymbol{j},$$

由 $\theta=\dfrac{s}{a}$, 则单位切向量为

$$\boldsymbol{T}=\frac{\mathrm{d}\boldsymbol{r}}{\mathrm{d}s}=-\sin\frac{s}{a}\boldsymbol{i}+\cos\frac{s}{a}\boldsymbol{j},$$

从而

$$\frac{\mathrm{d}\boldsymbol{T}}{\mathrm{d}s}=-\frac{1}{a}\cos\frac{s}{a}\boldsymbol{i}-\frac{1}{a}\sin\frac{s}{a}\boldsymbol{j}.$$

因此, 半径为 a 的圆的曲率为

$$\begin{aligned}\kappa=\left|\frac{\mathrm{d}\boldsymbol{T}}{\mathrm{d}s}\right|&=\sqrt{\frac{1}{a^2}\cos^2\frac{s}{a}+\frac{1}{a^2}\sin^2\frac{s}{a}}\\&=\frac{1}{\sqrt{a^2}}=\frac{1}{|a|}=\frac{1}{a}.\end{aligned}$$

下面导出曲率的计算公式. 如图 6.42, 设 φ 为从 $\boldsymbol{i}$ 到单位切向量 $\boldsymbol{T}$ 逆时针转过的角度, 则 $\boldsymbol{T}=\cos\varphi\boldsymbol{i}+\sin\varphi\boldsymbol{j}$, 因此

$$\frac{\mathrm{d}\boldsymbol{T}}{\mathrm{d}\varphi}=-\sin\varphi\boldsymbol{i}+\cos\varphi\boldsymbol{j}.$$

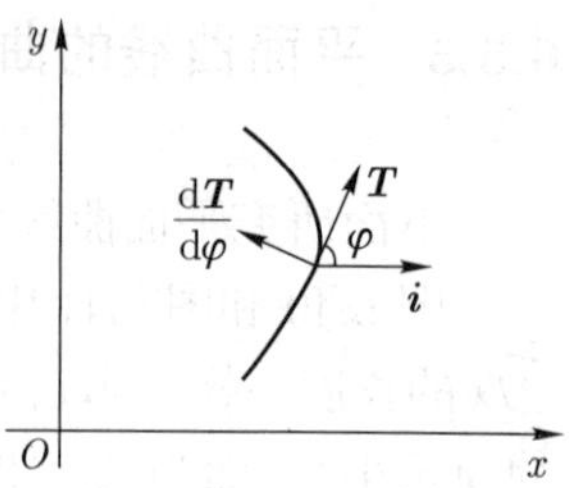

图 6.42

由于 $\dfrac{\mathrm{d}\boldsymbol{T}}{\mathrm{d}\varphi}$ 是单位向量, 所以

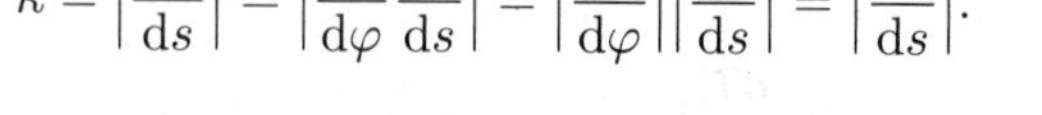

$$\kappa=\left|\frac{\mathrm{d}\boldsymbol{T}}{\mathrm{d}s}\right|=\left|\frac{\mathrm{d}\boldsymbol{T}}{\mathrm{d}\varphi}\frac{\mathrm{d}\varphi}{\mathrm{d}s}\right|=\left|\frac{\mathrm{d}\boldsymbol{T}}{\mathrm{d}\varphi}\right|\left|\frac{\mathrm{d}\varphi}{\mathrm{d}s}\right|=\left|\frac{\mathrm{d}\varphi}{\mathrm{d}s}\right|.$$

因此, 曲率 κ 也可以表示为单位弧长上的切线的转角的大小.

定理 2 设平面曲线方程为 $\boldsymbol{r}(t)=x(t)\boldsymbol{i}+y(t)\boldsymbol{j}$, 其中 $x=x(t)$ 和 $y=y(t)$ 二阶可导, 则曲率为

$$\kappa=\frac{|x'y''-y'x''|}{(x'^2+y'^2)^{3/2}}.$$

特别地, 在直角坐标系下, 曲线方程为 $y=f(x)$, 则曲率

$$\kappa=\frac{|f''(x)|}{[1+(f'(x))^2]^{3/2}}.$$

证 上面已经推导出 $\kappa=\left|\dfrac{\mathrm{d}\varphi}{\mathrm{d}s}\right|$. 由图 6.42,

$$\tan\varphi=\frac{\mathrm{d}y}{\mathrm{d}x}=\frac{\mathrm{d}y/\mathrm{d}t}{\mathrm{d}x/\mathrm{d}t}=\frac{y'}{x'}.$$

方程两边关于 t 求导得

$$\sec^2\varphi\frac{\mathrm{d}\varphi}{\mathrm{d}t}=\frac{x'y''-y'x''}{x'^2},$$

$$\begin{aligned}\frac{\mathrm{d}\varphi}{\mathrm{d}t}&=\frac{x'y''-y'x''}{x'^2\sec^2\varphi}=\frac{x'y''-y'x''}{x'^2(1+\tan^2\varphi)}\\&=\frac{x'y''-y'x''}{x'^2(1+y'^2/x'^2)}=\frac{x'y''-y'x''}{x'^2+y'^2}.\end{aligned}$$

又

$$\kappa=\left|\frac{\mathrm{d}\varphi}{\mathrm{d}s}\right|=\left|\frac{\mathrm{d}\varphi}{\mathrm{d}t}\frac{\mathrm{d}t}{\mathrm{d}s}\right|=\left|\frac{\mathrm{d}\varphi/\mathrm{d}t}{\mathrm{d}s/\mathrm{d}t}\right|=\frac{|\mathrm{d}\varphi/\mathrm{d}t|}{[x'^2+y'^2]^{1/2}},$$

合并得到

$$\kappa=\frac{|x'y''-y'x''|}{(x'^2+y'^2)^{3/2}}$$

在 $y=f(x)$ 中, 令 $x=x(t)$ 和 $y=y(t)$, 因此 $x'=1$ 和 $x''=0$, 即得直角坐标系下结论.

如果曲线在 $M(x,y)$ 点处的曲率不为零, 则称曲率的倒数为曲线在 M 点处的**曲率半径**, 记作 ρ, 即 $\rho=\dfrac{1}{\kappa}$. 这时作曲线在 M 点处的法线并在曲线凹向一侧的法线上取点 D, 使得 DM 的长等于曲线在 M 点的曲率半径 ρ, 即 $|MD|=\rho$, 称 D 点为曲线在 M 点处的**曲率中心**. 以 D 为圆心, ρ 为半径的圆称为曲线在 M 点处的曲率圆 (如图 6.43 所示).

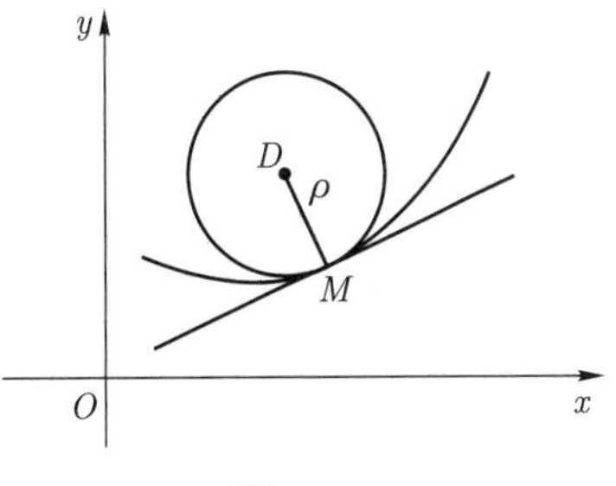

图 6.43

例 7 求抛物线 $y^2=4x$ 在 $(1,2)$ 点处的曲率和曲率半径.

解 点 $(1,2)$ 在抛物线 $y^2=4x$ 的上半支, 方程是 $y=2\sqrt{x}$. 于是

$$y'(x)=\frac{1}{\sqrt{x}},\quad y''(x)=-\frac{1}{2\sqrt{x^3}},$$

故抛物线 $y^2=4x$ 在 $(1,2)$ 点处的曲率是

$$\kappa=\left|\frac{y''(x)}{(1+y'^2(x))^{\frac{3}{2}}}\right|_{x=1}=\frac{1}{4\sqrt{2}},$$

曲率半径是 $\rho=4\sqrt{2}$.

例 8 求椭圆 $\begin{cases}x=a\cos t,\\ y=b\sin t\end{cases}$ 在 $t=\dfrac{\pi}{4}$ 处的曲率和曲率半径.

解

$$x'(t)=-a\sin t,\quad x''(t)=-a\cos t,$$
$$y'(t)=b\cos t,\quad y''(t)=-b\sin t,$$

故椭圆在 $t=\dfrac{\pi}{4}$ 处的曲率是

$$\kappa=\left|\frac{x'y''-y'x''}{(x'^2+y'^2)^{3/2}}\right|_{t=\frac{\pi}{4}}=\frac{2\sqrt{2}ab}{(a^2+b^2)^{\frac{3}{2}}}.$$

曲率半径是 $\rho=\dfrac{(a^2+b^2)^{\frac{3}{2}}}{2\sqrt{2}ab}$.

习 题 6.5

1. 下列向量值函数, 如果极限存在, 求出极限; 如果极限不存在, 请指出:

(1) $\lim\limits_{t\to1}(2t\boldsymbol{i}-t^2\boldsymbol{j})$;

(2) $\lim\limits_{t\to1}\left(\dfrac{t-1}{t^2-1}\boldsymbol{i}-\dfrac{t^2+2t-3}{t-1}\boldsymbol{j}\right)$;

(3) $\lim\limits_{t\to0}\left(\dfrac{\sin t\cos t}{t}\boldsymbol{i}-\dfrac{7t^3}{\mathrm{e}^t}\boldsymbol{j}+\dfrac{t}{t+1}\boldsymbol{k}\right)$;

(4) $\lim\limits_{t\to\infty}\left(\dfrac{t\sin t}{t^2}\boldsymbol{i}-\dfrac{7t^3}{t^3-3t}\boldsymbol{j}-\dfrac{\sin t}{t}\boldsymbol{k}\right)$;

(5) $\lim\limits_{t\to0^+}(\ln t^3\boldsymbol{i}+t^2\ln t\mathrm{e}^t\boldsymbol{j}+t\boldsymbol{k})$;

(6) $\lim\limits_{t\to0^-}\left(\mathrm{e}^{-\frac{1}{t^2}}\boldsymbol{i}+\dfrac{t}{|t|}\boldsymbol{j}+|t|\boldsymbol{k}\right)$.

2. 设质点沿下列曲线运动, 求质点在指定时刻 $t=t_1$ 的速度向量 $\boldsymbol{v}(t)$ 和加速度向量 $\boldsymbol{a}(t)$, 以及速率 v.

(1) $\boldsymbol{r}(t)=4t\boldsymbol{i}+5(t^2-1)\boldsymbol{j}+2t\boldsymbol{k},\quad t_1=1$;

(2) $\boldsymbol{r}(t)=t\sin\pi t\boldsymbol{i}+t\cos\pi t\boldsymbol{j}+\mathrm{e}^{-t}\boldsymbol{k},\quad t_1=2$;

(3) $\boldsymbol{r}(t)=\tan t\boldsymbol{i}+3\mathrm{e}^t\boldsymbol{j}+\cos 4t\boldsymbol{k},\quad t_1=\dfrac{\pi}{4}$;

(4) $\boldsymbol{r}(t)=\left(\displaystyle\int_t^1\mathrm{e}^x\mathrm{d}x\right)\boldsymbol{i}+\left(\displaystyle\int_t^{\pi}\sin\pi\theta\mathrm{d}\theta\right)\boldsymbol{j}+t^{\frac{2}{3}}\boldsymbol{k},\quad t_1=2.$

3. 证明: 如果质点沿曲线做匀速运动, 则其在任意时刻的加速度向量总和速度向量垂直.

4. 证明: $|\boldsymbol{r}(t)|$ 恒为常数当且仅当 $\boldsymbol{r}(t)\cdot\boldsymbol{r}'(t)=0$.

5. 证明渐近螺旋线 $\boldsymbol{r}=t\cos t\boldsymbol{i}+t\sin t\boldsymbol{j}+t\boldsymbol{k}$ 位于锥面 $x^2+y^2-z^2=0$ 上.

6. 证明曲线 $\boldsymbol{r}=t\boldsymbol{i}+t\boldsymbol{j}+t^2\boldsymbol{k}$ 是抛物线.

7. 求下列曲线在指定点 $t=t_1$ 处的单位切向量 $\boldsymbol{T}$ 和曲率 κ.

(1) $\boldsymbol{r}(t)=4t^2\boldsymbol{i}+4t\boldsymbol{j},\quad t_1=\dfrac{1}{2}$;

(2) $\boldsymbol{r}(t)=3\cos t\boldsymbol{i}+4\sin t\boldsymbol{j},\quad t_1=\dfrac{\pi}{4}$;

(3) $\boldsymbol{r}(t)=\mathrm{e}^{-t}\cos t\boldsymbol{i}+\mathrm{e}^{-t}\sin t\boldsymbol{j},\quad t_1=0$;

(4) $\boldsymbol{r}(t)=t\cos t\boldsymbol{i}+t\sin t\boldsymbol{j},\quad t_1=1.$

8. 曲线 $y=\ln x$ 上哪个点的曲率最小? 并求出该点处的曲率半径.

9. 求曲线 $y=\mathrm{e}^x$ 上在 $(0,1)$ 处的曲率圆.

总习题六

1. 已知 $\boldsymbol{a}=2\boldsymbol{i}-3\boldsymbol{j}+\boldsymbol{k},\boldsymbol{b}=\boldsymbol{i}-\boldsymbol{j}+3\boldsymbol{k},\boldsymbol{c}=\boldsymbol{i}-2\boldsymbol{j}$, 计算:

(1) $(\boldsymbol{a}\cdot\boldsymbol{b})\boldsymbol{c}-(\boldsymbol{a}\cdot\boldsymbol{c})\boldsymbol{b}$;　　(2) $(\boldsymbol{a}+\boldsymbol{b})\times(\boldsymbol{b}+\boldsymbol{c})$.

2. 设 $\boldsymbol{c}=|\boldsymbol{a}|\boldsymbol{b}+|\boldsymbol{b}|\boldsymbol{a}$, 且 $\boldsymbol{a},\boldsymbol{b},\boldsymbol{c}$ 都为非零向量. 证明: $\boldsymbol{c}$ 平分 $\boldsymbol{a}$ 与 $\boldsymbol{b}$ 的夹角.

3. 证明向量 $|\boldsymbol{b}|\boldsymbol{a}+|\boldsymbol{a}|\boldsymbol{b}$ 和 $|\boldsymbol{b}|\boldsymbol{a}-|\boldsymbol{a}|\boldsymbol{b}$ 相互垂直.

4. 在棱长为 1 的正方体中, 设 OM 为对角线, OA 为棱, 求 $\overrightarrow{OA}$ 在 $\overrightarrow{OM}$ 上的投影.

5. 设 $|\boldsymbol{a}|=\sqrt{3},|\boldsymbol{b}|=1,(\widehat{\boldsymbol{a},\boldsymbol{b}})=\dfrac{\pi}{6}$, 计算 $\boldsymbol{a}+\boldsymbol{b}$ 与 $\boldsymbol{a}-\boldsymbol{b}$ 的夹角, 以 $\boldsymbol{a}+2\boldsymbol{b}$, $\boldsymbol{a}-3\boldsymbol{b}$ 为邻边的平行四边形的面积.

6. 利用向量代数证明三角等式

$$\sin(A-B)=\sin A\cos B-\cos A\sin B.$$

7. 一动点到 $x+y-z-1=0$ 和 $x+y+z+1=0$ 两平面距离的平方和等于 1, 试求其轨迹.

8. 求直线 $L:x=3+2t,y=2t,z=t$ 与平面 $\pi:x+3y=0$ 交点 P 的坐标, 并求出在平面 π 上过点 P 且垂直于 L 的直线方程.

9. 求点 $A(4,1,-2)$ 到直线 $L:\begin{cases}x-y+z+5=0,\\2x+z-4=0\end{cases}$ 的距离.

10. 求两条平行直线 $x=t+1,y=2t-1,z=t$ 和 $x=t+2,y=2t-1,z=t+1$ 间的距离.

11. 确定 λ, 使直线 $L_1:\dfrac{x-1}{1}=\dfrac{y+1}{2}=\dfrac{z-1}{\lambda}$ 和直线 $L_2:x+1=y-1=z$ 相交.

12. 试证直线 $\dfrac{x+3}{5}=\dfrac{y+1}{2}=\dfrac{z-2}{4}$ 和直线 $\dfrac{x-8}{3}=\dfrac{y-1}{1}=\dfrac{z-6}{2}$ 相交, 并写出由这两条直线确定的平面方程.

13. 求过点 $A(-1,2,3)$ 垂直于直线 $L:\begin{cases}5x-2y-2=0,\\ 3x-z+2=0\end{cases}$ 且平行于平面 $\pi:7x+8y+9z+10=0$ 的直线方程.

14. 求过点 $(-4,6,-2)$ 既平行于平面 $6x-2y-3z+1=0$ 又与直线 $\dfrac{x-1}{3}=\dfrac{y+1}{2}=\dfrac{z-3}{-5}$ 相交的直线方程.

15. 求过点 $A(3,-1,2)$ 与 z 轴相交且和 $L_1:x=2y=3z$ 垂直的直线方程.

16. 求两异面直线 $L_1:\dfrac{x-5}{-4}=y-1=z-2$ 和 $L_2:\dfrac{x}{2}=\dfrac{y}{2}=\dfrac{z-8}{-3}$ 间的距离

17. 求以 $\begin{cases}4x^2-y^2=1,\\ z=1\end{cases}$ 为准线, 母线平行于 $\boldsymbol{j}+\boldsymbol{k}$ 的柱面方程.

18. 求曲线 $\begin{cases}z=2-x^2-y^2,\\ z=(x-1)^2+(y-1)^2\end{cases}$ 在三个坐标面上的投影曲线的方程.

19. 画出下列各曲面所围立体的图形:

(1) 抛物柱面 $2y^2=x$, 平面 $z=0$ 及 $\dfrac{x}{4}+\dfrac{y}{2}+\dfrac{z}{2}=1$;

(2) 旋转抛物面 $z=x^2+y^2$, 柱面 $x=y^2$, 平面 $z=0$ 及 $x=1$.

第六章
部分习题答案

第七章　多元函数及其微分法

前面我们主要讨论了依赖于一个自变量的函数 (即所谓一元函数) 的有关问题, 但实际上大多数问题往往涉及多方面的因素, 反映到数量关系上, 就是一个变量依赖于多个变量, 它就是本章将要讨论的多元函数的问题.

§7.1　多元函数的概念

数轴上的点与实数之间一一对应, 从而实数集 $\mathbb{R}$ 就是数轴上的一切点的集合. 在平面上引入直角坐标系后, 平面上的点与二元有序实数组 (x, y) 一一对应, 从而全体二元有序数组 (x, y) 就表示坐标平面, 记为 $\mathbb{R}^2$. 在空间引入直角坐标系后, 空间的点与三元有序实数组 (x, y, z) 一一对应, 从而全体三元有序数组 (x, y, z) 表示三维空间, 记为 $\mathbb{R}^3$. 一般地, n 元有序实数组 $(x_1, x_2, \cdots, x_n)$ 的全体所成的集合, 记为 $\mathbb{R}^n$, 即

$$\mathbb{R}^n = \{(x_1, x_2, \cdots, x_n) | x_i \in \mathbb{R}, i = 1, 2, \cdots, n\}.$$

我们称 $\mathbb{R}^n$ 中的元素 $(x_1, x_2, \cdots, x_n)$ 为 $\mathbb{R}^n$ 中的一个**点**或一个 n **维向量**, 可以用单个字母 $\boldsymbol{x}$ 表示, 有时也可以用大写英文字母 P, Q 等表示.

设 $\boldsymbol{x} = (x_1, x_2, \cdots, x_n)$, $\boldsymbol{y} = (y_1, y_2, \cdots, y_n)$, 在 $\mathbb{R}^n$ 中定义线性运算如下:

$$\boldsymbol{x} + \boldsymbol{y} = (x_1 + y_1, x_2 + y_2, \cdots, x_n + y_n),$$
$$\lambda \boldsymbol{x} = (\lambda x_1, \lambda x_2, \cdots, \lambda x_n) \quad (\lambda \in \mathbb{R}).$$

此时, 由于 $\boldsymbol{x} + \boldsymbol{y} \in \mathbb{R}^n, \lambda \boldsymbol{x} \in \mathbb{R}^n$, 则称 $\mathbb{R}^n$ 构成一个 n **维向量空间**.

$\mathbb{R}^n$ 中的任意两点 $\boldsymbol{x} = (x_1, x_2, \cdots, x_n)$ 和 $\boldsymbol{y} = (y_1, y_2, \cdots, y_n)$ 间的距离定义为

$$\rho(\boldsymbol{x}, \boldsymbol{y}) = \sqrt{(x_1 - y_1)^2 + (x_2 - y_2)^2 + \cdots + (x_n - y_n)^2}.$$

可以证明, 距离满足下述性质:

(1) **非负性**　$\rho(\boldsymbol{x}, \boldsymbol{y}) \geqslant 0$, 且 $\rho(\boldsymbol{x}, \boldsymbol{y}) = 0$ 当且仅当 $\boldsymbol{x} = \boldsymbol{y}$;

(2) **对称性**　$\rho(\boldsymbol{x}, \boldsymbol{y}) = \rho(\boldsymbol{y}, \boldsymbol{x})$;

(3) **三角不等式**　$\rho(\boldsymbol{x}, \boldsymbol{z}) \leqslant \rho(\boldsymbol{x}, \boldsymbol{y}) + \rho(\boldsymbol{y}, \boldsymbol{z})$.

设点 $M_0 \in \mathbb{R}^n$, ε 是一个正数, 则集合 $N = \{M \in \mathbb{R}^n \big| \rho(M, M_0) < \varepsilon\}$ 称为 M_0 的 ε**邻域**, 记作 $N(M_0, \varepsilon)$. 集合 $\{M \in \mathbb{R}^n \big| 0 < \rho(M, M_0) < \varepsilon\}$ 称为 M_0 的**去心** ε **邻域**, 记作 $\mathring{N}(M_0, \varepsilon)$.

设 E 是 $\mathbb{R}^n$ 中的点集, $M_0 \in \mathbb{R}^n$. 如果存在 $\varepsilon > 0$, 使得 $N(M_0, \varepsilon) \subset E$, 则称 M_0 是 E 的**内点**. 如果 E 的点都是 E 的内点, 就称 E 是**开集**. 如果对任何 $\varepsilon > 0$, $\mathring{N}(M_0, \varepsilon) \cap E \neq \varnothing$, 就称 M_0 是 E 的**聚点**. 若 E 的所有聚点都在 E 内, 就称 E 是**闭集**. 记 $E^c = \mathbb{R}^n \setminus E$ 为集合 E 的余集, 如

果对任何 $\varepsilon > 0$, $\mathring{N}(M_0,\varepsilon)\cap E \neq \varnothing$, 同时 $\mathring{N}(M_0,\varepsilon)\cap E^c \neq \varnothing$, 就称 M_0 是 E 的边界点. E 的边界点的全体叫做 E 的**边界**, 记为 ∂E.

如果存在原点 O 的某个邻域 $N(O,r)$, 使 $E\subset N(O,r)$, 则称 E 为**有界集**, 否则称 E 为**无界集**. 如果集合 E 中任何两点 M_1 和 M_2 之间都可以用由有限条直线段所组成的折线连接起来, 而这条折线全部含在 E 中, 则称 E 是**连通的**. 如果 E 是一个连通的开集, 则称 E 是**区域**. 区域连同它的边界一起称为**闭区域**.

若 E 是一个有界点集, 则 $D=\{\rho(M_1,M_2)\big|M_1,M_2\in E\}$ 是一个有上界的实数集, 称 $\sup D$ 为集合 E 的**直径**, 记为 $d(E)$. 我们约定, 无界点集的直径是无穷大, 用记号 ∞ 表示.

例如:

(1) $E=\{(x,y)\in\mathbb{R}^2\big|x^2+y^2<1\}$, 即 E 是以原点为圆心的单位圆内部的所有点. E 中的任何点都是 E 的内点, E 是开集, 也是连通集, 从而 E 是区域. 圆周 $x^2+y^2=1$ 上的点是 E 的边界点, 圆周 $x^2+y^2=1$ 是 E 的边界. 显然, E 是有界集, 它的直径是 $d(E)=2$.

(2) $F=\{(x,y)\in\mathbb{R}^2\big|x\in\mathbb{R},y>0\}$, 即 F 是上半平面. F 中任意点都是 F 的内点, F 是开集, 也是连通集, 从而 F 是区域. F 的边界是 $y=0$. 显然, F 是无界集, 它的直径是 $d(E)=\infty$.

(3) $S=\{(x,y)\in\mathbb{R}^2\big|1\leqslant x^2+y^2<4\}$, 即 S 是以原点为圆心, 半径分别是 1 与 2 的两个圆周之间的圆环内部的点和半径是 1 圆周上的点. S 的内点是 $\{(x,y)\in\mathbb{R}^2\big|1<x^2+y^2<4\}$, S 的边界是 $\partial S=\{(x,y)\in\mathbb{R}^2\big|x^2+y^2=1\}\cup\{(x,y)\in\mathbb{R}^2\big|x^2+y^2=4\}$, ∂S 是闭集. S 是有界集, S 的直径是 $d(S)=4$, S 是连通集, 而 S 既不开也不闭, 当然也不是区域.

在实践中, 许多量的变化受多个元素的影响. 例如圆柱体的体积 V 与底半径 r 及高度 h 有关. 现在给出 n 元函数的定义.

定义 1 设 D 是 $\mathbb{R}^n$ 中的点集. 如果存在法则 f, 对于任意 $\boldsymbol{x}=(x_1,x_2,\cdots,x_n)\in D$, 有唯一的值 $y\in\mathbb{R}$ 与之对应, 则称 f 是 D 上的 n **元函数**, 记为

$$y=f(\boldsymbol{x})=f(x_1,x_2,\cdots,x_n),$$

其中 $\boldsymbol{x}=(x_1,x_2,\cdots,x_n)\in D$ 称为**自变量**, y 称为**因变量**. 集合 D 称为 f 的**定义域**, 集合 $E=\{f(\boldsymbol{x})\big|\boldsymbol{x}\in D\}$ 称为 f 的**值域**.

特别地, 当 $n=2$ 时, 称 f 为**二元函数**, 简记为 $y=f(x_1,x_2)$, 其定义域是平面区域; 当 $n=3$ 时, 称 f 为**三元函数**, 简记为 $y=f(x_1,x_2,x_3)$, 其定义域是空间区域.

例 1 求下列函数的定义域:

(1) $z=\sqrt{1-x^2}+\sqrt{y^2-1}$; (2) $u=\ln(1-x^2-y^2-z^2)$.

解 (1) 函数 z 的定义域 $D=\{(x,y)\in\mathbb{R}^2\big||x|\leqslant 1,|y|\geqslant 1\}$, 它表示 Oxy 面上的两个无界区域 (图 7.1).

(2) 函数 u 的定义域 $D=\{(x,y,z)\in\mathbb{R}^3\big|x^2+y^2+z^2<1\}$, 它表示一个中心在原点的单位球的内部区域 (图 7.2).

二元函数 $z=f(x,y),(x,y)\in D$ 在几何上通常可用一张空间曲面来表示, 这是因为 $P(x,y)$ 是 Oxy 面上区域 D 内的点, 而 $(x,y,f(x,y))$ 表示 $Oxyz$ 空间中的点, 点集 $\{(x,y,z)\big|z=f(x,y),(x,y)\in D\}$ 称为二元函数 $z=f(x,y),(x,y)\in D$ 的图形, 一般来说是空间的一张“曲面”. 反之,

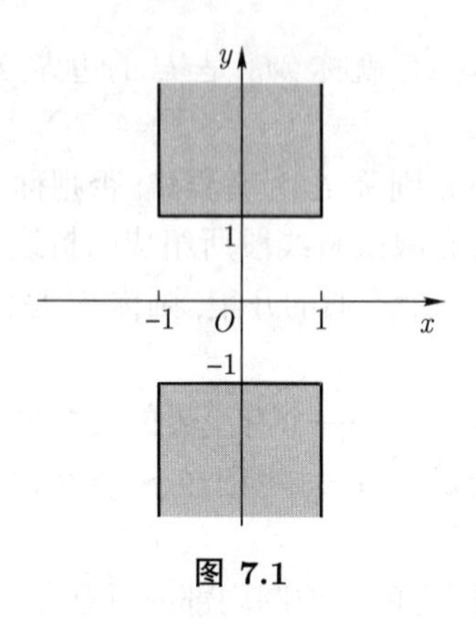

图 7.1

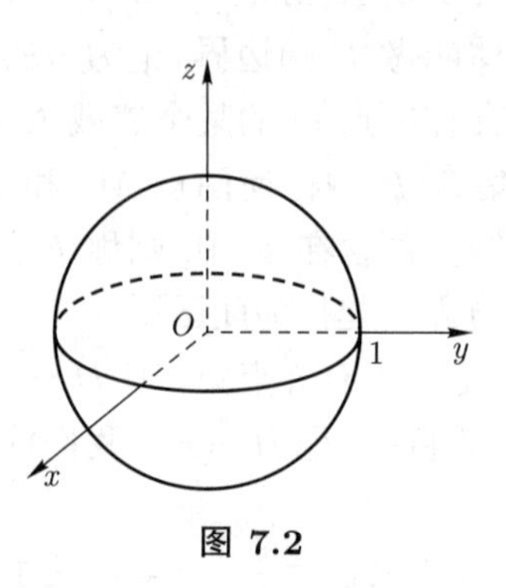

图 7.2

空间中一张曲面一般可以用一个或多个二元函数来表示. 例如函数 $f(x,y)=y^2-x^2$ 表示双曲抛物面, 函数 $f(x,y)=\dfrac{1}{3}\sqrt{36-9x^2-4y^2}$ 表示上半椭球面.

习　题　7.1

1. 确定下列函数的定义域, 指出定义域是开集还是闭集, 还是既不开也不闭? 同时指出定义域是有界集还是无界集? 并给出定义域的边界.

(1) $f(x,y)=y-x$;

(2) $f(x,y)=\sqrt{y-x}$;

(3) $f(x,y)=\dfrac{\sqrt{1-x^2-y^2}}{x+y}$;

(4) $f(x,y)=\arcsin\dfrac{x}{y^2}+\arcsin(1-y)$;

(5) $f(x,y)=\ln(1-|x|-|y|)$;

(6) $f(x,y)=\dfrac{1}{\sqrt{16-x^2-y^2}}$;

(7) $f(x,y)=\sqrt{9-x^2-y^2}$;

(8) $f(x,y)=\ln(x^2+y^2)$;

(9) $f(x,y)=\mathrm{e}^{-(x^2+y^2)}$;

(10) $u(x,y,z)=\sqrt{y^2-1}+\ln(4-x^2-y^2-z^2)$.

2. 设 $f(x,y)=\dfrac{2xy}{x^2+y^2}$, 求 $f\left(1,\dfrac{y}{x}\right)$.

3. 若 $f(x+y,x-2y)=x^2-y^2$, 求 $f(x,y)$.

4. 设 $z=y+f(x-1)$, 若当 $y=1$ 时 $z=x$, 求 $f(x)$ 及 $z=z(x,y)$.

5. 作出下列函数的图形:

(1) $z=x-y+2$;

(2) $z=\sqrt{1-x^2-y^2}$;

(3) $z=\sqrt{x^2+y^2-1}$;

(4) $z=4-x^2-y^2$.

§7.2 多元函数的极限与连续

7.2.1 多元函数的极限

我们不难将一元函数极限的定义加以推广，得到多元函数极限的定义.

定义 1 设多元函数 $f(M)$ 在点集 $D \subset \mathbb{R}^n$ 上有定义, M_0 是 D 的一个聚点, A 是一定数. 若对任意 $\varepsilon > 0$, 总存在 $\delta > 0$, 使得当 $M \in \mathring{N}(M_0, \delta) \cap E$ 时, 有

$$|f(M) - A| < \varepsilon,$$

则称 $f(M)$ 在点 M_0 有**极限** A, 记为 $\lim\limits_{M \to M_0} f(M) = A$.

习惯上, 我们把二元函数的极限称为**二重极限**, n 元函数的极限称为 n**重极限**.

例 1 证明 $\lim\limits_{(x,y)\to(0,0)} \dfrac{x^2 y}{x^2 + y^2} = 0$.

证 函数 $f(x,y) = \dfrac{x^2 y}{x^2 + y^2}$ 的定义域为 $E = \mathbb{R}^2 \backslash \{(0,0)\}$, 点 $(0,0)$ 为 E 的聚点. 由于

$$\left| \frac{x^2 y}{x^2 + y^2} \right| \leqslant |y| \leqslant \sqrt{x^2 + y^2}.$$

任给 $\varepsilon > 0$, 只需取 $\delta = \varepsilon$, 则当 $0 < \sqrt{x^2 + y^2} < \delta$, 即 $(x,y) \in \mathring{N}(O, \delta) \cap E$ 时, 有

$$\left| \frac{x^2 y}{x^2 + y^2} - 0 \right| < \varepsilon,$$

所以

$$\lim_{(x,y)\to(0,0)} \frac{x^2 y}{x^2 + y^2} = 0.$$

多元函数极限的定义在形式上与一元函数极限的定义并无多大的差异. 因此一元函数极限的有关性质（如唯一性、局部有界性、局部保号性、夹逼准则等）和四则运算法则都是可以推广到多元函数的极限中来的, 这里不再一一赘述.

但是, 在多元函数极限中由于自变量的增多, 产生了一些与一元函数本质的差异. 在一元函数极限中点 x 只能在数轴上从定点 x_0 左右趋于 x_0, 但在多元函数极限中, 趋于某点的方式可以是多种多样的. 例如, $\lim\limits_{(x,y)\to(x_0,y_0)} f(x,y) = a$ 是指当点在集合 E 中以可能的任意方式和任意路径趋于 (x_0, y_0) 时 $f(x,y)$ 都趋于同一个常数.

7.2.2 多元函数的连续

与一元函数相同, 多元函数连续的概念也是由极限给出的.

定义 2 设多元函数 $f(M)$ 的定义域为 $D \subset \mathbb{R}^n$, 点 M_0 为 D 的聚点, 且 $M_0 \in D$. 若

$$\lim_{M \to M_0} f(M) = f(M_0),$$

则称函数 $f(M)$ 在 M_0**连续**. 若 $f(M)$ 在 D 上各点都连续, 则称函数 $f(M)$ 是 D 上的**连续函数**.

如果 M_0 为 E 的聚点, 但 M_0 不是 f 的连续点, 则称 M_0 为函数 f 的**间断点**. 根据连续函数的定义和极限的运算法则可知, 多元连续函数的和、差、积均为连续函数; 在分母不为零处, 连续函数的商是连续函数; 多元连续函数的复合函数也是连续函数.

例如, $z = \sin\dfrac{1}{1-x^2-y^2}$ 是由 $\sin u$ 及 $u = \dfrac{1}{1-x^2-y^2}$ 复合而成的, 而 $\sin u$ 是连续函数, $u = \dfrac{1}{1-x^2-y^2}$ 在除圆周 $x^2+y^2=1$ 的点外的平面 $\mathbb{R}^2$ 上处处连续, 因而复合函数 $z = \sin\dfrac{1}{1-x^2-y^2}$ 在它的定义域 $D = \{(x,y) \big| x^2+y^2 \neq 1\}$ 上是连续的, 圆周 $x^2+y^2=1$ 上的点都是间断点.

例 2 求 $\displaystyle\lim_{(x,y)\to(0,1)} \frac{x-xy+3}{x^2y+5xy-y^3}$.

解 $\displaystyle\lim_{(x,y)\to(0,1)} \frac{x-xy+3}{x^2y+5xy-y^3} = \frac{3}{-1} = -3.$

例 3 求 $\displaystyle\lim_{(x,y)\to(0,0)} \frac{x^2-xy}{\sqrt{x}-\sqrt{y}}$.

解

$$\begin{aligned}\lim_{(x,y)\to(0,0)} \frac{x^2-xy}{\sqrt{x}-\sqrt{y}} &= \lim_{(x,y)\to(0,0)} \frac{(x^2-xy)(\sqrt{x}+\sqrt{y})}{(\sqrt{x}-\sqrt{y})(\sqrt{x}+\sqrt{y})} \\ &= \lim_{(x,y)\to(0,0)} \frac{x(x-y)(\sqrt{x}+\sqrt{y})}{x-y} \\ &= \lim_{(x,y)\to(0,0)} x(\sqrt{x}+\sqrt{y}) = 0.\end{aligned}$$

对于二元函数极限, 特别是趋近于原点的极限, 可以采用极坐标变换的方式. 令 $x = \rho\cos\varphi, y = \rho\sin\varphi$. 由于 $(x,y) \to (0,0)$ 等价于 $\rho = \sqrt{x^2+y^2} \to 0^+$, 故二元函数的极限可以转化为一元函数 ρ 的极限.

例 4 如果下列极限存在, 求极限值; 如果不存在, 说明原因:

(1) $\displaystyle\lim_{(x,y)\to(0,0)} \frac{\sin(x^2+y^2)}{3x^2+3y^2}$;　　(2) $\displaystyle\lim_{(x,y)\to(0,0)} \frac{x^2}{x^2+y^2}$.

解 (1) 由极坐标变换得

$$\lim_{(x,y)\to(0,0)} \frac{\sin(x^2+y^2)}{3x^2+3y^2} = \lim_{\rho\to 0^+} \frac{\sin\rho^2}{3\rho^2} = \frac{1}{3}.$$

(2) 由极坐标变换得

$$\frac{x^2}{x^2+y^2} = \frac{\rho^2\cos^2\varphi}{\rho^2} = \cos^2\varphi.$$

由于 ρ 趋于零时, $\cos^2\varphi$ 取值在 0 和 1 之间变动, 所以极限 $\displaystyle\lim_{(x,y)\to(0,0)} \frac{x^2}{x^2+y^2}$ 不存在.

若函数在某点的极限存在, 则沿任一条曲线趋于该点时, 函数都无限接近于该点处极限; 反之, 若沿不同的曲线趋于某点时, 相应的函数值趋于不同的数值, 那么就可断定函数在该点的极限不存在.

定理 1 如果二元函数 $f(x,y)$ 沿两条不同的曲线趋近 (x_0,y_0) 时极限值不相同, 则极限 $\lim\limits_{(x,y)\to(x_0,y_0)} f(x,y)$ 不存在.

例 5 讨论二元函数

$$f(x,y)=\frac{2x^2y}{x^4+y^2}$$

当 (x,y) 趋于 $(0,0)$ 时极限是否存在.

解 当 (x,y) 沿着经过原点的曲线 $y=kx^2$ 趋于 $(0,0)$ 时,

$$f(x,y)\,|_{y=kx^2}=\left.\frac{2x^2y}{x^4+y^2}\right|_{y=kx^2}=\frac{2x^2(kx^2)}{x^4+(kx^2)^2}=\frac{2kx^4}{x^4+k^2x^4}=\frac{2k}{1+k^2}.$$

因此,

$$\lim_{x\to0} f(x,kx^2)=\frac{2k}{1+k^2}.$$

即极限值随着 k 的不同而不同, 比如当 (x,y) 沿着曲线 $y=x^2$ 趋于 $(0,0)$ 时, 极限为 1; 当 (x,y) 沿着 x 轴趋于 $(0,0)$ 时, 极限为 0. 因此二重极限 $\lim\limits_{(x,y)\to(0,0)} f(x,y)$ 不存在.

有界闭区域上的连续函数也有类似于闭区间上的一元连续函数的性质.

设 f 在有界闭区域 D 上连续, 则

(1) **(有界性定理)** f 在 D 上有界;

(2) **(最大值–最小值定理)** f 在 D 上必定取得最大值和最小值.

其他性质不再赘述.

习 题 7.2

1\. 用定义证明 $\lim\limits_{(x,y)\to(0,0)}(x^2+y^2)\sin\dfrac{1}{x^2+y^2}=0$.

2\. 证明下列函数当 $(x,y)\to(0,0)$ 时极限不存在:

(1) $\dfrac{x-y}{x+y}$; (2) $\dfrac{xy}{|xy|}$; (3) $\dfrac{x^2-y^2}{x^2+y^2}$;

(4) $\dfrac{x^2y^4}{(x^2+y^4)^3}$; (5) $\dfrac{x^2}{x^2+y^2-x}$; (6) $\dfrac{xy}{x+y}$.

3\. 设 $\lim\limits_{M\to M_0} f(M)=0$, 且 $g(M)$ 在 M_0 的某一去心邻域内有界, 证明 $\lim\limits_{M\to M_0} f(M)g(M)=0$. 并求:

(1) $\lim\limits_{(x,y)\to(0,0)}(x+y)\sin\dfrac{1}{x}\sin\dfrac{1}{y}$; (2) $\lim\limits_{(x,y)\to(0,0)}\dfrac{xy^2}{x^2+y^2}$.

4\. 设在 M_0 的某一去心邻域内有 $g(M)\leqslant f(M)\leqslant h(M)$ 且 $\lim\limits_{M\to M_0} g(M)=\lim\limits_{M\to M_0} h(M)=A$,

证明 $\lim\limits_{M\to M_0} f(M)=A$, 并求 $\lim\limits_{(x,y)\to(0,0)}(x^2+y^2)^{xy}$.

5. 求下列极限:

(1) $\lim\limits_{(x,y)\to(0,0)}\dfrac{\mathrm{e}^{xy}\cos y}{1+x+y}$;

(2) $\lim\limits_{(x,y)\to(0,0)}\dfrac{x^2+y^2}{\sqrt{x^2+y^2+1}-1}$;

(3) $\lim\limits_{(x,y)\to(0,0)}\dfrac{\sin(x^2+y^2)}{\ln(1+x^2+y^2)}$;

(4) $\lim\limits_{(x,y)\to(0,0)}\dfrac{x^2+y^2}{|x|+|y|}$;

(5) $\lim\limits_{(x,y)\to(1,0)}\dfrac{\ln(x+\mathrm{e}^y)}{\sqrt{x^2+y^2}}$;

(6) $\lim\limits_{(x,y)\to(0,4)}\dfrac{\sin(xy)}{x}$;

(7) $\lim\limits_{(x,y)\to(+\infty,+\infty)}(x^2+y^2)^{-(x+y)}$;

(8) $\lim\limits_{(x,y)\to(0,0)}(x+y)\ln(x^2+y^2)$.

6. 设 $f(x,y)=\begin{cases}\dfrac{x^2y}{x^4+y^2}, & x^2+y^2\neq 0,\\ 0, & x^2+y^2=0,\end{cases}$ 证明: f 在除了 $(0,0)$ 以外的 $\mathbb{R}^2$ 其他点上都连续.

7. 求下列函数的间断点:

(1) $f(x,y)=\dfrac{x+y}{x-y}$;

(2) $f(x,y)=\dfrac{y}{x^2+1}$;

(3) $f(x,y)=\begin{cases}xy\sin\dfrac{1}{y}, & y\neq 0,\\ 0, & y=0;\end{cases}$

(4) $f(x,y)=\begin{cases}\dfrac{\sin xy}{x^2+y^2}, & x^2+y^2\neq 0,\\ 0, & x^2+y^2=0;\end{cases}$

(5) $f(x,y)=\begin{cases}\dfrac{x}{y^2}\mathrm{e}^{-\frac{x^2}{y^2}}, & y\neq 0,\\ 0, & y=0.\end{cases}$

8. 定义 $f(0,0)$ 使得函数 $f(x,y)=xy\dfrac{x^2-y^2}{x^2+y^2}$ 连续.

§7.3 偏 导 数

对于多元函数, 考虑函数对于某一个自变量的变化率, 即让其中一个变量变化, 而其余变量保持不变的情况下, 考虑函数对于该自变量的变化率.

定义 1 设 $z=f(x,y)$ 在点 $M_0(x_0,y_0)$ 的某一邻域内有定义. 若极限

$$\lim_{\Delta x\to 0}\frac{f(x_0+\Delta x,y_0)-f(x_0,y_0)}{\Delta x}$$

存在, 则称这个极限值为函数 $z=f(x,y)$ 在 M_0 处**对 x 的偏导数**, 记作 $\left.\dfrac{\partial z}{\partial x}\right|_{(x_0,y_0)}$ 或 $f_x(x_0,y_0)$.

类似也可以给出对 y 的偏导数.

定义 2 设 $z=f(x,y)$ 在点 $M_0(x_0,y_0)$ 的某一邻域内有定义. 若极限

$$\lim_{\Delta y\to 0}\frac{f(x_0,y_0+\Delta y)-f(x_0,y_0)}{\Delta y}$$

存在, 则称这个极限值为函数 $z=f(x,y)$ 在 M_0 处**对 y 的偏导数**, 记作 $\left.\dfrac{\partial z}{\partial y}\right|_{(x_0,y_0)}$ 或 $f_y(x_0,y_0)$.

从偏导数的定义可以看出, 求 $f_x(x_0,y_0)$ 是在二元函数 $f(x,y)$ 中把自变量 y 固定为 y_0, 对一元函数 $f(x,y_0)$ 在 $x=x_0$ 处求的导数; $f_y(x_0,y_0)$ 是在 $f(x,y)$ 中把自变量 x 暂时固定为 x_0, 对一元函数 $f(x_0,y)$ 在 $y=y_0$ 处求的导数. 由以上分析可知, 可以用一元函数的求导数的方法来求二元函数的偏导数.

偏导数的概念还可以推广到二元以上的函数, 其求法也仍旧可以用一元函数的求导的方法.

例 1 $z=x^2+3xy+y^2$, 求 $\dfrac{\partial z}{\partial x},\dfrac{\partial z}{\partial y}$ 和 $\left.\dfrac{\partial z}{\partial x}\right|_{(1,2)}$.

解

$$\frac{\partial z}{\partial x}=2x+3y,\qquad \frac{\partial z}{\partial y}=3x+2y,$$

$$\left.\frac{\partial z}{\partial x}\right|_{(1,2)}=(2x+3y)\Big|_{(1,2)}=2\cdot 1+3\cdot 2=8.$$

例 2 求 $u=\sqrt{x^2+y^2+z^2}$ 的偏导数.

解

$$\frac{\partial u}{\partial x}=\frac{1}{2\sqrt{x^2+y^2+z^2}}\cdot 2x=\frac{x}{\sqrt{x^2+y^2+z^2}},$$

同理

$$\frac{\partial u}{\partial y}=\frac{y}{\sqrt{x^2+y^2+z^2}},\quad \frac{\partial u}{\partial z}=\frac{z}{\sqrt{x^2+y^2+z^2}}.$$

例 3 热力学中理想气体状态方程是

$$pV=RT,$$

其中 R 是常数, 求 $\dfrac{\partial p}{\partial V}\cdot\dfrac{\partial V}{\partial T}\cdot\dfrac{\partial T}{\partial p}$.

解

$$\frac{\partial p}{\partial V}=\frac{\partial}{\partial V}\left(\frac{RT}{V}\right)=-\frac{RT}{V^2},$$

$$\frac{\partial V}{\partial T}=\frac{\partial}{\partial T}\left(\frac{RT}{p}\right)=\frac{R}{p},\quad \frac{\partial T}{\partial p}=\frac{\partial}{\partial p}\left(\frac{pV}{R}\right)=\frac{V}{R},$$

故得

$$\frac{\partial p}{\partial V}\cdot\frac{\partial V}{\partial T}\cdot\frac{\partial T}{\partial p}=-1.$$

从例 3 不难说明偏导数的记号 $\dfrac{\partial z}{\partial x},\dfrac{\partial z}{\partial y}$ 是一个整体记号, 不能像一元函数的导数 $\dfrac{\mathrm{d}y}{\mathrm{d}x}$ 那样看成分子与分母之商, 否则会导致运算上的错误, 如例 3 就会得出等于 1 的错误结果.

还有一点值得注意, 在一元函数中, 若函数在某点可导, 则它在该点必定连续, 而这个结论对多元函数来说却不一定成立, 请看下例.

例 4 设

$$f(x,y)=\begin{cases}\dfrac{xy}{x^2+y^2}, & x^2+y^2\neq 0,\\ 0, & x^2+y^2=0,\end{cases}$$

求 $f(x,y)$ 在 $(0,0)$ 处的偏导数并讨论函数 f 在 $(0,0)$ 处的连续性.

解 由 $f(x,y)$ 在 $(0,0)$ 处的偏导数定义, 可以得到

$$f_x(0,0)=\lim_{\Delta x\to 0}\frac{f(0+\Delta x,0)-f(0,0)}{\Delta x}=\lim_{\Delta x\to 0}\frac{0}{\Delta x}=0$$

和

$$f_y(0,0)=\lim_{\Delta y\to 0}\frac{f(0,0+\Delta y)-f(0,0)}{\Delta y}=\lim_{\Delta y\to 0}\frac{0}{\Delta y}=0.$$

当 (x,y) 沿直线 $y=mx$ 趋于原点时,

$$\lim_{\substack{x\to 0\\ y=mx}}f(x,y)=\lim_{x\to 0}\frac{mx^2}{x^2+m^2x^2}=\frac{m}{1+m^2},$$

故 $f(x,y)$ 在 $(0,0)$ 处的极限不存在, 因而 $f(x,y)$ 在 $(0,0)$ 处不连续.

7.3.1 偏导数的几何意义

因为偏导数 $f_x(x_0,y_0)$ 等于一元函数 $f(x,y_0)$ 在 x_0 处的导数, 偏导数 $f_y(x_0,y_0)$ 等于一元函数 $f(x_0,y)$ 在 y_0 处的导数, 所以由一元函数导数的几何意义, 我们可以得到偏导数的几何意义.

设 $M_0(x_0,y_0,f(x_0,y_0))$ 是曲面 $z=f(x,y)$ 上一点, 过 M_0 作平面 $y=y_0$, 截此曲面得一曲线

$$\Gamma_1:\quad\begin{cases}z=f(x,y),\\ y=y_0,\end{cases}$$

所以偏导数 $f_x(x_0,y_0)$ 在几何上表示曲线 Γ_1 在 M_0 处的切线 Γ_x 对 x 轴的斜率（图 7.3）.

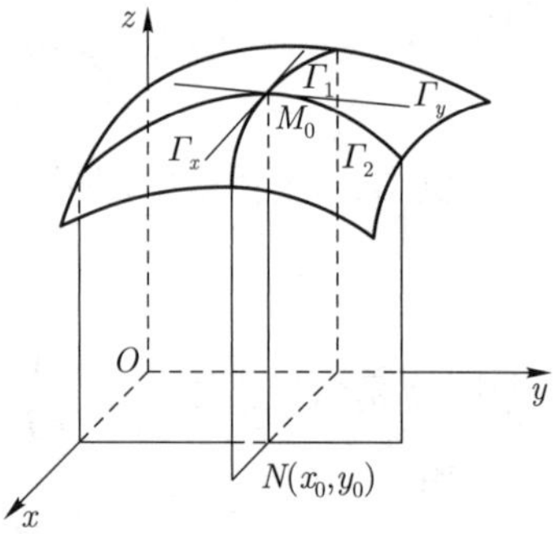

图 7.3

同理, $f_y(x_0,y_0)$ 是平面 $x=x_0$ 与曲面 $z=f(x,y)$ 的交线 $\Gamma_2:\begin{cases}z=f(x,y),\\ x=x_0\end{cases}$ 在 M_0 处的切线 Γ_y 对 y 轴的斜率.

7.3.2 高阶偏导数

设函数 $z=f(x,y)$ 在区域 D 内处处存在偏导数 $f_x(x,y)$ 与 $f_y(x,y)$, 一般来说, 它们仍旧是 x,y 的函数, 如果这两个偏导函数关于 x,y 的偏导数也存在, 就称它们的偏导数是函数 $z=f(x,y)$

的**二阶偏导数**, 分别记为

$$\frac{\partial}{\partial x}\left(\frac{\partial z}{\partial x}\right)=\frac{\partial^2 z}{\partial x^2}=f_{xx}(x,y),\qquad \frac{\partial}{\partial y}\left(\frac{\partial z}{\partial x}\right)=\frac{\partial^2 z}{\partial y\partial x}=f_{xy}(x,y),$$
$$\frac{\partial}{\partial x}\left(\frac{\partial z}{\partial y}\right)=\frac{\partial^2 z}{\partial x\partial y}=f_{yx}(x,y),\qquad \frac{\partial}{\partial y}\left(\frac{\partial z}{\partial y}\right)=\frac{\partial^2 z}{\partial y^2}=f_{yy}(x,y).$$

如果二阶偏导数的偏导数存在, 就称它们是函数 f 的**三阶偏导数**, 例如,

$$\frac{\partial}{\partial x}\left(\frac{\partial^2 z}{\partial x\partial y}\right)=\frac{\partial^3 z}{\partial x\partial x\partial y},\quad \frac{\partial}{\partial y}\left(\frac{\partial^2 z}{\partial x^2}\right)=\frac{\partial^3 z}{\partial y\partial x^2}.$$

类似地, 我们可以定义四阶、五阶 …… 以及 n 阶偏导数. 二阶及二阶以上的偏导数统称为**高阶偏导数**. 如果高阶偏导数中既有对 x 又有对 y 的偏导数, 则此高阶偏导数称为**混合偏导数**, 例如,

$$\frac{\partial^2 z}{\partial x\partial y},\quad \frac{\partial^2 z}{\partial y\partial x}.$$

例 5 求下列函数的二阶偏导数:

(1) $z=f(x,y)=x^3y^2-3x^2y^3-xy^2+2$; (2) $z=f(x,y)=x\mathrm{e}^x\sin y$.

解 (1) $\dfrac{\partial z}{\partial x}=3x^2y^2-6xy^3-y^2$, $\dfrac{\partial z}{\partial y}=2x^3y-9x^2y^2-2xy$,

$$\frac{\partial^2 z}{\partial x^2}=6xy^2-6y^3,\qquad \frac{\partial^2 z}{\partial y\partial x}=6x^2y-18xy^2-2y,$$
$$\frac{\partial^2 z}{\partial x\partial y}=6x^2y-18xy^2-2y,\quad \frac{\partial^2 z}{\partial y^2}=2x^3-18x^2y-2x.$$

(2) $\dfrac{\partial z}{\partial x}=x\mathrm{e}^x\sin y+\mathrm{e}^x\sin y=(x+1)\mathrm{e}^x\sin y$,

$$\frac{\partial z}{\partial y}=x\mathrm{e}^x\cos y,$$
$$\frac{\partial^2 z}{\partial x^2}=\mathrm{e}^x\sin y+(x+1)\mathrm{e}^x\sin y=(x+2)\mathrm{e}^x\sin y,$$
$$\frac{\partial^2 z}{\partial y\partial x}=(x+1)\mathrm{e}^x\cos y,$$
$$\frac{\partial^2 z}{\partial x\partial y}=x\mathrm{e}^x\cos y+\mathrm{e}^x\cos y=(x+1)\mathrm{e}^x\cos y,$$
$$\frac{\partial^2 z}{\partial y^2}=-x\mathrm{e}^x\sin y.$$

从例 5 看出, 这两个函数关于 x,y 的两个二阶混合偏导数相等, 但这个结论并非对任意函数都成立, 看下面的例子:

例 6 设

$$f(x,y)=\begin{cases} xy\dfrac{x^2-y^2}{x^2+y^2}, & x^2+y^2\neq 0,\\ 0, & x^2+y^2=0,\end{cases}$$

求 $f_{yx}(0,0)$ 及 $f_{xy}(0,0)$.

解

$$f_x(0,0)=\lim_{\Delta x\to 0}\frac{f(0+\Delta x,0)-f(0,0)}{\Delta x}=\lim_{\Delta x\to 0}\frac{0-0}{\Delta x}=0,$$
$$f_y(0,0)=\lim_{\Delta y\to 0}\frac{f(0,0+\Delta y)-f(0,0)}{\Delta y}=\lim_{\Delta y\to 0}\frac{0-0}{\Delta y}=0.$$

当 $x^2+y^2\neq 0$ 时

$$f_x(x,y)=y\frac{x^4+4x^2y^2-y^4}{(x^2+y^2)^2},\quad f_y(x,y)=x\frac{x^4-4x^2y^2-y^4}{(x^2+y^2)^2},$$

则

$$\begin{aligned}f_{yx}(0,0)&=\lim_{\Delta x\to 0}\frac{f_y(0+\Delta x,0)-f_y(0,0)}{\Delta x}\\&=\lim_{\Delta x\to 0}\frac{\Delta x\frac{(\Delta x)^4-0}{(\Delta x)^4}}{\Delta x}=1,\\f_{xy}(0,0)&=\lim_{\Delta y\to 0}\frac{f_x(0,0+\Delta y)-f_x(0,0)}{\Delta y}\\&=\lim_{\Delta y\to 0}\frac{\Delta y\frac{0-(\Delta y)^4}{(\Delta y)^4}}{\Delta y}=-1.\end{aligned}$$

例 6 表明混合偏导数并不一定相等, 与求偏导数的次序有关, 那么在什么条件下, 二阶混合偏导数与求偏导数的次序无关呢?

定理 1 设函数 $f(x,y)$ 在点 (x_0,y_0) 的某个邻域内存在偏导数 $f_{xy}(x,y), f_{yx}(x,y)$, 且它们在点 (x_0,y_0) 处连续, 则有

$$f_{xy}(x_0,y_0)=f_{yx}(x_0,y_0).$$

证 考虑

$$I=\frac{[f(x_0+\Delta x,y_0+\Delta y)-f(x_0+\Delta x,y_0)]-[f(x_0,y_0+\Delta y)-f(x_0,y_0)]}{\Delta x\Delta y},$$

令

$$\varphi(x)=f(x,y_0+\Delta y)-f(x,y_0),\quad \psi(y)=f(x_0+\Delta x,y)-f(x_0,y),$$

由一元函数微分中值定理得

$$\begin{aligned}I&=\frac{\varphi(x_0+\Delta x)-\varphi(x_0)}{\Delta x\Delta y}=\frac{\varphi'(x_0+\alpha_1\Delta x)\Delta x}{\Delta x\Delta y}\\&=\frac{f_x(x_0+\alpha_1\Delta x,y_0+\Delta y)-f_x(x_0+\alpha_1\Delta x,y_0)}{\Delta y}\\&=f_{xy}(x_0+\alpha_1\Delta x,y_0+\alpha_2\Delta y)\qquad(0<\alpha_1,\alpha_2<1),\end{aligned}$$

另一方面, 再用一元函数微分中值定理得

$$
\begin{aligned}
I &= \frac{\psi(y_0+\Delta y)-\psi(y_0)}{\Delta x\Delta y} = \frac{\psi'(y_0+\alpha_3\Delta y)\Delta y}{\Delta x\Delta y} \\
&= \frac{f_y(x_0+\Delta x, y_0+\alpha_3\Delta y)-f_y(x_0, y_0+\alpha_3\Delta y)}{\Delta x} \\
&= f_{yx}(x_0+\alpha_4\Delta x, y_0+\alpha_3\Delta y) \qquad (0<\alpha_3,\alpha_4<1),
\end{aligned}
$$

于是

$$
f_{xy}(x_0+\alpha_1\Delta x, y_0+\alpha_2\Delta y) = f_{yx}(x_0+\alpha_4\Delta x, y_0+\alpha_3\Delta y).
$$

由于 $f_{xy}(x,y), f_{yx}(x,y)$ 在点 (x_0,y_0) 连续, 上式两边令 $(\Delta x,\Delta y)\to(0,0)$ 取极限, 则得

$$
\begin{aligned}
f_{xy}(x_0,y_0) &= \lim_{(\Delta x,\Delta y)\to(0,0)} f_{xy}(x_0+\alpha_1\Delta x, y_0+\alpha_2\Delta y) \\
&= \lim_{(\Delta x,\Delta y)\to(0,0)} f_{yx}(x_0+\alpha_4\Delta x, y_0+\alpha_3\Delta y) \\
&= f_{yx}(x_0,y_0).
\end{aligned}
$$

定理 1 可相应地推广到二阶以上的混合偏导数以及二元以上函数的情形.

习　题　7.3

1. 求下列函数的偏导数:

(1) $z=x^2\ln(x^2+y^2)$;　　(2) $z=xy+\dfrac{x}{y}$;

(3) $z=\arctan\dfrac{x}{y}$;　　(4) $z=\mathrm{e}^{-\frac{x}{y}}$;

(5) $z=\mathrm{e}^{xy}\sin y$;　　(6) $z=\sin\dfrac{x}{y}\cos\dfrac{y}{x}$;

(7) $z=\ln(x+\sqrt{x^2+y^2})$;　　(8) $z=x\sqrt{y}+\dfrac{y}{\sqrt[3]{x}}$;

(9) $z=\arcsin y\sqrt{x}$;　　(10) $z=\mathrm{e}^{\varphi-\theta}\cos(\theta+\varphi)$.

2. 求下列函数的偏导数:

(1) $u=x^2+y^2+z^2+2xy+2yz$;　　(2) $u=\dfrac{1}{\sqrt{x^2+y^2+z^2}}$;

(3) $u=\mathrm{e}^{x(x^2+y^2+z^2)}$;　　(4) $u=\sin(x^2+y^2+z^2)$;

(5) $u=x^{y^z}$.

3. 求下列函数在指定点处的偏导数:

(1) $f(x,y)=\mathrm{e}^{3x}\ln(2y)$, 求 $f_x(0,1), f_y(0,\mathrm{e}^{-2})$;

(2) $f(x,y)=\arcsin x^2+y$, 求 $f_x\left(\dfrac{1}{2},\dfrac{1}{2}\right), f_y\left(\dfrac{1}{2},0\right)$;

(3) $f(x,y,z)=\sqrt{\sin^2 x+\sin^2 y+\sin^2 z}$, 求 $f_z\left(0,0,\dfrac{\pi}{4}\right)$.

4. 求曲线

$$\begin{cases} z = \dfrac{1}{4}(x^2+y^2), \\ y = 4 \end{cases}$$

在点 $(2,4,5)$ 处的切线与 x 轴正向所成的倾角.

5. 求下列函数的二阶偏导数:

(1) $z = \arcsin(xy)$; (2) $z = y^{\ln x}$;

(3) $z = x\sin(x+y)$; (4) $z = \ln(x+y^2)$.

6. 验证:

(1) $y = \mathrm{e}^{-ka^2t}\sin ax$ 满足方程 $\dfrac{\partial y}{\partial t} = k\dfrac{\partial^2 y}{\partial x^2}$;

(2) $u = \dfrac{1}{2a\sqrt{\pi t}}\mathrm{e}^{-\frac{(x-b)^2}{4a^2t}}$ 满足方程 $\dfrac{\partial u}{\partial t} = a^2\dfrac{\partial^2 u}{\partial x^2}$;

(3) $u = \ln\sqrt{(x-a)^2+(y-b)^2}$ 满足方程 $\dfrac{\partial^2 u}{\partial x^2} + \dfrac{\partial^2 u}{\partial y^2} = 0$;

(4) $r = \sqrt{x^2+y^2+z^2}$ 满足方程 $\dfrac{\partial^2 r}{\partial x^2} + \dfrac{\partial^2 r}{\partial y^2} + \dfrac{\partial^2 r}{\partial z^2} = \dfrac{2}{r}$;

(5) $u = z\arctan\dfrac{x}{y}$ 满足方程 $\dfrac{\partial^2 u}{\partial x^2} + \dfrac{\partial^2 u}{\partial y^2} + \dfrac{\partial^2 u}{\partial z^2} = 0$.

7. 设 $f(x,y) = \begin{cases} x^2+y^2, & xy = 0, \\ 1, & xy \neq 0, \end{cases}$ 求 $f(x,y)$ 在 $(0,0)$ 处的偏导数, 并讨论函数 f 在 $(0,0)$ 处的连续性.

8. 证明 $z = \sqrt{x^2+y^2}$ 在 $(0,0)$ 点连续, 但是在 $(0,0)$ 偏导数不存在.

9. 设

$$f(x,y) = \begin{cases} x\sin\dfrac{1}{x^2+y^2}, & x^2+y^2 \neq 0, \\ 0, & x^2+y^2 = 0, \end{cases}$$

讨论 f 在原点的偏导数.

§7.4 全 微 分

对于多元函数我们也可以定义和一元函数同样的微分概念. 首先, 我们来看一个例子.

设有一个长方体, 其长、宽、高分别为 a, b, c, 若长、宽、高分别改变 $\Delta a, \Delta b, \Delta c$, 试问其体积改变了多少?

若记体积的改变量为 ΔV, 则有

$$\Delta V = (bc\Delta a + ac\Delta b + ab\Delta c) + (a\Delta b\Delta c + b\Delta a\Delta c + c\Delta a\Delta b + \Delta a\Delta b\Delta c).$$

即体积改变量 ΔV 可以分成两部分, 一部分是自变量改变量的线性部分: $bc\Delta a + ac\Delta b + ab\Delta c$; 而其余部分则满足条件

$$\lim_{(\Delta a,\Delta b,\Delta c)\to(0,0,0)} \frac{a\Delta b\Delta c + b\Delta a\Delta c + c\Delta a\Delta b + \Delta a\Delta b\Delta c}{\sqrt{(\Delta a)^2 + (\Delta b)^2 + (\Delta c)^2}} = 0.$$

将这个结果推广到一般的多元函数, 就会得到函数的可微性及其全微分的概念. 本节定义与定理不难推广到 n 元函数 $u = f(M) = f(x_1, x_2, \cdots, x_n)$. 下面以二元函数为例讨论.

定义 1 设二元函数 $z = f(x,y)$ 在 $M_0(x_0,y_0)$ 的某个邻域 $N(M_0)$ 中有定义, 自变量的改变量分别为 $\Delta x, \Delta y$, 且 $(x_0+\Delta x, y_0+\Delta y) \in N(M_0)$. 若函数在点 M_0 的改变量

$$\Delta z = f(x_0+\Delta x, y_0+\Delta y) - f(x_0,y_0)$$

可以表示为

$$\Delta z = \alpha\Delta x + \beta\Delta y + o(\sqrt{(\Delta x)^2 + (\Delta y)^2}), \tag{7.4.1}$$

则称函数 $z = f(x,y)$ 在点 M_0 处可微, 称 $\alpha\Delta x + \beta\Delta y$ 为函数 $z = f(x,y)$ 在 M_0 处的**全微分**, 记作 $\mathrm{d}z|_{M_0}$ 或 $\mathrm{d}f(M_0)$, 即

$$\mathrm{d}z|_{M_0} = \alpha\Delta x + \beta\Delta y.$$

若记 $\Delta x = \mathrm{d}x$ 和 $\Delta y = \mathrm{d}y$, 上式也可表示为

$$\mathrm{d}z|_{M_0} = \alpha\mathrm{d}x + \beta\mathrm{d}y.$$

我们知道, 若一元函数 $y = f(x)$ 在 x_0 处可微, 则 $\mathrm{d}f(x_0) = f'(x_0)\mathrm{d}x$. 对于二元函数 $z = f(x,y)$, 若它在点 (x_0,y_0) 处可微, α 和 β 应等于什么呢?

定理 1 如果函数 $z = f(x,y)$ 在点 $M_0(x_0,y_0)$ 处可微, 则

(1) f 在点 $M_0(x_0,y_0)$ 处连续;

(2) f 在点 $M_0(x_0,y_0)$ 处的偏导数都存在, 且

$$\alpha = f_x(x_0,y_0), \quad \beta = f_y(x_0,y_0).$$

证 由于函数 $z = f(x,y)$ 在点 $M_0(x_0,y_0)$ 处可微, 则 (7.4.1) 成立. 令 $\Delta z = f(x,y) - f(x_0,y_0)$, 则有

$$f(x,y) = f(x_0,y_0) + \alpha\Delta x + \beta\Delta y + o(\sqrt{(\Delta x)^2 + (\Delta y)^2}).$$

当 Δx, Δy 同时趋于 0 时, 上式右端趋于 $f(x_0,y_0)$. 这说明 $f(x,y)$ 在点 $M_0(x_0,y_0)$ 处连续.

式 (7.4.1) 中令 $\Delta y = 0$, 则

$$\Delta z = f(x_0+\Delta x, y_0) - f(x_0,y_0) = \alpha\Delta x + o(|\Delta x|),$$

从而

$$\lim_{\Delta x\to 0} \frac{f(x_0+\Delta x, y_0) - f(x_0,y_0)}{\Delta x} = \lim_{\Delta x\to 0} \frac{\alpha\Delta x + o(|\Delta x|)}{\Delta x} = \alpha$$

故 $f_x(x_0,y_0)$ 存在, 且 $\alpha=f_x(x_0,y_0)$. 同理可得 $f_y(x_0,y_0)$ 存在, 且 $\beta=f_y(x_0,y_0)$.

定理 1 表明函数 f 在点 (x_0,y_0) 处的全微分又可写为

$$\mathrm{d}z|_{(x_0,y_0)}=f_x(x_0,y_0)\mathrm{d}x+f_y(x_0,y_0)\mathrm{d}y.$$

定理 1 说明, 若函数可微, 则它的偏导数一定存在, 但反过来却不一定成立.

例 1 设

$$f(x,y)=\begin{cases}\dfrac{xy}{\sqrt{x^2+y^2}}, & x^2+y^2\neq 0,\\ 0, & x^2+y^2=0,\end{cases}$$

证明 f 在 $(0,0)$ 处的偏导数存在, 但是 f 在 $(0,0)$ 处不可微.

证 由于

$$f_x(0,0)=\lim_{\Delta x\to 0}\frac{f(0+\Delta x,0)-f(0,0)}{\Delta x}=\lim_{\Delta x\to 0}\frac{0-0}{\Delta x}=0,$$

故 $f_x(0,0)=0$. 类似可得 $f_y(0,0)=0$. 因而在 $(0,0)$ 处

$$f(0+\Delta x,0+\Delta y)-f(0,0)-[f_x(0,0)\Delta x+f_y(0,0)\Delta y]=f(\Delta x,\Delta y)=\frac{\Delta x\Delta y}{\sqrt{(\Delta x)^2+(\Delta y)^2}},$$

但是 $\lim\limits_{(\Delta x,\Delta y)\to(0,0)}\dfrac{\Delta x\Delta y}{(\Delta x)^2+(\Delta y)^2}$ 不存在, 故 $f(x,y)$ 在 $(0,0)$ 处不可微.

例 1 说明, 函数在一点的偏导数存在, 但函数在该点却不一定可微. 下面我们给出函数可微的一个充分条件.

定理 2 设函数 $f(x,y)$ 的偏导数 f_x 和 f_y 在点 $M_0(x_0,y_0)$ 的某一邻域内存在, 且偏导数在点 M_0 连续, 则函数 f 在点 M_0 可微.

证 根据一元函数的微分中值定理, 可得

$$\begin{aligned}&f(x_0+\Delta x,y_0+\Delta y)-f(x_0,y_0)\\=&[f(x_0+\Delta x,y_0+\Delta y)-f(x_0,y_0+\Delta y)]+[f(x_0,y_0+\Delta y)-f(x_0,y_0)]\\=&f_x(x_0+\theta_1\Delta x,y_0+\Delta y)\Delta x+f_y(x_0,y_0+\theta_2\Delta y)\Delta y\qquad(0<\theta_1,\theta_2<1),\end{aligned}$$

因为 f_x 和 f_y 在点 $M_0(x_0,y_0)$ 连续, 所以

$$f_x(x_0+\theta_1\Delta x,y_0+\Delta y)=f_x(x_0,y_0)+\alpha,$$
$$f_y(x_0,y_0+\theta_2\Delta y)=f_y(x_0,y_0)+\beta,$$

其中 α 和 β 是 $(\Delta x,\Delta y)\to(0,0)$ 时的无穷小量, 且

$$0\leqslant\frac{|\alpha\Delta x+\beta\Delta y|}{\sqrt{(\Delta x)^2+(\Delta y)^2}}\leqslant\sqrt{\alpha^2+\beta^2},$$

则

$$\lim_{(\Delta x,\Delta y)\to(0,0)}\frac{|\alpha\Delta x+\beta\Delta y|}{\sqrt{(\Delta x)^2+(\Delta y)^2}}=0.$$

故当 $(\Delta x,\Delta y)\to(0,0)$ 时, 有 $\alpha\Delta x+\beta\Delta y=o(\sqrt{(\Delta x)^2+(\Delta y)^2})$. 由全微分定义, $f(x,y)$ 在点 M_0 处可微.

例 2 求 $f(x,y)=x\sin(x+y)$ 的全微分.

解 $f_x(x,y)=\sin(x+y)+x\cos(x+y),\qquad f_y(x,y)=x\cos(x+y).$
易见 f_x,f_y 连续, 所以由定理 2, f 可微且

$$\mathrm{d}f=[\sin(x+y)+x\cos(x+y)]\mathrm{d}x+x\cos(x+y)\mathrm{d}y.$$

例 3 求 $u=xy^2+yz^2+zx^2$ 在点 $(1,-1,1)$ 处的全微分.

解

$$\begin{aligned}\frac{\partial u}{\partial x}\Big|_{(1,-1,1)}&=(y^2+2zx)\Big|_{(1,-1,1)}=3,\\ \frac{\partial u}{\partial y}\Big|_{(1,-1,1)}&=(2xy+z^2)\Big|_{(1,-1,1)}=-1,\\ \frac{\partial u}{\partial z}\Big|_{(1,-1,1)}&=(2yz+x^2)\Big|_{(1,-1,1)}=-1,\end{aligned}$$

由于偏导数连续, 所以全微分存在且

$$\mathrm{d}u=3\mathrm{d}x-\mathrm{d}y-\mathrm{d}z.$$

当 f 在 (x_0,y_0) 可微时, 称线性函数

$$L(x,y)=f(x_0,y_0)+f_x(x_0,y_0)(x-x_0)+f_y(x_0,y_0)(y-y_0)\tag{7.4.2}$$

为 f 在点 (x_0,y_0) 邻域内的**线性逼近**, 记作 $f(x,y)\approx L(x,y)$. 这是将一个非线性函数的**局部线性化**.

例 4 求函数

$$f(x,y)=x^2-xy+\frac{1}{2}y^2+3$$

在 $(3,2)$ 附近的局部线性化.

解

$$\begin{aligned}f(3,2)&=(x^2-xy+\frac{1}{2}y^2+3)\Big|_{(3,2)}=8,\\ f_x(3,2)&=\frac{\partial}{\partial x}(x^2-xy+\frac{1}{2}y^2+3)\Big|_{(3,2)}=(2x-y)\Big|_{(3,2)}=4,\\ f_y(3,2)&=\frac{\partial}{\partial y}(x^2-xy+\frac{1}{2}y^2+3)\Big|_{(3,2)}=(-x+y)\Big|_{(3,2)}=-1,\end{aligned}$$

故

$$L(x,y)=f(3,2)+f_x(3,2)(x-3)+f_y(3,2)(y-2)=4x-y-2,$$

即在 $(3,2)$ 附近的线性逼近函数为 $L(x,y)=4x-y-2$.

当函数在某点 $M_0(x_0,y_0)$ 可微时, 函数的增量 Δf 可以近似地用 f 在 M_0 处的线性逼近 L 的增量替代, 即 $\Delta f\approx\Delta L$. 故当 $\rho=\sqrt{(\Delta x)^2+(\Delta y)^2}\ll 1$ 时,

$$f(x,y)\approx f(x_0,y_0)+f_x(x_0,y_0)\Delta x+f_y(x_0,y_0)\Delta y.$$

利用这种线性近似的思想可以做函数值的近似计算.

例 5 求 $\sqrt{1.98^3+1.01^3}$ 的近似值.

解 令 $f(x,y)=\sqrt{x^3+y^3}$, $(x_0,y_0)=(2,1)$, $(\Delta x,\Delta y)=(-0.02,0.01)$,

$$f_x(2,1)=\left.\frac{3x^2}{2\sqrt{x^3+y^3}}\right|_{(2,1)}=2,\quad f_y(2,1)=\left.\frac{3y^2}{2\sqrt{x^3+y^3}}\right|_{(2,1)}=\frac{1}{2},$$

则

$$\sqrt{1.98^3+1.01^3}\approx f(2,1)+f_x(2,1)\Delta x+f_y(2,1)\Delta y=3-0.04+0.005=2.965.$$

习 题 7.4

1. 求下列函数的全微分:

(1) $u=\sin(x^2+y^2)$; (2) $u=x^my^n$;

(3) $u=\mathrm{e}^{xy}$; (4) $u=x^y$;

(5) $u=\sqrt{x^2+y^2+z^2}$; (6) $u=\ln(x^2+y^2+z^2)$.

2. 求下列函数在指定点的线性逼近和全微分.

(1) $z=\ln(1+x^2+y^2)$, 在 $(1,2)$ 处;

(2) $z=\dfrac{y}{\sqrt{x^2+y^2}}$, 在 $(1,0)$ 处;

(3) $z=\dfrac{y}{x}$, 在 $(2,1)$ 处;

(4) $u=xyz$, 在 $(2,1,1)$ 处;

(5) $u=x_1^2+x_2^2+\cdots+x_n^2$, 在 $\left(\dfrac{1}{n},\dfrac{1}{n},\cdots,\dfrac{1}{n}\right)$ 处.

3. 当圆柱形罐的底半径 R 由 2 m 膨胀到 2.02 m, 高 H 由 5 m 膨胀到 5.03 m 时, 试用全微分求容积增加的近似值.

4. 近似计算 $\sin 29^\circ\cdot\tan 46^\circ$ 和 $0.98^{1.03}$.

5. 设

$$f(x,y)=\begin{cases}xy\sin\dfrac{1}{\sqrt{x^2+y^2}}, & (x,y)\neq(0,0),\\ 0, & (x,y)=(0,0),\end{cases}$$

证明 f 在 $(0,0)$ 可微.

6. 设

$$f(x,y)=\begin{cases}\dfrac{xy}{x^2+y^2}, & x^2+y^2\neq 0,\\ 0, & x^2+y^2=0,\end{cases}$$

证明函数 f 在 $(0,0)$ 点不可微.

7. 证明

$$f(x,y)=\begin{cases}(x^2+y^2)\sin\dfrac{1}{x^2+y^2}, & x^2+y^2\neq 0,\\ 0, & x^2+y^2=0\end{cases}$$

在 $(0,0)$ 处可微, 但偏导数在 $(0,0)$ 点不连续.

§7.5 多元函数微分法

7.5.1 复合函数微分法

在一元函数微分法中，复合函数的链式法则起到了非常重要的作用. 现在将这一法则推广到多元函数，就得到多元复合函数的链式法则. 由于复合形式的不同，链式法则有不同的表达式，但其中的思想方法都是一样的. 下面仅给出两种复合形式下的链式法则，对于其他复合形式下的链式法则，读者可以类比推得.

定理 1 (全导数) 设 $z=f(x,y)$，而 $x=x(t), y=y(t)$ 在点 t 处均可导，而 $z=f(x,y)$ 在对应点 $M(x,y)$ 处可微，则复合函数 $z=f(x(t),y(t))$ 在点 t 处可导，且

$$\frac{\mathrm{d}z}{\mathrm{d}t}=\frac{\partial z}{\partial x}\frac{\mathrm{d}x}{\mathrm{d}t}+\frac{\partial z}{\partial y}\frac{\mathrm{d}y}{\mathrm{d}t}. \tag{7.5.1}$$

证 给 t 以增量 Δt，相应地使 $x=x(t), y=y(t)$ 获得增量 $\Delta x, \Delta y$，从而使复合函数 $z=f(x,y)$ 获得增量 Δz. 因为 f 在 (x,y) 处可微，故有

$$\Delta z=\frac{\partial z}{\partial x}\Delta x+\frac{\partial z}{\partial y}\Delta y+o(\sqrt{(\Delta x)^2+(\Delta y)^2}).$$

上式两边均除以 Δt，得

$$\frac{\Delta z}{\Delta t}=\frac{\partial z}{\partial x}\frac{\Delta x}{\Delta t}+\frac{\partial z}{\partial y}\frac{\Delta y}{\Delta t}+\frac{o(\sqrt{(\Delta x)^2+(\Delta y)^2})}{\Delta t},$$

因为

$$\frac{o(\sqrt{(\Delta x)^2+(\Delta y)^2})}{\Delta t}=\frac{o(\sqrt{(\Delta x)^2+(\Delta y)^2})}{\sqrt{(\Delta x)^2+(\Delta y)^2}}\frac{\sqrt{(\Delta x)^2+(\Delta y)^2}}{\Delta t},$$

当 $\Delta t\to 0$ 时，$\Delta x\to 0$，$\Delta y\to 0$，从而 $\lim\limits_{\Delta t\to 0}\sqrt{(\Delta x)^2+(\Delta y)^2}=0$. 故

$$\lim_{\Delta t\to 0}\frac{o(\sqrt{(\Delta x)^2+(\Delta y)^2})}{\sqrt{(\Delta x)^2+(\Delta y)^2}}=\lim_{(\Delta x,\Delta y)\to(0,0)}\frac{o(\sqrt{(\Delta x)^2+(\Delta y)^2})}{\sqrt{(\Delta x)^2+(\Delta y)^2}}=0,$$

且

$$\lim_{\Delta t\to 0}\frac{\sqrt{(\Delta x)^2+(\Delta y)^2}}{\Delta t}=\pm\sqrt{\left(\frac{\mathrm{d}x}{\mathrm{d}t}\right)^2+\left(\frac{\mathrm{d}y}{\mathrm{d}t}\right)^2},$$

令 $\Delta t\to 0$ 即得

$$\frac{\mathrm{d}z}{\mathrm{d}t}=\lim_{\Delta t\to 0}\frac{\Delta z}{\Delta t}=\frac{\partial z}{\partial x}\frac{\mathrm{d}x}{\mathrm{d}t}+\frac{\partial z}{\partial y}\frac{\mathrm{d}y}{\mathrm{d}t}.$$

上述公式称为**全导数公式**. 这个公式常用下面的有向链表示，它表示两重含义：第一表明了复合函数的复合情况，即 z 是 x,y 的函数，而 x,y 又是 t 的函数；第二，由 z 出发顺着箭头通过中间变量到达自变量 t 的链有两条，这表示 z 对 t 的导数公式是两项之和，而每一条链展示一

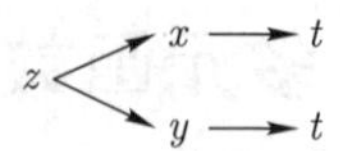

项, 它是函数对该中间变量的导数与中间变量对自变量导数的乘积, 例如 $z \to x \to t$ 表示 $\frac{\partial z}{\partial x}$ 与 $\frac{\mathrm{d}x}{\mathrm{d}t}$ 的乘积. 在复杂情况下, 复合函数求导公式的结构常用这类图式来表示.

类似地, 若函数 $z = f(x_1, x_2, \cdots, x_n)$ 可微, 而 $x_k = x_k(t)(k = 1, 2, \cdots, n)$ 可导, 则全导数为

$$\frac{\mathrm{d}z}{\mathrm{d}t} = f_{x_1} \cdot x_1' + f_{x_2} \cdot x_2' + \cdots + f_{x_n} \cdot x_n'. \tag{7.5.2}$$

例 1 已知 $z = \mathrm{e}^{x^2+y^2}, x = \sin t, y = \sin 2t$, 求 $\frac{\mathrm{d}z}{\mathrm{d}t}$.

解 由全导数公式

$$\begin{aligned}\frac{\mathrm{d}z}{\mathrm{d}t} &= \frac{\partial z}{\partial x}\frac{\mathrm{d}x}{\mathrm{d}t} + \frac{\partial z}{\partial y}\frac{\mathrm{d}y}{\mathrm{d}t} \\ &= 2x\mathrm{e}^{x^2+y^2}\cos t + 2y\mathrm{e}^{x^2+y^2} \cdot 2\cos 2t \\ &= \mathrm{e}^{\sin^2 t+\sin^2 2t}(\sin 2t + 2\sin 4t).\end{aligned}$$

例 2 已知 $z = uv + \sin t, u = \mathrm{e}^t, v = \cos t$, 求 $\frac{\mathrm{d}z}{\mathrm{d}t}$.

解 由全导数公式, 有

$$\begin{aligned}\frac{\mathrm{d}z}{\mathrm{d}t} &= \frac{\partial z}{\partial u}\frac{\mathrm{d}u}{\mathrm{d}t} + \frac{\partial z}{\partial v}\frac{\mathrm{d}v}{\mathrm{d}t} + \frac{\partial z}{\partial t} \\ &= v\mathrm{e}^t + u(-\sin t) + \cos t \\ &= \cos t\mathrm{e}^t + \mathrm{e}^t(-\sin t) + \cos t \\ &= \mathrm{e}^t(\cos t - \sin t) + \cos t.\end{aligned}$$

定理 2 (复合函数微分法) 设 $z = f(u, v)$, 而 $u = u(x, y), v = v(x, y)$ 又是 x, y 的函数. 若 $u(x, y), v(x, y)$ 在点 (x, y) 处偏导数存在, 而 $f(u, v)$ 在相应点 (u, v) 可微, 则复合函数 $f(u(x, y), v(x, y))$ 在点 (x, y) 处存在偏导数, 且

$$\begin{aligned}\frac{\partial z}{\partial x} &= \frac{\partial z}{\partial u}\frac{\partial u}{\partial x} + \frac{\partial z}{\partial v}\frac{\partial v}{\partial x}, \\ \frac{\partial z}{\partial y} &= \frac{\partial z}{\partial u}\frac{\partial u}{\partial y} + \frac{\partial z}{\partial v}\frac{\partial v}{\partial y}.\end{aligned} \tag{7.5.3}$$

公式 (7.5.3) 也可用有向链表示:

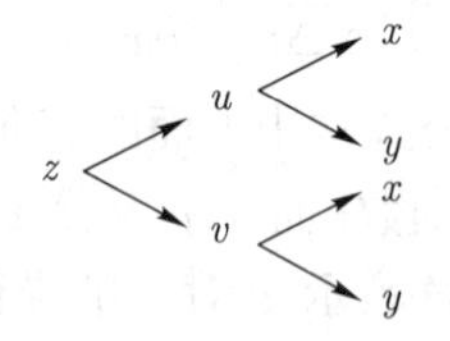

类似地, 若 $z=f(x_1,x_2,\cdots,x_n)$ 可微, $x_k=x_k(t_1,t_2,\cdots,t_m)(k=1,2,\cdots,n)$ 有偏导数, 则复合函数 $z=f(x_1(t_1,t_2,\cdots,t_m),x_2(t_1,t_2,\cdots,t_m),\cdots,x_n(t_1,t_2,\cdots,t_m))$ 存在偏导数, 且

$$\frac{\partial z}{\partial t_i}=\sum_{k=1}^{n}\frac{\partial f}{\partial x_k}\frac{\partial x_k}{\partial t_i},\quad i=1,2,\cdots,m.$$

例 3 $z=\mathrm{e}^u\sin v,u=xy,v=x+y$, 求 $\frac{\partial z}{\partial x},\frac{\partial z}{\partial y}$.

解 由复合函数偏导数的链式法则, 有

$$\begin{aligned}\frac{\partial z}{\partial x}&=\frac{\partial z}{\partial u}\frac{\partial u}{\partial x}+\frac{\partial z}{\partial v}\frac{\partial v}{\partial x}\\&=\mathrm{e}^u\sin v\cdot y+\mathrm{e}^u\cos v\cdot 1\\&=\mathrm{e}^{xy}[y\sin(x+y)+\cos(x+y)],\\\frac{\partial z}{\partial y}&=\frac{\partial z}{\partial u}\frac{\partial u}{\partial y}+\frac{\partial z}{\partial v}\frac{\partial v}{\partial y}\\&=\mathrm{e}^u\sin v\cdot x+\mathrm{e}^u\cos v\cdot 1\\&=\mathrm{e}^{xy}[x\sin(x+y)+\cos(x+y)].\end{aligned}$$

例 4 已知 $z=f(x,y)$ 可微, 在极坐标变换 $x=r\cos\theta,y=r\sin\theta$ 下, 证明:

$$\left(\frac{\partial z}{\partial x}\right)^2+\left(\frac{\partial z}{\partial y}\right)^2=\left(\frac{\partial z}{\partial r}\right)^2+\frac{1}{r^2}\left(\frac{\partial z}{\partial \theta}\right)^2.$$

证

$$\begin{aligned}\frac{\partial z}{\partial r}&=\frac{\partial z}{\partial x}\frac{\partial x}{\partial r}+\frac{\partial z}{\partial y}\frac{\partial y}{\partial r}=\frac{\partial z}{\partial x}\cos\theta+\frac{\partial z}{\partial y}\sin\theta,\\\frac{\partial z}{\partial \theta}&=\frac{\partial z}{\partial x}\frac{\partial x}{\partial \theta}+\frac{\partial z}{\partial y}\frac{\partial y}{\partial \theta}=\frac{\partial z}{\partial x}(-r\sin\theta)+\frac{\partial z}{\partial y}r\cos\theta,\end{aligned}$$

两式平方相加得到

$$\left(\frac{\partial z}{\partial r}\right)^2+\frac{1}{r^2}\left(\frac{\partial z}{\partial \theta}\right)^2=\left(\frac{\partial z}{\partial x}\right)^2+\left(\frac{\partial z}{\partial y}\right)^2.$$

例 5 设 $u=f(x,y,t),x=\varphi(s,t),y=\psi(s,t)$, 求 $\frac{\partial u}{\partial t},\frac{\partial u}{\partial s}$.

解 函数的复合关系可用有向链表示

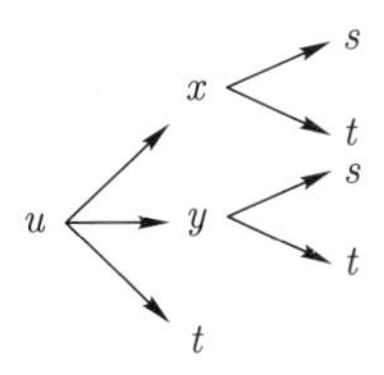

$$\begin{aligned}\frac{\partial u}{\partial t}&=\frac{\partial f}{\partial x}\frac{\partial x}{\partial t}+\frac{\partial f}{\partial y}\frac{\partial y}{\partial t}+\frac{\partial f}{\partial t}=\frac{\partial f}{\partial x}\frac{\partial \varphi}{\partial t}+\frac{\partial f}{\partial y}\frac{\partial \psi}{\partial t}+\frac{\partial f}{\partial t},\\\frac{\partial u}{\partial s}&=\frac{\partial f}{\partial x}\frac{\partial x}{\partial s}+\frac{\partial f}{\partial y}\frac{\partial y}{\partial s}=\frac{\partial f}{\partial x}\frac{\partial \varphi}{\partial s}+\frac{\partial f}{\partial y}\frac{\partial \psi}{\partial s}.\end{aligned}$$

这里我们需要注意等式两端的 $\dfrac{\partial u}{\partial t}$ 与 $\dfrac{\partial f}{\partial t}$ 是有区别的, 左端的 $\dfrac{\partial u}{\partial t}$ 表示复合函数 $u = f(\varphi(s,t),\psi(s,t),t)$ 作为 s, t 的二元函数对 t 的偏导数, 而右端的 $\dfrac{\partial f}{\partial t}$ 表示 $f(x,y,t)$ 作为 x, y, t 的三元函数对 t 的偏导数.

为表达简便起见, 引入记号

$$f_i'(x_1,x_2,\cdots,x_n)=\frac{\partial f}{\partial x_i}\qquad (i=1,2,\cdots,n),$$

即 f_i' 表示多元函数 f 对第 i 个自变量的偏导数. 如例 5, 我们可以写为

$$\begin{aligned}\frac{\partial u}{\partial t}&=f_1'\frac{\partial \varphi}{\partial t}+f_2'\frac{\partial \psi}{\partial t}+f_3'=f_1'\varphi_2+f_2'\psi_2+f_3',\\ \frac{\partial u}{\partial s}&=f_1'\frac{\partial \varphi}{\partial s}+f_2'\frac{\partial \psi}{\partial s}=f_1'\varphi_1+f_2'\psi_1.\end{aligned}$$

例 6 $z=f(2x+y,xy)$, 其中 f 具有二阶连续偏导数, 求 $\dfrac{\partial z}{\partial x},\dfrac{\partial^2 z}{\partial y\partial x}$.

解 易见 z 是 $f(u,v)$ 与 $u=2x+y, v=xy$ 复合而成的函数, 于是

$$\frac{\partial z}{\partial x}=\frac{\partial z}{\partial u}\frac{\partial u}{\partial x}+\frac{\partial z}{\partial v}\frac{\partial v}{\partial x}=2\frac{\partial z}{\partial u}+y\frac{\partial z}{\partial v}=2f_1'+yf_2',$$

$$\begin{aligned}\frac{\partial^2 z}{\partial y\partial x}&=\frac{\partial}{\partial y}\left(\frac{\partial z}{\partial x}\right)=\frac{\partial}{\partial y}\left(2\frac{\partial z}{\partial u}+y\frac{\partial z}{\partial v}\right)\\ &=2\frac{\partial}{\partial y}\left(\frac{\partial z}{\partial u}\right)+\frac{\partial z}{\partial v}+y\frac{\partial}{\partial y}\left(\frac{\partial z}{\partial v}\right).\end{aligned}$$

因为 $\dfrac{\partial z}{\partial u}$ 与 $\dfrac{\partial z}{\partial v}$ 实际上是 $f_u(\varphi(x,y),\psi(x,y))$ 与 $f_v(\varphi(x,y),\psi(x,y))$, 它们是 $f(u,v)$ 的偏导数 $f_u(u,v), f_v(u,v)$ 与 $u=\varphi(x,y), v=\psi(x,y)$ 复合而成的复合函数, 所以再对 x,y 求偏导数时, 仍然要用到链式法则.

于是

$$\begin{aligned}\frac{\partial^2 z}{\partial y\partial x}&=2\left(\frac{\partial^2 z}{\partial u^2}\frac{\partial u}{\partial y}+\frac{\partial^2 z}{\partial v\partial u}\frac{\partial v}{\partial y}\right)+\frac{\partial z}{\partial v}+y\left(\frac{\partial^2 z}{\partial u\partial v}\frac{\partial u}{\partial y}+\frac{\partial^2 z}{\partial v^2}\frac{\partial v}{\partial y}\right)\\ &=2\left(\frac{\partial^2 z}{\partial u^2}\cdot 1+\frac{\partial^2 z}{\partial v\partial u}\cdot x\right)+\frac{\partial z}{\partial v}+y\left(\frac{\partial^2 z}{\partial u\partial v}\cdot 1+\frac{\partial^2 z}{\partial v^2}\cdot x\right)\\ &=2\frac{\partial^2 z}{\partial u^2}+(2x+y)\frac{\partial^2 z}{\partial v\partial u}+xy\frac{\partial^2 z}{\partial v^2}+\frac{\partial z}{\partial v}\\ &=2f_{11}''+(2x+y)f_{12}''+xyf_{22}''+f_2'.\end{aligned}$$

例 7 设 $u=f(x,y)$ 具有二阶连续偏导数, 在极坐标变换 $x=r\cos\theta, y=r\sin\theta$ 下, 证明

$$\frac{\partial^2 u}{\partial x^2}+\frac{\partial^2 u}{\partial y^2}=\frac{\partial^2 u}{\partial r^2}+\frac{1}{r^2}\frac{\partial^2 u}{\partial \theta^2}+\frac{1}{r}\frac{\partial u}{\partial r}.$$

证 因为

$$\begin{aligned}
\frac{\partial u}{\partial r} &= \frac{\partial u}{\partial x}\frac{\partial x}{\partial r} + \frac{\partial u}{\partial y}\frac{\partial y}{\partial r} = \frac{\partial u}{\partial x}\cos\theta + \frac{\partial u}{\partial y}\sin\theta, \\
\frac{\partial u}{\partial \theta} &= \frac{\partial u}{\partial x}\frac{\partial x}{\partial \theta} + \frac{\partial u}{\partial y}\frac{\partial y}{\partial \theta} = -\frac{\partial u}{\partial x}r\sin\theta + \frac{\partial u}{\partial y}r\cos\theta, \\
\frac{\partial^2 u}{\partial r^2} &= \frac{\partial}{\partial r}\left(\cos\theta\frac{\partial u}{\partial x} + \sin\theta\frac{\partial u}{\partial y}\right) \\
&= \cos\theta\left(\frac{\partial^2 u}{\partial x^2}\frac{\partial x}{\partial r} + \frac{\partial^2 u}{\partial y\partial x}\frac{\partial y}{\partial r}\right) + \sin\theta\left(\frac{\partial^2 u}{\partial x\partial y}\frac{\partial x}{\partial r} + \frac{\partial^2 u}{\partial y^2}\frac{\partial y}{\partial r}\right) \\
&= \cos^2\theta\frac{\partial^2 u}{\partial x^2} + 2\sin\theta\cos\theta\frac{\partial^2 u}{\partial x\partial y} + \sin^2\theta\frac{\partial^2 u}{\partial y^2}, \\
\frac{\partial^2 u}{\partial \theta^2} &= \frac{\partial}{\partial \theta}\left(-r\sin\theta\frac{\partial u}{\partial x} + r\cos\theta\frac{\partial u}{\partial y}\right) \\
&= -r\cos\theta\frac{\partial u}{\partial x} - r\sin\theta\left(\frac{\partial^2 u}{\partial x^2}\frac{\partial x}{\partial \theta} + \frac{\partial^2 u}{\partial y\partial x}\frac{\partial y}{\partial \theta}\right) - r\sin\theta\frac{\partial u}{\partial y} + \\
&\quad r\cos\theta\left(\frac{\partial^2 u}{\partial x\partial y}\frac{\partial x}{\partial \theta} + \frac{\partial^2 u}{\partial y^2}\frac{\partial y}{\partial \theta}\right) \\
&= -r\cos\theta\frac{\partial u}{\partial x} - r\sin\theta\frac{\partial u}{\partial y} - r\sin\theta\left(-r\sin\theta\frac{\partial^2 u}{\partial x^2} + r\cos\theta\frac{\partial^2 u}{\partial y\partial x}\right) + \\
&\quad r\cos\theta\left(-r\sin\theta\frac{\partial^2 u}{\partial x\partial y} + r\cos\theta\frac{\partial^2 u}{\partial y^2}\right) \\
&= -r\cos\theta\frac{\partial u}{\partial x} - r\sin\theta\frac{\partial u}{\partial y} + r^2\sin^2\theta\frac{\partial^2 u}{\partial x^2} - \\
&\quad 2r^2\sin\theta\cos\theta\frac{\partial^2 u}{\partial x\partial y} + r^2\cos^2\theta\frac{\partial^2 u}{\partial y^2},
\end{aligned}$$

所以

$$\begin{aligned}
\frac{\partial^2 u}{\partial r^2} + \frac{1}{r^2}\frac{\partial^2 u}{\partial \theta^2} + \frac{1}{r}\frac{\partial u}{\partial r} &= \cos^2\theta\frac{\partial^2 u}{\partial x^2} + 2\sin\theta\cos\theta\frac{\partial^2 u}{\partial x\partial y} + \sin^2\theta\frac{\partial^2 u}{\partial y^2} + \\
&\quad \frac{1}{r^2}\Big(-r\cos\theta\frac{\partial u}{\partial x} - r\sin\theta\frac{\partial u}{\partial y} + r^2\sin^2\theta\frac{\partial^2 u}{\partial x^2} - 2r^2\sin\theta\cos\theta\frac{\partial^2 u}{\partial x\partial y} + \\
&\quad r^2\cos^2\theta\frac{\partial^2 u}{\partial y^2}\Big) + \frac{1}{r}\left(\cos\theta\frac{\partial u}{\partial x} + \sin\theta\frac{\partial u}{\partial y}\right) \\
&= \frac{\partial^2 u}{\partial x^2} + \frac{\partial^2 u}{\partial y^2}.
\end{aligned}$$

我们知道, 一元函数的微分具有一阶微分形式的不变性, 即不论 u 是自变量还是中间变量, 对 $y=f(u)$ 都有 $\mathrm{d}y=f'(u)\mathrm{d}u$, 至于多元函数的全微分, 可以证明也具有这个性质.

事实上, 若设 $z=f(u,v)$ 是可微函数, 则此函数的全微分为

$$\mathrm{d}z = \frac{\partial z}{\partial u}\mathrm{d}u + \frac{\partial z}{\partial v}\mathrm{d}v.$$

如果 $u=u(x,y),v=v(x,y)$ 是 x,y 的可微函数, 则复合函数 $z=f(u(x,y),v(x,y))$ 的全微分为

$$\mathrm{d}z=\frac{\partial z}{\partial x}\mathrm{d}x+\frac{\partial z}{\partial y}\mathrm{d}y.$$

由于

$$\begin{aligned}\frac{\partial z}{\partial x}&=\frac{\partial z}{\partial u}\frac{\partial u}{\partial x}+\frac{\partial z}{\partial v}\frac{\partial v}{\partial x},\\ \frac{\partial z}{\partial y}&=\frac{\partial z}{\partial u}\frac{\partial u}{\partial y}+\frac{\partial z}{\partial v}\frac{\partial v}{\partial y},\end{aligned}$$

故

$$\begin{aligned}\mathrm{d}z=&\left(\frac{\partial z}{\partial u}\frac{\partial u}{\partial x}+\frac{\partial z}{\partial v}\frac{\partial v}{\partial x}\right)\mathrm{d}x+\left(\frac{\partial z}{\partial u}\frac{\partial u}{\partial y}+\frac{\partial z}{\partial v}\frac{\partial v}{\partial y}\right)\mathrm{d}y\\ =&\frac{\partial z}{\partial u}\left(\frac{\partial u}{\partial x}\mathrm{d}x+\frac{\partial u}{\partial y}\mathrm{d}y\right)+\frac{\partial z}{\partial v}\left(\frac{\partial v}{\partial x}\mathrm{d}x+\frac{\partial v}{\partial y}\mathrm{d}y\right)\\ =&\frac{\partial z}{\partial u}\mathrm{d}u+\frac{\partial z}{\partial v}\mathrm{d}v.\end{aligned}$$

由此可见, 无论 z 是自变量 x,y 的函数或中间变量 u,v 的函数, 它的全微分形式是一样的, 这个性质称为**全微分形式的不变性**.

利用全微分形式的不变性, 可得求复合函数偏导数的另一途径.

例 8 设 $z=\sqrt[n]{\dfrac{x+y}{x-y}}$, 求 $\dfrac{\partial z}{\partial x}$ 和 $\dfrac{\partial z}{\partial y}$.

解 方程两边取对数

$$\ln z=\frac{1}{n}[\ln(x+y)-\ln(x-y)].$$

方程两边取微分

$$\frac{\mathrm{d}z}{z}=\frac{1}{n}\left(\frac{\mathrm{d}x+\mathrm{d}y}{x+y}-\frac{\mathrm{d}x-\mathrm{d}y}{x-y}\right),$$

则

$$\mathrm{d}z=\frac{2}{n}\sqrt[n]{\frac{x+y}{x-y}}\ \frac{x\mathrm{d}y-y\mathrm{d}x}{x^2-y^2},$$

从而

$$\frac{\partial z}{\partial x}=-\frac{2}{n}\sqrt[n]{\frac{x+y}{x-y}}\cdot\frac{y}{x^2-y^2},\quad \frac{\partial z}{\partial y}=\frac{2}{n}\sqrt[n]{\frac{x+y}{x-y}}\cdot\frac{x}{x^2-y^2}.$$

7.5.2 隐函数微分法

在一元函数的微分学中, 我们曾经遇到过隐函数求导数问题, 当时由于所学知识的限制, 对隐函数的有关理论未进行任何讨论. 而在多元函数微分学中, 我们可以利用偏导数给出由一个方程或方程组唯一确定隐函数的充分条件以及隐函数求 (偏) 导法.

设 F 是一个二元函数, 考察方程

$$F(x,y)=0, \tag{7.5.4}$$

如果满足这个方程的 (x,y) 构成的集合不是空集, 那么由这个方程就可以确定变量 x 与 y 之间的某种相互依赖关系. 但一般情况下, 这种关系并不一定能构成函数关系, 也就是说, 这种关系

并不一定能表示为 y 对于 x 的单值依赖关系 $y=y(x)$, 即对于 x 的每一个值, 有唯一的一个值 y 与其对应 (或者 x 对于 y 的单值依赖关系 $x=x(y)$).

如果对于某个区间 I 内的所有 x, 都存在唯一的 y, 使得 (x,y) 满足方程 (7.5.4), 那么就由方程 (7.5.4) 确定了 I 上的一个函数 $y=y(x)$, 满足

$$F(x,y(x))\equiv 0 \qquad (\forall x\in I),$$

这个函数 $y=y(x)$ 称为由方程 (7.5.4) 确定的**隐函数**.

在几何上, 我们考察这样的问题: 设 F 是一个二元函数, 那么方程 (7.5.4) 是否能确定 Oxy 面上的一条曲线? 如果能, 这条曲线能否表示为 $y=y(x)$ (或者 $x=x(y)$)? 如果这条曲线不能整个地表示为 $y=y(x)$ (或者 $x=x(y)$), 那么这条曲线的某一部分能否表示为 $y=y(x)$ (或者 $x=x(y)$)?

例如, 考察圆周 $C: x^2+y^2=1$, 显然整个圆周既不能表示为 $y=y(x)$, 也不能表示为 $x=x(y)$. 但在点 $(0,1)$ 的某邻域内的那部分曲线可以表示为 $y=\sqrt{1-x^2}$, 在点 $(1,0)$ 的某邻域内的那部分曲线可以表示为 $x=\sqrt{1-y^2}$ (图 7.4). 以上背景正是隐函数定理的几何意义.

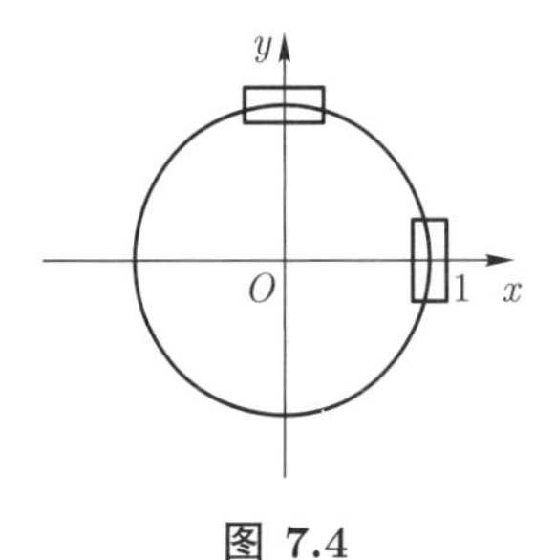

图 7.4

对于隐函数问题, 主要有三方面的问题需要研究:

(1) 如何判定隐函数的存在性, 若隐函数存在, 确定其定义域.

(2) 如何通过已知函数 $F(x,y)$ 的性质研究隐函数 $y=y(x)$ 性质 (如连续性、可微性等);

(3) 如何计算隐函数的 (偏) 导数与 (全) 微分.

下面的三个定理回答了这些问题.

定理 3 (隐函数存在定理) 设二元函数 $F(x,y)$ 在点 $(x_0,y_0)\in\mathbb{R}^2$ 的某个邻域 U 内有定义, 并且满足下列条件:

(1) F_x, F_y 在 U 内连续;

(2) $F(x_0,y_0)=0$;

(3) $F_y(x_0,y_0)\neq 0$,

则存在 x_0 的一个邻域 $N(x_0,\delta)$, 及定义在 $N(x_0,\delta)$ 上的一个函数 $y=y(x)$, 满足

(1) $F(x,y(x))\equiv 0, x\in N(x_0,\delta)$, $y(x_0)=y_0$;

(2) $y(x)$ 在 $N(x_0,\delta)$ 上有连续导数, 且 $y'(x)=-\dfrac{F_x}{F_y}$.

我们略去定理的证明. 定理 3 可以推广到两个自变量以上的情形.

定理 4 设 $n+1$ 元函数 $F(x_1,x_2,\cdots,x_n,y)$ 在点 $(x_1^0,x_2^0,\cdots,x_n^0,y_0)\in\mathbb{R}^{n+1}$ 的某邻域 U 内有定义, 并且满足下列条件:

(1) $F(x_1,x_2,\cdots,x_n,y)$ 在 U 内具有连续的一阶偏导数 $F_{x_1},F_{x_2},\cdots,F_{x_n},F_y$;

(2) $F(x_1^0,x_2^0,\cdots,x_n^0,y_0)=0$;

(3) $F_y(x_1^0,x_2^0,\cdots,x_n^0,y_0)\neq 0$,

则存在点 $(x_1^0,x_2^0,\cdots,x_n^0)\in\mathbb{R}^n$ 的一个邻域 N, 及定义在 N 上的一个 n 元函数 $y=y(x_1,x_2,\cdots,x_n)$, 满足

(1) $F(x_1,x_2,\cdots,x_n,y(x_1,x_2,\cdots,x_n))\equiv 0,(x_1,x_2,\cdots,x_n)\in N$, $y(x_1^0,x_2^0,\cdots,x_n^0)=y_0$;
(2) $y(x_1,x_2,\cdots,x_n)$ 在 N 上有连续的偏导数, 且

$$\frac{\partial y}{\partial x_i}=-\frac{F_{x_i}}{F_y}\qquad (i=1,2,\cdots,n).$$

例 9 方程 $x^2+y^2+z^2-1=0$ 在哪些点的邻域中能够确定隐函数 $z=z(x,y)$? 在隐函数存在时, 求 $\frac{\partial z}{\partial x},\frac{\partial z}{\partial y},\frac{\partial^2 z}{\partial x^2}$.

解 取 $F(x,y,z)=x^2+y^2+z^2-1$, 因为 $\frac{\partial F}{\partial z}=2z$, 所以只要 $z\neq 0$, 根据定理 4, 在 (x,y,z) 的某个邻域中存在隐函数 $z=z(x,y)$, 这个隐函数定义在 (x,y) 的某个邻域中, 并且有

$$\frac{\partial z}{\partial x}=-\frac{F_x}{F_z}=-\frac{x}{z},\quad \frac{\partial z}{\partial y}=-\frac{F_y}{F_z}=-\frac{y}{z},$$

$$\frac{\partial^2 z}{\partial x^2}=\frac{\partial}{\partial x}\left(\frac{\partial z}{\partial x}\right)=\frac{\partial}{\partial x}\left(-\frac{x}{z}\right)=-\frac{z-x\frac{\partial z}{\partial x}}{z^2}=-\frac{x^2+z^2}{z^3}.$$

同样, 当 $y\neq 0$ 时, 在点 (x,y,z) 的某个邻域中存在隐函数 $y=y(z,x)$, 这个隐函数定义在 (z,x) 的某个邻域中; 当 $x\neq 0$ 时, 在点 (x,y,z) 的某个邻域中存在隐函数 $x=x(y,z)$, 这个隐函数定义在 (y,z) 的某个邻域中.

在今后求隐函数的 (偏) 导数的问题中, 如果未特别指明, 我们将不再强调在哪些点的邻域能够确定隐函数, 而是直接由定理 3、4, 有时甚至不直接用结论而是用定理的证明思想求出隐函数的 (偏) 导数.

例 10 设 $z=z(x,y)$ 是由方程 $x^2+y^2+z^2=4z$ 所确定的隐函数, 求 $\frac{\partial z}{\partial x}$ 和 $\frac{\partial z}{\partial y}$.

解 法一 令 $F(x,y,z)=x^2+y^2+z^2-4z$. 则

$$F_x=2x,\ F_y=2y,\ F_z=2z-4.$$

由定理 4 得到

$$\frac{\partial z}{\partial x}=-\frac{F_x}{F_z}=\frac{x}{2-z},\quad \frac{\partial z}{\partial y}=-\frac{F_y}{F_z}=\frac{y}{2-z}.$$

法二 方程两边对 x 求偏导得

$$2x+2z\frac{\partial z}{\partial x}=4\frac{\partial z}{\partial x},$$

解得 $\frac{\partial z}{\partial x}=\frac{x}{2-z}$.

方程两边对 y 求偏导得

$$2y+2z\frac{\partial z}{\partial y}=4\frac{\partial z}{\partial y},$$

解得 $\frac{\partial z}{\partial y}=\frac{y}{2-z}$.

法三 方程两边取微分得

$$2x\mathrm{d}x+2y\mathrm{d}y+2z\mathrm{d}z=4\mathrm{d}z,$$

故

$$\mathrm{d}z=\frac{x}{2-z}\mathrm{d}x+\frac{y}{2-z}\mathrm{d}y,$$

因此

$$\frac{\partial z}{\partial x}=\frac{x}{2-z},\qquad \frac{\partial z}{\partial y}=\frac{y}{2-z}.$$

上段我们讨论了由一个方程所确定的隐函数, 下面我们将它推广到由多个方程组成的方程组的情形, 我们有如下定理:

定理 5 设函数 $F_i(x_1,x_2,\cdots,x_n,y_1,y_2,\cdots,y_m)(i=1,2,\cdots,m)$ 满足条件:

(1) 在点 $(x_1^0,x_2^0,\cdots,x_n^0,y_1^0,y_2^0,\cdots,y_m^0)$ 的某一邻域 U 内 $F_i(i=1,2,\cdots,m)$ 对所有自变量具有连续的一阶偏导数;

(2) $F_i(x_1^0,x_2^0,\cdots,x_n^0,y_1^0,y_2^0,\cdots,y_m^0)=0\quad(i=1,2,\cdots,m)$;

(3) 行列式

$$\begin{vmatrix}\dfrac{\partial F_1}{\partial y_1} & \dfrac{\partial F_1}{\partial y_2} & \cdots & \dfrac{\partial F_1}{\partial y_m}\\ \dfrac{\partial F_2}{\partial y_1} & \dfrac{\partial F_2}{\partial y_2} & \cdots & \dfrac{\partial F_2}{\partial y_m}\\ \vdots & \vdots & & \vdots\\ \dfrac{\partial F_m}{\partial y_1} & \dfrac{\partial F_m}{\partial y_2} & \cdots & \dfrac{\partial F_m}{\partial y_m}\end{vmatrix}$$

在点 $(x_1^0,x_2^0,\cdots,x_n^0,y_1^0,y_2^0,\cdots,y_m^0)$ 处不等于零, 此行列式称为 **Jacobi (雅可比) 行列式**, 记作

$$J=\frac{\partial(F_1,F_2,\cdots,F_m)}{\partial(y_1,y_2,\cdots,y_m)},$$

则

(1) 在点 $(x_1^0,x_2^0,\cdots,x_n^0)$ 的某一邻域 N 内, 存在唯一的一组函数 $y_i=f_i(x_1,x_2,\cdots,x_n)$ $(i=1,2,\cdots,m)$ 满足

$$F_i(x_1,x_2,\cdots,x_n,f_1(x_1,x_2,\cdots,x_n),f_2(x_1,x_2,\cdots,x_n),\cdots,f_m(x_1,x_2,\cdots,x_n))=0,$$

且 $f_i(x_1^0,x_2^0,\cdots,x_n^0)=y_i^0\ (i=1,2,\cdots,m)$;

(2) $f_i(x_1,x_2,\cdots,x_n)(i=1,2,\cdots,m)$ 在 N 内存在连续的偏导数, 且其对 $x_k(k=1,2,\cdots,n)$ 的偏导数可以从方程组

$$\frac{\partial F_i}{\partial x_k}+\frac{\partial F_i}{\partial y_1}\frac{\partial f_1}{\partial x_k}+\frac{\partial F_i}{\partial y_2}\frac{\partial f_2}{\partial x_k}+\cdots+\frac{\partial F_i}{\partial y_m}\frac{\partial f_m}{\partial x_k}=0\qquad(i=1,2,\cdots,m)$$

解得.

例 11 设

$$\begin{cases} x^2+y^2-z=0, \\ x^2+2y^2+3z^2=20, \end{cases}$$

求 $\dfrac{\mathrm{d}y}{\mathrm{d}x}, \dfrac{\mathrm{d}z}{\mathrm{d}x}$.

解 将方程组两端对 x 求导, 得

$$\begin{cases} 2x+2y\dfrac{\mathrm{d}y}{\mathrm{d}x}-\dfrac{\mathrm{d}z}{\mathrm{d}x}=0, \\ 2x+4y\dfrac{\mathrm{d}y}{\mathrm{d}x}+6z\dfrac{\mathrm{d}z}{\mathrm{d}x}=0, \end{cases}$$

由此解得

$$\frac{\mathrm{d}y}{\mathrm{d}x}=-\frac{x(6z+1)}{2y(3z+1)}, \quad \frac{\mathrm{d}z}{\mathrm{d}x}=\frac{x}{3z+1}.$$

例 12 设 $w=w(x,y)$, $z=z(x,y)$ 由方程组

$$w=x^2+y^2+z^2, \qquad z^3-xy+yz+y^3=1$$

确定, 求 $\dfrac{\partial w}{\partial x}$ 在点 $(2,-1,1)$ 的值.

解 方程两边对 x 求偏导, 得到

$$\frac{\partial w}{\partial x}=2x+2z\frac{\partial z}{\partial x}, \quad 3z^2\frac{\partial z}{\partial x}-y+y\frac{\partial z}{\partial x}=0.$$

由此解得

$$\frac{\partial z}{\partial x}=\frac{y}{y+3z^2}, \quad \frac{\partial w}{\partial x}=2x+\frac{2yz}{y+3z^2}.$$

从而

$$\left.\frac{\partial w}{\partial x}\right|_{(2,-1,1)}=2\times 2+\frac{2\times(-1)\times 1}{-1+3\times 1^2}=4+\frac{-2}{2}=3.$$

习 题 7.5

1. 求下列函数的全导数:

(1) $z=\dfrac{y}{x}, x=\mathrm{e}^t, y=1-\mathrm{e}^{2t}$;　　(2) $z=\arctan(tx), x=\mathrm{e}^t$;

(3) $z=\mathrm{e}^x-2y, x=\sin t, y=t^3$;

(4) $z=\dfrac{\mathrm{e}^{at}(x-y)}{a^2+1}, x=a\sin t, y=\cos t$ (a 为常数);

(5) $z=\tan(3t+2x^2-y^2), x=\dfrac{1}{t}, y=\sqrt{t}$.

2. 求下列函数的一阶偏导数 $\dfrac{\partial z}{\partial x}, \dfrac{\partial z}{\partial y}$:

(1) $z=u^2v-uv^2, u=x\cos y, v=x\sin y$;

(2) $z=f(x^2-y^2, \mathrm{e}^{xy})$;

(3) $z=(2x+y)\sin(xe^y)$;

(4) $z=\arctan\dfrac{u}{v}, u=x+y, v=x-y$.

3. 验证下列各式:

(1) 若 $z=\varphi(x^2+y^2)$, 则 $y\dfrac{\partial z}{\partial x}-x\dfrac{\partial z}{\partial y}=0$;

(2) 若 $z=F\left(\dfrac{y}{x}\right)$, 则 $x\dfrac{\partial z}{\partial x}+y\dfrac{\partial z}{\partial y}=0$;

(3) 若 $u=y\varphi(x^2-y^2)$, 则 $y\dfrac{\partial u}{\partial x}+x\dfrac{\partial u}{\partial y}=\dfrac{xu}{y}$;

(4) 若 $z=\dfrac{y^2}{3x}+\varphi(xy)$, 则 $x^2\dfrac{\partial z}{\partial x}-xy\dfrac{\partial z}{\partial y}+y^2=0$;

(5) 若 $y=\varphi(x+at)+\psi(x-at)$, 则 $\dfrac{\partial^2 y}{\partial t^2}=a^2\dfrac{\partial^2 y}{\partial x^2}$;

(6) 若 $u=f(x,y), x=\xi\cos a-\eta\sin a, y=\xi\sin a+\eta\cos a$ (a 为常数), 则

$$\left(\frac{\partial u}{\partial \xi}\right)^2+\left(\frac{\partial u}{\partial \eta}\right)^2=\left(\frac{\partial u}{\partial x}\right)^2+\left(\frac{\partial u}{\partial y}\right)^2,$$

$$\frac{\partial^2 u}{\partial \xi^2}+\frac{\partial^2 u}{\partial \eta^2}=\frac{\partial^2 u}{\partial x^2}+\frac{\partial^2 u}{\partial y^2}.$$

4. 如果一个圆锥体的高以 10 cm/s 的速率减小, 底半径以 5 cm/s 的速率增加, 试求当高为 100 cm, 底半径为 50 cm 时, 其体积的变化率.

5. 若函数 $f(x,y,z)$ 关于变量 t 满足条件

$$f(tx,ty,tz)=t^n f(x,y,z),$$

则称 $f(x,y,z)$ 为 n 次齐次函数. 证明: 若 $f(x,y,z)$ 为 n 次齐次函数且 f 可微, 则

$$xf_x+yf_y+zf_z=nf.$$

6. 对下列函数验证上题成立:

(1) $u=(x-2y+3z)^2$; (2) $u=\dfrac{x}{\sqrt{x^2+y^2+z^2}}$;

(3) $u=\dfrac{x-y+z}{x+y+z}\ln\left(\dfrac{x}{y}+\dfrac{y}{z}\right)$; (4) $u=\left(\dfrac{x}{y}\right)^{\frac{y}{z}}$.

7. 设可微函数 $u=f(x,y,z)$ 满足方程

$$xf_x+yf_y+zf_z=nf,$$

试证 $u=f(x,y,z)$ 是 n 次齐次函数.

8. 若 $f(u,v)$ 满足 Laplace 方程

$$\frac{\partial^2 f}{\partial u^2}+\frac{\partial^2 f}{\partial v^2}=0,$$

证明函数 $z=f(x^2-y^2,2xy)$ 也满足 Laplace 方程

$$\frac{\partial^2 z}{\partial x^2}+\frac{\partial^2 z}{\partial y^2}=0.$$

9. 证明 $f(x,y,z)=(x^2+y^2+z^2)^{-\frac{1}{2}}$ 满足 Laplace 方程

$$\frac{\partial^2 f}{\partial x^2}+\frac{\partial^2 f}{\partial y^2}+\frac{\partial^2 f}{\partial z^2}=0.$$

10. 设 $r=\sqrt{x^2+y^2+z^2}$, 证明

$$\frac{\partial^2(\ln r)}{\partial x^2}+\frac{\partial^2(\ln r)}{\partial y^2}+\frac{\partial^2(\ln r)}{\partial z^2}=\frac{1}{r^2}.$$

11. 设 $\omega=f(u,v),u=g(x,y),v=h(x,y)$ 均有二阶连续偏导数, 且 $\dfrac{\partial u}{\partial x}=\dfrac{\partial v}{\partial y},\dfrac{\partial u}{\partial y}=-\dfrac{\partial v}{\partial x}$, 证明

$$\frac{\partial^2\omega}{\partial x^2}+\frac{\partial^2\omega}{\partial y^2}=\left[\left(\frac{\partial u}{\partial x}\right)^2+\left(\frac{\partial u}{\partial y}\right)^2\right]\left(\frac{\partial^2\omega}{\partial u^2}+\frac{\partial^2\omega}{\partial v^2}\right).$$

12. 在下列各题中, 求 $\dfrac{\mathrm{d}y}{\mathrm{d}x}$:

(1) $\sin y+\mathrm{e}^x-xy^2=0$;

(2) $x^y=y^x$;

(3) $xy+\ln y+\ln x=0$;

(4) $x^3+4x^2y-3xy^2+2y^3+5=0$;

(5) $x^{2/3}-y^{2/3}+2=0$;

(6) $\mathrm{e}^{x/y}+\ln\dfrac{y}{x}+15=0$;

(7) $x^2=\dfrac{y^2}{y^2-1}$;

(8) $\ln\sqrt{x^2+y^2}=\arctan\dfrac{y}{x}$.

13. 在下列各题中, 求 $\dfrac{\partial z}{\partial x},\dfrac{\partial z}{\partial y}$:

(1) $x^3+y^3+z^3-3xyz-4=0$;

(2) $x+2y+z-2\sqrt{xyz}=0$;

(3) $z^3-3xyz=a^3$;

(4) $\dfrac{x}{z}=\ln\dfrac{z}{y}$;

(5) $z^2y-xz^3=1$;

(6) $x-yz+\cos xyz=2$;

(7) $\dfrac{1}{z}+\dfrac{1}{y+z}+\dfrac{1}{x+y+z}=\dfrac{1}{2}$.

14. 求方程 $2xz-2xyz+\ln(xyz)=0$ 所确定的函数 $z=f(x,y)$ 的全微分.

15. 设 $z^3-3(x^2+y^2)z^2=1$, 求 $\mathrm{d}z$.

16. 设函数 $z=z(x,y)$ 是由方程 $x^2+y^2+z^2=yf\left(\dfrac{z}{y}\right)$ 所确定的隐函数, 证明

$$(x^2-y^2-z^2)\frac{\partial z}{\partial x}+2xy\frac{\partial z}{\partial y}=2xz.$$

17. 设 $2\sin(x+2y-3z)=x+2y-3z$, 证明

$$\frac{\partial z}{\partial x}+\frac{\partial z}{\partial y}=1.$$

18. 求下列方程组所确定的隐函数的导数或偏导数:

(1) $\begin{cases} x+y+z=0, \\ xyz=0, \end{cases}$ 求 $\dfrac{\partial y}{\partial x},\dfrac{\partial z}{\partial x}$;

(2) $\begin{cases} x=u+v, \\ y=u^2+v^2, \end{cases}$ 求 u_x,v_x;

(3) $\begin{cases} u^3+xv=y, \\ v^3+yu=x, \end{cases}$ 求 u_x,u_y.

19. 设函数 $u=u(x)$ 由方程组 $\begin{cases} u=f(x,y), \\ g(x,y,z)=0, \\ h(x,z)=0 \end{cases}$ 确定, 其中 f,g,h 可微, 且 $\dfrac{\partial h}{\partial z}\neq 0,\dfrac{\partial g}{\partial y}\neq 0$, 求 $\dfrac{\mathrm{d}u}{\mathrm{d}x}$.

20. 设 $\begin{cases} u=f(ux,v+y), \\ v=g(u-x,v^2y), \end{cases}$ 其中 f,g 可微, 求 $\dfrac{\partial u}{\partial x},\dfrac{\partial v}{\partial x}$.

§7.6 方向导数与梯度

我们知道, 偏导数 $f_x(x,y)$, $f_y(x,y)$ 是函数 $f(x,y)$ 沿 x 轴方向和沿 y 轴方向的变化率, 它只描述了函数沿特殊方向的变化情况, 但在许多实际问题中, 常常要研究函数沿任何指定方向的变化率.

7.6.1 方向导数

定义 1 设函数 $z=f(x,y)$ 在点 $M_0(x_0,y_0)$ 的某一邻域 $N(M_0)$ 内有定义, 向量 $\boldsymbol{l}$ 的方向余弦为 $\cos\alpha,\cos\beta$, 若极限

$$\lim_{t\to 0}\frac{f(x_0+t\cos\alpha,y_0+t\cos\beta)-f(x_0,y_0)}{t}$$

存在, 则称此极限值为函数 $z=f(x,y)$ 在点 M_0 沿方向 $\boldsymbol{l}$ 的**方向导数**, 记为 $\left.\dfrac{\partial z}{\partial \boldsymbol{l}}\right|_{M_0}$, 即

$$\left.\frac{\partial z}{\partial \boldsymbol{l}}\right|_{M_0}=\lim_{t\to 0}\frac{f(x_0+t\cos\alpha,y_0+t\cos\beta)-f(x_0,y_0)}{t}.$$

由方向导数的定义知, 方向导数 $\left.\dfrac{\partial z}{\partial \boldsymbol{l}}\right|_{M_0}$ 就是函数 $z=f(x,y)$ 在 $M_0(x_0,y_0)$ 处沿方向 $\boldsymbol{l}$ 的变化率. 特别是当 $\boldsymbol{l}=\boldsymbol{i}=(1,0)$, 即沿 x 轴的正方向时有

$$\left.\frac{\partial z}{\partial \boldsymbol{l}}\right|_{M_0}=\lim_{t\to 0}\frac{f(x_0+t,y_0)-f(x_0,y_0)}{t}=\left.\frac{\partial f}{\partial x}\right|_{M_0};$$

当 $\boldsymbol{l}=\boldsymbol{j}=(0,1)$, 即沿 y 轴的正方向时有

$$\left.\frac{\partial z}{\partial \boldsymbol{l}}\right|_{M_0}=\lim_{t\to 0}\frac{f(x_0,y_0+t)-f(x_0,y_0)}{t}=\left.\frac{\partial f}{\partial y}\right|_{M_0}.$$

所以偏导数只是沿两个特殊方向的方向导数, 方向导数的概念是偏导数概念的推广.

例 1 设函数 $z=f(x,y)=x^2+xy$, 求 z 在 $M_0(1,2)$ 处沿单位方向 $\boldsymbol{l}=\dfrac{1}{\sqrt{2}}\boldsymbol{i}+\dfrac{1}{\sqrt{2}}\boldsymbol{j}$ 的方向导数.

解

$$\begin{aligned}\left.\frac{\partial f}{\partial \boldsymbol{l}}\right|_{M_0}&=\lim_{t\to 0}\frac{f\left(1+\dfrac{1}{\sqrt{2}}t,2+\dfrac{1}{\sqrt{2}}t\right)-f(1,2)}{t}\\&=\lim_{t\to 0}\frac{\left(1+\dfrac{t}{\sqrt{2}}\right)^2+\left(1+\dfrac{t}{\sqrt{2}}\right)\left(2+\dfrac{t}{\sqrt{2}}\right)-(1^2+1\times 2)}{t}\\&=\lim_{t\to 0}\frac{\dfrac{5t}{\sqrt{2}}+t^2}{t}=\frac{5}{\sqrt{2}},\end{aligned}$$

即在 $(1,2)$ 处沿方向 $\boldsymbol{l}$ 的方向导数为 $\dfrac{5}{\sqrt{2}}$.

定理 1 若函数 $z=f(x,y)$ 在点 $M_0(x_0,y_0)$ 处可微, 则它在点 M_0 处沿任一方向 $\boldsymbol{l}$ 的方向导数都存在, 且有

$$\left.\frac{\partial z}{\partial \boldsymbol{l}}\right|_{M_0}=\left.\frac{\partial z}{\partial x}\right|_{M_0}\cos\alpha+\left.\frac{\partial z}{\partial y}\right|_{M_0}\cos\beta, \tag{7.6.1}$$

其中 $\cos\alpha,\cos\beta$ 是 $\boldsymbol{l}$ 的方向余弦.

证 因为 $f(x,y)$ 在 $M_0(x_0,y_0)$ 处可微, 所以

$$\begin{aligned}&f(x_0+t\cos\alpha,y_0+t\cos\beta)-f(x_0,y_0)\\=&f_x(x_0,y_0)t\cos\alpha+f_y(x_0,y_0)t\cos\beta+o(\sqrt{t^2(\cos^2\alpha+\cos^2\beta)})\\=&f_x(x_0,y_0)t\cos\alpha+f_y(x_0,y_0)t\cos\beta+o(|t|),\end{aligned}$$

于是

$$\begin{aligned}&\lim_{t\to 0}\frac{f(x_0+t\cos\alpha,y_0+t\cos\beta)-f(x_0,y_0)}{t}\\=&\lim_{t\to 0}[f_x(x_0,y_0)\cos\alpha+f_y(x_0,y_0)\cos\beta+\frac{o(|t|)}{t}]\\=&f_x(x_0,y_0)\cos\alpha+f_y(x_0,y_0)\cos\beta,\end{aligned}$$

所以 $\left.\dfrac{\partial z}{\partial \boldsymbol{l}}\right|_{M_0}$ 存在, 且

$$\left.\frac{\partial z}{\partial \boldsymbol{l}}\right|_{M_0}=\left.\frac{\partial z}{\partial x}\right|_{M_0}\cos\alpha+\left.\frac{\partial z}{\partial y}\right|_{M_0}\cos\beta.$$

上述定理不难推广到一般的 n 元函数.

例 2 设 $z=f(x,y)=xy^2, \boldsymbol{l}=\boldsymbol{i}-2\boldsymbol{j}$, 求 $f(x,y)$ 在 $(-3,1)$ 处沿方向 $\boldsymbol{l}$ 的方向导数.

解 $\boldsymbol{l}$ 的方向余弦为 $\cos\alpha=\dfrac{1}{\sqrt{5}}, \cos\beta=-\dfrac{2}{\sqrt{5}}$, 所以

$$\begin{aligned}\left.\frac{\partial z}{\partial \boldsymbol{l}}\right|_{(-3,1)}&=\left.\frac{\partial z}{\partial x}\right|_{(-3,1)}\cos\alpha+\left.\frac{\partial z}{\partial y}\right|_{(-3,1)}\cos\beta\\&=\left.y^2\right|_{(-3,1)}\cdot\frac{1}{\sqrt{5}}+\left.2xy\right|_{(-3,1)}\cdot\left(-\frac{2}{\sqrt{5}}\right)=\frac{13}{\sqrt{5}}.\end{aligned}$$

例 3 已知一点电荷位于坐标原点, 它所产生的电场中某一点 $M(x,y,z)$ 的电位 $u=\dfrac{kq}{r}$, 求电位沿方向 $\boldsymbol{l}=(\cos\alpha,\cos\beta,\cos\gamma)$ 的变化率, 其中 k 为常数, $r=\sqrt{x^2+y^2+z^2}$.

解

$$\begin{aligned}\frac{\partial u}{\partial \boldsymbol{l}}&=\frac{\partial u}{\partial x}\cos\alpha+\frac{\partial u}{\partial y}\cos\beta+\frac{\partial u}{\partial z}\cos\gamma\\&=\left(-\frac{kq}{r^2}\cdot\frac{x}{r}\right)\cos\alpha+\left(-\frac{kq}{r^2}\cdot\frac{y}{r}\right)\cos\beta+\left(-\frac{kq}{r^2}\cdot\frac{z}{r}\right)\cos\gamma\\&=-\frac{kq}{r^3}(x\cos\alpha+y\cos\beta+z\cos\gamma).\end{aligned}$$

7.6.2 梯度

定义 2 设函数 $z=f(x,y)$ 在点 $M_0(x_0,y_0)$ 处可微, 则称 $(f_x(x_0,y_0), f_y(x_0,y_0))$ 为函数 $z=f(x,y)$ 在点 $M_0(x_0,y_0)$ 处的梯度, 记作 $\mathbf{grad}\ f(x_0,y_0)$, 即

$$\mathbf{grad}\ f(x_0,y_0)=(f_x(x_0,y_0), f_y(x_0,y_0)).$$

由方向导数的计算公式 (7.6.1) 可知, 函数 $z=f(x,y)$ 在点 M_0 沿方向 $\boldsymbol{l}$ 的方向导数 $\left.\dfrac{\partial f}{\partial \boldsymbol{l}}\right|_{M_0}$ 就是函数 f 在 M_0 处的梯度 $\mathbf{grad}\ f$ 在方向 $\boldsymbol{l}$ 上的投影. 又因为

$$\begin{aligned}\left.\frac{\partial f}{\partial \boldsymbol{l}}\right|_{M_0}&=\mathbf{grad}\ f\cdot\boldsymbol{l}_0=|\mathbf{grad}\ f||\boldsymbol{l}_0|\cos(\widehat{\mathbf{grad}\ f,\boldsymbol{l}_0})\\&=|\mathbf{grad}\ f|\cos(\widehat{\mathbf{grad}\ f,\boldsymbol{l}_0}),\end{aligned}$$

其中 $\mathbf{grad}\ f$ 在 M_0 处取值, 所以当函数 f 及点 M_0 给定后, 方向导数与所取的方向 $\boldsymbol{l}$ 有关, 那么沿怎样的方向才可使方向导数取最大值呢? 最大值又是多少? 由上式可见, 当方向 $\boldsymbol{l}$ 与 $\mathbf{grad}\ f$ 的方向一致时, 方向导数取得最大值 $|\mathbf{grad}\ f|$. 由此可见, 梯度 $\mathbf{grad}\ f$ 的方向就是使函数 $z=f(x,y)$ 的方向导数取最大值的方向, 它的大小（模）恰好是方向导数所取得的最大值.

例 4 求函数 $f(x,y,z)=x^3-xy^2-z$ 在点 $M_0(1,1,0)$ 沿方向 $\boldsymbol{l}=2\boldsymbol{i}-3\boldsymbol{j}+6\boldsymbol{k}$ 的方向导数. 并指出 f 在点 M_0 沿哪个方向的方向导数最大, 这个最大的方向导数值是多少? 沿哪个方向减少得最快?

解 $|\boldsymbol{l}|=\sqrt{2^2+(-3)^2+6^2}=\sqrt{49}=7,\quad \boldsymbol{l}_0=\dfrac{\boldsymbol{l}}{|\boldsymbol{l}|}=\dfrac{2}{7}\boldsymbol{i}-\dfrac{3}{7}\boldsymbol{j}+\dfrac{6}{7}\boldsymbol{k}.$
f 在 M_0 处偏导数为

$$f_x=(3x^2-y^2)\,|_{(1,1,0)}=2,\quad f_y=-2xy\,|_{(1,1,0)}=-2,\quad f_z=-1.$$

f 在 M_0 处梯度为

$$\mathbf{grad}\ f\,|_{(1,1,0)}=2\boldsymbol{i}-2\boldsymbol{j}-\boldsymbol{k}.$$

因此 f 在 M_0 处沿 $\boldsymbol{l}$ 方向导数为

$$\begin{aligned}\left.\frac{\partial f}{\partial \boldsymbol{l}}\right|_{(1,1,0)}&=\mathbf{grad}\ f\,|_{(1,1,0)}\cdot\boldsymbol{l}_0=(2\boldsymbol{i}-2\boldsymbol{j}-\boldsymbol{k})\cdot\left(\frac{2}{7}\boldsymbol{i}-\frac{3}{7}\boldsymbol{j}+\frac{6}{7}\boldsymbol{k}\right)\\&=\frac{4}{7}+\frac{6}{7}-\frac{6}{7}=\frac{4}{7}.\end{aligned}$$

方向导数取得最大值的方向, 即梯度的方向 $\mathbf{grad}\ f=2\boldsymbol{i}-2\boldsymbol{j}-\boldsymbol{k}$, 最大值为

$$|\mathbf{grad}\ f|=\sqrt{2^2+(-2)^2+(-1)^2}=\sqrt{9}=3.$$

f 在 M_0 沿方向 $-\mathbf{grad}\ f=-2\boldsymbol{i}+2\boldsymbol{j}+\boldsymbol{k}$ 减小得最快.

根据梯度的定义, 可以推出梯度的运算法则 (其中 k_1,k_2 为任意常数, 函数 f,g 及 u 均可微):

(1) $\mathbf{grad}(k_1f\pm k_2g)=k_1\mathbf{grad}\ f\pm k_2\mathbf{grad}\ g$;

(2) $\mathbf{grad}(fg)=f\mathbf{grad}\ g+g\mathbf{grad}\ f$;

(3) $\mathbf{grad}\left(\dfrac{f}{g}\right)=\dfrac{1}{g^2}(g\mathbf{grad}\ f-f\mathbf{grad}\ g)\quad(g\neq0)$;

(4) $\mathbf{grad}f(u)=f'(u)\mathbf{grad}\ u$.

法则的证明留给读者.

习 题 7.6

1. 设函数 $z=\begin{cases}\dfrac{xy}{\sqrt{x^2+y^2}}, & x^2+y^2\neq0,\\ 0, & x^2+y^2=0,\end{cases}$ 试直接按定义求 z 在原点处沿方向 $\boldsymbol{l}$ 的方向导数.

2. 求下列函数在指定点处沿方向 $\boldsymbol{l}$ 的方向导数:

(1) $f(x,y)=2x^2-2xy+y^2+15, M_0(1,1),\boldsymbol{l}=-\dfrac{1}{\sqrt{2}}\boldsymbol{i}+\dfrac{1}{\sqrt{2}}\boldsymbol{j}$;

(2) $z=x^2-y^2, M_0(1,1),\boldsymbol{l}$ 与 x 轴正向夹角为 60°;

(3) $f(x,y)=\dfrac{x^2-y^2}{x^2+y^2}, M_0(3,4),\boldsymbol{l}=\dfrac{1}{2}\boldsymbol{i}-\dfrac{\sqrt{3}}{2}\boldsymbol{j}$;

(4) $f(x,y,z)=x^3y^2z, M_0(2,-1,2), \boldsymbol{l}=2\boldsymbol{i}-\boldsymbol{j}-2\boldsymbol{k}$;

(5) $u=xyz^2, M_0(x,y,z), \boldsymbol{l}=\boldsymbol{i}+\boldsymbol{j}+2\boldsymbol{k}$;

(6) $u=xyz, M_0(1,1,1), \boldsymbol{l}=(\cos\alpha,\cos\beta,\cos\gamma)$.

3. 求 $z=\ln(x+y)$ 在点 $(1,2)$ 处沿抛物线 $y^2=4x$ 在该点的切线方向的方向导数.

4. $\boldsymbol{a}=\boldsymbol{i}-\boldsymbol{j}, \boldsymbol{b}=3\boldsymbol{i}+3\boldsymbol{j}$, 若 $f(x,y)$ 可微, 且 $\left.\dfrac{\partial f}{\partial \boldsymbol{a}}\right|_{(1,2)}=6\sqrt{2}, \left.\dfrac{\partial f}{\partial \boldsymbol{b}}\right|_{(1,2)}=-2\sqrt{2}$, 求 $f_x(1,2), f_y(1,2)$.

5. 设函数 $f(x,y)=x^2+2y^2$ 描述温度在 Oxy 面上的分布 (温度单位: °C, 距离单位: m).

(1) 求在点 $(3,2)$ 沿与 x 轴正向成 $\dfrac{\pi}{6}$ 角方向的变化率;

(2) 函数 $f(x,y)$ 在点 $(3,2)$ 沿什么方向的方向导数达到最大, 并求出最大值.

6. 求函数 $u=\ln(x+\sqrt{y^2+z^2})$ 在点 $(1,0,1)$ 处的最大方向导数.

§7.7 微分法的几何应用

7.7.1 空间曲线的切线与法平面

设空间曲线的参数方程为

$$x=x(t),\quad y=y(t),\quad z=z(t), \tag{7.7.1}$$

其中 $x(t), y(t), z(t)$ 可微.

设曲线上对应于 $t=t_0$ 及 $t=t_0+\Delta t$ 的两点为 $M_0(x_0,y_0,z_0)$ 及 $M(x_0+\Delta x, y_0+\Delta y, z_0+\Delta z)$, 由解析几何知, 割线 M_0M 的方程为

$$\frac{x-x_0}{\Delta x}=\frac{y-y_0}{\Delta y}=\frac{z-z_0}{\Delta z}. \tag{7.7.2}$$

定义 1 当点 M 沿曲线趋近于 M_0 时, 割线 M_0M 的极限位置 M_0T 称为曲线在点 M_0 的**切线** (如图 7.5 所示).

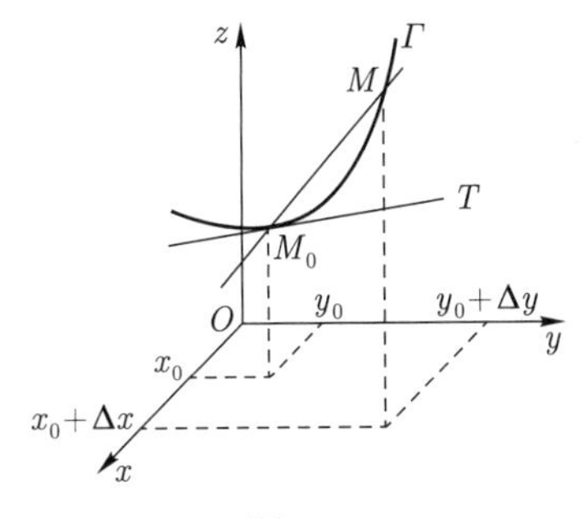

图 7.5

式 (7.7.2) 各项的分母同除以 Δt, 并令 $\Delta t\to 0$, 此时割线的方向向量 $\left(\dfrac{\Delta x}{\Delta t},\dfrac{\Delta y}{\Delta t},\dfrac{\Delta z}{\Delta t}\right)$ 的极限向量为 $(x'(t_0),y'(t_0),z'(t_0))$. 设 $x'(t_0),y'(t_0),z'(t_0)$ 不全为零, 则得曲线在点 M_0 的切线方程为

$$\frac{x-x_0}{x'(t_0)}=\frac{y-y_0}{y'(t_0)}=\frac{z-z_0}{z'(t_0)}. \tag{7.7.3}$$

若空间曲线方程 $y=y(x),z=z(x)$, 以 x 作为参数, 则曲线在 $M_0(x_0,y_0,z_0)$ 处的切线方程为

$$\frac{x-x_0}{1}=\frac{y-y_0}{y'(x_0)}=\frac{z-z_0}{z'(x_0)}. \tag{7.7.4}$$

曲线在点 M_0 的**法平面**定义为: 过 M_0 且与曲线在 M_0 处的切线垂直的平面. 于是当 $x'(t_0)$, $y'(t_0)$, $z'(t_0)$ 不全为零时, 曲线在 M_0 处的法平面方程为

$$x'(t_0)(x-x_0)+y'(t_0)(y-y_0)+z'(t_0)(z-z_0)=0. \tag{7.7.5}$$

当曲线方程为 $y=y(x),z=z(x)$ 时, 法平面方程为

$$x-x_0+y'(x_0)(y-y_0)+z'(x_0)(z-z_0)=0. \tag{7.7.6}$$

例 1 求曲线 $x=\mathrm{e}^t\sin t$, $y=\mathrm{e}^t\cos t$, $z=t$ 在点 $(0,1,0)$ 处的切线与法平面方程.

解 点 $(0,1,0)$ 对应于 $t=0$, 又

$$\begin{aligned}
x'(t)\Big|_{t=0}&=\mathrm{e}^t(\sin t+\cos t)\Big|_{t=0}=1,\\
y'(t)\Big|_{t=0}&=\mathrm{e}^t(\cos t-\sin t)\Big|_{t=0}=1,\\
z'(t)\Big|_{t=0}&=1,
\end{aligned}$$

故在点 $(0,1,0)$ 处的切线方程为

$$\frac{x}{1}=\frac{y-1}{1}=\frac{z}{1}.$$

法平面方程为

$$x+1\cdot(y-1)+z=0,$$

即

$$x+y+z=1.$$

例 2 求抛物柱面 $z=x^2$ 及圆柱面 $x^2+y^2=1$ 相交所成的空间曲线在点 $M_0\left(\dfrac{3}{5},\dfrac{4}{5},\dfrac{9}{25}\right)$ 处的切线及法平面方程.

解 将曲线用参数方程表示为

$$\begin{cases}
x=\cos\theta,\\
y=\sin\theta,\\
z=\cos^2\theta,
\end{cases}$$

则 $x'(\theta) = -\sin\theta, y'(\theta) = \cos\theta, z'(\theta) = -2\sin\theta\cos\theta$, 点 M_0 对应于 $\theta_0 = \arccos\dfrac{3}{5}$, 故

$$x'(\theta_0) = -\frac{4}{5}, \quad y'(\theta_0) = \frac{3}{5}, \quad z'(\theta_0) = -\frac{24}{25},$$

所以切线方程为

$$\frac{x - \frac{3}{5}}{-\frac{4}{5}} = \frac{y - \frac{4}{5}}{\frac{3}{5}} = \frac{z - \frac{9}{25}}{-\frac{24}{25}}.$$

法平面方程为

$$-\frac{4}{5}\left(x - \frac{3}{5}\right) + \frac{3}{5}\left(y - \frac{4}{5}\right) - \frac{24}{25}\left(z - \frac{9}{25}\right) = 0,$$

即

$$-20x + 15y - 24z + \frac{216}{25} = 0.$$

7.7.2 曲面的切平面与法线

定义 2 若曲面上过点 M_0 的任意一条光滑曲线在该点的切线都在同一平面上, 则这个平面就称为曲面在点 M_0 的**切平面**, 过点 M_0 与切平面垂直的直线称为曲面在点 M_0 的**法线**.

易见, 求点 M_0 的切平面与法线关键在于求切平面的法向量.

设曲面 Σ 的方程为

$$F(x, y, z) = 0,$$

其中 $F(x, y, z)$ 可微, 且三个偏导数不全为零.$M_0(x_0, y_0, z_0)$ 是 Σ 上一点, 过 M_0 点任作一条位于曲面 Σ 上的光滑曲线 l, 设其方程为

$$x = x(t), y = y(t), z = z(t),$$

$t = t_0$ 对应于 M_0. 由于 l 在曲面 Σ 上, 故

$$F(x(t), y(t), z(t)) = 0.$$

由全导数公式得

$$F_x(x_0, y_0, z_0)x'(t_0) + F_y(x_0, y_0, z_0)y'(t_0) + F_z(x_0, y_0, z_0)z'(t_0) = 0.$$

令 $\boldsymbol{n} = (F_x|_{M_0}, F_y|_{M_0}, F_z|_{M_0}), \boldsymbol{a} = (x'(t_0), y'(t_0), z'(t_0))$, 则上式可写为

$$\boldsymbol{n} \cdot \boldsymbol{a} = 0.$$

由于 $\boldsymbol{a}$ 为曲线 l 在 M_0 处的切线的方向向量, 而曲线 l 是曲面上任意一条过 M_0 的曲线, 因此上式表明, 过 M_0 的任一位于曲面上的曲线在 M_0 处的切线与 $\boldsymbol{n}$ 垂直, 而且切线都在过点 M_0 且以 $\boldsymbol{n}$ 为法向量的平面内, 故曲面在 M_0 处的切平面是存在的, 其方程为

$$F_x|_{M_0}(x - x_0) + F_y|_{M_0}(y - y_0) + F_z|_{M_0}(z - z_0) = 0. \tag{7.7.7}$$

曲面在 M_0 处的法线方程为

$$\frac{x-x_0}{F_x|_{M_0}}=\frac{y-y_0}{F_y|_{M_0}}=\frac{z-z_0}{F_z|_{M_0}}. \tag{7.7.8}$$

如果曲面 Σ 的方程为

$$z=f(x,y),$$

则只要令 $F(x,y,z)=f(x,y)-z$, 就有

$$F_x=f_x, F_y=f_y, F_z=-1,$$

此时, 曲面在点 $M_0(x_0,y_0,z_0)$ 处的切平面方程为

$$z-z_0=f_x(x_0,y_0)(x-x_0)+f_y(x_0,y_0)(y-y_0), \tag{7.7.9}$$

法线方程为

$$\frac{x-x_0}{f_x(x_0,y_0)}=\frac{y-y_0}{f_y(x_0,y_0)}=\frac{z-z_0}{-1}. \tag{7.7.10}$$

例 3 求曲面 $z=x^2+y^2-1$ 在点 $(2,1,4)$ 的切平面及法线方程.

解 $f(x,y)=x^2+y^2-1, f_x(x,y)=2x, f_y(x,y)=2y$, $f_x(2,1)=4, f_y(2,1)=2$, 所以切平面方程为

$$z-4=4(x-2)+2(y-1),$$

即

$$4x+2y-z=6.$$

法线方程为

$$\frac{x-2}{4}=\frac{y-1}{2}=\frac{z-4}{-1}.$$

切平面方程 (7.7.9) 可以改写为

$$z-z_0=f_x(x_0,y_0)\Delta x+f_y(x_0,y_0)\Delta y, \tag{7.7.11}$$

其中 $\Delta x=x-x_0, \Delta y=y-y_0$. 等式 (7.7.11) 的右端是函数 $z=f(x,y)$ 在点 $M_0(x_0,y_0)$ 的全微分 $\mathrm{d}z$, 而左端 $z-z_0$ 是切平面竖坐标的增量. 所以二元函数在一点的全微分, 在几何上表示二元函数在该点切平面竖坐标的增量. 这就是二元函数全微分的几何意义.

习 题 7.7

1. 求下列曲线在指定点处的切线及法平面方程:

(1) $x=\dfrac{t}{1+t}, y=\dfrac{1+t}{t}, z=t^2$ 在点 $t=1$ 处;

(2) $x=t-\sin t, y=1-\cos t, z=4\sin\dfrac{t}{2}$, 在点 $t=\dfrac{\pi}{2}$ 处;

(3) $y=x, z=x^2$, 在点 $(1,1,1)$ 处.

2. 在曲线 $x=t, y=t^2, z=t^3$ 上求一点使在该点的切线平行于平面 $x+2y+z=4$.

3. 证明螺旋线 $x=a\cos t, y=a\sin t, z=bt$ 的切线与 z 轴形成定角.

4. 求下列曲面在指定点处的切平面及法线方程:

(1) $3x^2+y^2-z^2=27$, 在点 $(3,1,1)$ 处;

(2) $z=\dfrac{x^2}{2}-y^2$, 在点 $(2,-1,1)$ 处;

(3) $z=\arctan\dfrac{y}{x}$, 在点 $\left(1,1,\dfrac{\pi}{4}\right)$ 处.

5. 在曲面 $z=xy$ 上求一点, 使这点处的法线垂直于平面 $x+3y+z+9=0$, 并写出法线方程.

6. 求曲面 $x^2+2y^2+3z^2=21$ 的平行于平面 $x+4y+6z=0$ 的切平面.

7. 证明曲面 $xy=z^2$ 与 $x^2+y^2+z^2=9$ 正交（即交线上任一点处两个曲面的法向量互相垂直）.

8. 证明曲面 $f(x,y,z)=x^2+y^2-8z-8=0$ 与曲面 $g(x,y,z)=x^2+y^2+8z-8=0$ 在它们交线上各点处有相同的交角（两曲面的交角是指这两个曲面在该点处的两切平面的夹角）, 并求此交角.

9. 设空间曲线 C 是空间曲面 $f(x,y,z)=0, g(x,y,z)=0$ 的交线, P 是曲线 C 上一点, 求曲线 C 在 P 点处的切线方程和法平面方程.

10. 求曲线 $\begin{cases} x^2+y^2+z^2-3x=0, \\ 2x-3y+5z-4=0 \end{cases}$ 在点 $(1,1,1)$ 处的切线方程.

11. 设 $F(u,v)$ 可微, 试证曲面 $F(cx-az, cy-bz)=0$ 上各点的法向量总垂直于常向量, 并指出此曲面的特征.

§7.8 多元函数的 Taylor 公式与极值

7.8.1 多元函数的 Taylor 公式

之前我们对于一元函数建立了 Taylor 公式. 对多元函数来说, 也有类似的结果. 下面我们只讨论二元函数的 Taylor 公式.

为叙述简便, 在下面的讨论中, 令 $h=x-x_0, k=y-y_0$, 并引进微分运算符号

$$\left(h\frac{\partial}{\partial x}+k\frac{\partial}{\partial y}\right)f(x,y)=\frac{\partial f(x,y)}{\partial x}h+\frac{\partial f(x,y)}{\partial y}k,$$

$$\left(h\frac{\partial}{\partial x}+k\frac{\partial}{\partial y}\right)^2 f(x,y)=\frac{\partial^2 f(x,y)}{\partial x^2}h^2+2\frac{\partial^2 f(x,y)}{\partial x\partial y}hk+\frac{\partial^2 f(x,y)}{\partial y^2}k^2,$$

$$\cdots$$

$$\left(h\frac{\partial}{\partial x}+k\frac{\partial}{\partial y}\right)^m f(x,y)=\sum_{i=0}^{m}\mathrm{C}_m^i\frac{\partial^m f(x,y)}{\partial x^i\partial y^{m-i}}h^i k^{m-i}\qquad(m=1,2,\cdots,n+1).$$

定理 1 设二元函数 f 在点 $M_0(x_0,y_0)$ 的某个邻域 $N(M_0)$ 内有 $n+1$ 阶连续偏导数, $M(x,y)$ 是该邻域内任一点, 则有

$$f(x,y)=f(x_0,y_0)+\left(h\frac{\partial}{\partial x}+k\frac{\partial}{\partial y}\right)f(x_0,y_0)+\frac{1}{2!}\left(h\frac{\partial}{\partial x}+k\frac{\partial}{\partial y}\right)^2 f(x_0,y_0)+\cdots+\frac{1}{n!}\left(h\frac{\partial}{\partial x}+k\frac{\partial}{\partial y}\right)^n f(x_0,y_0)+\frac{1}{(n+1)!}\left(h\frac{\partial}{\partial x}+k\frac{\partial}{\partial y}\right)^{n+1} f(x_0+\theta h,y_0+\theta k) \tag{7.8.1}$$

$(0<\theta<1)$,

其中 $h=x-x_0, k=y-y_0$. (7.8.1) 式称为二元函数 $f(x,y)$ 在点 $M_0(x_0,y_0)$ 处带有 Lagrange 余项的 n 阶 **Taylor 公式**.

证 设

$$\varphi(t)=f(x_0+ht,y_0+kt),\quad 0\leqslant t\leqslant 1.$$

由已知条件知函数 $\varphi(t)$ 在 $[0,1]$ 上存在 $n+1$ 阶连续导数, 函数 $\varphi(t)$ 的 n 阶 Maclaurin 公式是

$$\varphi(t)=\varphi(0)+\varphi'(0)t+\frac{1}{2!}\varphi''(0)t^2+\cdots+\frac{1}{n!}\varphi^{(n)}(0)t^n+\frac{1}{(n+1)!}\varphi^{(n+1)}(\theta t)t^{n+1},\quad 0<\theta<1.$$

令 $t=1$, 有

$$\varphi(1)=\varphi(0)+\varphi'(0)+\frac{1}{2!}\varphi''(0)+\cdots+\frac{1}{n!}\varphi^{(n)}(0)+\frac{1}{(n+1)!}\varphi^{(n+1)}(\theta),\quad 0<\theta<1. \tag{7.8.2}$$

由复合函数的微分法则得

$$\begin{aligned}\varphi'(t)&=h\frac{\partial f}{\partial x}(x_0+ht,y_0+kt)+k\frac{\partial f}{\partial y}(x_0+ht,y_0+kt)\\&=\left(h\frac{\partial}{\partial x}+k\frac{\partial}{\partial y}\right)f(x_0+ht,y_0+kt),\\ \varphi''(t)&=\left(h\frac{\partial}{\partial x}+k\frac{\partial}{\partial y}\right)\left[\left(h\frac{\partial}{\partial x}+k\frac{\partial}{\partial y}\right)f(x_0+ht,y_0+kt)\right]\\&=\left(h\frac{\partial}{\partial x}+k\frac{\partial}{\partial y}\right)^2 f(x_0+ht,y_0+kt),\end{aligned}$$

由数学归纳法可得

$$\varphi^{(m)}(t)=\left(h\frac{\partial}{\partial x}+k\frac{\partial}{\partial y}\right)^m f(x_0+ht,y_0+kt).$$

令 $t=0$, 有

$$\varphi^{(m)}(0)=\left(h\frac{\partial}{\partial x}+k\frac{\partial}{\partial y}\right)^m f(x_0,y_0),\quad m=1,2,\cdots,n.$$

又

$$\varphi^{(n+1)}(\theta)=\left(h\frac{\partial}{\partial x}+k\frac{\partial}{\partial y}\right)^{n+1} f(x_0+\theta h,y_0+\theta k),$$

将以上两式一起代入 (7.8.2) 式, 即得带有 Lagrange 余项的 n 阶 Taylor 公式 (7.8.1).

特别, 零阶 Taylor 公式为

$$f(x_0+h,y_0+k)=f(x_0,y_0)+hf_x(x_0+\theta h,y_0+\theta k)+kf_y(x_0+\theta h,y_0+\theta k),\quad 0<\theta<1,$$

称为二元函数 $f(x,y)$ 的中值公式.

一阶 Taylor 公式为

$$f(x_0+h,y_0+k)=f(x_0,y_0)+hf_x(x_0,y_0)+kf_y(x_0,y_0)+\frac{1}{2}\left(h\frac{\partial}{\partial x}+k\frac{\partial}{\partial y}\right)^2 f(x_0+\theta h,y_0+\theta k),\qquad 0<\theta<1.$$

若取 $(x_0,y_0)=(0,0)$, 则得

$$f(x,y)=f(0,0)+\sum_{m=1}^{n}\frac{1}{m!}\left(x\frac{\partial}{\partial x}+y\frac{\partial}{\partial y}\right)^m f(0,0)+\frac{1}{(n+1)!}\left(x\frac{\partial}{\partial x}+y\frac{\partial}{\partial y}\right)^{n+1} f(\theta x,\theta y),\qquad 0<\theta<1. \tag{7.8.3}$$

(7.8.3) 式称为二元函数 $f(x,y)$ 的 n 阶 **Maclaurin 公式**.

例 1 用函数 $f(x,y)=\sin x\sin y$ 的二阶 Maclaurin 公式计算 $f(0.04,0.03)$.

解

$$f(0,0)=\sin x\sin y\,|_{(0,0)}=0,\quad f_x(0,0)=\cos x\sin y\,|_{(0,0)}=0,$$

$$f_y(0,0)=\sin x\cos y\,|_{(0,0)}=0,\quad f_{xy}(0,0)=\cos x\cos y\,|_{(0,0)}=1,$$

$$f_{xx}(0,0)=-\sin x\sin y\,|_{(0,0)}=0,\quad f_{yy}(0,0)=-\sin x\sin y\,|_{(0,0)}=0,$$

于是

$$\begin{aligned}f(x,y)&=f(0,0)+(xf_x(0,0)+yf_y(0,0))+\frac{1}{2}(x^2f_{xx}(0,0)+2xyf_{xy}(0,0)+y^2f_{yy}(0,0))+r_2\\&=0+0\cdot x+0\cdot y+\frac{1}{2}(x^2\cdot 0+2xy\cdot 1+y^2\cdot 0)+r_2=xy+r_2,\end{aligned}$$

其中 r_2 为二阶 Maclaurin 公式的余项. 在 $f(x,y)$ 中取 $x=0.04, y=0.03$, 由于 $|x|$ 和 $|y|$ 都较小, 略去余项 r_2.

故 $f(0.04,0.03)$ 二阶近似为

$$f(0.04,0.03)\approx 0.04\times 0.03=0.0012.$$

以上关于二元函数 Taylor 公式的一些结果, 可以平行地推广到 n 元函数, 这里不再列出.

7.8.2 多元函数的极值

下面我们把一元函数的极值问题推广到多元函数中来, 并建立多元函数取得极值的必要条件与充分条件. 关于极值点的求法, 我们仅就二元函数的情形进行讨论.

定义 1 设 $f(M)$ 是点 M_0 的某个邻域 U 上的函数, 对于任意的点 $M\in U$, 如果有 $f(M)\geqslant f(M_0)$, 就称函数 $f(M)$ 在点 M_0 有**极小值**$f(M_0)$; 如果 $f(M)\leqslant f(M_0)$, 则称函数 $f(M)$ 在点 M_0 有**极大值**$f(M_0)$. 极大值、极小值统称为**极值**, 使函数取得极值的点 M_0 称为**极值点**.

例如, 二元函数 $z=\sqrt{x^2+y^2}$ 在点 $(0,0)$ 取得极小值 0, 而 $z=\sqrt{1-x^2-y^2}$ 在 $(0,0)$ 取得极大值 1. 它们在极值点附近对应的曲面分别呈现出“谷”和“峰”, 见图 7.6.

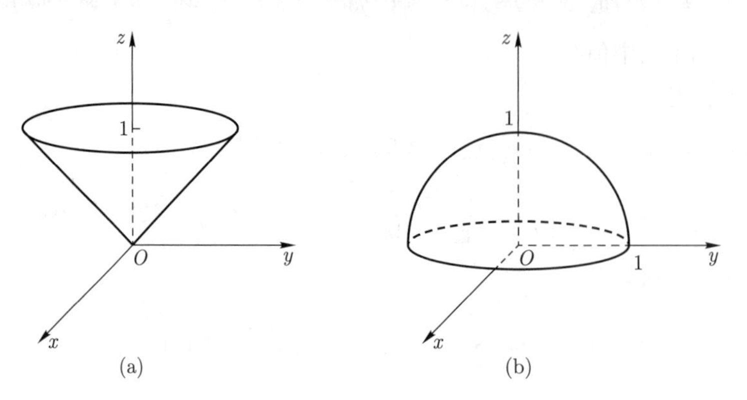

图 7.6

如果二元函数 $z=f(x,y)$ 在 (x_0,y_0) 处的偏导数存在, 且在 (x_0,y_0) 处有极值, 则对于曲面 $z=f(x,y)$ 上过点 $M_0(x_0,y_0,f(x_0,y_0))$ 的任一条光滑曲线, M_0 是其局部最高点或局部最低点. 由于 $\begin{cases} z=f(x,y_0), \\ y=y_0 \end{cases}$ 与 $\begin{cases} z=f(x_0,y), \\ x=x_0 \end{cases}$ 是曲面上两条过 M_0 的曲线, 所以一元函数 $z=f(x,y_0)$ 应在 $x=x_0$ 处取极值, 而 $z=f(x_0,y)$ 在 $y=y_0$ 处取极值. 由一元函数极值的必要条件有

$$f_x(x_0,y_0)=f_y(x_0,y_0)=0.$$

一般地, 我们有如下定理.

定理 2 (极值存在的必要条件) 设可微函数 $z=f(x,y)$ 在点 $M_0(x_0,y_0)$ 有极值, 则必有 $\mathbf{grad}\ f(M_0)=\mathbf{0}$, 即

$$f_x(x_0,y_0)=0, \qquad f_y(x_0,y_0)=0.$$

我们把使函数 f 的梯度为零的点 (x,y), 即 $f_x(x,y)=0, f_y(x,y)=0$ 同时成立的点 (x,y) 称为函数 f 的**驻点**. 上述定理指出, 二元函数的可能极值点是驻点与偏导数不存在的点.

可微函数的极值点一定是驻点. 反之, 函数的驻点却不一定是函数的极值点. 例如, 函数 $z=x^2-y^2$, $(0,0)$ 是它的驻点, 而 $(0,0)$ 不是其极值点, 因为 $z(0,y)=-y^2<0, z(x,0)=x^2>0$, 所以在 $(0,0)$ 的任一邻域内既有使函数值大于零的点, 又有使函数值小于零的点, 因而 $z(0,0)=0$ 既不是函数的极大值, 也不是极小值, 故 $(0,0)$ 不是极值点.

同时注意, 极值点未必是驻点, 偏导数不存在的点, 也是另一类可能的极值点. 例如, $z=f(x,y)=\sqrt{x^2+y^2}$ 在 $(0,0)$ 处偏导数不存在, 而 $(0,0)$ 为极小值点 $(f(x,y)\geqslant f(0,0))$.

如何判断函数的驻点是否是极值点呢? 对于二元函数我们有如下定理.

定理 3 (二元函数极值存在的充分条件) 设函数 $u=f(x,y)$ 在它的驻点 $M_0(x_0,y_0)$ 的某个邻域内有二阶连续偏导数, 记

$$A=f_{xx}(x_0,y_0),\quad B=f_{xy}(x_0,y_0),\quad C=f_{yy}(x_0,y_0),$$

则

(1) 当 $\Delta=\begin{vmatrix}A & B\\ B & C\end{vmatrix}=AC-B^2>0$ 时, (x_0,y_0) 为函数 f 的极值点, 且当 $A>0$ 时, $f(x_0,y_0)$ 是极小值; 当 $A<0$ 时, $f(x_0,y_0)$ 是极大值.

(2) 当 $\Delta=\begin{vmatrix}A & B\\ B & C\end{vmatrix}=AC-B^2<0$ 时, (x_0,y_0) 不是函数 f 的极值点.

(3) 当 $\Delta=\begin{vmatrix}A & B\\ B & C\end{vmatrix}=AC-B^2=0$ 时, 不能判定 (x_0,y_0) 是否是函数 f 的极值点.

证 $f(x,y)$ 在 $M_0(x_0,y_0)$ 处的带有 Lagrange 余项的一阶 Taylor 公式为

$$\begin{aligned}f(x,y)=f(x_0,y_0)+&\left((x-x_0)\frac{\partial}{\partial x}+(y-y_0)\frac{\partial}{\partial y}\right)f(x_0,y_0)+\\ &\frac{1}{2}\left((x-x_0)\frac{\partial}{\partial x}+(y-y_0)\frac{\partial}{\partial y}\right)^2 f(x_0+\theta(x-x_0),y_0+\theta(y-y_0)),\qquad 0<\theta<1,\end{aligned}$$

因为 $M_0(x_0,y_0)$ 是函数 f 的驻点, 所以 $f_x(x_0,y_0)=f_y(x_0,y_0)=0$. 记矩阵

$$\boldsymbol{H}_f(M)=\begin{pmatrix}\dfrac{\partial^2 f}{\partial x^2}(x,y) & \dfrac{\partial^2 f}{\partial x\partial y}(x,y)\\ \dfrac{\partial^2 f}{\partial x\partial y}(x,y) & \dfrac{\partial^2 f}{\partial y^2}(x,y)\end{pmatrix},$$

称该矩阵为函数 f 在点 $M(x,y)$ 处的 **Hesse (黑塞) 矩阵**. 于是上式可写成

$$\begin{aligned}f(x,y)-f(x_0,y_0)&=\frac{1}{2}(x-x_0,y-y_0)\begin{pmatrix}\dfrac{\partial^2 f}{\partial x^2} & \dfrac{\partial^2 f}{\partial x\partial y}\\ \dfrac{\partial^2 f}{\partial x\partial y} & \dfrac{\partial^2 f}{\partial y^2}\end{pmatrix}_{M^*}\begin{pmatrix}x-x_0\\ y-y_0\end{pmatrix}\\ &=\frac{1}{2}(x-x_0,y-y_0)\boldsymbol{H}_f(M^*)\begin{pmatrix}x-x_0\\ y-y_0\end{pmatrix},\end{aligned}\tag{7.8.4}$$

其中 M^* 的坐标为 $(x_0+\theta(x-x_0),y_0+\theta(y-y_0))$.

(1) 当 $AC-B^2>0, A>0$ 时, $\boldsymbol{H}_f(M_0)$ 正定, 因为 $f(x,y)$ 的二阶偏导数在 M_0 的某个邻域内连续, 所以当 M^* 与 M_0 充分接近时, 矩阵 $\boldsymbol{H}_f(M^*)$ 也正定, 因而由 7.8.4 式可以推出, 在点 $M_0(x_0,y_0)$ 的某个邻域中, 恒有 $f(x,y)-f(x_0,y_0)>0$, 所以 $f(x_0,y_0)$ 是极小值.

当 $AC-B^2>0, A<0$ 时, 类似分析可知 $\boldsymbol{H}_f(M^*)$ 负定, 从而 $f(x_0,y_0)$ 是极大值.

(2) 当 $AC-B^2<0$ 时, $\boldsymbol{H}_f(M_0)$ 既非正定, 也非负定, 因此在 $M_0(x_0,y_0)$ 的邻域内, $\boldsymbol{H}_f(M^*)$ 既非正定, 也非负定, 由代数中有关二次型的知识可以推出 $f(x,y)-f(x_0,y_0)$ 的符号也是不定的, 即 $M_0(x_0,y_0)$ 不是极值点.

(3) 当 $AC-B^2=0$ 时, 仅仅根据 $f(x,y)$ 的一阶 Taylor 公式, 不足以判定 M_0 是否是极值点.

例 2 求函数 $z=x^3-4x^2+2xy-y^2$ 的极值.

解 由方程组 $\dfrac{\partial z}{\partial x}=3x^2-8x+2y=0,\quad \dfrac{\partial z}{\partial y}=2x-2y=0$, 解得函数的驻点为 $(0,0)$ 及 $(2,2)$. 又 $z_{xx}=6x-8,\quad z_{xy}=2,\quad z_{yy}=-2$.

在点 $(0,0)$ 处, $A=-8<0, B=2, C=-2, \Delta=AC-B^2=12>0$. 故 (0,0) 为极大点, 极大值为 $z(0,0)=0$.

在点 $(2,2)$ 处, $A=4, B=2, C=-2, \Delta=-12<0$, 故点 $(2,2)$ 不是极值点.

7.8.3 最大值和最小值

由连续函数的性质知, 有界闭区域上的连续函数必有最大值和最小值, 而取最大、最小值的点可能是区域内取得极值的点 (即函数的驻点或偏导数不存在的点) 或区域的边界点, 因而求多元函数在有界闭区域上的最大（小）值时只要求出函数在区域内的极大 (小) 值以及函数在区域边界上最大（小）值, 那么这些值中最大（小）者, 就是所求的最大（小）值.

例 3 在以 $O(0,0)$, $A(9,0)$ 和 $B(0,9)$ 为顶点的三角形所围成的闭区域上求函数

$$f(x,y)=2+2x+2y-x^2-y^2$$

的最大（小）值.

解 由于 f 在三角形闭区域上可微, 故一定可以在三角形闭区域上取到最大（小）值, 而可能取得最值的点为区域内部 f 的驻点或边界点.

为求区域内部可能取得最值的点, 令

$$f_x=2-2x=0,\qquad f_y=2-2y=0,$$

得到驻点 $(1,1)$, 驻点处的函数值为 $f(1,1)=4$.

下面求函数在区域边界上可能取得最值的点.

在 $OA: y=0$ 上, 函数变为

$$f(x,y)=f(x,0)=2+2x-x^2,$$

这是关于 x 在闭区间 $[0,9]$ 上一元函数. 该一元函数的可能取得最值点为端点 $x=0$, $x=9$, 以及驻点 $x=1$. 对应的函数值为

$$f(0,0)=2,\quad f(9,0)=-61,\quad f(1,0)=3.$$

在 $OB: x=0$ 上,

$$f(x,y)=f(0,y)=2+2y-y^2.$$

同样讨论, 可得函数可能取得的最值为

$$f(0,0)=2,\quad f(0,9)=-61,\quad f(0,1)=3.$$

在 $AB: y=9-x$ 上,

$$f(x,y)=2+2x+2(9-x)-x^2-(9-x)^2=-61+18x-2x^2.$$

只需要讨论 AB 上的点. 令 $f'(x,9-x)=18-4x=0$, 得到 $x=\frac{9}{2}$. 对应 $y=\frac{9}{2}$, $f\left(\frac{9}{2},\frac{9}{2}\right)=-\frac{41}{2}$.

比较上述函数值得, 函数在 $(1,1)$ 处取得最大值 4, 在 $(0,9)$ 和 $(9,0)$ 处取得最小值 -61.

7.8.4 条件极值——Lagrange 乘数法

在实际问题中常常会遇到对自变量附加一定条件的极值问题. 例如, 求表面积为 a^2 而体积为最大的长方体的体积问题. 设长方体的三条棱长分别为 x,y,z, 则体积 $V=xyz$, 但自变量 x,y,z 还必须满足附加条件 $2(xy+yz+zx)=a^2$. 像这种对自变量有附加条件的函数的极值问题称为**条件极值**, 而对自变量除了限制在函数的定义域内以外, 无附加条件的函数的**极值**问题称为**无条件极值**.

对于有些条件极值, 可以利用**附加条件**(亦称约束条件) 化为无条件极值. 但在很多情况下, 将条件极值化为无条件极值往往比较复杂甚至相当困难. 下面介绍一种直接寻求条件极值的方法——Lagrange 乘数法.

我们来讨论函数 $u=f(x,y,z)$ 在约束条件 $\varphi(x,y,z)=0$ 下取得极值的必要条件.

设 $\varphi(x,y,z), f(x,y,z)$ 在所考虑的区域内有连续偏导数, 且 $\varphi(x,y,z)$ 的偏导数不全为零, 不妨设 $\varphi_z\neq 0$, 于是由 $\varphi(x,y,z)=0$ 确定了 z 是 x,y 的函数 $z=\psi(x,y)$. 这样, u 就是 x,y 的复合函数 $u=f(x,y,z(x,y))$, 这时求条件极值就转变为求 $u=f(x,y,z(x,y))$ 的无条件极值. 由极值的必要条件有

$$\begin{cases}\dfrac{\partial u}{\partial x}=f_x+f_z z_x=0,\\ \dfrac{\partial u}{\partial y}=f_y+f_z z_y=0,\end{cases}\tag{7.8.5}$$

又由 $\varphi(x,y,z)=0$, 根据隐函数微分法得

$$\begin{cases}\varphi_x+\varphi_z z_x=0,\\ \varphi_y+\varphi_z z_y=0.\end{cases}\tag{7.8.6}$$

由 (7.8.6) 解出 z_x, z_y, 代入 (7.8.5) 得

$$\begin{cases}f_x\varphi_z-f_z\varphi_x=0,\\ f_y\varphi_z-f_z\varphi_y=0.\end{cases}\tag{7.8.7}$$

令 $\lambda=-\frac{f_z}{\varphi_z}$, 则可以将 (7.8.7) 写成如下对称形式

$$\begin{cases}f_x+\lambda\varphi_x=0,\\ f_y+\lambda\varphi_y=0,\\ f_z+\lambda\varphi_z=0,\\ \varphi(x,y,z)=0.\end{cases}\tag{7.8.8}$$

由 (7.8.8) 解出 x, y, z 及 λ, 即求出可能取得极值的点 (x, y, z).

$$L(x,y,z) = f(x,y,z) + \lambda\varphi(x,y,z),$$

其中 λ 为待定常数, 称为 **Lagrange 乘数**. 令 $L(x,y,z)$ 关于 x, y, z 的偏导数分别为 0, 并与 $\varphi(x,y,z) = 0$ 联立, 恰为方程组 (7.8.8).

综合上面的讨论得出求条件极值的方法 (**Lagrange 乘数法**) 如下:

(1) 作辅助函数 $L(x,y,z) = f(x,y,z) + \lambda\varphi(x,y,z)$;

(2) 求 $L(x,y,z)$ 对 x, y, z 的一阶偏导数, 并使之为零, 得

$$\begin{cases} L_x(x,y,z,\lambda) = f_x(x,y,z) + \lambda\varphi_x(x,y,z) = 0, \\ L_y(x,y,z,\lambda) = f_y(x,y,z) + \lambda\varphi_y(x,y,z) = 0, \\ L_z(x,y,z,\lambda) = f_z(x,y,z) + \lambda\varphi_z(x,y,z) = 0; \end{cases}$$

(3) 将上面的方程组与 $\varphi(x,y,z) = 0$ 联立解出 x, y, z 及 λ, 其中 (x, y, z) 就是函数 $u = f(x,y,z)$ 在条件 $\varphi(x,y,z) = 0$ 下可能取得极值的点.

如果由问题的实际意义知其存在条件极值, 且只有唯一的驻点, 则该驻点就是所求的极值点.

一般地, Lagrange 乘数法可推广到 n 元函数上去. 求 n 元函数 $f(x_1, x_2, \cdots, x_n)$ 在 m 个 $(m < n)$ 约束条件

$$\varphi_1(x_1, x_2, \cdots, x_n) = 0, \varphi_2(x_1, x_2, \cdots, x_n) = 0, \cdots, \varphi_m(x_1, x_2, \cdots, x_n) = 0$$

下的极值, 只要作出辅助函数

$$L(x_1, x_2, \cdots, x_n, \lambda_1, \cdots, \lambda_m) = f(x_1, x_2, \cdots, x_n) + \sum_{k=1}^{m} \lambda_k \varphi_k(x_1, x_2, \cdots, x_n),$$

再分别对 $n + m$ 个自变量求偏导数并解方程组

$$\begin{cases} \dfrac{\partial L}{\partial x_i} = \dfrac{\partial f}{\partial x_i} + \displaystyle\sum_{k=1}^{m} \lambda_k \dfrac{\partial \varphi_k}{\partial x_i} = 0, \\ \varphi_l = 0 \end{cases} (i = 1, 2, \cdots, n; l = 1, 2, \cdots, m).$$

求出 $x_i, \lambda_j (i = 1, 2, \cdots, n; j = 1, 2, \cdots, m)$, 则 $(x_1, x_2, \cdots, x_n)$ 就是 $f(x_1, x_2, \cdots, x_n)$ 在 m 个附加条件 $\varphi_1 = 0, \cdots, \varphi_m = 0$ 下可能取得极值的点.

例 4 设 $x_1, x_2, \cdots, x_n$ 是 n 个非负实数, 求函数 $f(x_1, x_2, \cdots, x_n) = x_1 x_2 \cdots x_n$ 在条件 $x_1 + x_2 + \cdots + x_n = a$ (a 为常数) 下的极值.

解 作辅助函数

$$L(x_1, x_2, \cdots, x_n) = x_1 x_2 \cdots x_n + \lambda(x_1 + x_2 + \cdots + x_n - a),$$

求 L 对 $x_1,x_2,\cdots,x_n,\lambda$ 的偏导数, 并使之为零, 得

$$\begin{cases} L_{x_1}=x_2x_3\cdots x_n+\lambda=0,\\ L_{x_2}=x_1x_3\cdots x_n+\lambda=0,\\ \cdots\cdots\cdots\cdots\\ L_{x_n}=x_1x_2\cdots x_{n-1}+\lambda=0,\\ x_1+x_2+\cdots+x_n=a,\end{cases}$$

解得

$$x_1=x_2=\cdots=x_n=\frac{a}{n},\qquad \lambda=-\left(\frac{a}{n}\right)^{n-1}.$$

在驻点处, $f\left(\frac{a}{n},\frac{a}{n},\cdots,\frac{a}{n}\right)=\left(\frac{a}{n}\right)^n$; 在函数 f 的定义域的边界上, 总有某个 $x_i=0$, 从而在整个边界上 $f(x_1,x_2,\cdots,x_n)=0$, 所以 $f(x_1,x_2,\cdots,x_n)$ 的最大值为 $\left(\frac{a}{n}\right)^n$. 由此得

$$x_1x_2\cdots x_n\leqslant\left(\frac{a}{n}\right)^n=\left(\frac{x_1+x_2+\cdots+x_n}{n}\right)^n,$$

即

$$\sqrt[n]{x_1x_2\cdots x_n}\leqslant\frac{x_1+x_2+\cdots+x_n}{n},$$

这正是我们所熟知的重要不等式, 即 n 个正数的几何平均值不大于它的算术平均值.

例 5 求原点到椭圆 $\begin{cases} z=x^2+y^2,\\ x+y+z=1\end{cases}$ 的最长和最短的距离.

解 设 (x,y,z) 是椭圆上任一点, 问题可化为函数

$$f(x,y,z)=x^2+y^2+z^2$$

在条件

$$x^2+y^2-z=0,x+y+z-1=0$$

下的条件极值问题. 作辅助函数

$$L(x,y,z)=x^2+y^2+z^2+\lambda(x^2+y^2-z)+\mu(x+y+z-1),$$

求 L 对 x,y,z,λ,μ 的偏导数, 并使之为零, 得

$$\begin{cases} \dfrac{\partial L}{\partial x}=2x+2\lambda x+\mu=0,\\ \dfrac{\partial L}{\partial y}=2y+2\lambda y+\mu=0,\\ \dfrac{\partial L}{\partial z}=2z-\lambda+\mu=0,\\ x^2+y^2=z,\\ x+y+z=1.\end{cases}$$

解得

$$x=y=\frac{-1\pm\sqrt{3}}{2}, z=2\mp\sqrt{3},$$

代入函数 $f(x,y,z)$ 中, 求得函数值 $f=9\mp5\sqrt{3}$. 所以所求最长距离为 $\sqrt{9+5\sqrt{3}}$, 最短距离为 $\sqrt{9-5\sqrt{3}}$.

习 题 7.8

1. 求函数 $f(x,y)=1-\mathrm{e}^{-x^2-2y^2}$ 在 $(0,0)$ 处的二阶 Taylor 公式, 用它计算 $f(0.05,-0.06)$ 的近似值.

2. 求函数 $f(x,y)=x^y$ 在 $(1,2)$ 处的二阶 Taylor 公式, 用它计算 $1.04^{1.98}$ 的近似值.

3. 求下列函数的极值:

(1) $z=x^2+(y-1)^2$;　　(2) $z=xy(a-x-y)$;

(3) $z=1-\sqrt{x^2+y^2}$;　　(4) $z=\mathrm{e}^{2x}(x+y^2+2y)$.

4. 求下列各式所确定的隐函数 $z=z(x,y)$ 的极值:

(1) $x^2+y^2+z^2-2x+2y+4z-10=0$;

(2) $x^2+y^2+z^2-xz-yz+2x+2y+2z-2=0$.

5. 求下列函数在指定条件下的极值:

(1) $z=xy$, 若 $x+y=1$;

(2) $u=x-2y+2z$, 若 $x^2+y^2+z^2=1$.

6. 求下列函数在指定有界闭区域上的最值:

(1) $f(x,y)=2x^2-4x+y^2-4y+1$ 在由 $x=0, y=2, y=2x$ 所围成的三角形闭区域上;

(2) $f(x,y)=x^2-xy+y^2+1$ 在由 $x=0, y=4, y=x$ 所围成的三角形闭区域上;

7. 求曲面 $z=x^2+y^2(x^2+y^2\leqslant 2x)$ 与平面 $x+y-z=1$ 的最长与最短距离.

8. 求抛物线 $y=x^2$ 与直线 $x-y-2=0$ 之间的最短距离.

9. 在半径为 1 的半球内, 求体积最大的内接长方体的边长.

10. 求体积为 $16\pi\ \mathrm{cm}^3$ 的圆柱体的底边圆半径和高, 使得其表面积最小.

11. 由平面 $2y+4z=5$ 和锥面 $z^2=4x^2+4y^2$ 相交的得到一曲线. 求曲线上点, 使得它到原点的距离最短.

12. 一平面薄铁片上温度函数为 $T(x,y)=4x^2-4xy+y^2$. 一只蚂蚁在以原点为心, 半径为 5 的圆周上爬行. 问蚂蚁碰到的最高温度和最低温度是多少?

§7.9 向量值函数的微分法

本节将多元数量值函数的微分概念和计算推广到向量值函数. 考虑定义在开区域 $\Omega\subset\mathbb{R}^n$ 内, 取值于 $\mathbb{R}^m$ 的 n 元 m 维向量值函数

$$\boldsymbol{f}:\Omega\to\mathbb{R}^m,$$

记

$$\boldsymbol{x}=(x_1,x_2,\cdots,x_n)^{\mathrm{T}},\boldsymbol{y}=(y_1,y_2,\cdots,y_m)^{\mathrm{T}},\boldsymbol{f}=(f_1,f_2,\cdots,f_m)^{\mathrm{T}}.$$

向量值函数 $\boldsymbol{y}=\boldsymbol{f}(\boldsymbol{x})$ 可以用分量表示为

$$\begin{cases} y_1=f_1(x_1,x_2,\cdots,x_n),\\ y_2=f_2(x_1,x_2,\cdots,x_n),\\ \cdots\cdots\cdots\cdots\\ y_m=f_m(x_1,x_2,\cdots,x_n),\end{cases}$$

若 $f_i(i=1,2,\cdots,m)$ 可微, 则有

$$\mathrm{d}y_i=\frac{\partial f_i}{\partial x_1}\mathrm{d}x_1+\frac{\partial f_i}{\partial x_2}\mathrm{d}x_2+\cdots+\frac{\partial f_i}{\partial x_n}\mathrm{d}x_n\quad(i=1,2,\cdots,m),$$

按矩阵乘法, 上式可表示为

$$\begin{pmatrix}\mathrm{d}y_1\\ \mathrm{d}y_2\\ \vdots\\ \mathrm{d}y_m\end{pmatrix}=\begin{pmatrix}\dfrac{\partial f_1}{\partial x_1}&\dfrac{\partial f_1}{\partial x_2}&\cdots&\dfrac{\partial f_1}{\partial x_n}\\ \dfrac{\partial f_2}{\partial x_1}&\dfrac{\partial f_2}{\partial x_2}&\cdots&\dfrac{\partial f_2}{\partial x_n}\\ \vdots&\vdots&&\vdots\\ \dfrac{\partial f_m}{\partial x_1}&\dfrac{\partial f_m}{\partial x_2}&\cdots&\dfrac{\partial f_m}{\partial x_n}\end{pmatrix}\begin{pmatrix}\mathrm{d}x_1\\ \mathrm{d}x_2\\ \vdots\\ \mathrm{d}x_n\end{pmatrix}. \tag{7.9.1}$$

记 $\mathrm{d}\boldsymbol{x}=(\mathrm{d}x_1,\mathrm{d}x_2,\cdots,\mathrm{d}x_n)^{\mathrm{T}},\quad \mathrm{d}\boldsymbol{y}=(\mathrm{d}y_1,\mathrm{d}y_2,\cdots,\mathrm{d}y_m)^{\mathrm{T}}$,

$$\mathrm{D}\boldsymbol{f}(\boldsymbol{x})=\begin{pmatrix}\dfrac{\partial f_1}{\partial x_1}&\dfrac{\partial f_1}{\partial x_2}&\cdots&\dfrac{\partial f_1}{\partial x_n}\\ \dfrac{\partial f_2}{\partial x_1}&\dfrac{\partial f_2}{\partial x_2}&\cdots&\dfrac{\partial f_2}{\partial x_n}\\ \vdots&\vdots&&\vdots\\ \dfrac{\partial f_m}{\partial x_1}&\dfrac{\partial f_m}{\partial x_2}&\cdots&\dfrac{\partial f_m}{\partial x_n}\end{pmatrix},$$

则 (7.9.1) 式可写成

$$\mathrm{d}\boldsymbol{y}=\mathrm{D}\boldsymbol{f}(\boldsymbol{x})\mathrm{d}\boldsymbol{x}, \tag{7.9.2}$$

式中的矩阵称为 $\boldsymbol{f}(\boldsymbol{x})$ (或 $y_1,y_2,\cdots,y_m$ 关于 $x_1,x_2,\cdots,x_n$) 的 **Jacobi 矩阵或函数矩阵**. **向量值函数 $\boldsymbol{f}(\boldsymbol{x})$ 的导函数**就是它的 **Jacobi 矩阵** $\mathrm{D}\boldsymbol{f}(\boldsymbol{x})$, 在点 $\boldsymbol{x}$ 的导数就是它在该点的矩阵. 当 $m=n$ 时, $\mathrm{D}\boldsymbol{f}(\boldsymbol{x})$ 为方阵, 其行列式 $\det(\mathrm{D}\boldsymbol{f}(\boldsymbol{x}))$ 称为 $\boldsymbol{f}(\boldsymbol{x})$ (或 $y_1,y_2,\cdots,y_n$ 关于 $x_1,x_2,\cdots,x_n$) 的 Jacobi 行列式或函数行列式, 简记为

$$J=\frac{\partial(f_1,f_2,\cdots,f_n)}{\partial(x_1,x_2,\cdots,x_n)}\quad 或\quad J=\frac{\mathrm{D}(f_1,f_2,\cdots,f_n)}{\mathrm{D}(x_1,x_2,\cdots,x_n)}.$$

式 (7.9.2) 在形式上与一元函数的微分公式一样, 称

$$\mathrm{d}\boldsymbol{y}=\mathrm{D}\boldsymbol{f}(\boldsymbol{x})\mathrm{d}\boldsymbol{x}$$

为**向量值函数 $\boldsymbol{f}(\boldsymbol{x})$ 的微分**.

特别当 $m=1$ 时, 即为 n 元函数的全微分.

设有两个向量值函数 $\boldsymbol{y}=\boldsymbol{y}(\boldsymbol{u})$ 与 $\boldsymbol{u}=\boldsymbol{u}(\boldsymbol{x})$, 它们分别在开区域 $V\subset\mathbb{R}^k$ 和 $\Omega\subset\mathbb{R}^n$ 内定义

$$\boldsymbol{y}:V\to\mathbb{R}^m,\boldsymbol{u}\to\boldsymbol{y}(\boldsymbol{u}),$$
$$\boldsymbol{u}:\Omega\to\mathbb{R}^k,\boldsymbol{x}\to\boldsymbol{u}(\boldsymbol{x}),$$

若 $\boldsymbol{u}$ 的值域 $\boldsymbol{u}(\Omega)\subset V$, 则 $\boldsymbol{y}=\boldsymbol{y}(\boldsymbol{u}(\boldsymbol{x}))$ 是在 Ω 上定义的 m 维向量值函数, 若用坐标分量表示, 即

$$y_i=y_i(u_1,u_2,\cdots,u_k),i=1,2,\cdots,m,$$
$$u_j=u_j(x_1,x_2,\cdots,x_n),j=1,2,\cdots,k.$$

设 y_i,u_j 可微, 则由复合函数的微分法有

$$\frac{\partial y_i}{\partial x_t}=\sum_{h=1}^{k}\frac{\partial y_i}{\partial u_h}\frac{\partial u_h}{\partial x_t},i=1,2,\cdots,m;t=1,2,\cdots,n. \tag{7.9.3}$$

式 (7.9.3) 即为复合函数求偏导数的链式法则, 按矩阵乘法, 这 $m\times n$ 个等式可用矩阵表示为

$$\begin{aligned}
\mathrm{D}\boldsymbol{y}(\boldsymbol{u}(\boldsymbol{x}))&=\begin{pmatrix}\frac{\partial y_1}{\partial x_1}&\frac{\partial y_1}{\partial x_2}&\cdots&\frac{\partial y_1}{\partial x_n}\\\frac{\partial y_2}{\partial x_1}&\frac{\partial y_2}{\partial x_2}&\cdots&\frac{\partial y_2}{\partial x_n}\\\vdots&\vdots&&\vdots\\\frac{\partial y_m}{\partial x_1}&\frac{\partial y_m}{\partial x_2}&\cdots&\frac{\partial y_m}{\partial x_n}\end{pmatrix}\\
&=\begin{pmatrix}\frac{\partial y_1}{\partial u_1}&\frac{\partial y_1}{\partial u_2}&\cdots&\frac{\partial y_1}{\partial u_k}\\\frac{\partial y_2}{\partial u_1}&\frac{\partial y_2}{\partial u_2}&\cdots&\frac{\partial y_2}{\partial u_k}\\\vdots&\vdots&&\vdots\\\frac{\partial y_m}{\partial u_1}&\frac{\partial y_m}{\partial u_2}&\cdots&\frac{\partial y_m}{\partial u_k}\end{pmatrix}\cdot\begin{pmatrix}\frac{\partial u_1}{\partial x_1}&\frac{\partial u_1}{\partial x_2}&\cdots&\frac{\partial u_1}{\partial x_n}\\\frac{\partial u_2}{\partial x_1}&\frac{\partial u_2}{\partial x_2}&\cdots&\frac{\partial u_2}{\partial x_n}\\\vdots&\vdots&&\vdots\\\frac{\partial u_k}{\partial x_1}&\frac{\partial u_k}{\partial x_2}&\cdots&\frac{\partial u_k}{\partial x_n}\end{pmatrix}\\
&=\mathrm{D}\boldsymbol{y}(\boldsymbol{u})\cdot\mathrm{D}\boldsymbol{u}(\boldsymbol{x}),
\end{aligned}\tag{7.9.4}$$

式 (7.9.4) 称为**向量值复合函数的求导法则**.

特别当 $m=k=n$ 时, 由 (7.9.4) 可得 Jacobi 行列式的两条性质:

(1) $\dfrac{\partial(y_1,y_2,\cdots,y_n)}{\partial(x_1,x_2,\cdots,x_n)}=\dfrac{\partial(y_1,y_2,\cdots,y_n)}{\partial(u_1,u_2,\cdots,u_n)}\cdot\dfrac{\partial(u_1,u_2,\cdots,u_n)}{\partial(x_1,x_2,\cdots,x_n)}$;

(2) $\dfrac{\partial(y_1,y_2,\cdots,y_n)}{\partial(x_1,x_2,\cdots,x_n)}\cdot\dfrac{\partial(x_1,x_2,\cdots,x_n)}{\partial(y_1,y_2,\cdots,y_n)}=1$.

上述性质 (1) 是复合函数求导公式 $\dfrac{\mathrm{d}y}{\mathrm{d}x}=\dfrac{\mathrm{d}y}{\mathrm{d}u}\dfrac{\mathrm{d}u}{\mathrm{d}x}$ 的推广, 性质 (2) 是反函数求导公式 $\dfrac{\mathrm{d}y}{\mathrm{d}x}\dfrac{\mathrm{d}x}{\mathrm{d}y}=1$ 的推广. 这两条性质在重积分的换元法则中有时要用到.

类似可得向量值隐函数的存在定理 (略).

最后, 我们再次指出, 向量值函数是数量值函数的推广, 在公式 (7.9.4) 中, 若 $m=1$ 即为多元复合函数求偏导数的链式法则.

习 题 7.9

1. 设有二元向量值函数

$$\boldsymbol{f}(x,y)=\begin{pmatrix} x^2-y^2 \\ 2xy \end{pmatrix},$$

试求 $\boldsymbol{f}$ 在点 $(1,1)^{\mathrm{T}}$ 处的导数与微分.

2. 设 $\boldsymbol{y}=\boldsymbol{y}(\boldsymbol{u})$, 即 $y_1=u_1u_2u_3, y_2=u_1+u_2+u_3, \boldsymbol{u}=\boldsymbol{u}(\boldsymbol{x})$, 即 $u_1=r\sin\theta\cos\varphi, u_2=r\sin\theta\sin\varphi, u_3=r\cos\theta$, 求向量值复合函数 $\boldsymbol{y}=\boldsymbol{y}(\boldsymbol{u}(\boldsymbol{x}))$ 的微分及 $\dfrac{\partial y_1}{\partial\theta}$.

总 习 题 七

1. 求下列函数的定义域:

(1) $f(x,y)=\sqrt{1-\dfrac{1}{4}x^2-\dfrac{1}{25}y^2}$; (2) $f(x,y)=\ln\dfrac{x^2+y^2+1}{x^2-y^2-1}$;

(3) $f(x,y)=\arcsin(x-y)$; (4) $f(x,y)=\arccos\dfrac{x+y}{xy}$;

(5) $f(x,y,z)=\ln(x-y+z)$; (6) $f(x,y,z)=\dfrac{xyz}{(x+y)^3-(x+z)^3}$.

2. 求下列极限:

(1) $\lim\limits_{(x,y)\to(0,1)}\dfrac{\ln(1+xy^2)}{x}$; (2) $\lim\limits_{(x,y)\to(2,0)}(1+xy)^{\frac{1}{\sin(2x^2y)}}$;

(3) $\lim\limits_{(x,y)\to(0,0)}xy\dfrac{x^2-y^2}{x^2+y^2}$; (4) $\lim\limits_{(x,y)\to(1,1)}\dfrac{x^3y^3-1}{xy-1}$.

3. 求下列函数的偏导数:

(1) $f(x,y)=4x^3-y^2$; (2) $f(x,y,z)=\mathrm{e}^{x^2}\ln(y^2-3z)$;

(3) $f(x,y,z)=\dfrac{\cos z^4}{xy^2}$;

(4) $f(x,y)=\arcsin(x^2-y^2)$, 求 $\dfrac{\partial^2 f}{\partial x^2},\dfrac{\partial^2 f}{\partial x\partial y},\dfrac{\partial^2 f}{\partial y^2}$;

(5) $f(x,y,z)=x\sin yz^2$, 求 $\dfrac{\partial^2 f}{\partial x^2},\dfrac{\partial^2 f}{\partial x\partial y},\dfrac{\partial^2 f}{\partial y^2},\dfrac{\partial^2 f}{\partial z^2}$.

4. 设 $z=1+y+\varphi(x+y)$, 已知当 $y=0$ 时 $z=1+\ln^2 x$, 试求出 $\varphi(x)$, 并求全微分 $\mathrm{d}z$.

5. 求下列函数在已知点处的梯度及沿 $\boldsymbol{a}$ 方向的方向导数:

(1) $f(x,y)=4-x^2+3y^2+y, P(-1,0), \boldsymbol{a}=-\dfrac{1}{2}\boldsymbol{i}+\dfrac{1}{2}\boldsymbol{j}$;

(2) $f(x,y,z)=\dfrac{1}{x^2+y^2+z^2}, P(-1,0,2), \boldsymbol{a}=\boldsymbol{i}-\boldsymbol{j}-\boldsymbol{k}$;

(3) $f(x,y,z)=\cos(yz+x), P\left(\pi,-\dfrac{\pi}{4},1\right), \boldsymbol{a}=-3\boldsymbol{i}-\boldsymbol{j}-2\boldsymbol{k}$.

6. 设 $z=f(x+\varphi(y))$, 其中 f,φ 为二次可微函数, 求 $\dfrac{\partial^2 z}{\partial x^2},\dfrac{\partial^2 z}{\partial y^2}$.

7. 证明当 $\xi=\dfrac{y}{x},\eta=y$ 时, 方程 $x^2\dfrac{\partial^2 u}{\partial x^2}+2xy\dfrac{\partial^2 u}{\partial x\partial y}+y^2\dfrac{\partial^2 u}{\partial y^2}=0$, 可化为 $\eta^2\dfrac{\partial^2 u}{\partial \eta^2}=0$.

8. 证明函数 $u=\varphi(xy)+\sqrt{xy}\psi\left(\dfrac{y}{x}\right)$ (φ,ψ 具有二阶导数) 满足方程

$$y^2\frac{\partial^2 u}{\partial y^2}-x^2\frac{\partial^2 u}{\partial x^2}=0.$$

9. 证明函数 $z=x^n f\left(\dfrac{y}{x^2}\right)$ (f 可微) 满足方程

$$x\frac{\partial z}{\partial x}+2y\frac{\partial z}{\partial y}=nz.$$

10. 证明函数 $u=x\varphi(x+y)+y\psi(x+y)$ (φ,ψ 为可微函数) 满足方程

$$\frac{\partial^2 u}{\partial x^2}-2\frac{\partial^2 u}{\partial x\partial y}+\frac{\partial^2 u}{\partial y^2}=0.$$

11. 设 $u=f(x,y)$ 具有二阶连续偏导数, 而 $x=\mathrm{e}^s\cos t, y=\mathrm{e}^s\sin t$, 求证

$$\frac{\partial^2 u}{\partial x^2}+\frac{\partial^2 u}{\partial y^2}=\mathrm{e}^{-2s}\left(\frac{\partial^2 u}{\partial s^2}+\frac{\partial^2 u}{\partial t^2}\right).$$

12. 求下列函数的极值:

(1) $f(x,y)=x^2+y^2-2x-4y+5$;

(2) $f(x,y)=x^2+y-\dfrac{1}{2y}$;

(3) $f(x,y)=xy+\dfrac{8}{x^2}+\dfrac{8}{y^2}$;

(4) $f(x,y)=-2x^2+xy+y^2-4x+3y-1$;

(5) $f(x,y,z)=x^2+2y^2+6z^2-3xy+4yz-xz+6$.

13. 试证曲面 $\sqrt{x}+\sqrt{y}+\sqrt{z}=\sqrt{a}$ 上任一点处的切平面在各坐标轴上的截距之和等于 a.

14. 证明曲面 $xyz=a^3(a>0)$ 上任一点处的切平面与三个坐标面围成的四面体的体积为 $\dfrac{9}{2}a^3$.

15. 设 $n\geqslant 1, x\geqslant 0, y\geqslant 0$, 证明不等式

$$\frac{x^n+y^n}{2}\geqslant\left(\frac{x+y}{2}\right)^n.$$

16. 设有一平面温度场 $T(x,y)=100-x^2-2y^2$, 场内一粒子从 $A(4,2)$ 处出发始终沿着温度上升最快的方向运动, 试建立粒子运动所满足的微分方程, 并求出粒子运动的轨迹方程.

17. 某公司可通过电视及报纸两种方式做销售某种商品的广告, 根据统计资料, 销售收入 R 万元与电视广告费用 x_1 万元及报纸广告费用 x_2 万元之间的关系有如下经验公式

$$R = 15 + 14x_1 + 32x_2 - 8x_1x_2 - 2x_1^2 - 10x_2^2,$$

(1) 在广告费用不限的情况下, 求最优广告策略;

(2) 若提供的广告费用为 1.5 万元, 求相应的最优广告策略.

18. 过曲线 $9x^2 + 4y^2 = 72$ 在第一象限部分中哪一点作的切线与原曲线及坐标轴之间所围成的图形面积最小?

19. 半径为 l 的圆内有一边长为 $2a$ 和 $2b$ 的内接矩形 $ABCD$ (图 7.7), 其中弓形 $AEBA$ 绕 x 轴旋转所得立体体积为 u, 弓形 $BFCB$ 绕 y 轴旋转所得的体积为 v, 问当 a, b 为何值时 $u^2 + v^2$ 最小?

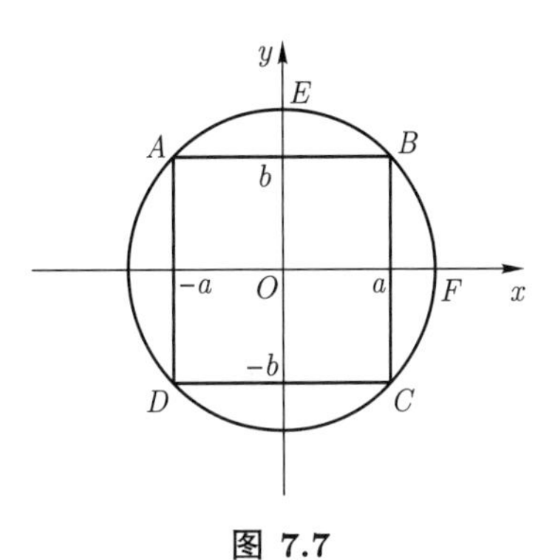

图 7.7

20. 在椭球面 $4x^2 + y^2 + z^2 = 4$ 位于第一卦限部分上求一点, 使得在此点的切平面与三个坐标面所围成的三棱锥的体积最小.

21. 求函数 $f(x_1, x_2, \cdots, x_n) = x_1 + x_2 + \cdots + x_n$ 在条件 $x_1^2 + x_2^2 + \cdots + x_n^2 = 1$ 下的最大值.

22. (1) 求函数 $f(x, y, z) = \ln x + \ln y + 3\ln z$ 在球面 $x^2 + y^2 + z^2 = 5r^2 (r > 0)$ 上的最大值; (2) 证明对任何正数 a, b, c, 有 $abc^3 \leqslant 27\left(\dfrac{a+b+c}{5}\right)^5$.

23. 将正数 a 分成三个正数 x, y, z 之和, 使得 $u = x^m y^n z^p$ 最大 (m, n, p 为已知正数).

24. 设函数 $u = F(x, y, z)$ 在条件 $\varphi(x, y, z) = 0$ 和 $\psi(x, y, z) = 0$ 之下在点 $p_0(x_0, y_0, z_0)$ 处取得极值 m. 证明: 曲面 $F(x, y, z) = m, \varphi(x, y, z) = 0$ 和 $\psi(x, y, z) = 0$ 在点 p_0 的法线共面, 其中函数 F, φ 及 ψ 均有连续且不同时为零的一阶偏导数.

第七章

部分习题答案

第八章　多元数量值函数的积分

多元函数的积分与定积分一样，也来源于实际问题. 例如，计算平面区域的面积、空间区域的体积、质量非均匀分布的物体的质量等. 而且定义多元函数积分的步骤和方法与定义定积分的步骤和方法相同. 由于多元函数中自变量个数、函数性态及积分域的不同，就有不同的多元函数的积分. 一般说来，可以把它们分为两大类型：多元数量值函数的积分与向量值函数的积分. 本章及下一章分别讨论这两类多元函数积分的概念、性质、计算和一些应用.

§8.1　多元数量值函数积分的概念和性质

8.1.1　积分的概念

我们考察这样一个问题：求一个质量非均匀分布的物体的质量，假设该物体的密度是点 M 的连续函数 $\mu = f(M)$. 根据被考察物体的几何形状的不同，分别讨论如下：

(1) 物体为一根细棒，质量分布在区间 $[a,b]$ 上. 在上册第三章定积分的概念和计算中已经知道，计算细棒的质量可归结为计算以 $\mu = f(M) = f(x)$ 为被积函数的一个定积分

$$m = \int_a^b f(x)\mathrm{d}x = \lim_{\lambda \to 0} \sum_{i=1}^{n} f(\xi_i)\Delta x_i.$$

(2) 质量分布在一块平面区域 D 上，假设区域 D 有确定的面积，物体的密度函数 $\mu = f(M) = f(x,y)$. 将区域 D 任意地分割成可求面积的 n 个子区域 $\Delta\sigma_1, \Delta\sigma_2, \cdots, \Delta\sigma_n$，并且 $\Delta\sigma_i (i = 1,2,\cdots,n)$ 同时又代表其面积. 在 $\Delta\sigma_i$ 上任取一点 $M_i(\xi_i, \eta_i)$，当 $\Delta\sigma_i$ 的直径充分小时，每一个子区域 $\Delta\sigma_i$ 的质量近似地等于 $f(\xi_i,\eta_i)\Delta\sigma_i (i = 1,2,\cdots,n)$，因而区域 D 的质量可用和数 $\sum\limits_{i=1}^{n} f(\xi_i,\eta_i)\Delta\sigma_i$ 近似表示. 令 d 为这 n 个子区域的直径的最大值，即 $d = \max\limits_{1 \leqslant i \leqslant n}\{\Delta\sigma_i \text{ 的直径}\}$，不难理解，分割越细 (即 d 越小)，上述近似值就越接近于区域 D 的质量 m，当 $d \to 0$ 时，上述近似值的极限就应是区域 D 的质量 m，即

$$m = \lim_{d \to 0} \sum_{i=1}^{n} f(M_i)\Delta\sigma_i = \lim_{d \to 0} \sum_{i=1}^{n} f(\xi_i,\eta_i)\Delta\sigma_i.$$

(3) 质量分布在三维空间的一块闭区域 Ω 上，假设 Ω 有确定的体积，物体的密度函数为 $f(M) = f(x,y,z)$. 将 Ω 任意地分割成可求体积的 n 个子区域 $\Delta V_1, \Delta V_2, \cdots, \Delta V_n$，且 $\Delta V_i (i = 1,2,\cdots,n)$ 同时又代表其体积. 在每一个 ΔV_i 上任取一点 $M_i(\xi_i,\eta_i,\zeta_i)$，当 ΔV_i 的直径充分小时，每一个子域 ΔV_i 的质量近似地等于 $f(\xi_i,\eta_i,\zeta_i)\Delta V_i (i = 1,2,\cdots,n)$，因而 Ω 的质量近似地等于

$\sum\limits_{i=1}^{n} f(\xi_i,\eta_i,\zeta_i)\Delta V_i$. 令 $d=\max\limits_{1\leqslant i\leqslant n}\{\Delta V_i\text{的直径}\}$, 于是当 $d\to 0$ 时, Ω 的质量应是上述和式的极限, 即

$$m=\lim_{d\to 0}\sum_{i=1}^{n} f(M_i)\Delta V_i=\lim_{d\to 0}\sum_{i=1}^{n} f(\xi_i,\eta_i,\zeta_i)\Delta V_i.$$

(4) 质量分布在一条可求长的空间曲线 l 上, 物体的密度函数为 $f(M)=f(x,y,z)$, 其中点 $M(x,y,z)$ 在 l 上. 我们将曲线 l 任意地分割成 n 段可求长的小弧段 $\Delta s_1,\Delta s_2,\cdots,\Delta s_n$, 且 $\Delta s_i(i=1,2,\cdots,n)$ 同时又代表其弧长. 在每一小弧段 Δs_i 上任取一点 $M_i(\xi_i,\eta_i,\zeta_i)$, 当 Δs_i 的长度充分小时, 此小弧段的质量近似等于 $f(\xi_i,\eta_i,\zeta_i)\Delta s_i$, 曲线 l 的质量近似地等于

$$\sum_{i=1}^{n} f(\xi_i,\eta_i,\zeta_i)\Delta s_i.$$

令 $d=\max\limits_{1\leqslant i\leqslant n}\{\Delta s_i\}$, 则曲线 l 的质量 m 应该是

$$m=\lim_{d\to 0}\sum_{i=1}^{n} f(M_i)\Delta s_i=\lim_{d\to 0}\sum_{i=1}^{n} f(\xi_i,\eta_i,\zeta_i)\Delta s_i.$$

(5) 质量分布在一块曲面 Σ 上, 假定此曲面有确定的面积, 物体的密度函数为 $f(M)=f(x,y,z)$, 其中点 M 在曲面 Σ 上. 将曲面 Σ 任意分割成 n 块可求面积的小块曲面 $\Delta S_1,\Delta S_2,\cdots,\Delta S_n$, ΔS_i 同时代表其面积. 在每一小块曲面 ΔS_i 上任取一点 $M_i(\xi_i,\eta_i,\zeta_i)$, 当 ΔS_i 的直径充分小时, 和式 $\sum\limits_{i=1}^{n} f(\xi_i,\eta_i,\zeta_i)\Delta S_i$ 表示曲面 Σ 的质量的近似值. 令 $d=\max\limits_{1\leqslant i\leqslant n}\{\Delta S_i\text{ 的直径}\}$, 于是曲面 Σ 的质量为

$$m=\lim_{d\to 0}\sum_{i=1}^{n} f(M_i)\Delta S_i=\lim_{d\to 0}\sum_{i=1}^{n} f(\xi_i,\eta_i,\zeta_i)\Delta S_i.$$

以上几个问题, 虽然具体对象不同, 但最终都归结为处理同一类型的和式极限. 我们抽象出其共性, 给出下面的定义:

定义 1 设 Ω 为一几何形体 (直线段、空间曲线段、平面区域、空间曲面、空间闭区域, 等等), 这个几何形体是可以度量的 (即它是可以求长的、可以求面积的, 可以求体积的等), 函数 f 定义在 Ω 上, 将此几何形体 Ω 任意分割成可以度量的 n 个部分 $\Delta\Omega_1,\Delta\Omega_2,\cdots,\Delta\Omega_n$, 其度量大小仍记为 $\Delta\Omega_i(i=1,2,\cdots,n)$, 令 $d=\max\limits_{1\leqslant i\leqslant n}\{\Delta\Omega_i\text{的直径}\}$, 在每一部分 $\Delta\Omega_i$ 中任取一点 M_i, 作和式

$$\sum_{i=1}^{n} f(M_i)\Delta\Omega_i.$$

如果不论对 Ω 怎样分割, 也不论点 M_i 怎样选取, 当 $d\to 0$ 时, 上述和式都趋于同一常数 I, 则称函数 f 在几何形体 Ω 上**可积**, 称常数 I 为多元数量值函数 f 在 Ω 上的 **Riemann 积分** (简称为函数 f 在 Ω 上的积分), 记为

$$I=\lim_{d\to 0}\sum_{i=1}^{n} f(M_i)\Delta\Omega_i=\int_{\Omega} f(M)\mathrm{d}\Omega.$$

其中 Ω 称为**积分区域**, $f(M)$ 称为**被积函数**, $f(M)\mathrm{d}\Omega$ 称为**被积表达式**.

下面按照几何形体 Ω 的不同形态, 进一步给出函数 f 在 Ω 上积分的具体表示式及名称.

(1) 若几何形体 Ω 是一块可求面积的平面区域 D, 则 f 在 D 上的积分就称为**二重积分**, 记为

$$\iint_D f(x,y)\mathrm{d}\sigma,$$

其中 x,y 称为**积分变量**, $\mathrm{d}\sigma$ 称为**面积元素**.

(2) 若几何形体 Ω 是一块可求体积的空间闭区域, 则 f 在 Ω 上的积分就称为**三重积分**, 记为

$$\iiint_\Omega f(x,y,z)\mathrm{d}V,$$

其中 x,y,z 称为**积分变量**, $\mathrm{d}V$ 称为**体积元素**.

(3) 若几何形体 Ω 是一条可求长的空间曲线段 l, 则 f 在 l 上的积分就称为**第一型曲线积分**(或称为**对弧长的曲线积分**), 记为

$$\int_l f(x,y,z)\mathrm{d}s,$$

其中 x,y,z 称为**积分变量**, $\mathrm{d}s$ 称为**弧长元素**.

(4) 若几何形体 Ω 是一块可求面积的空间曲面 Σ, 则 f 在 Σ 上的积分就称为**第一型曲面积分**(或称为**对面积的曲面积分**), 记为

$$\iint_\Sigma f(x,y,z)\mathrm{d}S,$$

其中 x,y,z 称为**积分变量**, $\mathrm{d}S$ 称为曲面 Σ 的**面积元素**.

特别地, 如果被积函数 $f\equiv 1$, 则由定义可知积分 $\int_\Omega \mathrm{d}\Omega$ 在数值上就是几何形体 Ω 的度量 (记为 $\|\Omega\|$) , 即

$$\int_\Omega \mathrm{d}\Omega=\lim_{d\to 0}\sum_{i=1}^{n}\Delta\Omega_i=\|\Omega\|.$$

例如, $\iint\limits_D \mathrm{d}\sigma$ 表示平面区域 D 的面积, $\iiint\limits_\Omega \mathrm{d}V$ 表示空间闭区域 Ω 的体积等.

与定积分一样, 当函数 f 在几何形体 Ω 上连续时, f 在 Ω 上一定可积.

8.1.2 积分的性质

下面给出的积分性质与定积分的性质很类似, 其证法也相同, 这里从略. 另外, 假定所论函数在积分区域上都是可积的.

(1) **线性性质** 若 α,β 为常数, 则

$$\int_\Omega[\alpha f(M)+\beta g(M)]\mathrm{d}\Omega=\alpha\int_\Omega f(M)\mathrm{d}\Omega+\beta\int_\Omega g(M)\mathrm{d}\Omega.$$

(2) **对积分区域的可加性** 若 $\Omega=\Omega_1\cup\Omega_2$, 且 Ω_1 与 Ω_2 没有公共的内点, 则

$$\int_{\Omega} f(M)\mathrm{d}\Omega=\int_{\Omega_1} f(M)\mathrm{d}\Omega+\int_{\Omega_2} f(M)\mathrm{d}\Omega.$$

(3) **单调性** 若在 Ω 上 $f(M)\geqslant g(M)$, 则

$$\int_{\Omega} f(M)\mathrm{d}\Omega\geqslant\int_{\Omega} g(M)\mathrm{d}\Omega,$$

特别地,

$$\left|\int_{\Omega} f(M)\mathrm{d}\Omega\right|\leqslant\int_{\Omega} |f(M)|\mathrm{d}\Omega.$$

(4) **估值定理** 若在 Ω 上, $M_1\leqslant f(M)\leqslant M_2$, 其中 M_1,M_2 为常数, 则

$$M_1\|\Omega\|\leqslant\int_{\Omega} f(M)\mathrm{d}\Omega\leqslant M_2\|\Omega\|.$$

(5) **中值定理** 若 $f(M)$ 在 Ω 上连续, 则在 Ω 上至少存在一点 M^*, 使

$$\int_{\Omega} f(M)\mathrm{d}\Omega=f(M^*)\|\Omega\|.$$

通常将 $\dfrac{1}{\|\Omega\|}\displaystyle\int_{\Omega} f(M)\mathrm{d}\Omega$ 称为函数 f 在区域 Ω 上的**积分平均值**.

习 题 8.1

1. 比较下列二重积分的大小:

(1) $\displaystyle\iint\limits_D (x+y)\mathrm{d}\sigma$ 和 $\displaystyle\iint\limits_D (x+y)^2\mathrm{d}\sigma$, $D=\{(x,y)|x\geqslant 0,y\geqslant 0,x+y\leqslant 1\}$;

(2) $\displaystyle\iint\limits_D (x^2+y^2)^2\mathrm{d}\sigma$ 和 $\displaystyle\iint\limits_D (x^2+y^2)^3\mathrm{d}\sigma$, $D=\{(x,y)|1\leqslant x^2+y^2\leqslant 4\}$.

2. 在哪个平面区域 D 上的积分可以使二重积分 $\displaystyle\iint\limits_D (4-x^2-2y^2)\mathrm{d}\sigma$ 值最大?

3. 在哪个平面区域 D 上的积分可以使二重积分 $\displaystyle\iint\limits_D (x^2+y^2-9)\mathrm{d}\sigma$ 值最小?

4. 比较二重积分 $\displaystyle\iint\limits_{D_1} xy\mathrm{d}\sigma$ 和 $\displaystyle\iint\limits_{D_2} xy\mathrm{d}\sigma$ 的大小, 其中 $D_1=\{(x,y)|x\geqslant 0,y\geqslant 0,x+y\leqslant 3\}$, $D_2=\{(x,y)|x\geqslant -1,y\geqslant 0,x+y\leqslant 3\}$.

5. 设 $f(x,y)$ 连续. 求极限

$$\lim_{r\to 0^+}\frac{1}{\pi r^2}\iint\limits_D f(x,y)\mathrm{d}\sigma,$$

其中 $D=\{(x,y)|(x-x_0)^2+(y-y_0)^2\leqslant r^2\}$.

§8.2 二重积分的计算

利用二重积分的定义直接计算二重积分一般很困难, 所以有必要寻求其他方法解决二重积分的计算问题. 本节我们首先利用二重积分的几何意义导出二重积分在直角坐标系下的计算公式, 然后导出极坐标系下的二重积分公式, 并介绍二重积分的一般换元法.

8.2.1 直角坐标系下二重积分的计算

我们首先介绍二重积分的几何意义. 考察这样一个几何问题: 求以 Oxy 平面上的区域

$$D=\{(x,y)|a\leqslant x\leqslant b,\varphi_1(x)\leqslant y\leqslant\varphi_2(x)\}$$

为底面, 以定义在 D 上的连续函数 $z=f(x,y)(f(x,y)>0)$ 所表示的曲面为顶面, 以 D 的边界曲线为准线而母线平行于 z 轴的柱面为侧面所围成的**曲顶柱体**的体积 V (图 8.1).

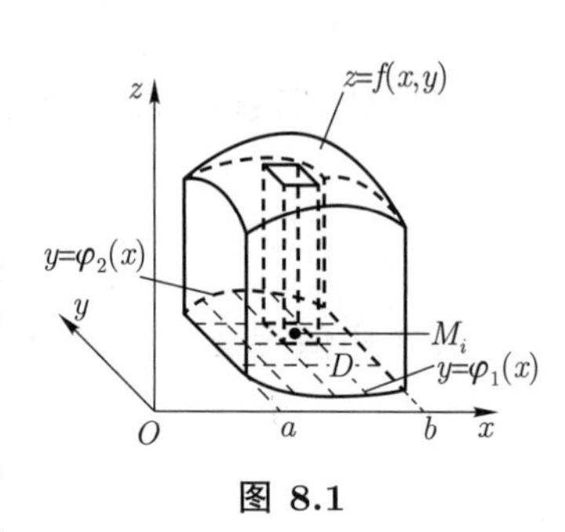

图 8.1

曲顶柱体体积可用下面的步骤计算: 将区域 D 任意分割成 n 个可求面积的子区域 $\Delta\sigma_1,\Delta\sigma_2,\cdots,\Delta\sigma_n$, 其面积仍记为 $\Delta\sigma_i(i=1,2,\cdots,n)$. 在每一个子区域 $\Delta\sigma_i$ 上任取一点 $M_i(\xi_i,\eta_i)$, 当 $\Delta\sigma_i$ 的直径充分小时, 乘积 $f(M_i)\Delta\sigma_i$ 可作为以 $\Delta\sigma_i$ 为底的小曲顶柱体体积的近似值. 作和式

$$\sum_{i=1}^{n}f(M_i)\Delta\sigma_i=\sum_{i=1}^{n}f(\xi_i,\eta_i)\Delta\sigma_i,$$

此和式是整个曲顶柱体体积的近似值. 记 $d=\max\limits_{1\leqslant i\leqslant n}\{\Delta\sigma_i \text{ 的直径}\}$, 当 $d\to 0$ 时, 上述和式的极限就应该是曲顶柱体的体积 V, 即

$$V=\lim_{d\to 0}\sum_{i=1}^{n}f(\xi_i,\eta_i)\Delta\sigma_i,$$

而这个和式的极限正好就是二重积分 $\iint\limits_D f(x,y)\mathrm{d}\sigma$. 这就是说, 曲顶柱体的体积 V 可以用二重积分表示为

$$V=\iint\limits_D f(x,y)\mathrm{d}\sigma.$$

另一方面, 我们可以利用定积分中已知平行截面面积计算立体体积的方法来计算该曲顶柱体的体积.

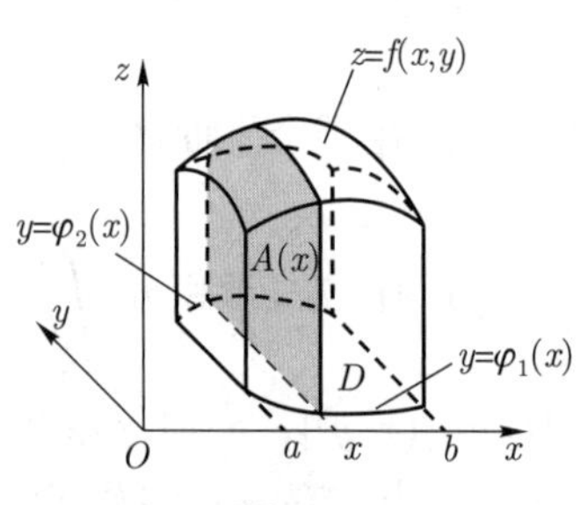

图 8.2

在 x 轴上的区间 $[a,b]$ 内任取一点 x, 过点 x 作垂直于 x 轴的平面, 此平面截曲顶柱体所得的曲边梯形截面的面积设为 $A(x)$ (图 8.2), 则

$$V=\int_a^b A(x)\mathrm{d}x,$$

而曲边梯形截面在平面 $x=x$ 上, 由直线 $y=\varphi_1(x), y=\varphi_2(x)$ (此处 x 当成常数), $z=0$ 及曲线 $z=f(x,y)$ 围成, 所以其面积 $A(x)$ 可以用定积分表示为

$$A(x)=\int_{\varphi_1(x)}^{\varphi_2(x)} f(x,y)\mathrm{d}y,$$

因此, 曲顶柱体的体积

$$V=\int_a^b A(x)\mathrm{d}x=\int_a^b\Big[\int_{\varphi_1(x)}^{\varphi_2(x)} f(x,y)\mathrm{d}y\Big]\mathrm{d}x.$$

上式右端的积分表示先把 x 当作常数, 将 $f(x,y)$ 看成 y 的函数, 对 y 计算从 $\varphi_1(x)$ 到 $\varphi_2(x)$ 的定积分, 然后将算得的结果 (是 x 的函数) 对 x 计算从 a 到 b 的定积分. 这样我们就将二重积分的计算化为先 y 后 x 的**二次积分** (或**累次积分**)

$$\iint_D f(x,y)\mathrm{d}\sigma=\int_a^b\mathrm{d}x\int_{\varphi_1(x)}^{\varphi_2(x)} f(x,y)\mathrm{d}y.$$

在直角坐标系中面积元素 $\mathrm{d}\sigma$ 也可以记作 $\mathrm{d}x\mathrm{d}y$, 所以上式又可以写成

$$\iint_D f(x,y)\mathrm{d}x\mathrm{d}y=\int_a^b\mathrm{d}x\int_{\varphi_1(x)}^{\varphi_2(x)} f(x,y)\mathrm{d}y. \tag{8.2.1}$$

上面讨论中区域 $D=\{(x,y)|a\leqslant x\leqslant b,\varphi_1(x)\leqslant y\leqslant\varphi_2(x)\}$ 被称为 X 型区域, 区域 D 的边界曲线与平行于 y 轴的直线至多有两个交点, 见图 8.3. 同样可以定义 Y 型区域, 如果区域 D 的边界曲线与平行于 x 轴的直线至多有两个交点, 见图 8.4, 则区域 D 被称为 Y 型区域, 可以表示为

$$D=\{(x,y)|c\leqslant y\leqslant d,\psi_1(y)\leqslant x\leqslant\psi_2(y)\}.$$

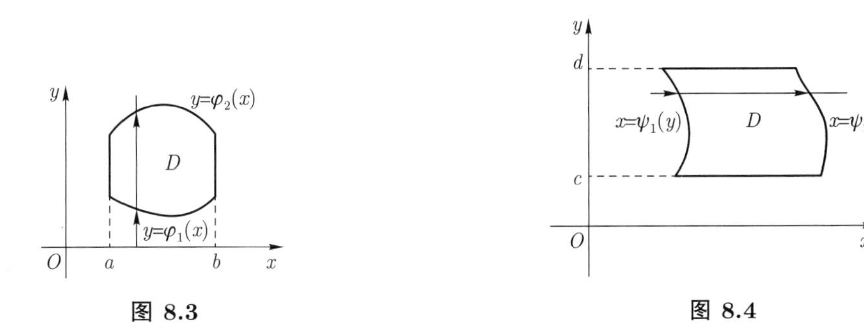

图 8.3　　图 8.4

类似 X 型区域中二重积分的推导, 如果区域 D 是 Y 型区域, 则有计算公式

$$\iint_D f(x,y)\mathrm{d}\sigma=\iint_D f(x,y)\mathrm{d}x\mathrm{d}y=\int_c^d\mathrm{d}y\int_{\psi_1(y)}^{\psi_2(y)} f(x,y)\mathrm{d}x. \tag{8.2.2}$$

上式是先把 y 当作常数, 将 $f(x,y)$ 看成 x 的函数, 对 x 计算从 $\psi_1(y)$ 到 $\psi_2(y)$ 的定积分, 然后将所得结果 (是 y 的函数) 对 y 计算从 c 到 d 的定积分. 这样的积分称为先 x 后 y 的**二次积分** (或**累次积分**).

如果区域 D 既不是 X 型区域, 又不是 Y 型区域, 此时应将积分区域分成几部分, 使其每一部分的边界曲线与平行于 y 轴 (或 x 轴) 的直线的交点不多于两个 (部分边界可以是平行于坐标轴的直线段), 然后在每一部分上应用公式 (8.2.1) 或 (8.2.2), 再将所得结果相加. 例如, 图 8.5 的区域 D 既不是 X 型区域, 又不是 Y 型区域, 但是 D 可以分成三个 X 型区域 D_1, D_2, D_3.

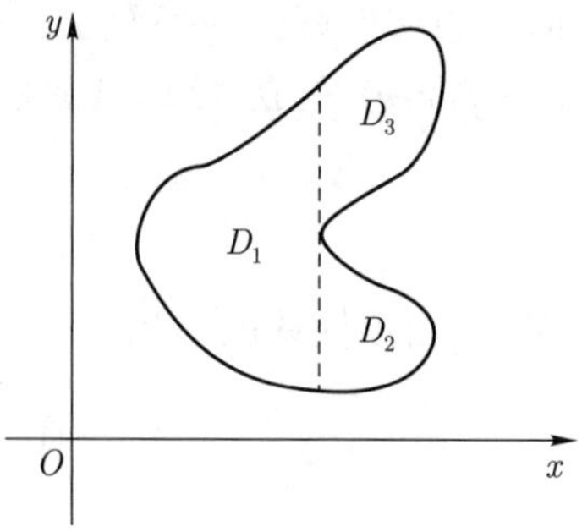

图 8.5

例 1 计算二重积分 $\iint\limits_D (1+x+y)\mathrm{d}\sigma$, 其中 D 是 $y=x$ 和 $y=x^2$ 所围成的区域.

解 积分区域 D 如图 8.6, 区域 D 既是 X 型区域, 又是 Y 型区域. 先对 y 后对 x 积分有

$$\iint\limits_D (1+x+y)\mathrm{d}\sigma = \int_0^1 \mathrm{d}x \int_{x^2}^{x} (1+x+y)\mathrm{d}y$$
$$= \int_0^1 \left(x+\frac{1}{2}x^2 - x^3 - \frac{1}{2}x^4\right)\mathrm{d}x = \frac{19}{60}.$$

先对 x 后对 y 积分, 则有

$$\iint\limits_D (1+x+y)\mathrm{d}\sigma = \int_0^1 \mathrm{d}y \int_{y}^{\sqrt{y}} (1+x+y)\mathrm{d}x = \frac{19}{60}.$$

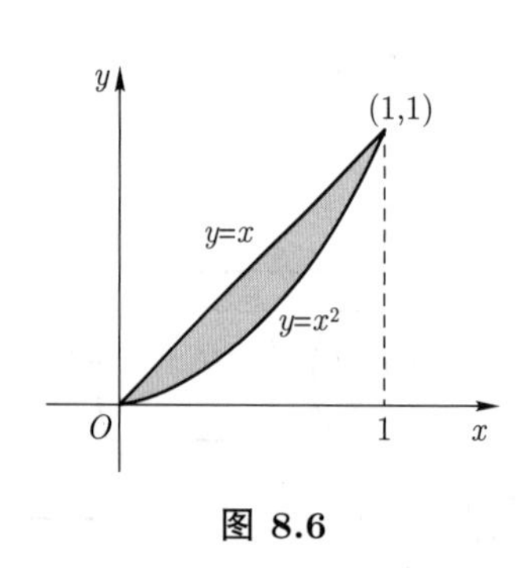

图 8.6

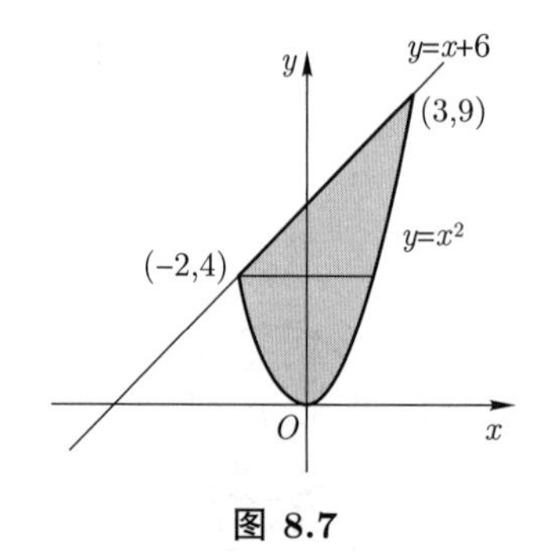

图 8.7

例 2 计算 $\iint\limits_D x\mathrm{d}x\mathrm{d}y$, 其中 D 是 $y=x^2$ 与 $y=x+6$ 围成的区域.

解 积分区域 D 如图 8.7, 容易求得直线与抛物线的交点为 $(-2,4)$ 和 $(3,9)$. 若先对 y 后对 x 积分, 则有

$$\iint\limits_D x\mathrm{d}x\mathrm{d}y = \int_{-2}^{3} \mathrm{d}x \int_{x^2}^{x+6} x\mathrm{d}y = \int_{-2}^{3} xy\Big|_{x^2}^{x+6} \mathrm{d}x$$
$$= \int_{-2}^{3} (x^2+6x-x^3)\mathrm{d}x = \frac{125}{12}.$$

如果先对 x 后对 y 积分, 则应将积分区域分成两块 (图 8.7), 然后计算两个二重积分.

$$\iint\limits_D x\mathrm{d}x\mathrm{d}y=\int_0^4\mathrm{d}y\int_{-\sqrt{y}}^{\sqrt{y}}x\mathrm{d}x+\int_4^9\mathrm{d}y\int_{y-6}^{\sqrt{y}}x\mathrm{d}x=\frac{125}{12}.$$

例 3 计算

$$\iint\limits_D\frac{\sin x}{x}\mathrm{d}\sigma,$$

其中 D 是由直线 $y=x$, $y=0$ 和 $x=1$ 围成的区域.

解 先作出区域 D 的图 8.8, 由于函数 $\dfrac{\sin x}{x}$ 的原函数不能用初等函数表示, 所以如果先对 x 积分, 则无法算出积分的值. 而先对 y 后对 x 积分, 有

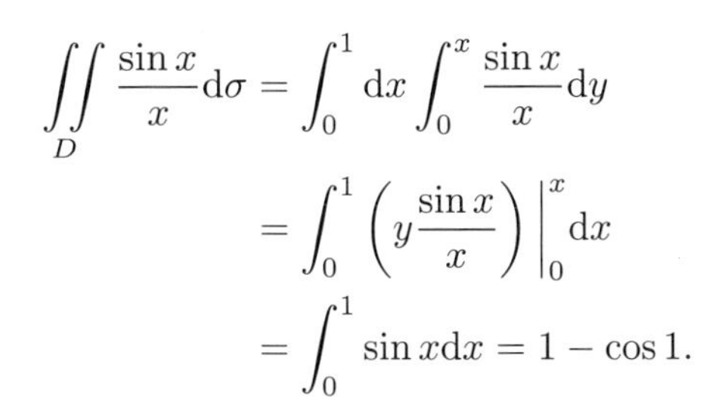

$$\begin{aligned}\iint\limits_D\frac{\sin x}{x}\mathrm{d}\sigma&=\int_0^1\mathrm{d}x\int_0^x\frac{\sin x}{x}\mathrm{d}y\\&=\int_0^1\left(y\frac{\sin x}{x}\right)\Bigg|_0^x\mathrm{d}x\\&=\int_0^1\sin x\mathrm{d}x=1-\cos 1.\end{aligned}$$

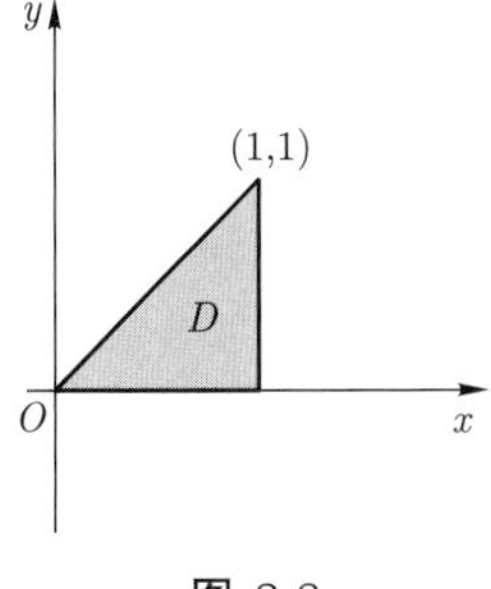

图 8.8

例 4 改变二次积分

$$\int_{-2}^0\mathrm{d}x\int_0^{\frac{2+x}{2}}f(x,y)\mathrm{d}y+\int_0^2\mathrm{d}x\int_0^{\frac{2-x}{2}}f(x,y)\mathrm{d}x$$

的积分次序.

解 把给定的二次积分化为相应的二重积分, 其积分区域 D 由给出的积分限确定, 作出 D 的图 (图 8.9). 由所给二次积分知, 积分区域由直线 $y=\dfrac{2+x}{2}$ 和 $y=\dfrac{2-x}{2}$ 及 x 轴所围成. 改变积分次序, 则 y 由 0 变到 1,x 由 $2y-2$ 变到 $2-2y$, 即

$$\int_0^1\mathrm{d}y\int_{2y-2}^{2-2y}f(x,y)\mathrm{d}x.$$

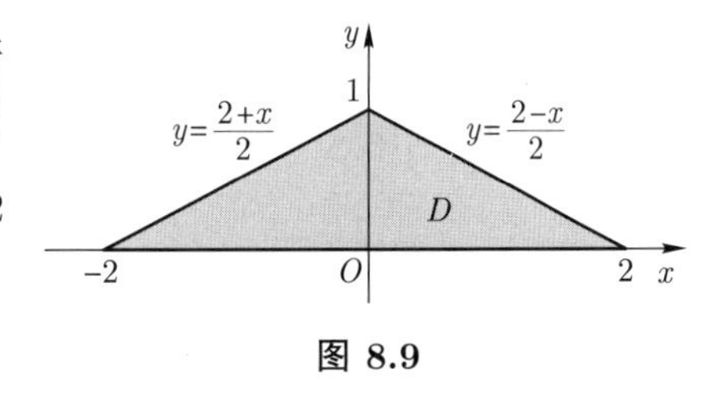

图 8.9

例 5 求两个底面半径相同的正交圆柱面所围成的立体的体积.

解 由对称性, 只要求出第一卦限部分的体积再乘 8 即可 (图 8.10(a)) . 设圆柱底面半径为 R, 则两个圆柱面的方程分别为 $x^2+y^2=R^2$ 及 $x^2+z^2=R^2$.

第一卦限部分区域是以曲面 $z=\sqrt{R^2-x^2}$ 为顶, 区域 $D=\{(x,y)|0\leqslant y\leqslant\sqrt{R^2-x^2},0\leqslant$

$x \leqslant R\}$ 为底 (图 8.10(b)) 的曲顶柱体, 于是整个体积

$$
\begin{aligned}
V &= 8\iint\limits_D \sqrt{R^2-x^2}\mathrm{d}x\mathrm{d}y \\
&= 8\int_0^R \mathrm{d}x\int_0^{\sqrt{R^2-x^2}}\sqrt{R^2-x^2}\mathrm{d}y \\
&= 8\int_0^R (R^2-x^2)\mathrm{d}x = \frac{16}{3}R^3.
\end{aligned}
$$

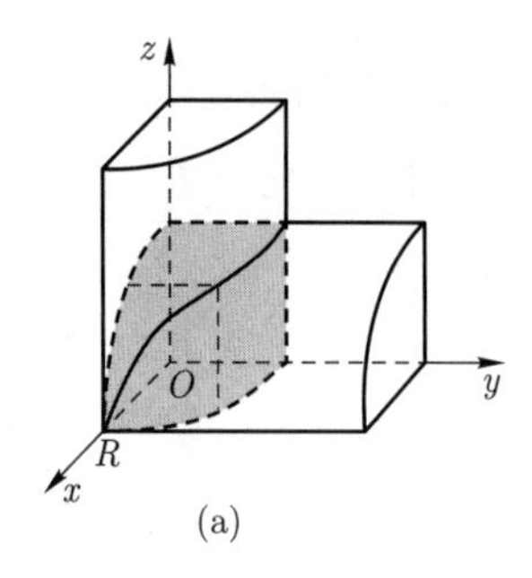

(a)

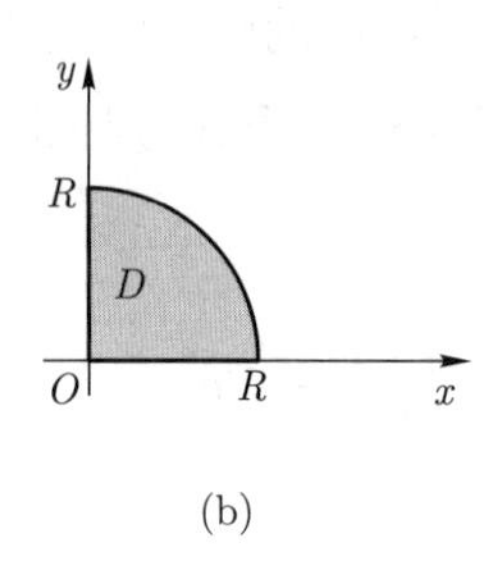

(b)

图 8.10

8.2.2 极坐标系下二重积分的计算

对于某些积分区域, 例如圆域、圆环域等, 在极坐标下的表达式比在直角坐标下的表达式更简单. 于是, 在这些区域上的二重积分采用极坐标计算往往比较简单. 下面介绍二重积分在极坐标系中的计算公式.

设函数 $f(x,y)$ 在区域 D 上连续. 区域 D 的边界曲线为 $\rho=\rho_1(\varphi)$ 和 $\rho=\rho_2(\varphi)$, $\alpha \leqslant \varphi \leqslant \beta$ (图 8.11), 其中 $\rho_1(\varphi)$, $\rho_2(\varphi)$ 都在 $[\alpha,\beta]$ 上连续.

在极坐标系中, 点的极坐标是 (ρ,φ), “$\rho=$ 常数” 表示一族同心圆, “$\varphi=$ 常数” 表示一族过极点的射线, 利用这一特点, 我们来求面积元素 $\mathrm{d}\sigma$ 在极坐标下的表达式.

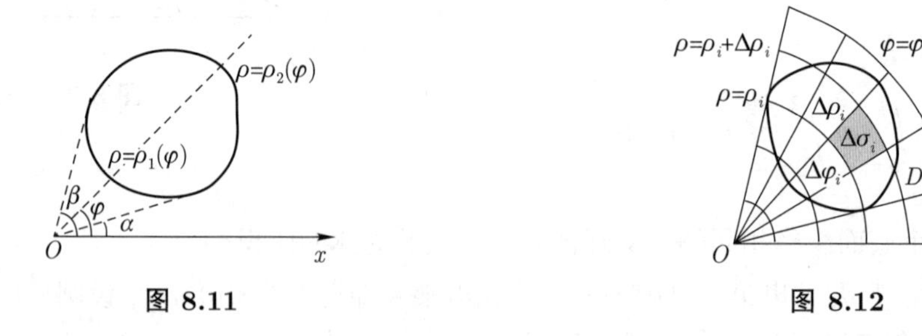

图 8.11　　**图 8.12**

用 “$\rho=$ 常数” 和 “$\varphi=$ 常数” 的两族曲线分割区域 D (图 8.12), 所得的小区域记为 $\Delta\sigma_1$,

$\Delta\sigma_2, \cdots, \Delta\sigma_n$. $\Delta\sigma_i$ 的面积为

$$\begin{aligned}\Delta\sigma_i &= \frac{1}{2}(\rho_i+\Delta\rho_i)^2\Delta\varphi_i - \frac{1}{2}\rho_i^2\Delta\varphi_i\\ &= \rho_i\Delta\rho_i\Delta\varphi_i + \frac{1}{2}(\Delta\rho_i)^2\Delta\varphi_i\\ &= \frac{1}{2}\Delta\rho_i\Delta\varphi_i(\rho_i+\rho_i+\Delta\rho_i)\\ &= \bar{\rho_i}\Delta\rho_i\Delta\varphi_i\left(\bar{\rho_i} = \frac{1}{2}(\rho_i+\rho_i+\Delta\rho_i)\right),\end{aligned}$$

取点 (ξ_i, η_i) 使得 $\xi_i = \bar{\rho_i}\cos\varphi_i$, $\eta_i = \bar{\rho_i}\sin\varphi_i$, 因此

$$\sum_{i=1}^{n} f(\xi_i,\eta_i)\Delta\sigma_i = \sum_{i=1}^{n} f(\bar{\rho_i}\cos\varphi_i, \bar{\rho_i}\sin\varphi_i)\bar{\rho_i}\Delta\rho_i\Delta\varphi_i.$$

由于 f 在区域 D 上连续, 和式的极限存在, 该极限值是 f 在 D 上的二重积分, 即

$$\iint\limits_D f(x,y)\mathrm{d}\sigma = \iint\limits_D f(\rho\cos\varphi, \rho\sin\varphi)\rho\mathrm{d}\rho\mathrm{d}\varphi. \tag{8.2.3}$$

(8.2.3) 式就是二重积分在极坐标系下的表达式, 其中 $\mathrm{d}\sigma = \rho\mathrm{d}\rho\mathrm{d}\varphi$ 称为极坐标下的**面积元素**.

极坐标系中二重积分的计算同样是化为二次积分进行的, 不过这里是对 ρ 及 φ 的二次积分. 一般说来, 是先对 ρ 后对 φ 进行积分, 二次积分的积分限要根据区域 D 的具体情况确定:

(1) 如果积分域 D (图 8.11) 可表示为

$$D = \{(\rho,\varphi)|\rho_1(\varphi) \leqslant \rho \leqslant \rho_2(\varphi), \alpha \leqslant \varphi \leqslant \beta\},$$

则有

$$\iint\limits_D f(\rho\cos\varphi, \rho\sin\varphi)\rho\mathrm{d}\rho\mathrm{d}\varphi = \int_\alpha^\beta \mathrm{d}\varphi\int_{\rho_1(\varphi)}^{\rho_2(\varphi)} f(\rho\cos\varphi, \rho\sin\varphi)\rho\mathrm{d}\rho;$$

(2) 如果极点在区域 D 的内部, 而 D 的边界曲线方程为 $\rho = \rho(\varphi)(0 \leqslant \varphi \leqslant 2\pi)$ (图 8.13), 此时 $D = \{(\rho,\varphi)|0 \leqslant \rho \leqslant \rho(\varphi), 0 \leqslant \varphi \leqslant 2\pi\}$, 则二次积分为

$$\int_0^{2\pi} \mathrm{d}\varphi\int_0^{\rho(\varphi)} f(\rho\cos\varphi, \rho\sin\varphi)\rho\mathrm{d}\rho;$$

(3) 如果极点在区域 D 的边界上, 而 D 的边界曲线方程为 $\rho = \rho(\varphi)(\alpha \leqslant \varphi \leqslant \beta)$ (图 8.14), 此时, $D = \{(\rho,\varphi)|0 \leqslant \rho \leqslant \rho(\varphi), \alpha \leqslant \varphi \leqslant \beta\}$, 则二次积分为

$$\int_\alpha^\beta \mathrm{d}\varphi\int_0^{\rho(\varphi)} f(\rho\cos\varphi, \rho\sin\varphi)\rho\mathrm{d}\rho.$$

例 6 计算二重积分 $\iint\limits_D \sqrt{x^2+y^2}\mathrm{d}\sigma$, 其中 $D = \{(x,y)|0 \leqslant |y| \leqslant x, x^2+y^2 \leqslant 2x\}$.

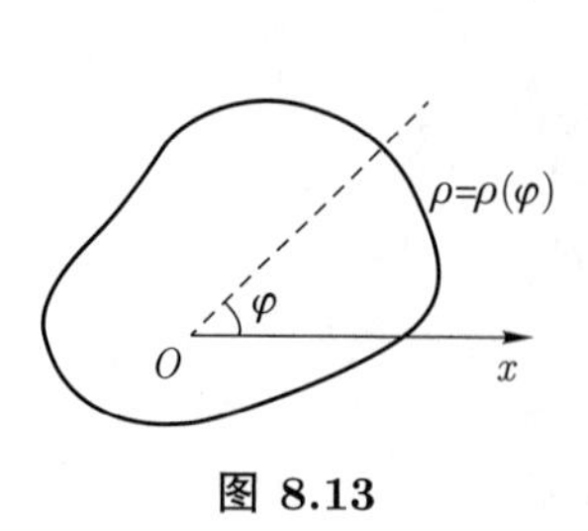

图 8.13

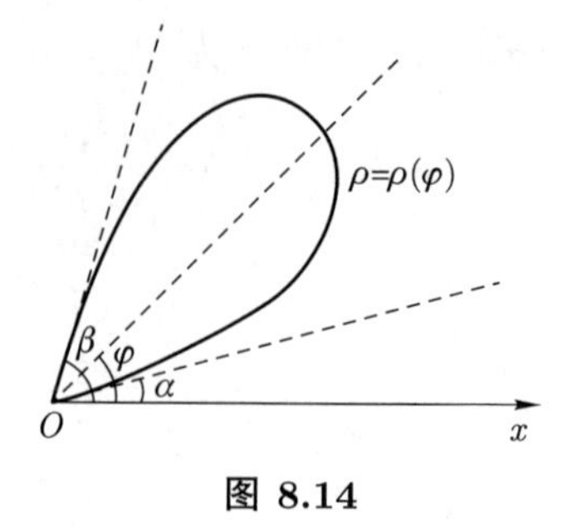

图 8.14

解 用极坐标计算. D (图 8.15) 可表示为

$$D=\{(\rho,\varphi)|0\leqslant\rho\leqslant 2\cos\varphi,-\frac{\pi}{4}\leqslant\varphi\leqslant\frac{\pi}{4}\},$$

所以

$$\begin{aligned}\iint\limits_D\sqrt{x^2+y^2}\mathrm{d}\sigma&=\int_{-\frac{\pi}{4}}^{\frac{\pi}{4}}\mathrm{d}\varphi\int_0^{2\cos\varphi}\rho\cdot\rho\mathrm{d}\rho\\&=\frac{8}{3}\int_{-\frac{\pi}{4}}^{\frac{\pi}{4}}\cos^3\varphi\mathrm{d}\varphi\\&=\frac{8}{3}\int_{-\frac{\pi}{4}}^{\frac{\pi}{4}}(1-\sin^2\varphi)\mathrm{d}\sin\varphi=\frac{20}{9}\sqrt{2}.\end{aligned}$$

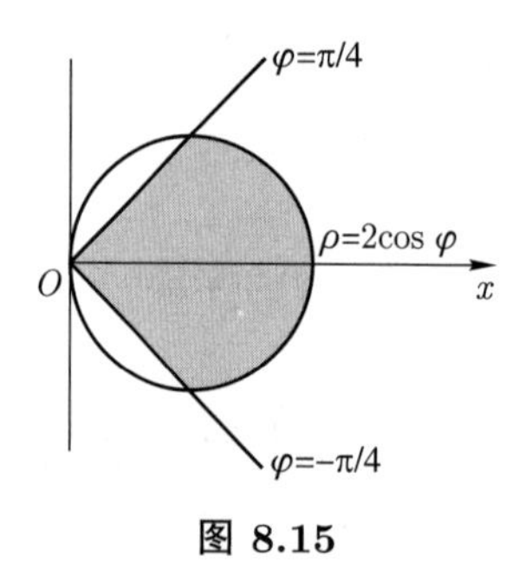

图 8.15

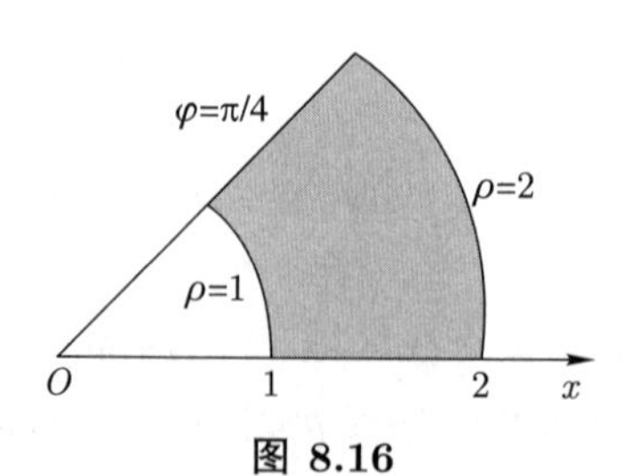

图 8.16

例 7 计算二重积分 $\iint\limits_D\arctan\frac{y}{x}\mathrm{d}\sigma$, 其中 $D=\{(x,y)|1\leqslant x^2+y^2\leqslant 4,y\geqslant 0,y\leqslant x\}$.

解 用极坐标计算. D (图 8.16) 可表示为

$$D=\{(\rho,\varphi)|1\leqslant\rho\leqslant 2,\ 0\leqslant\varphi\leqslant\frac{\pi}{4}\},$$

所以

$$\iint\limits_D\arctan\frac{y}{x}\mathrm{d}\sigma=\int_0^{\frac{\pi}{4}}\mathrm{d}\varphi\int_1^2\arctan\frac{\rho\sin\varphi}{\rho\cos\varphi}\rho\mathrm{d}\rho$$

$$
\begin{aligned}
&= \int_0^{\frac{\pi}{4}} \mathrm{d}\varphi \int_1^2 \varphi \cdot \rho \mathrm{d}\rho \\
&= \int_0^{\frac{\pi}{4}} \varphi \mathrm{d}\varphi \cdot \int_1^2 \rho \mathrm{d}\rho = \frac{3\pi^2}{64}.
\end{aligned}
$$

例 8 求由圆柱面 $x^2+y^2=2y$ 和球面 $z=\sqrt{1-x^2-y^2}$ 以及 Oxy 平面所围立体的体积 (图 8.17).

解 由对称性, 立体的体积是它在第一象限中的两倍. 设 D 为如图 8.18, 用极坐标表示为

$$
D=\{(\rho,\varphi)|0\leqslant\rho\leqslant\sin\varphi,\ 0\leqslant\varphi\leqslant\frac{\pi}{2}\}.
$$

于是,

$$
\begin{aligned}
V &= 2\iint_D \sqrt{1-x^2-y^2}\mathrm{d}\sigma = 2\int_0^{\frac{\pi}{2}} \mathrm{d}\varphi \int_0^{\sin\varphi} \sqrt{1-\rho^2}\rho \mathrm{d}\rho \\
&= -\frac{2}{3}\int_0^{\frac{\pi}{2}} (1-\rho^2)^{\frac{3}{2}}\Big|_0^{\sin\varphi} \mathrm{d}\varphi \\
&= -\frac{2}{3}\int_0^{\frac{\pi}{2}} (\cos^3\varphi-1)\mathrm{d}\varphi = \frac{\pi}{3}-\frac{4}{9}.
\end{aligned}
$$

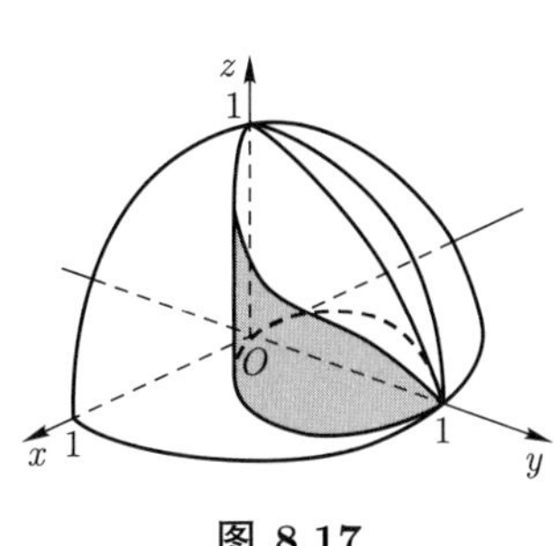

图 8.17

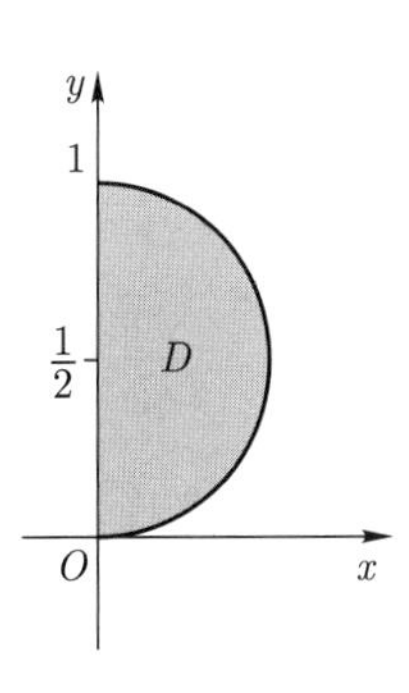

图 8.18

例 9 计算 $\iint_D \mathrm{e}^{-x^2-y^2}\mathrm{d}x\mathrm{d}y$, 其中区域 $D=\{(x,y)|x^2+y^2\leqslant R^2, x\geqslant 0, y\geqslant 0\}$.

解 如果用直角坐标计算, 这个积分是求不出的, 现用极坐标计算. 此时 D 可表示为

$$
D=\left\{(\rho,\varphi)|0\leqslant\rho<R,\ 0\leqslant\varphi\leqslant\frac{\pi}{2}\right\},
$$

于是

$$
\begin{aligned}
\iint_D \mathrm{e}^{-x^2-y^2}\mathrm{d}x\mathrm{d}y &= \iint_D \mathrm{e}^{-\rho^2}\rho\mathrm{d}\rho\mathrm{d}\varphi = \int_0^{\frac{\pi}{2}}\mathrm{d}\varphi\int_0^R \rho\mathrm{e}^{-\rho^2}\mathrm{d}\rho \\
&= \frac{\pi}{2}\left(-\frac{1}{2}\mathrm{e}^{-\rho^2}\right)\Big|_0^R = \frac{\pi}{4}(1-\mathrm{e}^{-R^2}).
\end{aligned}
$$

利用上例的结果, 我们可以得到一个在数学中重要的反常积分 $\int_0^{+\infty}\mathrm{e}^{-x^2}\mathrm{d}x$, 被称作**概率积**

分. 设

$$D_1=\Big\{(x,y)|\{x^2+y^2\leqslant R^2,\ x\geqslant 0,\ y\geqslant 0\Big\},$$
$$D_2=\Big\{(x,y)|\{x^2+y^2\leqslant 2R^2,\ x\geqslant 0,\ y\geqslant 0\Big\},$$
$$D_R=\Big\{(x,y)|\{0\leqslant x\leqslant R,\ 0\leqslant y\leqslant R\Big\},$$

则 $D_1\subset D_R\subset D_2$, 由二重积分的性质, 可得

$$\iint\limits_{D_1}\mathrm{e}^{-(x^2+y^2)}\mathrm{d}x\mathrm{d}y\leqslant\iint\limits_{D_R}\mathrm{e}^{-(x^2+y^2)}\mathrm{d}x\mathrm{d}y\leqslant\iint\limits_{D_2}\mathrm{e}^{-(x^2+y^2)}\mathrm{d}x\mathrm{d}y.$$

由上例知,

$$\iint\limits_{D_1}\mathrm{e}^{-(x^2+y^2)}\mathrm{d}x\mathrm{d}y=\frac{\pi}{4}(1-\mathrm{e}^{-R^2}),\quad\iint\limits_{D_2}\mathrm{e}^{-(x^2+y^2)}\mathrm{d}x\mathrm{d}y=\frac{\pi}{4}(1-\mathrm{e}^{-2R^2}).$$

又

$$\iint\limits_{D_R}\mathrm{e}^{-(x^2+y^2)}\mathrm{d}x\mathrm{d}y=\int_0^R\mathrm{e}^{-x^2}\mathrm{d}x\cdot\int_0^R\mathrm{e}^{-y^2}\mathrm{d}y=\Big(\int_0^R\mathrm{e}^{-x^2}\mathrm{d}x\Big)^2,$$

故得

$$\frac{\pi}{4}(1-\mathrm{e}^{-R^2})\leqslant\Big(\int_0^R\mathrm{e}^{-x^2}\mathrm{d}x\Big)^2\leqslant\frac{\pi}{4}(1-\mathrm{e}^{-2R^2}),$$

从而

$$\frac{\sqrt{\pi}}{2}\sqrt{1-\mathrm{e}^{-R^2}}\leqslant\int_0^R\mathrm{e}^{-x^2}\mathrm{d}x\leqslant\frac{\sqrt{\pi}}{2}\sqrt{1-\mathrm{e}^{-2R^2}}.$$

令 $R\to+\infty$, 上式两端都趋于同一极限 $\dfrac{\sqrt{\pi}}{2}$, 由夹逼定理可得

$$\int_0^{+\infty}\mathrm{e}^{-x^2}\mathrm{d}x=\frac{\sqrt{\pi}}{2}.$$

8.2.3 二重积分的一般换元法

我们知道, 在定积分的计算中换元法则起着重要的作用, 在二重积分中也有类似的情形. 上一段所讨论的将直角坐标下的二重积分变换为极坐标下的二重积分, 实际上就是一种换元法, 只是用了特定的变量代换 $x=\rho\cos\varphi, y=\rho\sin\varphi$. 换元法能使一些二重积分的计算简化. 下面我们讨论二重积分的一般换元法则.

先介绍点的曲线坐标的概念, 若平面上点 M 的位置除了用直角坐标 x,y 表示外, 还可以用另外两个有序实数 u,v 来表示, 而且每一对有序实数 u,v 完全确定平面上的一点, 这样的一对有序实数 u,v 称为点 M 的**曲线坐标**, 记为 $M(u,v)$. 例如, 点的极坐标 (ρ,φ) 就是一种曲线坐标.

作变换

$$x=x(u,v),y=y(u,v),(u,v)\in D'\subseteq\mathbb{R}^2,\tag{8.2.4}$$

其中函数 x 和 y 有一阶连续偏导数, 且

$$J(u,v)=\frac{\partial(x,y)}{\partial(u,v)}=\begin{vmatrix}x_u & x_v\\ y_u & y_v\end{vmatrix}\neq 0.$$

则由隐函数存在定理, (8.2.4) 式在 (x,y) 变化的相应区域 $D\subseteq\mathbb{R}^2$ 中确定了两个连续可微函数

$$u=u(x,y),v=v(x,y),\quad (x,y)\in D\subseteq\mathbb{R}^2, \tag{8.2.5}$$

即变换 (8.2.4) 和 (8.2.5) 在区域 D 与 D' 建立了一一对应. 在这组变换下, 点 $M_0(x_0,y_0)$ 既可以用坐标线 $x=x_0,y=y_0$ 的交点来确定, 也可以用两曲线

$$u(x,y)=u_0,v(x,y)=v_0$$

的交点来确定（如图 8.19）, 其中 $u_0=u(x_0,y_0)$, $v_0=v(x_0,y_0)$, (u_0,v_0) 就是点 M_0 的曲线坐标. 曲线族 $u=u(x,y)=c_1,v=v(x,y)=c_2$ 称为此曲线坐标的坐标线（在极坐标变换下, 这两族曲线分别是同心圆族和过极点的射线族）. 变换 (8.2.4) 和 (8.2.5) 称为曲线的坐标变换.

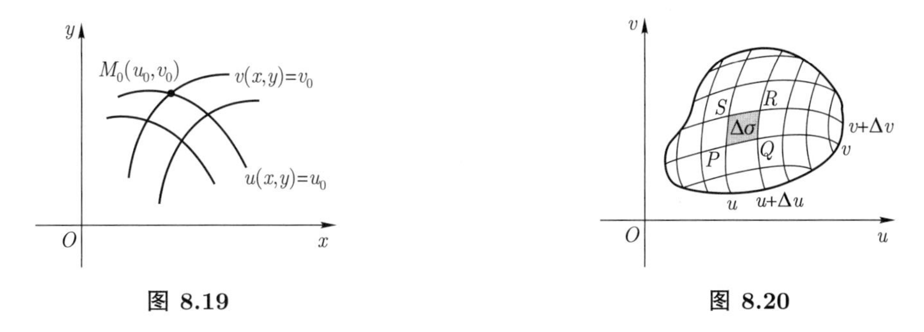

图 8.19　　**图 8.20**

现在, 我们用曲线坐标来计算二重积分. 首先将区域 D 的边界曲线方程用曲线坐标表示, 并把被积函数化成曲线坐标的形式:

$$f(x,y)=f(x(u,v),y(u,v)).$$

然后用曲线坐标的坐标线来分割区域 D(图 8.20), 考察相应的面积元素 $\mathrm{d}\sigma$. 设由曲线 $u,v,u+\Delta u$ 和 $v+\Delta v$ 围成的小曲边四边形 $\Delta\sigma$ (其面积仍记为 $\Delta\sigma$) 的四个顶点依次为 P,Q,R,S（图 8.20）, 则它们的坐标分别为

$$\begin{aligned}&P(x(u,v),y(u,v)), && Q(x(u+\Delta u,v),y(u+\Delta u,v)),\\ &S(x(u,v+\Delta v),y(u,v+\Delta v)), && R(x(u+\Delta u,v+\Delta v),y(u+\Delta u,v+\Delta v)).\end{aligned}$$

当分割很细时, 曲边四边形 $\Delta\sigma$ 可以近似地看成平行四边形, 其中

$$\overrightarrow{PQ}=\Big(x(u+\Delta u,v)-x(u,v)\Big)\boldsymbol{i}+\Big(y(u+\Delta u,v)-y(u,v)\Big)\boldsymbol{j}.$$

当 $\Delta u,\Delta v$ 很小时, 由微分的近似计算公式有

$$\overrightarrow{PQ}\approx x_u\Delta u\boldsymbol{i}+y_u\Delta u\boldsymbol{j},$$

同理可得

$$\overrightarrow{PS} \approx x_v \Delta v \boldsymbol{i} + y_v \Delta v \boldsymbol{j},$$

于是

$$\Delta\sigma \approx |\overrightarrow{PQ} \times \overrightarrow{PS}| = \left\| \begin{matrix} \boldsymbol{i} & \boldsymbol{j} & \boldsymbol{k} \\ x_u \Delta u & y_u \Delta u & 0 \\ x_v \Delta v & y_v \Delta v & 0 \end{matrix} \right\| = \left| \frac{\partial(x,y)}{\partial(u,v)} \right| \Delta u \Delta v = |J(u,v)| \Delta u \Delta v,$$

且

$$\mathrm{d}\sigma = |J(u,v)| \mathrm{d}u\mathrm{d}v.$$

由此可以证明如下的二重积分变量代换定理, 证明略.

定理 1 设函数 $f(x,y)$ 在有界闭区域 D 上连续, 又函数 $x=x(u,v)$ 和 $y=y(u,v)$ 有一阶连续偏导数, 且 Jacobi 行列式 $J(u,v) \neq 0$, 则

$$\iint\limits_D f(x,y)\mathrm{d}x\mathrm{d}y = \iint\limits_{D'} f(x(u,v),y(u,v))|J(u,v)|\mathrm{d}u\mathrm{d}v. \tag{8.2.6}$$

公式 (8.2.6) 称为二重积分的一般换元公式, $|J(u,v)|\mathrm{d}u\mathrm{d}v$ 称为**面积元素**. 当 $J(u,v)$ 在个别点或在一条线上等于零而在其他点上不等于零时, 换元公式 (8.2.6) 仍然成立.

作为一个特例, 我们重新考察一下极坐标下二重积分的换元公式. 此时, $x=\rho\cos\varphi$, $y=\rho\sin\varphi$, Jacobi 行列式

$$J(\rho,\varphi) = \begin{vmatrix} \cos\varphi & -\rho\sin\varphi \\ \sin\varphi & \rho\cos\varphi \end{vmatrix} = \rho,$$

于是有

$$\iint\limits_D f(x,y)\mathrm{d}x\mathrm{d}y = \iint\limits_{D'} f(\rho\cos\varphi,\rho\sin\varphi)\rho\mathrm{d}\rho\mathrm{d}\varphi.$$

这正是我们在前面已讨论过的用极坐标计算二重积分的公式.

例 10 求 $\iint\limits_D \sqrt{1-\dfrac{x^2}{a^2}-\dfrac{y^2}{b^2}}\mathrm{d}x\mathrm{d}y$, 其中 D 是由椭圆 $\dfrac{x^2}{a^2}+\dfrac{y^2}{b^2}=1$ 所围成的区域.

解 作广义极坐标变换

$$\begin{cases} x = a\rho\cos\varphi, \\ y = b\rho\sin\varphi, \end{cases}$$

它将 $O\rho\varphi$ 平面上的区域 $D' = \{(\rho,\varphi)|0 \leqslant \rho \leqslant 1, 0 \leqslant \varphi \leqslant 2\pi\}$ 变换为 D, 且

$$J(\rho,\varphi) = \begin{vmatrix} \dfrac{\partial x}{\partial \rho} & \dfrac{\partial x}{\partial \varphi} \\ \dfrac{\partial y}{\partial \rho} & \dfrac{\partial y}{\partial \varphi} \end{vmatrix} = \begin{vmatrix} a\cos\varphi & -a\rho\sin\varphi \\ b\sin\varphi & b\rho\cos\varphi \end{vmatrix} = ab\rho.$$

于是

$$\iint\limits_{D}\sqrt{1-\frac{x^2}{a^2}-\frac{y^2}{b^2}}\mathrm{d}x\mathrm{d}y=\iint\limits_{D'}\sqrt{1-\rho^2}\cdot ab\rho\mathrm{d}\rho\mathrm{d}\varphi$$
$$=ab\int_0^{2\pi}\mathrm{d}\varphi\int_0^1\sqrt{1-\rho^2}\rho\mathrm{d}\rho=\frac{2}{3}\pi ab.$$

例 11 求 $\iint\limits_{D}(y-x)\mathrm{d}x\mathrm{d}y$, 其中 D 是由 $y=x+1, y=x-3, y=-\frac{x}{3}+\frac{7}{9}, y=-\frac{x}{3}+5$ 所围成的区域（图 8.21）.

解 本题积分区域较为复杂, 如果用直角坐标系计算, 必须将区域分成三个子域. 根据积分区域 D 的边界曲线方程作变换

$$T:\begin{cases}u=y-x,\\ v=y+\frac{1}{3}x,\end{cases}$$

它将 D 变为 Ouv 平面上的矩形区域 $D'=\left\{(u,v)\middle|-3\leqslant u\leqslant 1,\frac{7}{9}\leqslant v\leqslant 5\right\}$（图 8.22）. 而且

$$J(u,v)=\frac{\partial(x,y)}{\partial(u,v)}=\frac{1}{\dfrac{\partial(u,v)}{\partial(x,y)}}=\frac{1}{\begin{vmatrix}-1 & 1\\ \dfrac{1}{3} & 1\end{vmatrix}}=-\frac{3}{4},$$

故

$$\iint\limits_{D}(y-x)\mathrm{d}x\mathrm{d}y=\iint\limits_{D'}\left(\left(\frac{1}{4}u+\frac{3}{4}v\right)-\left(-\frac{3}{4}u+\frac{3}{4}v\right)\right)\left|-\frac{3}{4}\right|\mathrm{d}u\mathrm{d}v$$
$$=\frac{3}{4}\int_{\frac{7}{9}}^{5}\mathrm{d}v\int_{-3}^{1}u\mathrm{d}u=-\frac{38}{3}.$$

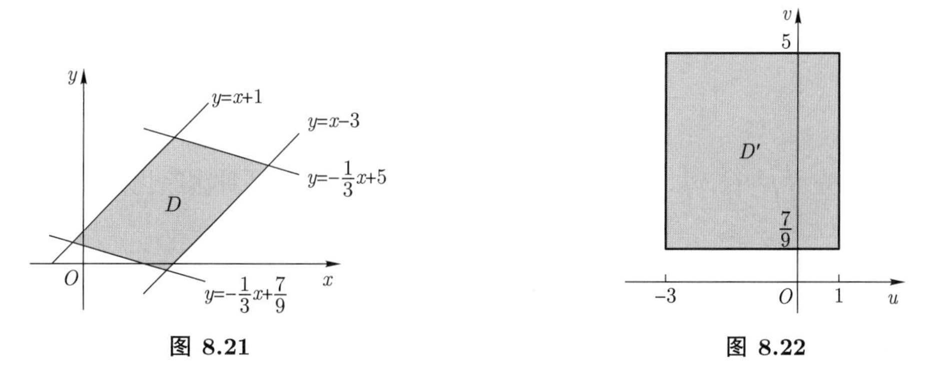

图 8.21　　图 8.22

例 12 计算 $\iint\limits_{D}\mathrm{e}^{-\frac{y-x}{y+x}}\mathrm{d}x\mathrm{d}y$, 其中 D 是由 x 轴, y 轴和直线 $x+y=2$ 所围成的区域.

解 本题的被积函数较复杂, 在直角坐标系中计算较困难. 作变换

$$u=x+y, v=y-x,$$

则区域 D 的三条边界曲线被分别变为 uv 平面上的三条直线段

$$v=-u,\ v=u,\ u=2.$$

区域 D 和 D' 如图 8.23 所示.

$$J(x,y)=\frac{\partial(u,v)}{\partial(x,y)}=\begin{vmatrix}1 & 1\\ -1 & 1\end{vmatrix}=2,$$

所以

$$J(u,v)=\frac{\partial(x,y)}{\partial(u,v)}=\frac{1}{2}.$$

故

$$\begin{aligned}\iint\limits_{D}\mathrm{e}^{-\frac{y-x}{y+x}}\mathrm{d}x\mathrm{d}y&=\iint\limits_{D'}\mathrm{e}^{-\frac{v}{u}}\cdot\frac{1}{2}\mathrm{d}u\mathrm{d}v=\frac{1}{2}\int_0^2\mathrm{d}u\int_{-u}^{u}\mathrm{e}^{-\frac{v}{u}}\mathrm{d}v\\&=\frac{1}{2}(\mathrm{e}-\mathrm{e}^{-1})\int_0^2 u\mathrm{d}u=\mathrm{e}-\mathrm{e}^{-1}.\end{aligned}$$

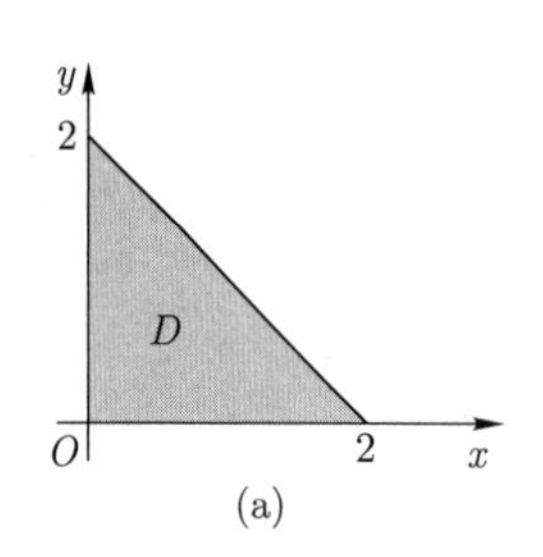

(a)

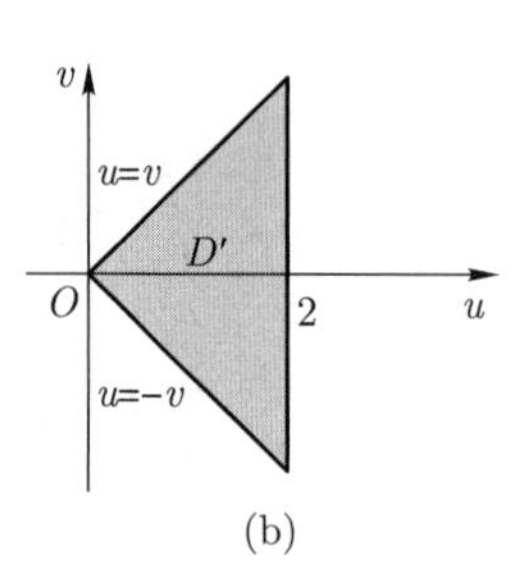

(b)

图 8.23

习 题 8.2

1. 将二重积分 $\iint\limits_{D}f(x,y)\mathrm{d}x\mathrm{d}y$ 分别按先 x 后 y 与先 y 后 x 两种次序化成二次积分, 积分区域 D 如下:

(1) D 由 $x+y=1$, $x-y=1$, $x=0$ 围成;

(2) D 由 $y=x$, $y=3x$, $x=1$, $x=3$ 围成;

(3) D 是 $y=2x$, $2y-x=0$, $xy=2$ 所围成的第一象限中的区域;

(4) D 由 $y=x^2$, $y=4-x^2$ 围成;

(5) $D=\{(x,y)|(x-2)^2+(y-3)^2\leqslant 4\}$.

2. 作出下列二次积分所对应的二重积分的积分区域, 并改变积分次序:

(1) $\int_{-1}^{1}\mathrm{d}x\int_{0}^{\sqrt{1-x^2}}f(x,y)\mathrm{d}y$;　　(2) $\int_{0}^{2}\mathrm{d}y\int_{y-2}^{0}f(x,y)\mathrm{d}x$;

(3) $\int_{0}^{1}\mathrm{d}y\int_{y}^{\sqrt{y}}f(x,y)\mathrm{d}x$;　　(4) $\int_{0}^{1}\mathrm{d}x\int_{1-x}^{1-x^2}f(x,y)\mathrm{d}y$;

(5) $\int_{0}^{1}\mathrm{d}x\int_{1}^{\mathrm{e}^x}f(x,y)\mathrm{d}y$;　　(6) $\int_{0}^{\ln 2}\mathrm{d}y\int_{\mathrm{e}^y}^{2}f(x,y)\mathrm{d}x$;

(7) $\int_{0}^{1}\mathrm{d}y\int_{-\sqrt{1-y^2}}^{\sqrt{1-y^2}}f(x,y)\mathrm{d}x$;　　(8) $\int_{0}^{2}\mathrm{d}x\int_{\sqrt{2x-x^2}}^{\sqrt{2x}}f(x,y)\mathrm{d}y$.

3. 计算下列二重积分:

(1) $\iint\limits_{D}xy\mathrm{d}x\mathrm{d}y$, 其中 D 为 $y=x$ 与 $y=x^2$ 所围成的区域;

(2) $\iint\limits_{D}(x^2+y)\mathrm{d}x\mathrm{d}y$, 其中 D 为 $y=x^2$ 与 $x=y^2$ 所围成的区域;

(3) $\iint\limits_{D}(x^2+y^2)\mathrm{d}x\mathrm{d}y$, 其中 D 为 $y=x$, $y=x+1$, $y=1$, $y=3$ 所围成的区域;

(4) $\iint\limits_{D}\cos(x+y)\mathrm{d}x\mathrm{d}y$, 其中 $D=\{(x,y)|\,x\geqslant 0,\ x\leqslant y\leqslant \pi\}$;

(5) $\iint\limits_{D}|xy|\mathrm{d}x\mathrm{d}y$, 其中 $D=\{(x,y)|\,x^2+y^2\leqslant 4\}$;

(6) $\iint\limits_{D}\frac{\sin y}{y}\mathrm{d}x\mathrm{d}y$, 其中 $D=\{(x,y)|\,x\leqslant y\leqslant\sqrt{x},\ 0\leqslant x\leqslant 1\}$;

(7) $\iint\limits_{D}\mathrm{e}^{\frac{y}{x}}\mathrm{d}x\mathrm{d}y$, 其中 $D=\{(x,y)|\,x\leqslant y\leqslant x^2,\ 0\leqslant x\leqslant 1\}$;

(8) $\iint\limits_{D}\sin\sqrt{x^3}\mathrm{d}x\mathrm{d}y$, 其中 $D=\{(x,y)|0\leqslant y\leqslant\sqrt[3]{\pi}, y^2\leqslant x\leqslant\sqrt[3]{\pi^2}\}$;

(9) $\iint\limits_{D}\sqrt{|y-x^2|}\mathrm{d}x\mathrm{d}y$, 其中 $D=\{(x,y)||x|\leqslant 1, 0\leqslant y\leqslant 2\}$;

(10) $\iint\limits_{D}\mathrm{e}^{-y^2}\mathrm{d}x\mathrm{d}y$, 其中 D 是以 $(0,0),(1,1),(0,1)$ 为顶点的三角形区域.

4. 计算下列积分:

(1) $\int_{0}^{1}\mathrm{d}y\int_{y}^{1}\sin x^2\mathrm{d}x$;　　(2) $\int_{\pi}^{2\pi}\mathrm{d}y\int_{y-\pi}^{\pi}\frac{\sin x}{x}\mathrm{d}x$;

(3) $\int_{0}^{2}\mathrm{d}y\int_{1+y^2}^{5}y\mathrm{e}^{(x-1)^2}\mathrm{d}x$;　　(4) $\int_{0}^{1}xf(x)\mathrm{d}x$, 其中 $f(x)=\int_{x^2}^{1}\mathrm{e}^{-y^2}\mathrm{d}y$.

5. 将下列二次积分化为极坐标下的二次积分:

(1) $\int_0^2 \mathrm{d}x \int_0^x f(\sqrt{x^2+y^2})\mathrm{d}y$; (2) $\int_0^1 \mathrm{d}x \int_{-\sqrt{x-x^2}}^{\sqrt{x-x^2}} f\left(\frac{y}{x}\right)\mathrm{d}y$;

(3) $\int_0^1 \mathrm{d}x \int_0^1 f(x,y)\mathrm{d}y$; (4) $\int_0^1 \mathrm{d}x \int_{1-x}^{\sqrt{1-x^2}} f(x,y)\mathrm{d}y$.

6. 利用极坐标计算下列二重积分:

(1) $\iint\limits_D \ln(1+x^2+y^2)\mathrm{d}x\mathrm{d}y,\ D=\{(x,y)|x^2+y^2\leqslant 1, x\geqslant 0, y\geqslant 0\}$;

(2) $\iint\limits_D \sin\sqrt{x^2+y^2}\mathrm{d}x\mathrm{d}y,\ D=\{(x,y)|\pi^2\leqslant x^2+y^2\leqslant 4\pi^2\}$;

(3) $\iint\limits_D (x^2+y^2)\mathrm{d}x\mathrm{d}y,\ D=\{(x,y)|\,2x\leqslant x^2+y^2\leqslant 4x\}$;

(4) $\iint\limits_D \sqrt{\frac{1-x^2-y^2}{1+x^2+y^2}}\mathrm{d}x\mathrm{d}y,\ D=\{(x,y)|x^2+y^2\leqslant 1\}$;

(5) $\iint\limits_D |x^2+y^2-4|\mathrm{d}x\mathrm{d}y,\ D=\{(x,y)|x^2+y^2\leqslant 9\}$;

(6) $\iint\limits_D (x^2+y^2)^{-\frac{1}{2}}\mathrm{d}x\mathrm{d}y,\ D=\{(x,y)|\,0\leqslant y\leqslant\sqrt{2x-x^2},\ 1\leqslant x\leqslant 2\}$.

7. 求下列立体的体积:

(1) 立体的顶为曲面 $z=x^2+y^2$, 底为 xOy 平面上由直线 $y=x$,$x=0$ 和 $x+y=2$ 所围平面区域.

(2) 抛物面 $z=x^2+y^2$ 和平面 $x+y=1$ 所围立体在第一象限部分.

(3) 立体的侧面是圆柱面 $x^2+y^2=x$, 顶为锥面 $z=16-\sqrt{x^2+y^2}$, 底面 $z=0$.

8. 求下列曲线所围图形的面积:

(1) 心脏线 $\rho=a(1-\cos\varphi)$; (2) 玫瑰线 $\rho=a\sin 3\varphi$;

(3) $(x^2+y^2)^2=a(x^3-3xy^2)(a>0)$; (4) $(x^2+y^2)^3=a^2(x^4+y^4)$.

9. 设 $f(x)$ 连续, 证明:

(1) $\int_0^a \mathrm{d}x \int_0^x f(y)\mathrm{d}y=\int_0^a (a-x)f(x)\mathrm{d}x$;

(2) $\int_0^a \mathrm{d}x \int_0^x f(x)f(y)\mathrm{d}y=\frac{1}{2}\left[\int_0^a f(x)\mathrm{d}x\right]^2$.

10. 设 $f(x)$ 连续, 利用二重积分 $\iint\limits_{\substack{a\leqslant x\leqslant b\\ a\leqslant y\leqslant b}} [f(x)-f(y)]^2\mathrm{d}x\mathrm{d}y\geqslant 0$, 证明不等式

$$\int_a^b f^2(x)\mathrm{d}x\geqslant\frac{1}{b-a}\left[\int_a^b f(x)\mathrm{d}x\right]^2.$$

11. 设 $f(x)$ 是 $[a,b]$ 上的正值连续函数, 试利用二重积分证明

$$\int_a^b f(x)\mathrm{d}x\int_a^b \frac{1}{f(x)}\mathrm{d}x \geqslant (b-a)^2.$$

12. 利用适当的变换计算下列二重积分:

(1) $\iint\limits_D xy\mathrm{d}x\mathrm{d}y$, D 是由 $y^2=x$, $y^2=4x$, $x^2=y$ 和 $x^2=4y$ 围成的区域;

(2) $\iint\limits_D x^2y^2\mathrm{d}x\mathrm{d}y$, D 是由 $xy=1$, $xy=2$, $y=x$ 和 $y=4x$ 围成的在第一象限内的区域;

(3) $\iint\limits_D \cos\frac{y-x}{y+x}\mathrm{d}x\mathrm{d}y$, D 是顶点为 $(1,0)$, $(2,0)$, $(0,2)$ 和 $(0,1)$ 的平行四边形区域;

(4) $\iint\limits_D \mathrm{e}^{\frac{y}{x+y}}\mathrm{d}x\mathrm{d}y$, D 是由 $x=0$, $y=0$ 和 $y+x=1$ 所围的区域.

13. 利用变换 $x+y=u$, $\frac{y}{x}=v$, 证明 $\int_0^1\mathrm{d}y\int_y^{2-y}\frac{x+y}{x^2}\mathrm{e}^{x+y}\mathrm{d}x=\mathrm{e}^2-1$.

14. 证明:

(1) $\iint\limits_D f(x,y)\mathrm{d}x\mathrm{d}y=\ln 2\int_1^2 f(u)\mathrm{d}u$, D 是由 $xy=1, xy=2, y=x, y=4x$ 围成的在第一象限内的区域;

(2) $\iint\limits_{|x|+|y|\leqslant 1} f(x+y)\mathrm{d}x\mathrm{d}y=\int_{-1}^1 f(u)\mathrm{d}u$.

§8.3 三重积分的计算

8.3.1 直角坐标系下三重积分的计算

与二重积分的计算方法类似, 计算三重积分的方法是将它化为一次定积分和一次二重积分(或一次二重积分和一次定积分), 从而进一步化为三次定积分. 下面我们从计算空间物体的质量出发, 导出三重积分的计算公式.

设物体占有空间区域 Ω, 密度函数 $f(x,y,z)$ 是区域 Ω 上的连续函数, 区域 Ω 在 Oxy 平面上的投影为区域 D_{xy}, 又假定过区域 D_{xy} 内任一点所作的平行于 z 轴的直线与区域 Ω 的边界曲面至多有两个交点 (x,y,z_1), (x,y,z_2) $(z_1\leqslant z_2)$, 而 $z_1(x,y)$ 和 $z_2(x,y)$ 都是 x,y 的连续函数(图 8.24), 于是域 Ω 可以表示为

$$\Omega=\{(x,y,z)|(x,y)\in D_{xy}, z_1(x,y)\leqslant z\leqslant z_2(x,y)\}.$$

由积分的定义知道, 物体的质量 m 可以用三重积分表示为

$$m=\iiint\limits_{\Omega} f(x,y,z)\mathrm{d}V.$$

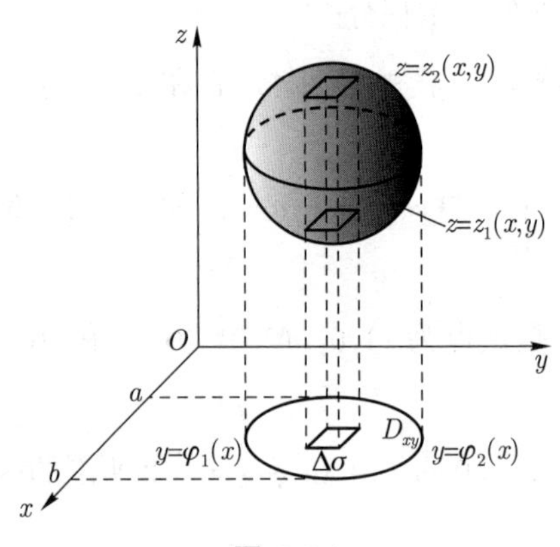

图 8.24

现在我们从另外一个角度来计算 Ω 的质量. 在 D_{xy} 中任取一个小区域 $\Delta\sigma$ ($\Delta\sigma$ 同时代表其面积), 以小区域 $\Delta\sigma$ 的边界曲线为准线, 作母线平行于 z 轴的柱面, 此柱面截得 Ω 的部分可以看成一根“细棒”. 于是“细棒”的质量可近似地表示为

$$\int_{z_1(x,y)}^{z_2(x,y)} f(x,y,z)\mathrm{d}z\Delta\sigma,$$

其中 z 是积分变量, x,y 看作常量. 把所有的小区域 $\Delta\sigma$ 上对应的“细棒”的质量加起来, 则得物体的质量

$$m=\iint\limits_{D_{xy}}\Big[\int_{z_1(x,y)}^{z_2(x,y)} f(x,y,z)\mathrm{d}z\Big]\mathrm{d}\sigma.$$

舍去被积函数的物理意义,我们得到在直角坐标系下三重积分化为定积分与二重积分的计算公式

$$\iiint\limits_{\Omega} f(x,y,z)\mathrm{d}V=\iint\limits_{D_{xy}}\Big[\int_{z_1(x,y)}^{z_2(x,y)} f(x,y,z)\mathrm{d}z\Big]\mathrm{d}\sigma. \tag{8.3.1}$$

在计算 (8.3.1) 式中内层的定积分时, x,y 看作常量, 积分变量是 z, 所算出的定积分是 x,y 的二元函数 $\varPhi(x,y)$. 然后再将 $\varPhi(x,y)$ 在区域 D_{xy} 上作二重积分, 此二重积分可按上一节的讨论进一步化为二次积分. 例如, 当 D_{xy} 可表示为

$$D_{xy}=\{(x,y)|\varphi_1(x)\leqslant y\leqslant\varphi_2(x),a\leqslant x\leqslant b\}$$

时, 由 (8.3.1) 式可得到

$$\iiint\limits_{\Omega} f(x,y,z)\mathrm{d}V=\int_a^b\mathrm{d}x\int_{\varphi_1(x)}^{\varphi_2(x)}\mathrm{d}y\int_{z_1(x,y)}^{z_2(x,y)} f(x,y,z)\mathrm{d}z.$$

这样三重积分最终化成了三次积分.

式 (8.3.1) 是将空间区域 Ω 投影到 Oxy 平面得到的, 有时为了计算方便, 也可以将区域 Ω 投影到 Oxz 平面或 Oyz 平面上, 其处理方法与上面类似. 例如, 如果区域 Ω 在 Oxz 平面上投影为区域 D_{xz}, 而 Ω 可表示成

$$\Omega=\{(x,y,x)|(x,z)\in D_{xz},y_1(x,z)\leqslant y\leqslant y_2(x,z)\},$$

则有计算公式

$$\iiint\limits_{\Omega} f(x,y,z)\mathrm{d}V=\iint\limits_{D_{xz}}\Big[\int_{y_1(x,z)}^{y_2(x,z)} f(x,y,z)\mathrm{d}y\Big]\mathrm{d}x\mathrm{d}z.$$

上面这种按照先"定积分"后"二重积分"的步骤计算三重积分的方法简称为"先单后重法"或"先一后二法".

在直角坐标系中, 体积元素 $\mathrm{d}V$ 也记为 $\mathrm{d}x\mathrm{d}y\mathrm{d}z$, 这样 (8.3.1) 又可写成

$$\iiint\limits_{\Omega} f(x,y,z)\mathrm{d}x\mathrm{d}y\mathrm{d}z=\iint\limits_{D_{xy}}\Big[\int_{z_1(x,y)}^{z_2(x,y)} f(x,y,z)\mathrm{d}z\Big]\mathrm{d}x\mathrm{d}y.$$

如果平行于坐标轴的直线与 Ω 的边界曲面的交点多于两个 (除去 Ω 的边界面是母线平行于坐标轴的柱面或柱面的一部分之外), 则应将 Ω 分成几块, 使得每一部分满足以上讨论所说的要求, 在各部分子区域上分别计算三重积分, 然后相加.

例 1 计算三重积分 $\iiint\limits_{\Omega}(x+y)\mathrm{d}V$, 其中 Ω 为平面 $x+y+z=1$ 和坐标面所围成的第一卦限部分的区域.

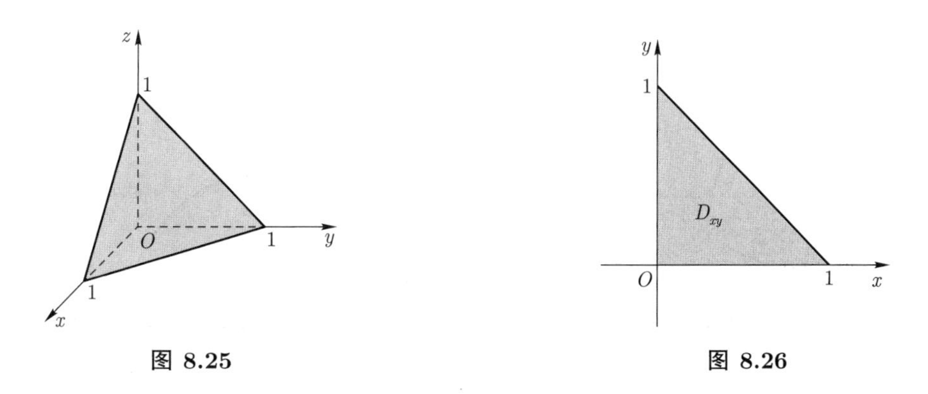

图 8.25　　图 8.26

解 Ω 如图 8.25 所示, Ω 在 Oxy 平面上的投影区域 (图 8.26) 为

$$D_{xy}=\{(x,y)|x+y\leqslant 1,\ x\geqslant 0\ y\geqslant 0\}=\{(x,y)|0\leqslant y\leqslant 1-x,\ 0\leqslant x\leqslant 1\},$$

于是

$$\begin{aligned}\iiint\limits_{\Omega}(x+y)\mathrm{d}V&=\iint\limits_{D_{xy}}\left(\int_0^{1-x-y}(x+y)\mathrm{d}z\right)\mathrm{d}\sigma\\&=\int_0^1\mathrm{d}x\int_0^{1-x}(x+y)(1-x-y)\mathrm{d}y\\&=\int_0^1\left(\frac{1}{6}-\frac{x^2}{2}+\frac{x^3}{3}\right)\mathrm{d}x=\frac{1}{12}.\end{aligned}$$

例 2 求由两个旋转抛物面 $z=3-x^2-y^2$ 和 $z=-5+x^2+y^2$ 的 $x\geqslant 0,\ y\geqslant 0$ 部分所围成的立体区域 Ω 的体积.

解 Ω 如图 8.27 所示. Ω 的体积 $V=\iiint\limits_{\Omega}\mathrm{d}x\mathrm{d}y\mathrm{d}z$. 为了求得 Ω 在 Oxy 平面上的投影区域 D_{xy}, 必须先求两个抛物面的交线在 Oxy 平面上的投影曲线.

由方程组

$$\begin{cases}z=3-x^2-y^2,\\z=-5+x^2+y^2.\end{cases}$$

消去 z, 得投影柱面 $x^2+y^2=4$. 从而 Ω 在 Oxy 平面上的投影区域（图 8.28）为

$$D_{xy}=\{(x,y)|x^2+y^2\leqslant 4,\ x\geqslant 0,\ y\geqslant 0\}.$$

于是

$$\begin{aligned}\iiint\limits_{\Omega}\mathrm{d}V&=\iint\limits_{D_{xy}}\left(\int_{-5+x^2+y^2}^{3-x^2-y^2}\mathrm{d}z\right)\mathrm{d}\sigma=2\iint\limits_{D_{xy}}(4-x^2-y^2)\mathrm{d}\sigma\\&=\int_0^{\frac{\pi}{2}}\mathrm{d}\varphi\int_0^2(4-\rho^2)\rho\mathrm{d}\rho=4\pi.\end{aligned}$$

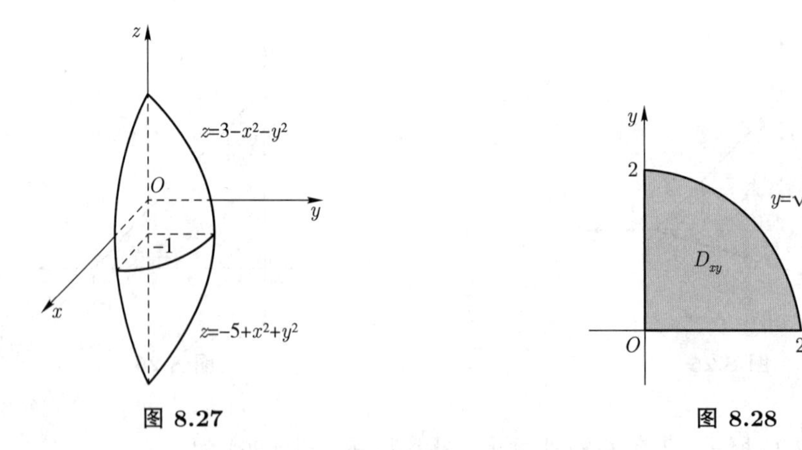

图 8.27　　图 8.28

有些三重积分的计算则可先求关于某两个变量的二重积分, 再求关于另一个变量的定积分, 这种方法称为“先二后一法”或“切片法”.

将 Ω (图 8.29) 向 z 轴投影得到投影区间 $[p,q]$, 且 Ω 可以表示为

$$\Omega=\{(x,y,z)|(x,y)\in D_z, p\leqslant z\leqslant q\},$$

其中 D_z 是过 $(0,0,z)$ 且平行于 Oxy 平面的截面. 由于 $f:\Omega\to\mathbb{R}$ 是有界区域上的连续函数, 故积分 $\iint\limits_{D_z} f(x,y,z)\mathrm{d}\sigma, z\in[p,q]$ 存在, 且有

$$\iiint\limits_{\Omega} f(x,y,z)\mathrm{d}V=\int_p^q(\iint\limits_{D_z} f(x,y,z)\mathrm{d}x\mathrm{d}y)\mathrm{d}z.$$

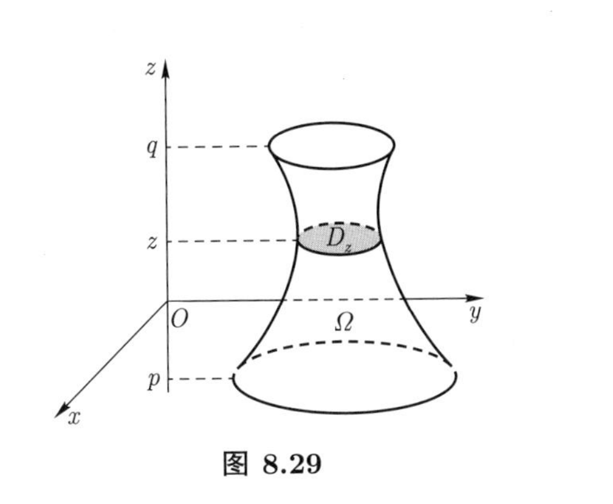

图 8.29

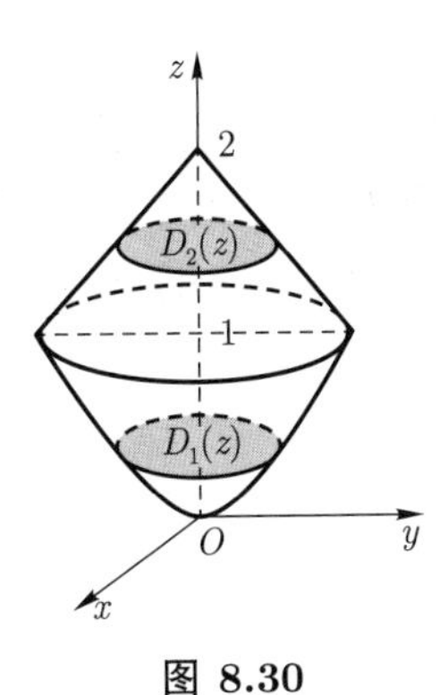

图 8.30

例 3 求由两个曲面 $z=2-\sqrt{x^2+y^2}$ 和 $x^2+y^2=z$ 所围成立体的体积.

解 立体 Ω 如图 8.30 所示. 两曲面的交线为

$$\begin{cases}x^2+y^2=z,\\ z=2-\sqrt{x^2+y^2},\end{cases}\quad 即 \quad \begin{cases}x^2+y^2=1,\\ z=1.\end{cases}$$

立体区域 Ω 在 z 轴的投影为 $[0,2]$. 对于 $z\in[0,1]$, 平面 $z=z$ 截区域 Ω 所得的截面为 $D_1(z):x^2+y^2\leqslant z$; 对于 $z\in[1,2]$, 平面 $z=z$ 截区域 Ω 所得的截面为 $D_2(z):x^2+y^2\leqslant(2-z)^2$. 因此所求立体的体积为

$$\begin{aligned}V&=\iiint\limits_{\Omega}\mathrm{d}V=\int_0^1\mathrm{d}z\iint\limits_{D_1(z)}\mathrm{d}x\mathrm{d}y+\int_1^2\mathrm{d}z\iint\limits_{D_2(z)}\mathrm{d}x\mathrm{d}y\\&=\int_0^1\pi z\mathrm{d}z+\int_1^2\pi(2-z)^2\mathrm{d}z=\frac{5}{6}\pi.\end{aligned}$$

例 2 也可以用“切片法”解得, 请读者试一试.

例 4 计算三重积分 $\iiint\limits_{\Omega} z^2\mathrm{d}V$, 其中 Ω 为椭球域 $\dfrac{x^2}{a^2}+\dfrac{y^2}{b^2}+\dfrac{z^2}{c^2}\leqslant 1$.

解 用“切片法”计算. 区域 Ω 在 z 轴上的投影区间为 $[-c,c]$. 以平行于 Oxy 平面的平面 $z=z$ 去截 Ω, 得椭圆域

$$D(z):\frac{x^2}{a^2}+\frac{y^2}{b^2}\leqslant 1-\frac{z^2}{c^2},$$

于是

$$\iiint_{\Omega} z^2 \mathrm{d}V = \int_{-c}^{c} \mathrm{d}z \iint_{D(z)} z^2 \mathrm{d}x\mathrm{d}y = \int_{-c}^{c} z^2 \cdot \pi a\sqrt{1-\frac{z^2}{c^2}}b\sqrt{1-\frac{z^2}{c^2}}\mathrm{d}z$$

$$= \pi ab \int_{-c}^{c} z^2\left(1-\frac{z^2}{c^2}\right)\mathrm{d}z = \frac{4}{15}\pi abc^3.$$

8.3.2 柱面坐标系、球面坐标系下三重积分的计算

1. 柱面坐标系下三重积分的计算

正如利用极坐标系或其他坐标系可以较为方便地求出一些二重积分一样, 某些三重积分利用其他坐标系进行计算也会比利用直角坐标系进行计算方便. 下面首先简要介绍三重积分的一般换元法, 然后重点介绍柱面坐标系、球面坐标下三重积分的计算. 关于三重积分的换元法与二重积分的换元法类似, 这里我们仅给出结论而不予证明.

设有变换

$$x = x(u,v,\omega),\ y = y(u,v,\omega),\ z = z(u,v,\omega),$$

其中函数 $x = x(u,v,\omega)$, $y = y(u,v,\omega)$, $z = z(u,v,\omega)$ 在 $O'uv\omega$ 空间的某区域 Ω' 上有连续偏导数, 其 Jacobi 行列式

$$J(u,v,\omega) = \frac{\partial(x,y,z)}{\partial(u,v,\omega)} \neq 0.$$

Ω' 的像为 $Oxyz$ 空间的区域 Ω, 则有三重积分的换元公式

$$\iiint_{\Omega} f(x,y,z)\mathrm{d}x\mathrm{d}y\mathrm{d}z = \iiint_{\Omega'} F(u,v,\omega)|J(u,v,\omega)|\mathrm{d}u\mathrm{d}v\mathrm{d}\omega, \tag{8.3.2}$$

其中 $F(u,v,\omega) = f[x(u,v,\omega),y(u,v,\omega),z(u,v,\omega)]$.

当 Jacobi 行列式在区域 Ω' 的个别点或某条曲线、某张曲面上等于零而在其他点不等于零时, 三重积分的换元公式 (8.3.2) 仍成立.

设 (x,y,z) 是空间一点 M 的直角坐标, 而 (ρ,φ) 是 Oxy 平面上点 (x,y) 的极坐标, 则称三元有序数组 (ρ,φ,z) 是点 M 的**柱面坐标** (图 8.31), 其中 ρ,φ,z 的取值范围规定为

$$0 \leqslant \rho < +\infty,\quad \alpha \leqslant \varphi \leqslant \alpha + 2\pi,\quad -\infty < z < +\infty,$$

α 为可以任意选取的常数, 通常取 $\alpha = 0$. 空间一点 M 的直角坐标 (x,y,z) 与柱面坐标的关系是

$$x = \rho\cos\varphi,\quad y = \rho\sin\varphi,\quad z = z.$$

柱面坐标系中三族坐标面分别为

$\rho =$ 常数, 表示以 z轴为中心轴的圆柱面;

$\varphi =$ 常数, 表示过 z轴的半平面;

$z =$ 常数, 表示与 Oxy平面平行的平面.

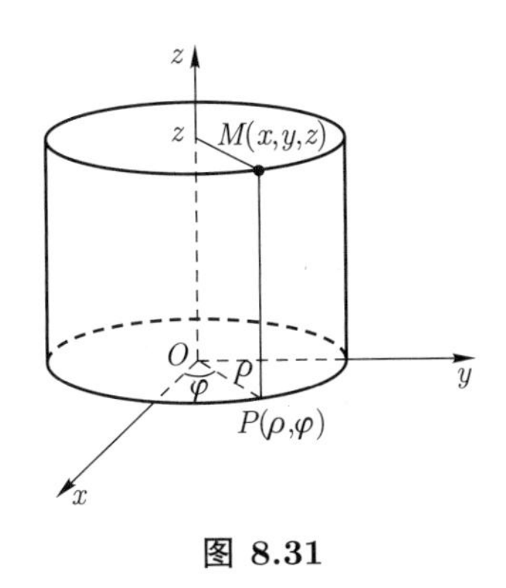

图 8.31

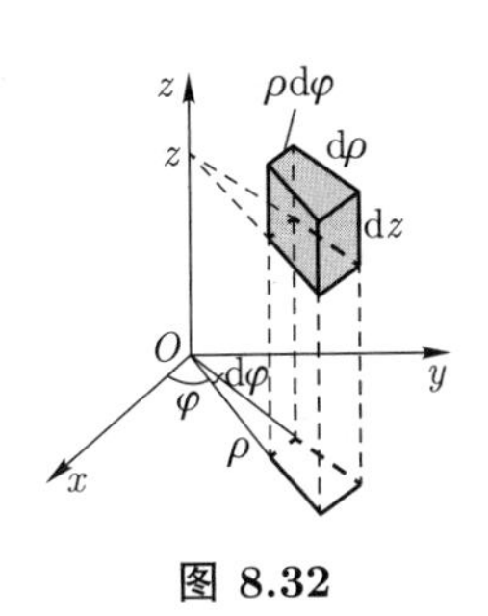

图 8.32

当我们用这三族坐标面分割空间区域 Ω 时, 如果 ρ,φ,z 的改变量为 $\mathrm{d}\rho,\mathrm{d}\varphi,\mathrm{d}z$, 则不含区域边界点的小区域是柱体 (图 8.32), 其底面边长为 $\rho\mathrm{d}\varphi,\mathrm{d}\rho$, 高为 $\mathrm{d}z$, 底面积在不计高阶项时为 $\rho\mathrm{d}\rho\mathrm{d}\varphi$, 于是体积元素 $\mathrm{d}V=\rho\mathrm{d}\rho\mathrm{d}\varphi\mathrm{d}z$. 或用 Jacobi 行列式计算体元素

$$J(\rho,\varphi,z)=\frac{\partial(x,y,z)}{\partial(\rho,\varphi,z)}=\begin{vmatrix}\cos\varphi & -\rho\sin\varphi & 0\\ \sin\varphi & \rho\cos\varphi & 0\\ 0 & 0 & 1\end{vmatrix}=\rho.$$

从而得到直角坐标系中的三重积分变换为柱面坐标系中的三重积分的公式

$$\iiint\limits_{\Omega} f(x,y,z)\mathrm{d}x\mathrm{d}y\mathrm{d}z=\iiint\limits_{\Omega} f(\rho\cos\varphi,\rho\sin\varphi,z)\rho\mathrm{d}\rho\mathrm{d}\varphi\mathrm{d}z. \tag{8.3.3}$$

柱面坐标中三重积分的计算是通过化为对 ρ,φ,z 的三次积分进行的, 其积分限则是根据 ρ,φ,z 在积分区域 Ω 中的变化范围而确定.

例 5 利用柱面坐标计算三重积分 $\iiint\limits_{\Omega} z\mathrm{d}x\mathrm{d}y\mathrm{d}z$, 其中区域 Ω (如图 8.33) 是由上半球面 $z=\sqrt{2a^2-x^2-y^2}$ 和旋转抛物面 $z=\dfrac{x^2+y^2}{a}(a>0)$ 所围成图形.

解 先求区域 Ω 在 Oxy 面上的投影区域 D. 为此, 从方程 $z=\sqrt{2a^2-x^2-y^2}$ 和 $z=\dfrac{x^2+y^2}{a}$ 中消去 z, 得投影柱面方程 $x^2+y^2=a^2$, 于是 D 为圆域: $x^2+y^2\leqslant a^2$. 过区域 D 内任一点 $(x,y,0)$ 作平行于 z 轴的直线, 该直线与 Ω 的上、下两个边界面的交点的 z 坐标分别是 $z=\sqrt{2a^2-x^2-y^2}$ 和 $z=\dfrac{1}{a}(x^2+y^2)$. 于是在柱面坐标系中 Ω 可表示为

$$\Omega=\left\{(\rho,\varphi,z)\middle|\frac{\rho^2}{a}\leqslant z\leqslant\sqrt{2a^2-\rho^2},0\leqslant\rho\leqslant a,0\leqslant\varphi\leqslant 2\pi\right\},$$

从而

$$\begin{aligned}\iiint\limits_{\Omega} z\mathrm{d}x\mathrm{d}y\mathrm{d}z&=\iiint\limits_{\Omega} z\rho\mathrm{d}\rho\mathrm{d}\varphi\mathrm{d}z=\int_0^{2\pi}\mathrm{d}\varphi\int_0^a\rho\mathrm{d}\rho\int_{\frac{\rho^2}{a}}^{\sqrt{2a^2-\rho^2}}z\mathrm{d}z\\&=\pi\int_0^a\rho(2a^2-\rho^2-\frac{\rho^4}{a^2})\mathrm{d}\rho=\frac{7}{12}\pi a^4.\end{aligned}$$

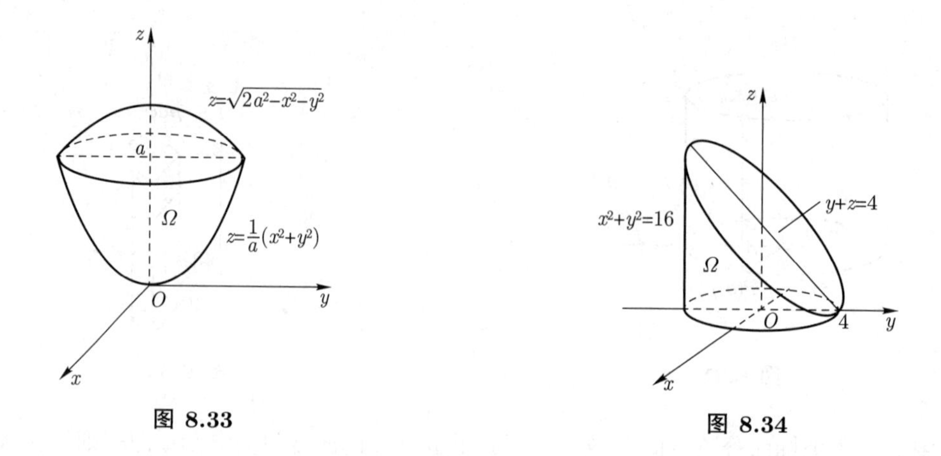

图 8.33

图 8.34

例 6 一物体其所占空间区域 Ω 由平面 $y+z=4$, $z=0$ 和圆柱面 $x^2+y^2=16$ 所围成, 见图 8.34. 已知其上任一点的密度与该点到 z 轴的距离成正比, 求其质量.

解 形体的密度 $\mu(x,y,z)=k\sqrt{x^2+y^2}(k>0)$, 质量为

$$m=\iiint\limits_{\Omega}k\sqrt{x^2+y^2}\mathrm{d}x\mathrm{d}y\mathrm{d}z.$$

Ω 在 Oxy 平面上的投影区域 D 为圆域 $x^2+y^2\leqslant 16$, 平面 $y+z=4$ 在柱面坐标下为 $\rho\sin\varphi+z=4$, 于是 Ω 在柱面坐标下可表示为

$$\Omega=\{(\rho,\varphi,z)|0\leqslant z\leqslant 4-\rho\sin\varphi,0\leqslant\rho\leqslant 4,0\leqslant\varphi\leqslant 2\pi\},$$

因此,

$$\begin{aligned}m&=\iiint\limits_{\Omega}k\sqrt{x^2+y^2}\mathrm{d}x\mathrm{d}y\mathrm{d}z=k\iiint\limits_{\Omega}\rho\cdot\rho\mathrm{d}\rho\mathrm{d}\varphi\mathrm{d}z\\&=k\int_0^{2\pi}\mathrm{d}\varphi\int_0^4\rho^2\mathrm{d}\rho\int_0^{4-\rho\sin\varphi}\mathrm{d}z\\&=k\int_0^{2\pi}\mathrm{d}\varphi\int_0^4(4\rho^2-\rho^3\sin\varphi)\mathrm{d}\rho\\&=k\int_0^{2\pi}\left(\frac{256}{3}-64\sin\varphi\right)\mathrm{d}\varphi=\frac{512}{3}k\pi.\end{aligned}$$

2. 球面坐标系下三重积分的计算

设空间一点 P 的直角坐标为 (x,y,z), 从点 P 向 Oxy 平面引垂线, 垂足为 M, 令 $|\overrightarrow{OP}|=r$, 设 $\overrightarrow{OP}$ 与 z 轴正向的夹角为 θ, $\overrightarrow{OM}$ 与 x 轴正向的夹角为 φ (图 8.35), 称三元有序数组 (r,θ,φ) 为点 M 的**球面坐标**, 记为 $P(r,\theta,\varphi)$, 其中 r,θ,φ 的取值范围规定为

$$0\leqslant r<+\infty,0\leqslant\theta\leqslant\pi,\alpha\leqslant\varphi\leqslant\alpha+2\pi.$$

通常取 $\alpha=0$.

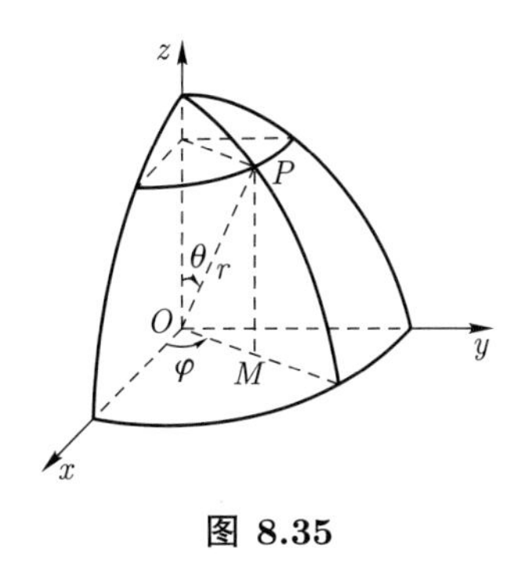

图 8.35

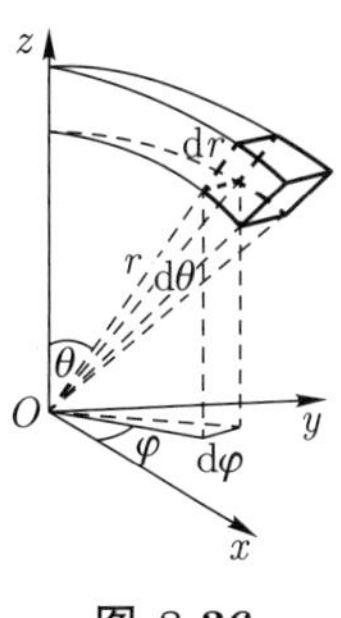

图 8.36

不难得到点 M 的直角坐标 (x,y,z) 与球面坐标 (r,θ,φ) 的关系为

$$x=r\sin\theta\cos\varphi,\quad y=r\sin\theta\sin\varphi,\quad z=r\cos\theta.$$

球面坐标系中的三族坐标面分别为

$r=$ 常数, 表示以原点为中心的球面;

$\theta=$ 常数, 表示以原点为顶点, z 轴为轴的圆锥面;

$\varphi=$ 常数, 表示过 z轴的半平面.

为了得到球面坐标下的体积元素, 我们用三族坐标面分割空间区域 Ω, 如果 (r,θ,φ) 的改变量分别为 $\mathrm{d}r,\mathrm{d}\theta,\mathrm{d}\varphi$, 则不含 Ω 的边界点的小区域近似于小“长方体”(图 8.36), 该“长方体”的三边分别为 $r\mathrm{d}\theta,\mathrm{d}r,r\sin\theta\mathrm{d}\varphi$. 于是球面坐标下的体积元素 $\mathrm{d}V=r^2\sin\theta\mathrm{d}r\mathrm{d}\theta\mathrm{d}\varphi$. 或计算 Jacobi 行列式

$$J(r,\theta,\varphi)=\frac{\partial(x,y,z)}{\partial(r,\theta,\varphi)}=\begin{vmatrix}\sin\theta\cos\varphi & r\cos\theta\cos\varphi & -r\sin\theta\sin\varphi\\ \sin\theta\sin\varphi & r\cos\theta\sin\varphi & r\sin\theta\cos\varphi\\ \cos\theta & -r\sin\theta & 0\end{vmatrix}=r^2\sin\theta,$$

从而得到直角坐标系中的三重积分变换为球面坐标系中的三重积分的公式

$$\iiint\limits_{\Omega}f(x,y,z)\mathrm{d}x\mathrm{d}y\mathrm{d}z=\iiint\limits_{\Omega}f(r\sin\theta\cos\varphi,r\sin\theta\sin\varphi,r\cos\theta)r^2\sin\theta\mathrm{d}r\mathrm{d}\theta\mathrm{d}\varphi.\tag{8.3.4}$$

例 7 利用球面坐标计算三重积分 $\iiint\limits_{\Omega}z\mathrm{d}x\mathrm{d}y\mathrm{d}z$, 其中 Ω 为圆锥面 $z=\sqrt{x^2+y^2}$ 与平面 $z=H(H>0)$ 所围成的区域(图 8.37).

解 在球面坐标下, 圆锥面方程为 $\theta=\dfrac{\pi}{4}$, 平面 $z=H$ 化为 $r=\dfrac{H}{\cos\theta}$, 于是 Ω 可表示为

$$\Omega=\left\{(r,\theta,\varphi)\middle|0\leqslant\varphi\leqslant 2\pi,0\leqslant\theta\leqslant\frac{\pi}{4},0\leqslant r\leqslant\frac{H}{\cos\theta}\right\},$$

因而

$$\iiint_{\Omega} z\mathrm{d}x\mathrm{d}y\mathrm{d}z = \int_0^{2\pi} \mathrm{d}\varphi \int_0^{\frac{\pi}{4}} \sin\theta\cos\theta\mathrm{d}\theta \int_0^{\frac{H}{\cos\theta}} r^3\mathrm{d}r$$

$$= 2\pi \int_0^{\frac{\pi}{4}} \frac{1}{4}H^4 \frac{\sin\theta\cos\theta}{\cos^4\theta}\mathrm{d}\theta$$

$$= \frac{\pi}{2}H^4 \int_0^{\frac{\pi}{4}} \tan\theta\mathrm{d}\tan\theta$$

$$= \frac{\pi}{4}H^4 \cdot \tan^2\theta\Big|_0^{\frac{\pi}{4}} = \frac{\pi}{4}H^4.$$

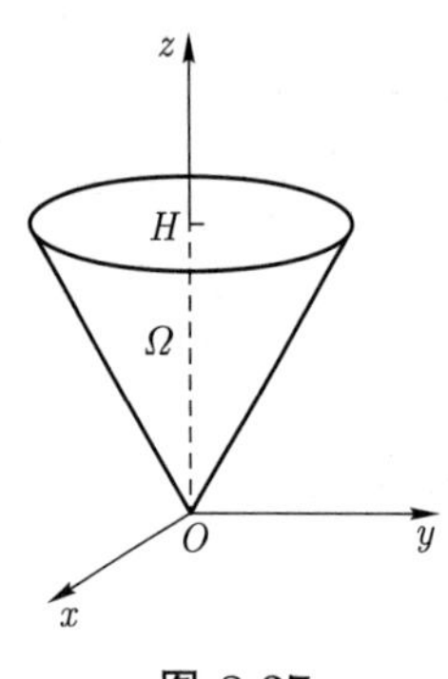

图 8.37

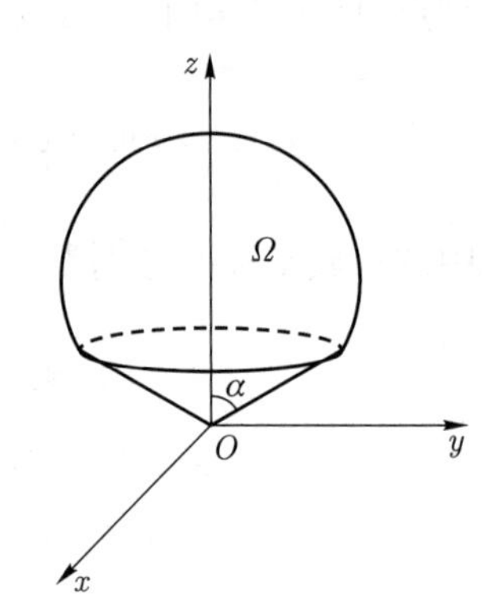

图 8.38

例 8 求球面 $x^2+y^2+(z-a)^2=a^2$ 与锥面 $x^2+y^2=z^2\tan^2\alpha\left(0<\alpha<\frac{\pi}{2}\right)$ 所围的包含球心的那部分区域 Ω 的体积（图 8.38）.

解 在球面坐标系中, 球面 $x^2+y^2+(z-a)^2=a^2$ 化为 $r=2a\cos\theta$, 锥面化为 $\theta=\alpha$, 于是 Ω 可表示为

$$\Omega=\{(r,\theta,\varphi)|0\leqslant\varphi\leqslant 2\pi, 0\leqslant\theta\leqslant\alpha, 0\leqslant r\leqslant 2a\cos\theta\},$$

所以体积

$$V=\iiint_{\Omega}\mathrm{d}\Omega=\int_0^{2\pi}\mathrm{d}\varphi\int_0^{\alpha}\sin\theta\mathrm{d}\theta\int_0^{2a\cos\theta}r^2\mathrm{d}r$$

$$=2\pi\cdot\frac{8}{3}a^3\int_0^{\alpha}\sin\theta\cos^3\theta\mathrm{d}\theta$$

$$=\frac{4}{3}\pi a^3(1-\cos^4\alpha).$$

例 9 计算三重积分 $I=\iiint_{\Omega}\left(\frac{x^2}{a^2}+\frac{y^2}{b^2}+\frac{z^2}{c^2}\right)\mathrm{d}x\mathrm{d}y\mathrm{d}z$, 其中 Ω 为椭球域 $\frac{x^2}{a^2}+\frac{y^2}{b^2}+\frac{z^2}{c^2}\leqslant 1$.

解 作广义球面坐标变换

$$x=ar\sin\theta\cos\varphi, y=br\sin\theta\sin\varphi, z=cr\cos\theta,$$

于是 Ω 可表示为 $\Omega=\{(r,\theta,\varphi)|0\leqslant r\leqslant 1,0\leqslant\theta\leqslant\pi,0\leqslant\varphi\leqslant 2\pi\}$, 且

$$J(r,\theta,\varphi)=\frac{\partial(x,y,z)}{\partial(r,\theta,\varphi)}=abcr^2\sin\theta.$$

从而

$$\begin{aligned}I&=abc\iiint\limits_{\Omega}r^2\cdot r^2\sin\theta\mathrm{d}r\mathrm{d}\theta\mathrm{d}\varphi\\&=abc\int_0^{2\pi}\mathrm{d}\varphi\int_0^{\pi}\mathrm{d}\theta\int_0^1 r^4\sin\theta\mathrm{d}r\\&=\frac{2}{5}\pi abc\int_0^{\pi}\sin\theta\mathrm{d}\theta=\frac{4}{5}\pi abc.\end{aligned}$$

习　题　8.3

1. 将三重积分 $\iiint\limits_{\Omega}f(x,y,z)\mathrm{d}x\mathrm{d}y\mathrm{d}z$ 化为直角坐标系中的三次积分, 其中积分区域 Ω 分别是

(1) 由坐标面 $x=0,y=0,z=0$ 及平面 $x+y+z=1$ 所围成的区域;

(2) 由双曲抛物面 $z=xy$ 及平面 $z=0,x+y-1=0$ 所围成的区域;

(3) 由旋转抛物面 $z=x^2+y^2$, 抛物柱面 $y=x^2$ 及平面 $y=1,z=0$ 所围成的区域;

(4) 由椭圆抛物面 $3x^2+y^2=z$ 及抛物柱面 $z=1-x^2$ 所围成的区域.

2. 计算下列三重积分:

(1) $\iiint\limits_{\Omega}xy\mathrm{d}x\mathrm{d}y\mathrm{d}z$, 其中 $\Omega=\{(x,y,z)|1\leqslant x\leqslant 2,-2\leqslant y\leqslant 1,0\leqslant z\leqslant\frac{1}{2}\}$;

(2) $\iiint\limits_{\Omega}\frac{\mathrm{d}x\mathrm{d}y\mathrm{d}z}{(1+x+y+z)^3}$, 其中 Ω 为平面 $x=0,y=0,z=0$ 及 $x+y+z=1$ 所围成的区域;

(3) $\iiint\limits_{\Omega}yz\mathrm{d}x\mathrm{d}y\mathrm{d}z$, 其中 Ω 为平面 $z=0$, $z=y$, $y=1$ 和柱面 $y=x^2$ 所围成的区域;

(4) $\iiint\limits_{\Omega}y\cos(x+z)\mathrm{d}x\mathrm{d}y\mathrm{d}z$, 其中 Ω 是抛物柱面 $y=\sqrt{x}$ 与平面 $y=0,z=0,x+z=\frac{\pi}{2}$ 所围成的区域;

(5) $\iiint\limits_{\Omega}xy^2z^3\mathrm{d}x\mathrm{d}y\mathrm{d}z$, 其中 Ω 是由曲面 $z=xy,y=x,x=1$ 及 $z=0$ 所围成的区域.

3. 利用柱面坐标计算下列三重积分:

(1) $\iiint\limits_{\Omega}\sqrt{x^2+y^2}\mathrm{d}x\mathrm{d}y\mathrm{d}z$, 其中 Ω 是旋转抛物面 $z=9-x^2-y^2$ 及平面 $z=0$ 所围成的区域;

(2) $\iiint\limits_{\Omega}x^2\mathrm{d}x\mathrm{d}y\mathrm{d}z$, 其中 Ω 是圆锥面 $z=2\sqrt{x^2+y^2}$, 圆柱面 $x^2+y^2=1$ 及平面 $z=0$ 所

围成的区域;

(3) $\iiint\limits_{\Omega}(x+y)\mathrm{d}x\mathrm{d}y\mathrm{d}z$, 其中区域 Ω 位于圆柱面 $x^2+y^2=1$ 外, 圆柱面 $x^2+y^2=4$ 内, 及平面 $z=x+2$ 下方和 $z=0$ 上方;

(4) $\iiint\limits_{\Omega}z\mathrm{d}x\mathrm{d}y\mathrm{d}z$, 其中 Ω 是抛物面 $z=x^2+y^2$ 及平面 $z=2y$ 所围成的区域.

(5) $\iiint\limits_{\Omega}xy\mathrm{d}x\mathrm{d}y\mathrm{d}z$, 其中 Ω 是柱面 $x^2+y^2=1$, 平面 $z=0, z=1, x=0$ 及 $y=0$ 所围成的在第一卦限的区域;

(6) $\iiint\limits_{\Omega}z\sqrt{x^2+y^2}\mathrm{d}x\mathrm{d}y\mathrm{d}z$, 其中 Ω 是柱面 $y=\sqrt{2x-x^2}$ 及平面 $z=0, z=a(a>0), y=0$ 所围成的区域;

(7) $\iiint\limits_{\Omega}z\mathrm{d}x\mathrm{d}y\mathrm{d}z$, 其中 Ω 是球面 $x^2+y^2+z^2=4(z\geqslant 0)$ 与抛物面 $z=\dfrac{1}{3}(x^2+y^2)$ 所围成的区域.

4. 利用球面坐标计算下列三重积分:

(1) $\iiint\limits_{\Omega}\sqrt{x^2+y^2+z^2}\mathrm{d}x\mathrm{d}y\mathrm{d}z$, 其中 $\Omega=\{(x,y,z)|x^2+y^2+z^2\leqslant 2z\}$;

(2) $\iiint\limits_{\Omega}(x^2+y^2)\mathrm{d}x\mathrm{d}y\mathrm{d}z$, 其中 Ω 是两个半球面 $z=\sqrt{a^2-x^2-y^2}$, $z=\sqrt{A^2-x^2-y^2}$ $(0<a<A)$ 及平面 $z=0$ 所围成的区域;

(3) $\iiint\limits_{\Omega}\dfrac{1}{x^2+y^2+z^2}\mathrm{d}x\mathrm{d}y\mathrm{d}z$, 其中 Ω 是在 Oxy 平面上方, 由锥面 $z=\sqrt{3x^2+3y^2}$ 及球面 $x^2+y^2+z^2=9$ 和 $x^2+y^2+z^2=81$ 所围成的区域;

(4) $\iiint\limits_{\Omega}z\mathrm{d}x\mathrm{d}y\mathrm{d}z$, 其中 $\Omega=\{(x,y,z)|x^2+y^2+(z-a)^2\leqslant a^2,\ x^2+y^2\leqslant z^2, a>0\}$.

5. 试将三次积分

$$I=\int_0^1\mathrm{d}y\int_{-\sqrt{y-y^2}}^{\sqrt{y-y^2}}\mathrm{d}x\int_0^{\sqrt{3(x^2+y^2)}}f(\sqrt{x^2+y^2+z^2})\mathrm{d}z$$

分别化为柱面坐标系和球面坐标系中的三次积分.

6. 计算下列三次积分:

(1) $\displaystyle\int_{-3}^{3}\mathrm{d}x\int_{-\sqrt{9-x^2}}^{\sqrt{9-x^2}}\mathrm{d}y\int_0^{\sqrt{9-x^2-y^2}}z\sqrt{x^2+y^2+z^2}\mathrm{d}z$;

(2) $\displaystyle\int_0^3\mathrm{d}x\int_0^{\sqrt{9-y^2}}\mathrm{d}y\int_{\sqrt{x^2+y^2}}^{\sqrt{18-x^2-y^2}}(x^2+y^2+z^2)\mathrm{d}z$.

7. 利用三重积分计算由下列各曲面所围立体的体积:

(1) 坐标面, 平面 $x=4, y=4$ 及抛物面 $z=x^2+y^2+1$;

(2) 旋转抛物面 $z=x^2+y^2$, 坐标面和平面 $x+y=1$;

(3) 抛物柱面 $z=4-x^2$, 坐标面和平面 $2x+y=4$ (第一卦限部分);

(4) 圆柱面 $x^2+y^2=2ax$, 抛物面 $az=x^2+y^2(a>0)$ 及平面 $z=0$;

(5) 曲面 $x^2+y^2=az, z=2a-\sqrt{x^2+y^2}(a>0)$;

(6) 球面 $x^2+y^2+z^2=2$, 柱面 $x^2+y^2=1$;

(7) 柱面 $x^2+y^2=4$ 以及平面 $z=0$ 和 $x+y+z=4$;

(8) 球面 $x^2+y^2+z^2=2$ 和抛物面 $z=x^2+y^2$.

8. 计算三重积分

$\iiint\limits_{\Omega}(x+y+z)^2\mathrm{d}x\mathrm{d}y\mathrm{d}z$, 其中 $\Omega=\{(x,y,z)|\frac{x^2}{a^2}+\frac{y^2}{b^2}+\frac{z^2}{c^2}\leqslant 1\}$.

9. 利用广义球面坐标变换计算曲面

$$\left(\frac{x^2}{a^2}+\frac{y^2}{b^2}+\frac{z^2}{c^2}\right)^2=ax \quad (a>0,b>0,c>0)$$

所围区域的体积.

10. 设 $F(t)=\iiint\limits_{\Omega}f(x^2+y^2+z^2)\mathrm{d}x\mathrm{d}y\mathrm{d}z$, 其中 f 是连续函数, Ω 是球形域 $x^2+y^2+z^2\leqslant t^2(t>0)$, 求 $F'(t)$.

11. 设 $f(u)$ 连续, $F(t)=\iiint\limits_{\Omega}[z^2+f(x^2+y^2)]\mathrm{d}x\mathrm{d}y\mathrm{d}z$, 其中 $\Omega=\{(x,y,z)|0\leqslant z\leqslant h, x^2+y^2\leqslant t^2\}$, 求 $\frac{\mathrm{d}F}{\mathrm{d}t}$ 和 $\lim\limits_{t\to 0^+}\frac{F(t)}{t^2}$.

§8.4 第一型曲线积分的计算

设平面光滑曲线 $l(AB)$ 由参数方程 $x=x(t), y=y(t)(\alpha\leqslant t\leqslant\beta)$ 给出, 其中函数 $x(t), y(t)$ 在区间 $[\alpha,\beta]$ 上有一阶连续导数, 且 $x'^2(t)+y'^2(t)\neq 0$. 又函数 $f(x,y)$ 在 l 上连续. 因为 $\mathrm{d}s=\sqrt{x'^2(t)+y'^2(t)}\mathrm{d}t$, 所以由第一型曲线积分的定义可以推出

$$\int_l f(x,y)\mathrm{d}s=\int_\alpha^\beta f(x(t),y(t))\sqrt{x'^2(t)+y'^2(t)}\mathrm{d}t. \tag{8.4.1}$$

式 (8.4.1) 就是第一型曲线积分化为定积分的计算公式.

应当注意, 式 (8.4.1) 右端定积分的上限 β 必须大于下限 α. 这是因为 $\mathrm{d}s>0$, 而 $\mathrm{d}s=\sqrt{x'^2(t)+y'^2(t)}\mathrm{d}t$, 所以要求 $\mathrm{d}t>0$, 因此定积分的上限必大于下限.

若曲线 l 的方程由直角坐标方程 $y=y(x)(a\leqslant x\leqslant b)$ 给出, 其中 $y(x)$ 连续可微, 则有

$$\int_l f(x,y)\mathrm{d}s=\int_a^b f(x,y(x))\sqrt{1+y'^2(x)}\mathrm{d}x. \tag{8.4.2}$$

若曲线 l 的方程由极坐标方程 $\rho=\rho(\varphi)(\alpha\leqslant\varphi\leqslant\beta)$ 给出, 其中 $\rho(\varphi)$ 连续可微, 则有

$$\int_l f(x,y)\mathrm{d}s=\int_\alpha^\beta f(\rho(\varphi)\cos\varphi,\rho(\varphi)\sin\varphi)\sqrt{\rho^2(\varphi)+\rho'^2(\varphi)}\mathrm{d}\varphi. \tag{8.4.3}$$

公式 (8.4.2) 和 (8.4.3) 右端定积分的上限必须大于下限.

对空间曲线 l 有类似的结果. 若空间光滑曲线 l 的参数方程为 $x=x(t),y=y(t),z=z(t)(\alpha\leqslant t\leqslant\beta)$, 则有

$$\int_l f(x,y,z)\mathrm{d}s=\int_\alpha^\beta f(x(t),y(t),z(t))\sqrt{x'^2(t)+y'^2(t)+z'^2(t)}\mathrm{d}t. \tag{8.4.4}$$

例 1 计算 $\int_l xy\mathrm{d}s$, 其中 l 是圆周 $x=a\cos t,\ y=a\sin t\ (a>0)$ 位于第一象限的部分.

解 因为

$$x'(t)=-a\sin t,\ y'(t)=a\cos t,$$

且 $0\leqslant t\leqslant\dfrac{\pi}{2}$, 所以由公式 (8.4.1) 得

$$\begin{aligned}\int_l xy\mathrm{d}s&=\int_0^{\frac{\pi}{2}}a^2\sin t\cos t\sqrt{(-a\sin t)^2+(a\cos t)^2}\mathrm{d}t\\&=a^3\int_0^{\frac{\pi}{2}}\sin t\cos t\mathrm{d}t=\frac{1}{2}a^3\sin^2 t\Big|_0^{\frac{\pi}{2}}=\frac{1}{2}a^3.\end{aligned}$$

例 2 计算 $\int_l(x+y)\mathrm{d}s$, 其中 l 是连接三点 $O(0,0),A(1,0),B(1,1)$ 的折线（图 8.39）.

解 $\int_l(x+y)\mathrm{d}s=\int_{l(OA)}(x+y)\mathrm{d}s+\int_{l(AB)}(x+y)\mathrm{d}s+\int_{l(BO)}(x+y)\mathrm{d}s.$

在线段 OA 上, $y=0$, 故 $\mathrm{d}s=\mathrm{d}x$, 所以

$$\int_{l(OA)}(x+y)\mathrm{d}s=\int_0^1 x\mathrm{d}x=\frac{1}{2};$$

在线段 AB 上, $x=1$, 故 $\mathrm{d}s=\mathrm{d}y$, 所以

$$\int_{l(AB)}(x+y)\mathrm{d}s=\int_0^1(1+y)\mathrm{d}y=\frac{3}{2};$$

在线段 BO 上, $y=x$, 故 $\mathrm{d}s=\sqrt{2}\mathrm{d}x$, 所以

$$\int_{l(BO)}(x+y)\mathrm{d}s=\int_0^1 2x\sqrt{2}\mathrm{d}x=\sqrt{2}.$$

因此

$$\int_l(x+y)\mathrm{d}s=\frac{1}{2}+\frac{3}{2}+\sqrt{2}=2+\sqrt{2}.$$

例 3 设椭圆柱面 $\dfrac{x^2}{5}+\dfrac{y^2}{9}=1$ 被平面 $z=y$ 和 $z=0$ 所截, 求位于第一、第二卦限内所截下部分的侧面积（图 8.40）.

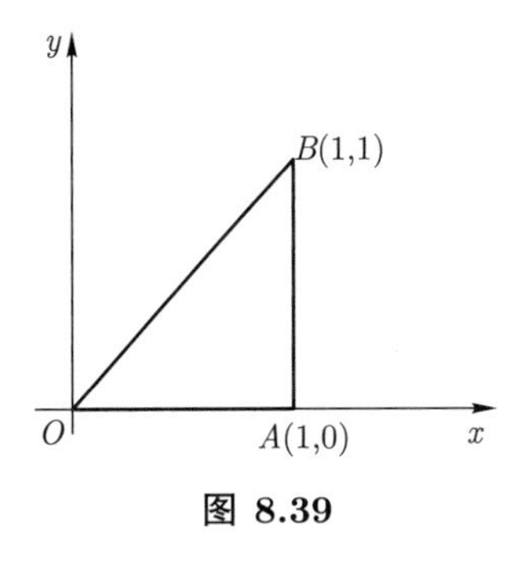

图 8.39

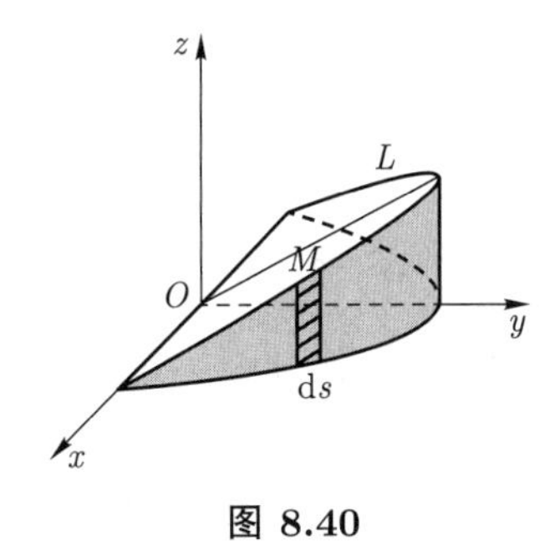

图 8.40

解 该椭圆柱面的准线是 Oxy 平面上的半个椭圆

$$l:\frac{x^2}{5}+\frac{y^2}{9}=1\quad(y\geqslant 0).$$

对 l 进行划分, 运用积分的微元法, 在弧微元 $\mathrm{d}s$ 上的一小片柱面面积可以近似地看作是以 $\mathrm{d}s$ 为底, 以截线 L 上点 M 的竖坐标 $z=y$ 为高的矩形面积, 从而得到侧面积的微元为 $\mathrm{d}A=y\mathrm{d}s$. 于是所求侧面积为 $A=\int_l y\mathrm{d}s$.

将 l 的方程化为参数方程

$$x=\sqrt{5}\cos t,\quad y=3\sin t\quad(0\leqslant t\leqslant \pi),$$

所以

$$A=\int_l y\mathrm{d}s=3\int_0^{\pi}\sin t\sqrt{5\sin^2 t+9\cos^2 t}\mathrm{d}t=9+\frac{15}{4}\ln 5.$$

例 4 计算 $\int_l(x^2+y^2+z^2)\mathrm{d}s$, 其中 l 为球面 $x^2+y^2+z^2=\frac{9}{2}$ 与平面 $x+z=1$ 的交线.

解 曲线 l 的方程可以改写为

$$\begin{cases}\dfrac{\left(x-\dfrac{1}{2}\right)^2}{2}+\dfrac{y^2}{4}=1,\\ x+z=1,\end{cases}$$

其中第一个方程表示母线平行于 z 轴的椭圆柱面, 它与 Oxy 平面的交线是椭圆, 因而可以利用椭圆的参数方程写出曲线 l 的参数表示式为

$$x=\frac{1}{2}+\sqrt{2}\cos\varphi, y=2\sin\varphi, z=1-x=\frac{1}{2}-\sqrt{2}\cos\varphi,\quad 0\leqslant\varphi\leqslant 2\pi.$$

于是

$$\mathrm{d}s=\sqrt{(-\sqrt{2}\sin\varphi)^2+(2\cos\varphi)^2+(\sqrt{2}\sin\varphi)^2}\mathrm{d}\varphi=2\mathrm{d}\varphi,$$

$$\int_l(x^2+y^2+z^2)\mathrm{d}s=\int_0^{2\pi}\frac{9}{2}\cdot 2\mathrm{d}\varphi=18\pi.$$

习 题 8.4

1. 计算下列第一型曲线积分:

(1) $\int_l (x^2+y^2)\mathrm{d}s$, 其中 l 为曲线 $\begin{cases} x = a\cos^2 t, \\ y = a\cos t\sin t \end{cases}$ $(0 \leqslant t \leqslant \dfrac{\pi}{2})$;

(2) $\int_l y^2\mathrm{d}s$, 其中 l 为摆线 $\begin{cases} x = a(t-\sin t), \\ y = a(1-\cos t) \end{cases}$ $(0 \leqslant t \leqslant 2\pi)$;

(3) $\int_l y\mathrm{d}s$, 其中 l 为抛物线 $y^2 = 4x$ 在点 $(0,0)$ 和点 $A(1,2)$ 间的弧段;

(4) $\int_l xy\mathrm{d}s$, 其中 l 为直线 $x=0, y=0, x=4, y=2$ 围成的矩形路线;

(5) $\int_l \sqrt{x^2+y^2}\mathrm{d}s$, 其中 l 是圆周 $x^2+y^2=ax$;

(6) $\int_l (x^{\frac{4}{3}}+y^{\frac{4}{3}})\mathrm{d}s$, 其中 l 是星形线 $x^{\frac{2}{3}}+y^{\frac{2}{3}}=a^{\frac{2}{3}}$ 在第二象限的那段弧;

(7) $\int_l \mathrm{e}^{\sqrt{x^2+y^2}}\mathrm{d}s$, 其中 l 为圆周 $x^2+y^2=a^2$ 在右半平面 $x \geqslant 0$ 由 $A(0,1)$ 到 $B\left(\dfrac{\sqrt{2}}{2}, -\dfrac{\sqrt{2}}{2}\right)$ 的弧段;

(8) $\oint_l |y|\,\mathrm{d}s$, l 为 $\rho^2 = a^2\cos 2\varphi$;

(9) $\oint_l \dfrac{\partial f}{\partial \boldsymbol{n}}\,\mathrm{d}s$, l 为椭圆 $2x^2+y^2=1$, $\boldsymbol{n}$ 为 l 的外法向量, $f(x,y)=(x-2)^2+y^2$;

(10) $\int_l (x^2+y^2+z^2)\mathrm{d}s$, 其中 l 为螺旋线 $x=a\cos t, y=a\sin t, z=bt(0 \leqslant t \leqslant 2\pi)$ 的一段;

(11) $\oint_l \sqrt{2y^2+z^2}\mathrm{d}s$, 其中 l 为球面 $x^2+y^2+z^2=a^2$ 与平面 $x=y$ 的交线.

2. 求两个底面半径均为 a 的正交圆柱面所围成立体的表面积.

3. 求圆柱面 $x^2+y^2=ay$ 在球面 $x^2+y^2+z^2=a^2$ 中那部分的侧面面积.

§8.5 第一型曲面积分的计算

8.5.1 曲面的面积

设光滑曲面 Σ 的方程为 $z=f(x,y)$, 它在 Oxy 平面上的投影区域为 D（图 8.41）, 函数 $f(x,y)$ 在 D 上有一阶连续偏导数. 我们用如下方式定义曲面的面积, 并导出曲面面积的计算公式.

将区域 D 任意分成 n 小块 $\Delta\sigma_1,\Delta\sigma_2,\cdots,\Delta\sigma_n,\Delta\sigma_i(i=1,2,\cdots,n)$ 同时也代表小区域的面积. 过 $\Delta\sigma_i$ 的边界线作母线平行于 z 轴的柱面, 这些柱面相应地将曲面 Σ 分成 n 小块 ΔS_i $(i=1,2,\cdots,n)$. 在 $\Delta\sigma_i$ 上任取一点 (ξ_i,η_i), 则曲面 Σ 在点 $M_i(\xi_i,\eta_i,f(\xi_i,\eta_i))$ 处的切平面被相应的柱面所截, 截出的小块平面与 ΔS_i 具有相同的投影区域 $\Delta\sigma_i$. 当 $\Delta\sigma_i$ 很小时, 可用小块切平面的面积近似代替小块曲面 ΔS_i 的面积. 而小块切平面的面积为

$$\Delta A_i=\frac{\Delta\sigma_i}{|\cos\gamma_i|}=\sqrt{1+f_x^2(\xi_i,\eta_i)+f_y^2(\xi_i,\eta_i)}\Delta\sigma_i,$$

其中 $\cos\gamma_i$ 是曲面 Σ 在点 M_i 处的切平面的法线向量 $\boldsymbol{n}_i$ 与 z 轴正向夹角的余弦.

于是曲面 Σ 的面积 S 的近似值为

$$S\approx\sum_{i=1}^{n}\sqrt{1+f_x^2(\xi_i,\eta_i)+f_y^2(\xi_i,\eta_i)}\Delta\sigma_i,$$

区域 D 分割得越细, 近似值就越接近于曲面 Σ 的面积, 当 D 被无限细分, 即 $d=\max\limits_{1\leqslant i\leqslant n}\{\Delta\sigma_i$ 的直径$\}\to 0$ 时, 上述和式的极限就规定为曲面 Σ 的面积 S, 即

$$S=\lim_{d\to 0}\sum_{i=1}^{n}\sqrt{1+f_x^2(\xi_i,\eta_i)+f_y^2(\xi_i,\eta_i)}\Delta\sigma_i,$$

由二重积分的定义, 上式右端的极限是一个二重积分, 于是有

$$S=\iint\limits_{D}\sqrt{1+f_x^2(x,y)+f_y^2(x,y)}\mathrm{d}x\mathrm{d}y. \tag{8.5.1}$$

式 (8.5.1) 就是光滑曲面面积的计算公式, 其中 $\sqrt{1+f_x^2+f_y^2}\mathrm{d}x\mathrm{d}y$ 称为曲面 $z=f(x,y)$ 的**面积元素**.

若曲面 Σ 的方程为 $x=g(y,z)$ 或 $y=h(x,z)$, 此时可将曲面 Σ 分别投影到 Oyz 平面或 Oxz 平面, 如果投影区域仍记为 D, 则曲面面积的计算公式相应地为

$$S=\iint\limits_{D}\sqrt{1+g_y^2(y,z)+g_z^2(y,z)}\mathrm{d}y\mathrm{d}z$$

或

$$S=\iint\limits_{D}\sqrt{1+h_x^2(x,z)+h_z^2(x,z)}\mathrm{d}x\mathrm{d}z.$$

如果曲面方程为隐式 $F(x,y,z)=0$, 且函数 F 的偏导数有一个不为零, 例如 $F_z\neq 0$ 时, 根据隐函数求导法则, 有

$$\frac{\partial z}{\partial x}=-\frac{F_x}{F_z},\quad \frac{\partial z}{\partial y}=-\frac{F_y}{F_z},$$

代入式 (8.5.1) 就得到

$$S=\iint\limits_{D}\frac{\sqrt{F_x^2+F_y^2+F_z^2}}{|F_z|}\mathrm{d}x\mathrm{d}y, \tag{8.5.2}$$

其中 D 为曲面在 Oxy 平面上的投影区域.

对于分片光滑曲面 (即由有限块光滑曲面连接起来的连续曲面), 可将它分成若干块, 使每一块都可用上面的公式计算其面积, 然后相加.

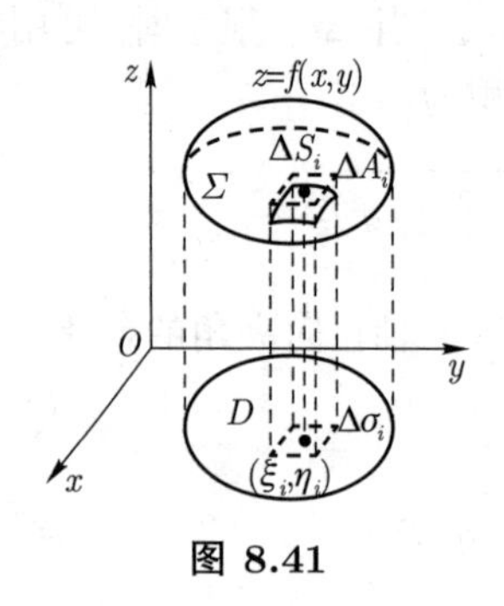

图 8.41

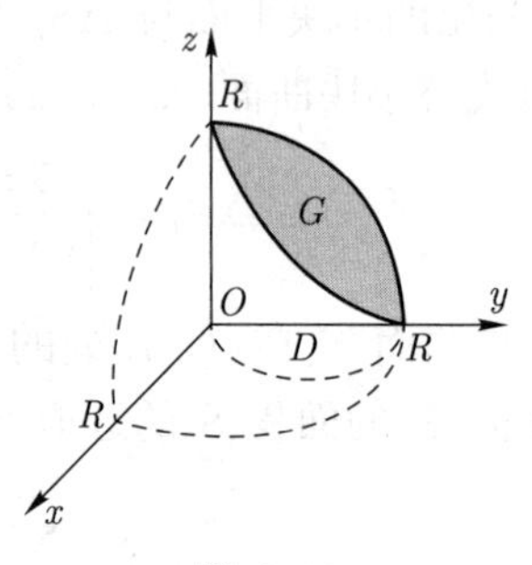

图 8.42

例 1 求球面 $x^2+y^2+z^2=R^2$ 被柱面 $x^2+y^2=Ry$ 所截去的部分的面积.

解 由对称性, 只要求在第一卦限内球面被柱面截去的部分 G 的面积 (图 8.42) , 再乘 4 就得到所要求的面积. 在第一卦限内球面方程为

$$z=\sqrt{R^2-x^2-y^2} \quad (x>0, y>0),$$

于是

$$\frac{\partial z}{\partial x}=\frac{-x}{\sqrt{R^2-x^2-y^2}}, \quad \frac{\partial z}{\partial y}=\frac{-y}{\sqrt{R^2-x^2-y^2}},$$

$$\sqrt{1+\left(\frac{\partial z}{\partial x}\right)^2+\left(\frac{\partial z}{\partial y}\right)^2}=\frac{R}{\sqrt{R^2-x^2-y^2}},$$

所以

$$S=4\iint_D \sqrt{1+\left(\frac{\partial z}{\partial x}\right)^2+\left(\frac{\partial z}{\partial y}\right)^2}\,\mathrm{d}x\mathrm{d}y=4\iint_D \frac{R}{\sqrt{R^2-x^2-y^2}}\mathrm{d}x\mathrm{d}y,$$

其中 D 为半圆域 $x^2+y^2\leqslant Ry, x\geqslant 0$.

用极坐标计算, 得

$$\begin{aligned}S&=4R\iint_D \frac{\rho}{\sqrt{R^2-\rho^2}}\mathrm{d}\rho\mathrm{d}\varphi=4R\int_0^{\frac{\pi}{2}}\mathrm{d}\varphi\int_0^{R\sin\varphi}\frac{\rho\mathrm{d}\rho}{\sqrt{R^2-\rho^2}}\\&=4R^2\left(\frac{\pi}{2}-1\right)=2\pi R^2-4R^2.\end{aligned}$$

例 2 求上半球面 $x^2+y^2+z^2=R^2, z\geqslant 0$ 介于平面 $z=h_1$ 和 $z=h_2$ 之间的面积, 其中 $0<h_1<h_2<R$.

解 令 $h=h_2-h_1$. 上半球面方程为 $z=\sqrt{R^2-x^2-y^2}$, 则

$$z_x=\frac{-x}{\sqrt{R^2-x^2-y^2}}, \; z_y=\frac{-y}{\sqrt{R^2-x^2-y^2}}.$$

设 D 是该部分曲面在 Oxy 平面上的投影区域, 则 D 为环形区域 $b^2 \leqslant x^2+y^2 \leqslant c^2$, 其中 $b=\sqrt{R^2-h_2^2}$, $c=\sqrt{R^2-h_1^2}$. 因此所求曲面面积为

$$\begin{aligned} S &= \iint\limits_D \frac{R}{\sqrt{R^2-x^2-y^2}}\mathrm{d}x\mathrm{d}y = \int_0^{2\pi}\mathrm{d}\varphi\int_b^c \frac{R}{\sqrt{R^2-\rho^2}}\rho\mathrm{d}\rho \\ &= 2\pi R\int_b^c \frac{\rho}{\sqrt{R^2-\rho^2}}\mathrm{d}\rho = 2\pi R(\sqrt{R^2-b^2}-\sqrt{R^2-c^2}) \\ &= 4\pi R(h_2-h_1) = 2\pi Rh. \end{aligned}$$

结果表明: 一个底面半径为 R 的直圆柱体与一个半径为 R 的球面在两平行截面中部分的面积相等, 见图 8.43.

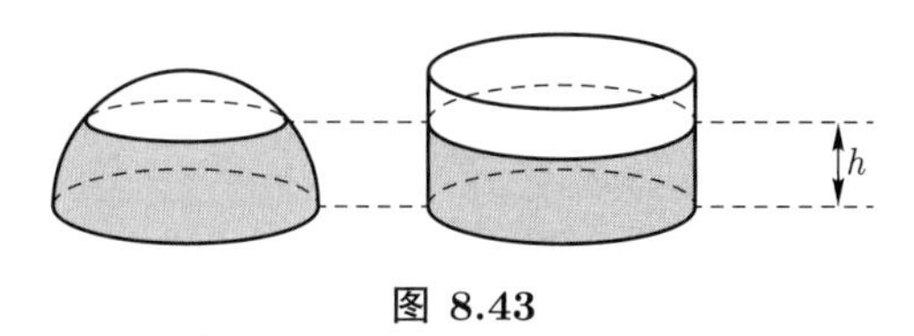

图 8.43

8.5.2 第一型曲面积分的计算

利用上面导出的曲面面积表达式, 可以将第一型曲面积分 (也称对面积的曲面积分) 化为二重积分来计算.

设光滑曲面 $\varSigma$ 的方程为 $z=z(x,y)$, $\varSigma$ 在 Oxy 平面上的投影区域为 D_{xy}, 函数 $z(x,y)$ 在 D_{xy} 上有一阶连续偏导数. 如果 $f(x,y,z)$ 在 $\varSigma$ 上连续, 则有

$$\iint\limits_{\varSigma} f(x,y,z)\mathrm{d}S = \iint\limits_{D_{xy}} f(x,y,z(x,y))\sqrt{1+z_x^2+z_y^2}\mathrm{d}x\mathrm{d}y. \tag{8.5.3}$$

事实上, 因为 f 在 $\varSigma$ 上连续, 所以第一型曲面积分 $\iint\limits_{\varSigma} f(x,y,z)\mathrm{d}S$ 存在, 于是对于 $\varSigma$ 的任意分法和点 $M_i(\xi_i,\eta_i,\zeta_i)$ 的任意取法都有

$$\iint\limits_{\varSigma} f(x,y,z)\mathrm{d}S = \lim_{d\to 0}\sum_{i=1}^{n} f(\xi_i,\eta_i,\zeta_i)\Delta S_i,$$

其中 ΔS_i 是小块曲面的面积, $d=\max\limits_{1\leqslant i\leqslant n}\{\Delta S_i \text{ 的直径}\}$.

设小块曲面 ΔS_i 在 Oxy 平面上的投影区域为 $\Delta\sigma_i$ ($\Delta\sigma_i$ 同时表示面积), 由公式 (8.5.1) 得

$$\Delta S_i = \iint\limits_{\Delta\sigma_i} \sqrt{1+z_x^2(x,y)+z_y^2(x,y)}\mathrm{d}x\mathrm{d}y,$$

利用二重积分中值定理, 有

$$\Delta S_i = \sqrt{1+z_x^2(\bar{\xi_i},\bar{\eta_i})+z_y^2(\bar{\xi_i},\bar{\eta_i})}\Delta\sigma_i,$$

其中 $(\bar{\xi_i},\bar{\eta_i})$ 为 $\Delta\sigma_i$ 中某一点.

现取 $\xi_i=\bar{\xi_i},\eta_i=\bar{\eta_i},\zeta_i=z(\bar{\xi_i},\bar{\eta_i})$, 并注意到 $d\to 0$ 时, 必有 $d'\to 0(d'=\max\limits_{1\leqslant i\leqslant n}\{\Delta\sigma_i \text{ 的直径}\})$, 于是

$$\begin{aligned}\iint\limits_{\Sigma} f(x,y,z)\mathrm{d}S&=\lim_{d\to 0}\sum_{i=1}^{n} f(\xi_i,\eta_i,\zeta_i)\Delta S_i\\&=\lim_{d'\to 0}\sum_{i=1}^{n} f(\bar{\xi_i},\bar{\eta_i},z(\bar{\xi_i},\bar{\eta_i}))\sqrt{1+z_x^2(\bar{\xi_i},\bar{\eta_i})+z_y^2(\bar{\xi_i},\bar{\eta_i})}\Delta\sigma_i.\end{aligned}$$

上式右端是连续函数 $f(x,y,z(x,y))\sqrt{1+z_x^2(x,y)+z_y^2(x,y)}$ 在区域 D_{xy} 上的二重积分, 因此得

$$\iint\limits_{\Sigma} f(x,y,z)\mathrm{d}S=\iint\limits_{D_{xy}} f(x,y,z(x,y))\sqrt{1+z_x^2(x,y)+z_y^2(x,y)}\mathrm{d}x\mathrm{d}y.$$

公式 (8.5.3) 表明, 在计算第一型曲面积分 $\iint\limits_{\Sigma} f(x,y,z)\mathrm{d}S$ 时, 只要将被积函数 $f(x,y,z)$ 中的 z 换成 $z(x,y)$, 曲面的面积元素 $\mathrm{d}S$ 换成 $\sqrt{1+z_x^2(x,y)+z_y^2(x,y)}\mathrm{d}x\mathrm{d}y$, 曲面 Σ 换成其投影区域 D_{xy}, 即可把曲面积分化成二重积分.

若曲面 Σ 的方程为 $x=x(y,z),(y,z)\in D_{yz}$ 或 $y=y(x,z),(x,z)\in D_{xz}$, 则相应地有

$$\iint\limits_{\Sigma} f(x,y,z)\mathrm{d}S=\iint\limits_{D_{yz}} f(x(y,z),y,z)\sqrt{1+x_y^2+x_z^2}\mathrm{d}y\mathrm{d}z,\tag{8.5.4}$$

$$\iint\limits_{\Sigma} f(x,y,z)\mathrm{d}S=\iint\limits_{D_{xz}} f(x,y(x,z),z)\sqrt{1+y_x^2+y_z^2}\mathrm{d}x\mathrm{d}z.\tag{8.5.5}$$

例 3 计算 $\iint\limits_{\Sigma}\dfrac{\mathrm{d}S}{z}$, 其中 Σ 是球面 $x^2+y^2+z^2=a^2$ 在平面 $z=h(0<h<a)$ 上的部分.

解 曲面 Σ 的方程为 $z=\sqrt{a^2-x^2-y^2}$ (图 8.44), 则

$$z_x=\frac{-x}{\sqrt{a^2-x^2-y^2}},\quad z_y=\frac{-y}{\sqrt{a^2-x^2-y^2}},$$

且

$$\mathrm{d}S=\sqrt{1+z_x^2+z_y^2}\mathrm{d}x\mathrm{d}y=\frac{a}{\sqrt{a^2-x^2-y^2}}\mathrm{d}x\mathrm{d}y.$$

曲面在 Oxy 平面的投影区域为 $D_{xy}:x^2+y^2\leqslant a^2-h^2$, 因此

$$\iint\limits_{\Sigma}\frac{\mathrm{d}S}{z}=\iint\limits_{D_{xy}}\frac{a}{a^2-x^2-y^2}\mathrm{d}x\mathrm{d}y=a\int_0^{2\pi}\mathrm{d}\varphi\int_0^{\sqrt{a^2-h^2}}\frac{\rho}{a^2-\rho^2}\mathrm{d}\rho=2\pi a\ln\frac{a}{h}.$$

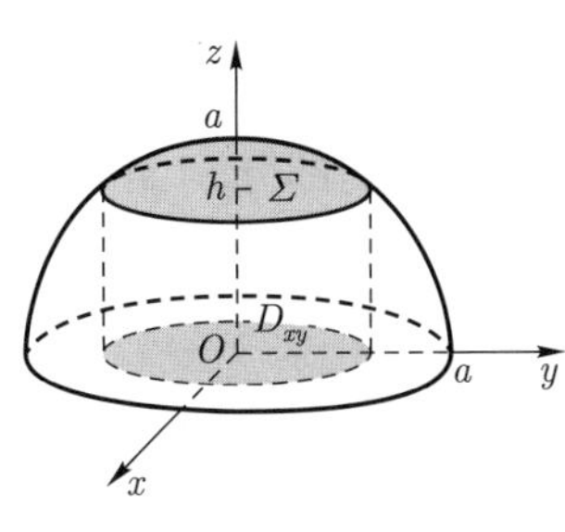

图 8.44

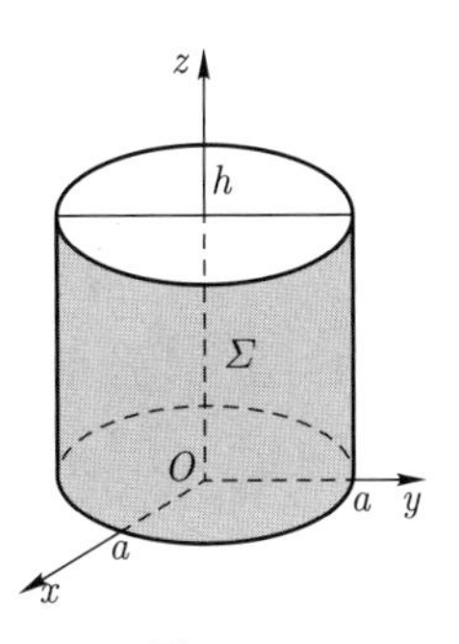

图 8.45

例 4 计算积分 $I=\iint\limits_{\Sigma}\dfrac{\mathrm{d}S}{x^2+y^2+z^2}$, 其中 $\Sigma=\{(x,y,z)|x^2+y^2=a^2,0\leqslant z\leqslant h(a>0,h>0)\}$.

解 曲面 Σ (图 8.45) 是圆柱面 $x^2+y^2=a^2$ 的一段, 因为其方程不能表达成 $z=z(x,y)$ 的形式, 所以此时应将 Σ 投影到 Oxz 平面或 Oyz 平面, 把原积分化成相应的二重积分.

将 Σ 投影到 Oyz 平面, 得投影区域 $D_{yz}=\{(y,z)|-a\leqslant y\leqslant a,0\leqslant z\leqslant h\}$. 又圆柱面 $\Sigma=\Sigma_1\bigcup\Sigma_2$, 其中 Σ_1 的方程为 $x=\sqrt{a^2-y^2}$, Σ_2 的方程为 $x=-\sqrt{a^2-y^2}$. 由对称性

$$\iint\limits_{\Sigma_1}\frac{\mathrm{d}S}{x^2+y^2+z^2}=\iint\limits_{\Sigma_2}\frac{\mathrm{d}S}{x^2+y^2+z^2}.$$

因为

$$\mathrm{d}S=\sqrt{1+x_y^2+x_z^2}\mathrm{d}y\mathrm{d}z=\frac{a}{\sqrt{a^2-y^2}}\mathrm{d}y\mathrm{d}z,$$

所以

$$\begin{aligned}I&=\iint\limits_{\Sigma}\frac{\mathrm{d}S}{x^2+y^2+z^2}=2\iint\limits_{\Sigma_1}\frac{\mathrm{d}S}{x^2+y^2+z^2}\\&=2\iint\limits_{D_{yz}}\frac{1}{a^2+z^2}\cdot\frac{a}{\sqrt{a^2-y^2}}\mathrm{d}y\mathrm{d}z\\&=2a\int_{-a}^{a}\frac{\mathrm{d}y}{\sqrt{a^2-y^2}}\int_0^h\frac{\mathrm{d}z}{a^2+z^2}=2\pi\arctan\frac{h}{a}.\end{aligned}$$

此题也可用柱面坐标计算. 用 $z=$ 常数, $\varphi=$ 常数的平面分割曲面 Σ, 得 $\mathrm{d}S=a\mathrm{d}\varphi\mathrm{d}z$, 积分区域可表示为 $D_{\varphi z}=\{(\varphi,z)|0\leqslant\varphi\leqslant 2\pi,0\leqslant z\leqslant h\}$, 于是

$$I=\iint\limits_{\Sigma}\frac{\mathrm{d}S}{x^2+y^2+z^2}=\iint\limits_{D_{\varphi z}}\frac{a\mathrm{d}\varphi\mathrm{d}z}{a^2+z^2}=\int_0^{2\pi}\mathrm{d}\varphi\int_0^h\frac{a\mathrm{d}z}{a^2+z^2}=2\pi\arctan\frac{h}{a}.$$

习 题 8.5

1. 求下列曲面的面积:

(1) 锥面 $z=\sqrt{x^2+y^2}$ 被柱面 $z^2=2x$ 所截得的部分;

(2) 球面 $x^2+y^2+z^2=a^2$ 的 $z\geqslant b\ (0<b<a)$ 部分;

(3) 球面 $x^2+y^2+z^2=a^2$ 为平面 $z=\dfrac{a}{4}$ 和 $z=\dfrac{a}{2}(a>0)$ 所夹的部分;

(4) 曲面 $z=1-x^2-y^2$ 的 $z\geqslant 0$ 的部分;

(5) 圆柱面 $x^2+y^2=R^2$ 和 $x^2+z^2=R^2$ 所围成立体的表面;

(6) $y=\dfrac{a}{2}(\mathrm{e}^{\frac{x}{a}}+\mathrm{e}^{-\frac{x}{a}})(a>0)$ 由 $x=0$ 至 $x=a$ 的一段绕 y 轴旋转所得的旋转曲面.

2. 求下列曲面积分:

(1) $\displaystyle\iint_{\Sigma}(x+y+z)\mathrm{d}S$, 其中 Σ 为球面 $x^2+y^2+z^2=a^2, z\geqslant 0$ 的部分;

(2) $\displaystyle\iint_{\Sigma}(x^2+y^2)\mathrm{d}S$, 其中 Σ 为锥面 $z=\sqrt{x^2+y^2}$ 及 $z=1$ 所围立体的表面;

(3) $\displaystyle\iint_{\Sigma}(xy+zy+zx)\mathrm{d}S$, 其中 Σ 为锥面 $z=\sqrt{x^2+y^2}$ 被柱面 $x^2+y^2=2ax(a>0)$ 所截得的部分;

(4) $\displaystyle\iint_{\Sigma}(x^2+y^2+z^2)\mathrm{d}S$, 其中 Σ 为曲面 $x^2+y^2+z^2=2ax(a>0)$;

(5) $\displaystyle\iint_{\Sigma}|xyz|\mathrm{d}S$, 其中 Σ 为曲面 $z=x^2+y^2(0\leqslant z\leqslant 1)$.

§8.6 数量值函数积分的应用

由数量值函数积分的定义可以看出, 它与一元函数定积分的概念本质上是一致的, 都是通过“分割、取近似、求和、取极限”的过程建立起来的, 因此, 在用重积分处理物理、力学中的实际问题时, 也常常采用“微元法”来建立所求量的数量函数积分表达式. 下面我们通过例子来具体说明.

由物理学知道, 位于点 (x_i,y_i,z_i) 处质量为 $m_i(i=1,2,\cdots,n)$ 的 n 个质点构成的质点组, 其关于 Oyz 平面, Ozx 平面和 Oxy 平面的静力矩分别为

$$M_{yz}=\sum_{i=1}^{n}m_ix_i,\quad M_{zx}=\sum_{i=1}^{n}m_iy_i,\quad M_{xy}=\sum_{i=1}^{n}m_iz_i.$$

所谓一质点组的质心 (质量中心) 是指这样一个点 $(\overline{x},\overline{y},\overline{z})$, 如果把质量为总质量的质点放在该点, 那么该质点对三个坐标面的静力矩将分别等于原质点组对三个坐标面的静力矩, 即有

$$(\sum_{i=1}^{n}m_i)\overline{x}=M_{yz},\quad (\sum_{i=1}^{n}m_i)\overline{y}=M_{zx},\quad (\sum_{i=1}^{n}m_i)\overline{z}=M_{xy}$$

成立, 由此我们得到质点组质心坐标的计算公式

$$\overline{x}=\frac{\sum_{i=1}^{n} m_i x_i}{\sum_{i=1}^{n} m_i},\quad \overline{y}=\frac{\sum_{i=1}^{n} m_i y_i}{\sum_{i=1}^{n} m_i},\quad \overline{z}=\frac{\sum_{i=1}^{n} m_i z_i}{\sum_{i=1}^{n} m_i}.$$

现在考虑质量连续分布在几何形体 Ω 上的物体的质心问题, 设密度函数为连续函数 $f(M)$, $M(x,y,z)$ 为 Ω 上任一点, 取包含点 M 的一微元 $\mathrm{d}\Omega$, 则质量微元为 $\mathrm{d}m=f(M)\mathrm{d}\Omega$, 它对三个坐标面的静力矩微元分别为

$$\begin{aligned}&\mathrm{d}M_{yz}=x\mathrm{d}m=xf(M)\mathrm{d}\Omega,\quad \mathrm{d}M_{zx}=y\mathrm{d}m=yf(M)\mathrm{d}\Omega,\\&\mathrm{d}M_{xy}=z\mathrm{d}m=zf(M)\mathrm{d}\Omega,\end{aligned}$$

于是该物体的质量为 $m=\int_{\Omega} f(M)\mathrm{d}\Omega$, 它对三个坐标面的静力矩分别为

$$M_{yz}=\int_{\Omega} xf(M)\mathrm{d}\Omega,\ \ M_{zx}=\int_{\Omega} yf(M)\mathrm{d}\Omega,\ \ M_{xy}=\int_{\Omega} zf(M)\mathrm{d}\Omega,$$

从而得到该物体质心坐标 $\overline{x},\overline{y},\overline{z}$ 的计算公式

$$\overline{x}=\frac{\int_{\Omega} xf(M)\mathrm{d}\Omega}{\int_{\Omega} f(M)\mathrm{d}\Omega},\quad \overline{y}=\frac{\int_{\Omega} yf(M)\mathrm{d}\Omega}{\int_{\Omega} f(M)\mathrm{d}\Omega},\quad \overline{z}=\frac{\int_{\Omega} zf(M)\mathrm{d}\Omega}{\int_{\Omega} f(M)\mathrm{d}\Omega}.$$

如果物体的质量是均匀分布的, 即密度函数 f 为常数, 此时的质心称为物体的**形心**.

例 1 求由两个圆 $\rho=a\cos\varphi,\rho=b\cos\varphi(0<a<b)$ 所围成的平面薄片的形心.

解 如图 8.46, 由图形的对称性知, $\overline{y}=0$.

$$\begin{aligned}\overline{x}&=\frac{\iint\limits_D x\mathrm{d}x\mathrm{d}y}{\iint\limits_D \mathrm{d}x\mathrm{d}y}=\frac{\int_{-\frac{\pi}{2}}^{\frac{\pi}{2}}\mathrm{d}\varphi\int_{a\cos\varphi}^{b\cos\varphi}\rho^2\cos\varphi\mathrm{d}\rho}{\int_{-\frac{\pi}{2}}^{\frac{\pi}{2}}\mathrm{d}\varphi\int_{a\cos\varphi}^{b\cos\varphi}\rho\mathrm{d}\rho}\\&=\frac{\frac{2}{3}(b^3-a^3)\int_0^{\frac{\pi}{2}}\cos^4\varphi\mathrm{d}\varphi}{(b^2-a^2)\int_0^{\frac{\pi}{2}}\cos^2\varphi\mathrm{d}\varphi}\\&=\frac{(a^2+ab+b^2)\frac{\pi}{8}}{(a+b)\frac{\pi}{4}}=\frac{a^2+ab+b^2}{2(a+b)}.\end{aligned}$$

例 2 求由球顶锥体 (由球面 $x^2+y^2+z^2=R^2$ 与锥面 $\sqrt{x^2+y^2}=2\tan\alpha\left(0<\alpha<\frac{\pi}{2}\right)$ 围成的立体) 的形心.

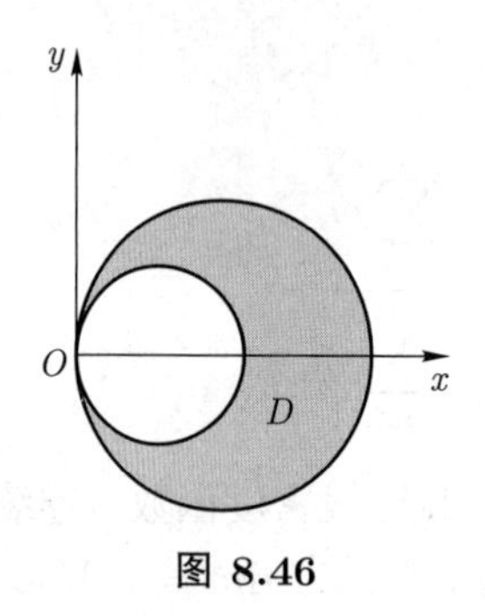

图 8.46

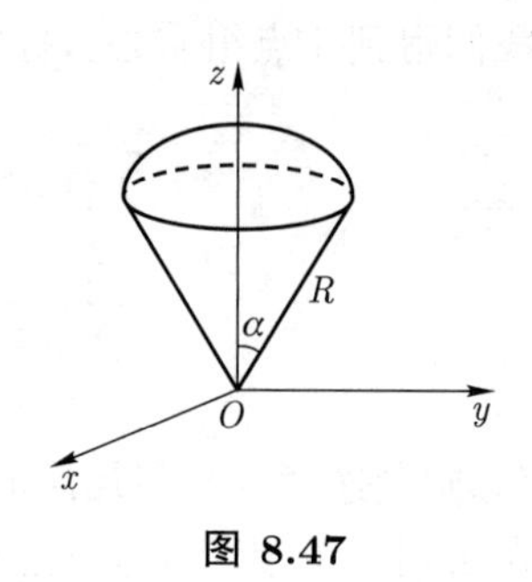

图 8.47

解 如图 8.47, 由图形的对称性知, $\overline{x}=\overline{y}=0$,

$$\overline{z}=\frac{\displaystyle\iiint\limits_{\Omega} z\mathrm{d}x\mathrm{d}y\mathrm{d}z}{\displaystyle\iiint\limits_{\Omega}\mathrm{d}x\mathrm{d}y\mathrm{d}z}=\frac{\displaystyle\int_0^{2\pi}\mathrm{d}\varphi\int_0^{\alpha}\mathrm{d}\theta\int_0^R r^3\cos\theta\sin\theta\mathrm{d}r}{\displaystyle\int_0^{2\pi}\mathrm{d}\varphi\int_0^{\alpha}\mathrm{d}\theta\int_0^R r^2\sin\theta\mathrm{d}r}$$

$$=\frac{\frac{1}{4}\pi R^4\sin^2\alpha}{\frac{2}{3}\pi R^3(1-\cos\alpha)}=\frac{3}{8}R(1+\cos\alpha).$$

例 3 求质量均匀分布的球体 $\Omega=\{(x,y,z)|x^2+y^2+z^2\leqslant R^2\}$ 对 z 轴的转动惯量 (设密度为 1) .

解 建立如图 8.48 的坐标系. 在球体 Ω 内取一小立体 $\mathrm{d}V$, 同时又表示其体积, 在该立体内任取一点 $M(x,y,z)$, 点 M 与 z 轴的距离为 $\sqrt{x^2+y^2}$, 于是该微元对 z 轴的转动惯量

$$\mathrm{d}J_z=(x^2+y^2)\mathrm{d}V,$$

从而

$$\begin{aligned}J_z&=\iiint\limits_{\Omega}(x^2+y^2)\mathrm{d}V\\&=\frac{2}{3}\iiint\limits_{\Omega}(x^2+y^2+z^2)\mathrm{d}V\\&=\frac{2}{3}\int_0^{2\pi}\mathrm{d}\varphi\int_0^{\pi}\sin\theta\mathrm{d}\theta\int_0^R r^4\mathrm{d}r=\frac{8}{15}\pi R^5.\end{aligned}$$

例 4 一段密度均匀的铁丝成螺旋线形状

$$L: x(t)=\cos 4t,\quad y(t)=\sin 4t,\quad z(t)=t,\qquad 0\leqslant t\leqslant 2\pi.$$

设密度为 $\rho=1$. 求铁丝的质量、质心以及转动惯量.

解 建立如图 8.49 坐标系. 由对称性知质心为 $(0,0,\pi)$. 铁丝的质量为

$$M=\int_L\rho\mathrm{d}s=\int_0^{2\pi}\sqrt{(-4\sin 4t)^2+(4\cos 4t)^2+1}\mathrm{d}t=\int_0^{2\pi}\sqrt{17}\mathrm{d}t=2\pi\sqrt{17}.$$

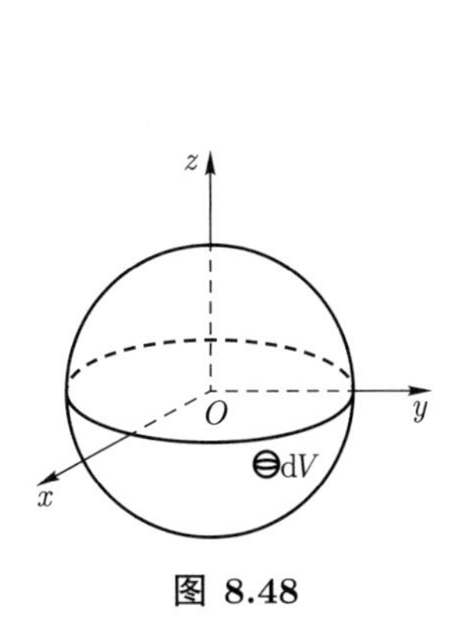

图 8.48

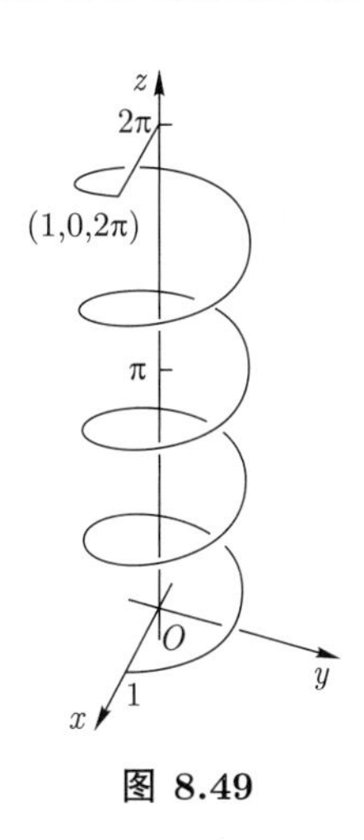

图 8.49

转动惯量为

$$I_z = \int_L (x^2 + y^2)\rho \mathrm{d}s = \int_0^{2\pi} (\cos^2 4t + \sin^2 4t)\sqrt{17}\mathrm{d}t = \int_0^{2\pi} \sqrt{17}\mathrm{d}t = 2\pi\sqrt{17}.$$

例 5 设一半径为 R m, 高为 H m 的圆柱形水桶, 桶中装满水, 试计算将桶中水全部抽完所需之功.

解 设水的密度为 ρ, 建立坐标系如图 8.50 所示. 任取一深为 z, 体积为 $\mathrm{d}V$ 的小水块, 则小水块所受重力为 $\rho g\mathrm{d}V$. 将这小水块抽出所做功为

$$\mathrm{d}W = z\rho g\mathrm{d}V,$$

于是全部抽完桶中水所需之功为

$$W = \rho g \iiint_{\Omega} z\mathrm{d}V = \rho g \iiint_{\Omega} z\mathrm{d}x\mathrm{d}y\mathrm{d}z,$$

其中 $\Omega = \{(x,y,z)|x^2 + y^2 \leqslant R^2, 0 \leqslant z \leqslant H\}$. 用“先二后一法”计算三重积分, 可得

$$W = \rho g \int_0^H z\mathrm{d}z \iint_{x^2+y^2 \leqslant R^2} \mathrm{d}x\mathrm{d}y = \frac{1}{2}\pi R^2 H^2 \rho g.$$

例 6 设有一圆锥体, 密度为 μ, 又设有质量为 m 的质点在它的顶点上, 试求圆锥体对该质点的引力.

解 建立坐标系如图 8.51 所示. 设 $P(x,y,z)$ 是圆锥体 Ω 内任一点, $\mathrm{d}V$ 是包含此点的体积元素, 同时表示其体积, $\mathrm{d}\boldsymbol{F}$ 是 $\mathrm{d}V$ 对质点的引力, 由万有引力定律得

$$|\mathrm{d}\boldsymbol{F}| = \frac{Gm\mu\mathrm{d}V}{x^2 + y^2 + z^2} (G \text{ 是万有引力常数}). \tag{8.6.1}$$

由于引力微元 $\mathrm{d}\boldsymbol{F}$ 是向量 (其大小如 (8.6.1) 式所示, 其方向是向量 $\overrightarrow{OP}$ 的方向), 不能对它直接积分, 必须先求出它在三个坐标轴上的投影, 然后对投影进行积分.

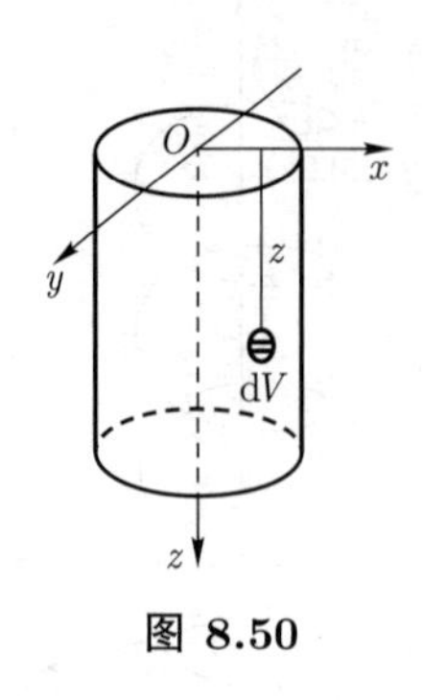

图 8.50

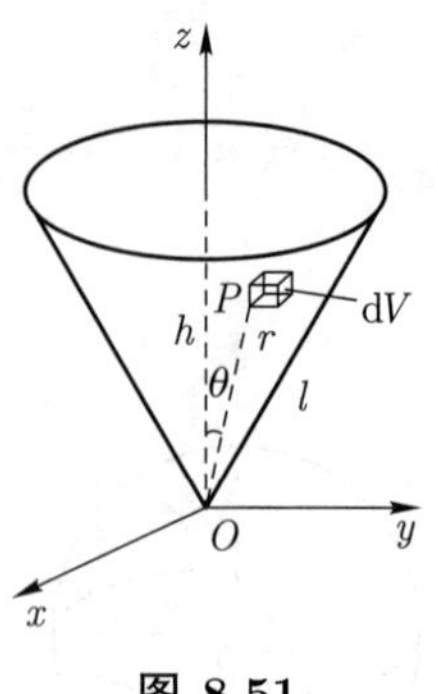

图 8.51

因为 $\mathrm{d}\boldsymbol{F}//\overrightarrow{OP}$, 而 $\overrightarrow{OP}=(x,y,z)$, 所以

$$\mathrm{d}\boldsymbol{F}=|\mathrm{d}\boldsymbol{F}|\cdot\frac{\overrightarrow{OP}}{|\overrightarrow{OP}|}=\frac{Gm\mu\mathrm{d}V}{(x^2+y^2+z^2)^{3/2}}(x,y,z),$$

于是

$$\mathrm{d}F_z=\frac{Gm\mu z\mathrm{d}x\mathrm{d}y\mathrm{d}z}{(x^2+y^2+z^2)^{3/2}},$$

因此

$$F_z=\iiint\limits_{\Omega}\frac{Gm\mu z}{(x^2+y^2+z^2)^{3/2}}\mathrm{d}x\mathrm{d}y\mathrm{d}z.$$

用球面坐标计算此积分, 得

$$\begin{aligned}F_z&=Gm\mu\int_0^{2\pi}\mathrm{d}\varphi\int_0^{\arccos\frac{h}{l}}\sin\theta\cos\theta\mathrm{d}\theta\int_0^{\frac{h}{\cos\theta}}\mathrm{d}r\\&=2G\pi m\mu h\left(1-\frac{h}{l}\right).\end{aligned}$$

由对称性, $F_x=F_y=0$, 因此 $\boldsymbol{F}=\left(0,0,2G\pi m\mu h\left(1-\dfrac{h}{l}\right)\right)$.

习 题 8.6

1. 求下列物体的质量:

(1) 由 $y=0,y=x,x=1$ 所围成的三角形薄板, 其密度函数为 $\rho=x^2+y^2$;

(2) 中心在原点, 半径为 a 的球体, 其密度函数为 $\mu=\mathrm{e}^{-\left(\frac{x^2+y^2+z^2}{a^2}\right)^{3/2}}$;

(3) 曲线 $x=at,\ y=\dfrac{a}{2}t^2,\ z=\dfrac{a}{3}t^3(a>0,0\leqslant t\leqslant 1)$, 线密度 $\mu(x,y)=\sqrt{\dfrac{2y}{a}}$;

(4) 球面 $x^2+y^2+z^2=a^2$, 其面密度函数为 $\mu(x,y,z)=y^2+z^2$.

2. 求下列物体的形心:

(1) 曲线 $ay=x^2,x+y=2a(a>0)$ 所围成的薄片;

(2) 由曲线 $x=a(t-\sin t),y=a(1-\cos t)(0\leqslant t\leqslant 2\pi,a>0)$ 与 x 轴所围成的薄片;

(3) 由心脏线 $r=1+\cos\theta$ 围成的薄片;

(4) 立体 $\Omega=\{(x,y,z)|\frac{1}{2}(x^2+y^2)\leqslant z\leqslant x^2+y^2,|x|+|y|\leqslant 1\}$;

(5) 立体 $\Omega=\{(x,y,z)|z\leqslant x^2+y^2,x+y\leqslant a(a>0),x\geqslant 0,y\geqslant 0,z\geqslant 0\}$;

(6) 球面 $x^2+y^2+z^2=a^2$ 在第一卦限的部分的边界线;

(7) 球面 $x^2+y^2+z^2=a^2$ 在第一卦限的部分;

(8) 锥面 $z=\frac{H}{R}\sqrt{x^2+y^2}(0\leqslant z\leqslant H)$.

3. 求下列均匀物体的转动惯量, 设密度函数 $\rho=1$.

(1) 曲线 $x=y-y^2$ 和直线 $x+y=0$ 所围成的平面薄板, 对 x 轴;

(2) $\frac{h}{a}\sqrt{x^2+y^2}\leqslant z,z\leqslant h(a>0,h>0)$ 的公共部分, 对 z 轴;

(3) 半球壳 $x^2+y^2+z^2=a^2(z\geqslant 0,a>0)$, 对 z 轴;

(4) 曲线 $\rho=a\sin 2\theta(a>0)$ 的一叶对原点;

(5) $x^2+y^2+z^2\leqslant 3a^2$, $2az\geqslant x^2+y^2(a>0)$ 的公共部分, 对 z 轴;

(6) 曲线 $y^2=ax$ 及直线 $x=a$ 所围成的平面图形, 对直线 $y=-a$.

4. 在原点放一质量为 m 的质点, 求密度为 μ 的圆柱体 $x^2+y^2\leqslant R^2(0\leqslant z\leqslant h)$ 对该质点的引力.

5. 求半径为 R 的均匀球体, 对球外一单位质点 M 的引力, 假定点 M 与球心的距离为 $a(a>R)$.

总习题八

1. 计算下列二重积分:

(1) $\iint\limits_D xy\,\mathrm{d}x\mathrm{d}y$, 其中 D 是由坐标轴及抛物线 $\sqrt{x}+\sqrt{y}=1$ 所围成的区域;

(2) $\iint\limits_D \sqrt{4x^2-y^2}\mathrm{d}x\mathrm{d}y$, 其中 D 是由直线 $y=0,x=1$ 及 $y=x$ 所围成的区域;

(3) $\iint\limits_D \frac{x}{x^2+y^2}\mathrm{d}x\mathrm{d}y$, 其中 D 是由 $y=x\tan x$ 及 $y=x$ 所围成的区域;

(4) $\iint\limits_D x\sqrt{x^2+y^2}\mathrm{d}x\mathrm{d}y$, 其中 D 是由双纽线 $(x^2+y^2)^2=a^2(x^2-y^2)(x\geqslant 0)$ 所围成的区域;

(5) $\iint\limits_D \frac{y}{x^6}\mathrm{d}x\mathrm{d}y$, 其中 D 是由曲线 $y=x^4-x^3$ 的上凸弧段部分与 x 轴所围成的曲边梯形区域;

(6) $\iint\limits_D \mathrm{e}^{\frac{y-x}{y+x}}\mathrm{d}x\mathrm{d}y$, 其中 D 是以点 $(0,0)$, $(1,0)$ 和 $(0,1)$ 为顶点的三角形区域.

2. 计算下列三重积分:

(1) $\iiint\limits_{\Omega}(x^2+y^2+z^2)\mathrm{d}x\mathrm{d}y\mathrm{d}z$, 其中 Ω 是锥体 $y^2+z^2\leqslant x^2$ 及球体 $x^2+y^2+z^2\leqslant R^2$ 的公共部分 $(x\geqslant 0)$;

(2) $\iiint\limits_{\Omega}\dfrac{z\ln(x^2+y^2+z^2+1)}{x^2+y^2+z^2+1}\mathrm{d}x\mathrm{d}y\mathrm{d}z$, 其中 Ω 是球面 $x^2+y^2+z^2=1$ 所围成的区域;

(3) $\iiint\limits_{\Omega}(x^2+y^2)\mathrm{d}x\mathrm{d}y\mathrm{d}z$, 其中 Ω 是由曲线 $\begin{cases}y^2=2z,\\x=0\end{cases}$ 绕 z 轴旋转一周所成曲面与平面 $z=2, z=8$ 所围成的区域;

(4) $\iiint\limits_{\Omega}z\mathrm{d}x\mathrm{d}y\mathrm{d}z$, 其中 Ω 是 $x^2+y^2+z^2\leqslant 4, z\geqslant\dfrac{1}{3}(x^2+y^2)$ 的公共部分.

3. 求由柱面 $az=y^2(a>0), x^2+y^2=R^2$ 及平面 $z=0$ 所围成的立体的体积.

4. 求圆柱 $x^2+y^2\leqslant a^2$ 的 $0\leqslant z\leqslant x$ 的部分的体积.

5. 求以双曲抛物面 $z=xy$ 为顶, 以三个柱面 $y=0, x^2+y^2=1$ 及 $x^2+y^2-2x=0$ 为侧面, 底在 Oxy 平面上 (由圆 $x^2+y^2=1$ 外部和圆 $x^2+y^2-2x=0$ 的内部所组成) 的柱体体积.

6. 由螺线 $\rho=2\varphi$ 和直线 $\varphi=\dfrac{\pi}{2}$ 所围成的平面薄片, 其面密度 $\mu=x^2+y^2$, 求它的质量.

7. 求由半球面 $z=\sqrt{3a^2-x^2-y^2}$ 及椭圆抛物面 $x^2+y^2=2az(a>0)$ 所围成的立体的整个表面的面积.

8. 在一个旋转抛物面 $z=x^2+y^2$ 形状的容器中注入溶液, 试求溶液的容积 V 与液面高度 h 的关系.

9. 由两曲面 $z=\sqrt{1-x^2-y^2}$ 与 $z=\sqrt{\dfrac{x^2+y^2}{3}}$ 所围成的物体上各点的密度与该点到原点的距离成正比, 试求该物体的质心坐标.

10. 一柱面被两个平面 π_1,π_2 所截 (其中 π_1 与柱面的母线垂直) 得到一个柱体, π_1 在柱面内的那部分区域记为 D. 证明: 柱体的体积 $V=Jh$, 其中 J 是 D 的面积, h 是 D 的形心所对应的高.

11. 求函数 $f(x,y)=\sqrt{a^2+4x^2+4y^2}$ 在圆域 $x^2+y^2\leqslant a^2$ 上的平均值.

12. 试求边长为 $2a$ 的正方形上各点离中心的平均距离 d.

13. 计算下列曲线积分:

(1) $\oint_l\sqrt{x^2+y^2}\mathrm{d}s$, 其中 $l: x^2+y^2=-2y$;

(2) $\int_l\dfrac{\mathrm{d}s}{(1+x^2+y^2)^{3/2}}$, 其中 l 是双曲螺线 $\rho\varphi=1$ 上从 $\varphi=\sqrt{3}$ 到 $\varphi=2\sqrt{2}$ 的一段.

14. 计算下列曲面积分:

(1) $\oiint\limits_{\Sigma}\dfrac{1}{(x+y+z)^2}\mathrm{d}S$, 其中 Σ 是四面体 $x+y+z\leqslant 1, x\geqslant 0, y\geqslant 0, z\geqslant 0$ 的侧面;

(2) $F(t)=\oiint\limits_{x^2+y^2+z^2=t^2}f(x,y,z)\mathrm{d}S$, 其中 $f(x,y,z)=\begin{cases}x^2+y^2, & z\geqslant\sqrt{x^2+y^2},\\0, & z<\sqrt{x^2+y^2};\end{cases}$

(3) $F(t)=\iint\limits_{x+y+z=t} f(x,y,z)\mathrm{d}S$, 其中 $f(x,y,z)=\begin{cases}\mathrm{e}^{x+y+z}, & x^2+y^2+z^2\leqslant 1,\\ 0, & \text{其他}.\end{cases}$

15. 求密度为 ρ_0 的均匀半球壳 $x^2+y^2+z^2=a^2(z\geqslant 0)$ 对于 z 轴的转动惯量.

16. 求均匀曲面 $z=\sqrt{x^2+y^2}$ 被曲面 $x^2+y^2=ax(a>0)$ 所割下部分的质心坐标.

17. 有一密度均匀的半球面, 半径为 R, 面密度为 μ, 求它对球心处质量为 m 的质点的引力.

18. 设 $f(x)$ 在 $[0,1]$ 上连续, 证明

$$\int_0^1 \mathrm{e}^{f(x)}\mathrm{d}x\int_0^1 \mathrm{e}^{-f(y)}\mathrm{d}y\geqslant 1.$$

19. 已知 $f(x),g(x)$ 在 $[a,b]$ 上连续, 证明

$$\left(\int_a^b f(x)g(x)\mathrm{d}x\right)^2\leqslant\int_a^b f^2(x)\mathrm{d}x\cdot\int_a^b g^2(x)\mathrm{d}x.$$

20. 证明不等式 $\dfrac{\pi}{4}\left(1-\dfrac{1}{\mathrm{e}}\right)<\left(\displaystyle\int_0^1 \mathrm{e}^{-x^2}\mathrm{d}x\right)^2<\dfrac{16}{25}$.

21. 在斜边长为 l 的一切均匀直角三角形薄片中, 求绕一直角边旋转的转动惯量最大的直角三角形薄片.

22. 求曲面 $(z-a)\varphi(x)+(z-b)\varphi(y)=0$, $x^2+y^2=c^2$ 与 $z=0$ 所围成的有界区域的体积, 其中 $\varphi(x)$ 为正值连续函数, 常数 $a,b,c>0$.

23. 设区域 D 由 Oxy 平面上第一象限内的四条曲线 $yz=1, yz=2, z=y, z=4y$ 围成, 求 D 绕 z 轴旋转一周所成旋转体的体积.

24. 设半径为 R 的球的球心在半径为 a 的定球面上, 试证当前者夹在定球内部的表面积 S 为最大时, $R=\dfrac{4}{3}a$.

25. 证明

$$\lim_{n\to\infty}\frac{1}{n^4}\iiint\limits_{\Omega_n}[\sqrt{x^2+y^2+z^2}]\mathrm{d}x\mathrm{d}y\mathrm{d}z=\pi,$$

其中 Ω_n 是球域 $x^2+y^2+z^2\leqslant n^2, n\in\mathbb{N}_+$, $[\sqrt{x^2+y^2+z^2}]$ 为 $\sqrt{x^2+y^2+z^2}$ 的整数部分.

第八章
部分习题答案

第九章　向量场的积分

本章将把定积分概念推广到向量值函数，建立第二型曲线、曲面积分的概念，研究它们的计算方法及其在物理学中的某些应用.

§9.1　向　量　场

9.1.1　向量场的概念

从物理学中知道，如果空间区域 Ω 中每一点都对应着某个物理量的一个确定的值，我们就说在 Ω 中确定了该物理量的一个**场**. 当该物理量是数量时，称这种场为**数量场**; 当该物理量是向量时，称这种场为**向量场**. 例如，温度场、电位场、密度场等都是数量场，而速度场、引力场、电场等都是向量场. 如果场中的物理量仅随位置变化，而不随时间变化，这种场称为**稳定场** (或**定常场**); 如果是随时间变化的，则称为**时变场** (或**非定常场**). 在本章中我们只讨论稳定场.

从数学角度看，在空间区域 Ω 中给定一个向量场 $\boldsymbol{A}$，实际上就是在 Ω 中定义了一个向量值函数 $\boldsymbol{A}(M)$. 当建立了空间直角坐标系后，向量值函数 $\boldsymbol{A}(M)$ 可以表示为

$$\boldsymbol{A}(M)=\boldsymbol{A}(x,y,z)=P(x,y,z)\boldsymbol{i}+Q(x,y,z)\boldsymbol{j}+R(x,y,z)\boldsymbol{k},$$

其中 $P(x,y,z),Q(x,y,z),R(x,y,z)$ 分别是向量值函数 $\boldsymbol{A}(M)$ 在 x 轴，y 轴和 z 轴上的投影. 若在 Ω 中，函数 $P(x,y,z),Q(x,y,z)$ 及 $R(x,y,z)$ 连续，则称向量场 $\boldsymbol{A}$ 在 Ω 中是连续的.

对给定向量场，我们可以通过把向量 $\boldsymbol{A}(x,y,z)$ 画成从点 (x,y,z) 出发的小箭头来直观地表示向量场 $\boldsymbol{A}$ 在空间中的分布情况. 例如，向量场 $\boldsymbol{A}(x,y)=x\boldsymbol{i}+y\boldsymbol{j}$ 在空间中的分布如图 9.1 所示，平面向量场 $\boldsymbol{A}(x,y)=-y\boldsymbol{i}+x\boldsymbol{j}$ 在 Oxy 平面上的分布如图 9.2 所示.

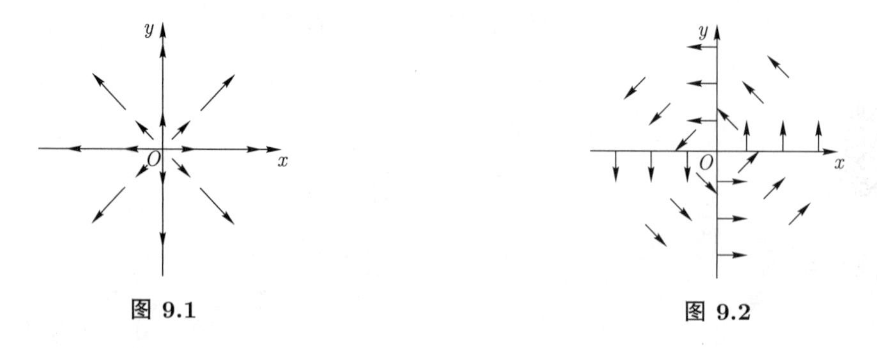

图 9.1　　　　图 9.2

例 1　求位于原点的质量为 m 的质点，对于异于原点的点 (x,y,z) 处的单位质点的引力 $\boldsymbol{F}(x,y,z)$，并画图.

解

$$\begin{aligned}\boldsymbol{F}(x,y,z)&=\frac{-Gm}{r^2}\boldsymbol{r}_0=\frac{-Gm}{r^3}\boldsymbol{r}\\&=\frac{-Gm}{(x^2+y^2+z^2)^{3/2}}(x\boldsymbol{i}+y\boldsymbol{j}+z\boldsymbol{k}),\end{aligned}$$

其中 G 为万有引力常数, $r=|\boldsymbol{r}|$, 向量 $\boldsymbol{r}=x\boldsymbol{i}+y\boldsymbol{j}+z\boldsymbol{k},\boldsymbol{r}_0=\dfrac{\boldsymbol{r}}{r}$. 于是, 位于原点的质量为 m 的质点产生的引力场为

$$\boldsymbol{F}(x,y,z)=\frac{-Gm}{|\boldsymbol{r}|^3}\boldsymbol{r},$$

如图 9.3 所示.

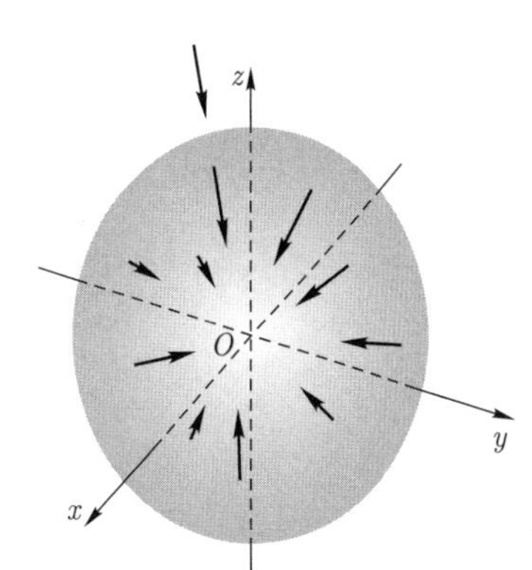

图 9.3

设三元数量函数 $f(x,y,z)$, 如果 f 可微, 则称向量

$$\frac{\partial f}{\partial x}\boldsymbol{i}+\frac{\partial f}{\partial y}\boldsymbol{j}+\frac{\partial f}{\partial z}\boldsymbol{k}$$

为函数 f 的梯度, 记作 ∇f. 如果对于向量场 $\boldsymbol{F}$, 存在函数 f, 使得 $\boldsymbol{F}(x,y,z)=\nabla f(x,y,z)$, 则称该向量场为**保守场**, f 为**势函数**.

例 2 设 $\boldsymbol{F}$ 是引力场, 即

$$\boldsymbol{F}(x,y,z)=-c\frac{\boldsymbol{r}}{|\boldsymbol{r}|^3}=-c\frac{x\boldsymbol{i}+y\boldsymbol{j}+z\boldsymbol{k}}{(x^2+y^2+z^2)^{\frac{3}{2}}},\quad \boldsymbol{r}\neq\boldsymbol{0},$$

其中 c 是常数, 证明 $\boldsymbol{F}$ 是保守场, $f(x,y,z)=\dfrac{c}{\sqrt{x^2+y^2+z^2}}$ 是 $\boldsymbol{F}$ 的势函数.

证

$$\begin{aligned}\nabla f(x,y,z)&=\frac{\partial f}{\partial x}\boldsymbol{i}+\frac{\partial f}{\partial y}\boldsymbol{j}+\frac{\partial f}{\partial z}\boldsymbol{k}\\&=-\frac{c}{2}(x^2+y^2+z^2)^{-\frac{3}{2}}(2x\boldsymbol{i}+2y\boldsymbol{j}+2z\boldsymbol{k})=\boldsymbol{F}(x,y,z).\end{aligned}$$

和向量场有关的还有两个重要量: 一个是向量场 $\boldsymbol{F}$ 的**散度**, 它是一个数量场; 第二个是 $\boldsymbol{F}$ 向量场的**旋度**, 它是一个向量场.

定义 1 设向量场 $\boldsymbol{F}=P(x,y,z)\boldsymbol{i}+Q(x,y,z)\boldsymbol{j}+R(x,y,z)\boldsymbol{k}$, P,Q 和 R 偏导数存在, 则称 $\dfrac{\partial P}{\partial x}+\dfrac{\partial Q}{\partial y}+\dfrac{\partial R}{\partial z}$ 为向量场 $\boldsymbol{F}$ 的散度, 记作 $\operatorname{div}\boldsymbol{F}$, 即

$$\operatorname{div}\boldsymbol{F}=\frac{\partial P}{\partial x}+\frac{\partial Q}{\partial y}+\frac{\partial R}{\partial z};$$

称 $\left(\dfrac{\partial R}{\partial y}-\dfrac{\partial Q}{\partial z}\right)\boldsymbol{i}+\left(\dfrac{\partial P}{\partial z}-\dfrac{\partial R}{\partial x}\right)\boldsymbol{j}+\left(\dfrac{\partial Q}{\partial x}-\dfrac{\partial P}{\partial y}\right)\boldsymbol{k}$ 为向量场 $\boldsymbol{F}$ 的旋度, 记作 $\mathbf{rot}\boldsymbol{F}$, 即

$$\mathbf{rot}\boldsymbol{F}=\left(\frac{\partial R}{\partial y}-\frac{\partial Q}{\partial z}\right)\boldsymbol{i}+\left(\frac{\partial P}{\partial z}-\frac{\partial R}{\partial x}\right)\boldsymbol{j}+\left(\frac{\partial Q}{\partial x}-\frac{\partial P}{\partial y}\right)\boldsymbol{k}.$$

为便于应用, 我们引进一个新的算符

$$\nabla\equiv\frac{\partial}{\partial x}\boldsymbol{i}+\frac{\partial}{\partial y}\boldsymbol{j}+\frac{\partial}{\partial z}\boldsymbol{k},$$

称为 **Hamilton (哈密顿) 算子**或 ∇ **算子** (符号 ∇ 读作纳布拉).

∇ 算子是一种微分运算符号, 同时又被看成为向量. 它作用在数量场 f 上定义为

$$\nabla f = \left(\frac{\partial}{\partial x}\boldsymbol{i} + \frac{\partial}{\partial y}\boldsymbol{j} + \frac{\partial}{\partial z}\boldsymbol{k}\right) f = \frac{\partial f}{\partial x}\boldsymbol{i} + \frac{\partial f}{\partial y}\boldsymbol{j} + \frac{\partial f}{\partial z}\boldsymbol{k};$$

它作用在向量场 $\boldsymbol{F} = (P, Q, R)$ 上有两种形式: $\nabla \cdot \boldsymbol{F}$ 和 $\nabla \times \boldsymbol{F}$, 分别定义为

$$\begin{aligned}\nabla \cdot \boldsymbol{F} &= \left(\frac{\partial}{\partial x}\boldsymbol{i} + \frac{\partial}{\partial y}\boldsymbol{j} + \frac{\partial}{\partial z}\boldsymbol{k}\right) \cdot (P(x,y,z)\boldsymbol{i} + Q(x,y,z)\boldsymbol{j} + R(x,y,z)\boldsymbol{k}) \\ &= \frac{\partial P}{\partial x} + \frac{\partial Q}{\partial y} + \frac{\partial R}{\partial z} = \mathrm{div}\boldsymbol{F},\end{aligned}$$

$$\begin{aligned}\nabla \times \boldsymbol{F} &= \begin{vmatrix} \boldsymbol{i} & \boldsymbol{j} & \boldsymbol{k} \\ \dfrac{\partial}{\partial x} & \dfrac{\partial}{\partial y} & \dfrac{\partial}{\partial z} \\ P & Q & R \end{vmatrix} \\ &= \left(\frac{\partial R}{\partial y} - \frac{\partial Q}{\partial z}\right)\boldsymbol{i} + \left(\frac{\partial P}{\partial z} - \frac{\partial R}{\partial x}\right)\boldsymbol{j} + \left(\frac{\partial Q}{\partial x} - \frac{\partial P}{\partial y}\right)\boldsymbol{k} \\ &= \mathbf{rot}\boldsymbol{F}.\end{aligned}$$

例 3 设

$$\boldsymbol{F} = x^2yz\boldsymbol{i} + 3xyz^3\boldsymbol{j} + (x^2 - z^2)\boldsymbol{k},$$

求 $\mathrm{div}\boldsymbol{F}$ 和 $\mathbf{rot}\boldsymbol{F}$.

解

$$\mathrm{div}\boldsymbol{F} = \nabla \cdot \boldsymbol{F} = 2xyz + 3xz^3 - 2z,$$

$$\begin{aligned}\mathbf{rot}\boldsymbol{F} = \nabla \times \boldsymbol{F} &= \begin{vmatrix} \boldsymbol{i} & \boldsymbol{j} & \boldsymbol{k} \\ \dfrac{\partial}{\partial x} & \dfrac{\partial}{\partial y} & \dfrac{\partial}{\partial z} \\ x^2yz & 3xyz^3 & x^2 - z^2 \end{vmatrix} \\ &= -9xyz^2\boldsymbol{i} - (2x - x^2y)\boldsymbol{j} + (3yz^3 - x^2z)\boldsymbol{k}.\end{aligned}$$

不难得到散度和旋度的一些性质:

(i) $\mathrm{div}(\boldsymbol{A} + \boldsymbol{B}) = \mathrm{div}\boldsymbol{A} + \mathrm{div}\boldsymbol{B}$;

(ii) $\mathrm{div}(C\boldsymbol{A}) = C\,\mathrm{div}\boldsymbol{A}$, C 是常数;

(iii) $\mathrm{div}(f\boldsymbol{A}) = f\,\mathrm{div}\boldsymbol{A} + \mathbf{grad}f \cdot \boldsymbol{A}$;

(iv) $\mathbf{rot}(\boldsymbol{A} + \boldsymbol{B}) = \mathbf{rot}\boldsymbol{A} + \mathbf{rot}\boldsymbol{B}$;

(v) $\mathbf{rot}(C\boldsymbol{A}) = C\,\mathbf{rot}\boldsymbol{A}, C$ 是常数;

(vi) $\mathbf{rot}(f\boldsymbol{A}) = f\,\mathbf{rot}\boldsymbol{A} + \mathbf{grad}f \times \boldsymbol{A}$;

(vii) $\mathrm{div}(\mathbf{rot}\boldsymbol{A}) = 0$;

(viii) $\mathbf{rot}(\mathbf{grad}f) = \mathbf{0}$.

习 题 9.1

1. 计算下列向量场在指定点处的散度:

(1) $\boldsymbol{F} = x^3\boldsymbol{i} + y^3\boldsymbol{j} + z^3\boldsymbol{k}$ 在 $M(1,0,-1)$;

(2) $\boldsymbol{F} = xy\boldsymbol{i} + \cos(xy)\boldsymbol{j} + \cos(xz)\boldsymbol{k}$ 在 $M\left(2,\dfrac{\pi}{4},\pi\right)$;

(3) $\boldsymbol{F} = xyz\boldsymbol{r}, \boldsymbol{r} = x\boldsymbol{i} + y\boldsymbol{j} + z\boldsymbol{k}$ 在 $M(1,3,2)$.

2. 计算下列向量场的旋度:

(1) $\boldsymbol{F} = x^2\boldsymbol{i} + xyz\boldsymbol{j} + yz^2\boldsymbol{k}$;

(2) $\boldsymbol{F} = x^2\boldsymbol{i} + \sin(xy)\boldsymbol{j} + \mathrm{e}^x yz\boldsymbol{k}$;

(3) $\boldsymbol{F} = (y^2+z^2)\boldsymbol{i} + (z^2+x^2)\boldsymbol{j} + (x^2+y^2)\boldsymbol{k}$.

3. 证明:

(1) $\mathrm{div}(\mathbf{rot}\boldsymbol{A}) = 0$; (2) $\mathbf{rot}(\mathbf{grad}f) = \mathbf{0}$; (3) $\mathrm{div}(\nabla f \times \nabla g) = 0$;

(4) $\mathrm{div}(f\boldsymbol{A}) = f\,\mathrm{div}\boldsymbol{A} + \mathbf{grad}f\cdot\boldsymbol{A}$; (5) $\mathbf{rot}(f\boldsymbol{A}) = f\,\mathbf{rot}\boldsymbol{A} + \mathbf{grad}f\times\boldsymbol{A}$;

(6) $\mathrm{div}(\boldsymbol{A}\times\boldsymbol{B}) = \boldsymbol{B}\cdot\mathbf{rot}\boldsymbol{A} - \boldsymbol{A}\cdot\mathbf{rot}\boldsymbol{B}$.

4. 设 $\boldsymbol{F}(x,y,z) = -c\dfrac{\boldsymbol{r}}{|\boldsymbol{r}|^3}$. 证明 $\mathbf{rot}\boldsymbol{F} = \mathbf{0}$ 和 $\mathrm{div}\boldsymbol{F} = 0$.

5. 设 $\boldsymbol{F}(x,y,z) = -c\dfrac{\boldsymbol{r}}{|\boldsymbol{r}|^m}, c\neq 0, m\neq 3$. 证明 $\mathrm{div}\boldsymbol{F}\neq 0$, 但是 $\mathbf{rot}\boldsymbol{F} = \mathbf{0}$.

6. 求 $\mathbf{rot}\dfrac{\boldsymbol{r}}{r}$, 其中 $\boldsymbol{r} = \{x,y,z\}, r = |\boldsymbol{r}|$.

7. 设 $u = \ln\sqrt{x^2+y^2+z^2}$, 求 $\nabla\cdot(\nabla u)$.

§9.2 第二型曲线积分

9.2.1 第二型曲线积分的概念

在定积分应用一节中, 我们曾讨论过质点在变力 $\boldsymbol{F}$ 作用下沿直线运动时力 $\boldsymbol{F}$ 做功的问题, 现在进一步研究质点沿曲线运动时变力做功的问题.

设有一空间力场 $\boldsymbol{F} = \boldsymbol{F}(x,y,z)$, $\boldsymbol{F}$ 连续. 一质点在力场 $\boldsymbol{F}$ 的作用下, 沿空间光滑曲线 L 从点 A 移动到点 B, 求力场 $\boldsymbol{F}$ 所做的功 W.

我们知道, 当质点在常力 $\boldsymbol{F}$ 作用下沿直线从点 A 移动到点 B 时, 常力 $\boldsymbol{F}$ 所做的功为

$$W = \boldsymbol{F}\cdot\overrightarrow{AB}.$$

现在是在变力作用下使质点沿曲线运动, 不能直接利用上面的公式计算功, 但仍可用定积分中“分割、近似、求和、取极限”的思想方法来解决.

分划 在曲线 L 上依次取点 $A=P_0,\ P_1,\ \cdots,P_n=B$. 将曲线 L 分成 n 段有向小弧段 $\widehat{P_{i-1}P_i},(i=1,2,\cdots,n)$, 第 i 段弧 $\widehat{P_{i-1}P_i}$ 的长度记为 Δs_i（图 9.4）.

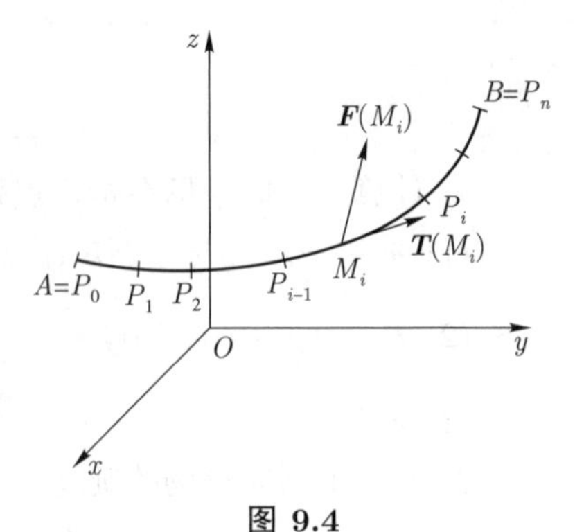

图 9.4

近似 在 $\widehat{P_{i-1}P_i}$ 上任取一点 $M_i(\xi_i,\eta_i,\zeta_i)$, 当 Δs_i 很小时, 质点沿 L 从点 P_{i-1} 到点 P_i 的运动可以用质点在点 M_i 处沿曲线 L 的单位切线向量 $\boldsymbol{T}_i=\boldsymbol{T}(\xi_i,\eta_i,\zeta_i)$ 方向的运动代替, 即以 $\Delta s_i\boldsymbol{T}_i$ 代替. 因为 $\boldsymbol{F}$ 在 L 上连续, 所以可以用点 M_i 处的力 $\boldsymbol{F}_i=\boldsymbol{F}(M_i)$ 作为整个第 i 段弧上各点处的力. 于是得到质点沿曲线 L 从点 P_{i-1} 移动到点 P_i 时, 力场 $\boldsymbol{F}$ 做功的近似值

$$\Delta W_i\approx\boldsymbol{F}_i\cdot(\Delta s_i\boldsymbol{T}_i)=\boldsymbol{F}(\xi_i,\eta_i,\zeta_i)\cdot[\Delta s_i\boldsymbol{T}(\xi_i,\eta_i,\zeta_i)].$$

求和 从而得到质点沿曲线 L 从 A 点移动到 B 点时力场 $\boldsymbol{F}$ 所做功 W 的近似值为

$$W=\sum_{i=1}^{n}\Delta W_i\approx\sum_{i=1}^{n}\boldsymbol{F}(\xi_i,\eta_i,\zeta_i)\cdot[\Delta s_i\boldsymbol{T}(\xi_i,\eta_i,\zeta_i)].$$

取极限 令 $d=\max\limits_{1\leqslant i\leqslant n}\{\Delta s_i\}$, 则当 $d\to 0$ 时, 上述和式的极限就应该是力场 $\boldsymbol{F}$ 对质点所做的功, 即

$$W=\lim_{d\to 0}\sum_{i=1}^{n}\boldsymbol{F}(\xi_i,\eta_i,\zeta_i)\cdot[\Delta s_i\boldsymbol{T}(\xi_i,\eta_i,\zeta_i)].$$

抽去上式的物理意义, 便可得到第二型曲线积分的概念.

定义 1 设 L 是向量场 $\boldsymbol{F}(x,y,z)$ 所在空间中的一条以 A 为起点, B 为终点的有向光滑曲线弧. 依次用分点 $A=P_0,\ P_1,\ \cdots,P_n=B$ 将曲线 L 任意分成 n 段有向小弧段 $\widehat{P_{i-1}P_i}\ (i=1,2,\cdots,n)$, $\widehat{P_{i-1}P_i}$ 的长度为 Δs_i, 令 $d=\max\limits_{1\leqslant i\leqslant n}\{\Delta s_i\}$. 在每个小弧段 $\widehat{P_{i-1}P_i}$ 上任取一点 $M_i(\xi_i,\eta_i,\zeta_i)$, 作和式

$$\sum_{i=1}^{n}\boldsymbol{F}(\xi_i,\eta_i,\zeta_i)\cdot\boldsymbol{T}(\xi_i,\eta_i,\zeta_i)\Delta s_i,$$

其中 $\boldsymbol{T}(\xi_i,\eta_i,\zeta_i)$ 是 L 上点 M_i 处相应于所给方向的单位切线向量. 如果不论对 L 怎样分割, 也不论点 M_i 怎样选取, 当 $d\to 0$ 时, 上述和式恒有同一极限, 则称此极限为向量值函数（或向量场）$\boldsymbol{F}(x,y,z)$ 沿有向曲线 L 的第二型曲线积分, 记作 $\displaystyle\int_L\boldsymbol{F}(x,y,z)\cdot\boldsymbol{T}(x,y,z)\mathrm{d}s$, 即

$$\int_L\boldsymbol{F}(x,y,z)\cdot\boldsymbol{T}(x,y,z)\mathrm{d}s=\lim_{d\to 0}\sum_{i=1}^{n}\boldsymbol{F}(x,y,z)\cdot\boldsymbol{T}(x,y,z)\Delta s_i.$$

根据第二型曲线积分的定义, 上述力 $\boldsymbol{F}$ 所做的功 W 可表示为

$$W=\int_L\boldsymbol{F}(x,y,z)\cdot\boldsymbol{T}(x,y,z)\mathrm{d}s.$$

根据第二型曲线积分的定义不难导出它的如下性质:

性质 1 (线性性质) 设 α,β 为常数, 则

$$\int_L[\alpha\boldsymbol{A}(x,y,z)+\beta\boldsymbol{B}(x,y,z)]\cdot\boldsymbol{T}\mathrm{d}s=\alpha\int_L\boldsymbol{A}\cdot\boldsymbol{T}\mathrm{d}s+\beta\int_L\boldsymbol{B}\cdot\boldsymbol{T}\mathrm{d}s;$$

性质 2 (对积分弧段的可加性) 若曲线弧 L 由 L_1 与 L_2 首尾相接而成, 则

$$\int_L\boldsymbol{F}\cdot\boldsymbol{T}\mathrm{d}s=\int_{L_1}\boldsymbol{F}\cdot\boldsymbol{T}\mathrm{d}s+\int_{L_2}\boldsymbol{F}\cdot\boldsymbol{T}\mathrm{d}s;$$

性质 3 (方向性) 若 L^- 是与曲线 L 方向相反的有向曲线弧, 则

$$\int_{L^-}\boldsymbol{F}\cdot\boldsymbol{T}\mathrm{d}s=-\int_L\boldsymbol{F}\cdot\boldsymbol{T}\mathrm{d}s.$$

性质 3 表明, 第二型曲线积分与所沿曲线 L 的方向有关, 当曲线 L 改变方向时, 积分要改变符号, 这是第二型曲线积分与第一型曲线积分的重要区别之一.

设向量值函数 $\boldsymbol{F}(x,y,z)=P(x,y,z)\boldsymbol{i}+Q(x,y,z)\boldsymbol{j}+R(x,y,z)\boldsymbol{k}$, 因为

$$\boldsymbol{T}=\frac{1}{\sqrt{(\mathrm{d}x)^2+(\mathrm{d}y)^2+(\mathrm{d}z)^2}}(\mathrm{d}x,\mathrm{d}y,\mathrm{d}z)=\frac{1}{\mathrm{d}s}(\mathrm{d}x,\mathrm{d}y,\mathrm{d}z),$$

所以

$$\boldsymbol{F}\cdot\boldsymbol{T}\mathrm{d}s=\boldsymbol{F}\cdot(\mathrm{d}x,\mathrm{d}y,\mathrm{d}z)=P\mathrm{d}x+Q\mathrm{d}y+R\mathrm{d}z,$$

故第二型曲线积分也可记为

$$\int_L P(x,y,z)\mathrm{d}x+Q(x,y,z)\mathrm{d}y+R(x,y,z)\mathrm{d}z,$$

上式是第二型曲线积分的坐标形式, 因此第二型曲线积分也叫做**对坐标的曲线积分**.

可以证明, 当向量值函数 $\boldsymbol{F}(x,y,z)$ 在有向光滑曲线 L 上连续时, 其第二型曲线积分存在. 今后, 我们总假定 $\boldsymbol{F}(x,y,z)$ 在 L 上连续.

对于平面有向光滑曲线 L, 若向量值函数 $\boldsymbol{F}(x,y)=P(x,y)\boldsymbol{i}+Q(x,y)\boldsymbol{j}$, 则类似地有第二型曲线积分

$$\int_L\boldsymbol{F}\cdot\boldsymbol{T}\mathrm{d}s=\int_L P(x,y)\mathrm{d}x+Q(x,y)\mathrm{d}y.$$

9.2.2 第二型曲线积分的计算

定理 1 设有向光滑曲线弧 L 的参数方程为

$$x=x(t),y=y(t),z=z(t),$$

曲线 L 的起点 A 对应 $t=\alpha$, 终点 B 对应 $t=\beta$, 当 t 单调地由 α 变到 β 时, 动点 $M(x,y,z)$ 沿曲线弧 L 由点 A 移动到点 B. 又设向量值函数 $\boldsymbol{F}(x,y,z)=(P(x,y,z),Q(x,y,z),R(x,y,z))$ 在 L 上连续, 则

$$\begin{aligned}\int_L\boldsymbol{F}(x,y,z)\cdot\boldsymbol{T}\mathrm{d}s&=\int_L P\mathrm{d}x+Q\mathrm{d}y+R\mathrm{d}z\\&=\int_\alpha^\beta[P(x(t),y(t),z(t))x'(t)+Q(x(t),y(t),z(t))y'(t)+R(x(t),y(t),z(t))z'(t)]\mathrm{d}t.\end{aligned}\tag{9.2.1}$$

证 因为 $\boldsymbol{F}(x,y,z)$ 在 L 上连续, 所以第二型曲线积分 $\int_L \boldsymbol{F}\cdot\boldsymbol{T}\mathrm{d}s$ 存在, 由定义

$$\int_L \boldsymbol{F}\cdot\boldsymbol{T}\mathrm{d}s=\lim_{d\to 0}\sum_{i=1}^{n}\boldsymbol{F}(\xi_i,\eta_i,\zeta_i)\cdot\boldsymbol{T}(\xi_i,\eta_i,\zeta_i)\Delta s_i,$$

其中 (ξ_i,η_i,ζ_i) 为曲线弧 $\widehat{P_{i-1}P_i}$ 上任一点.

设点 P_{i-1},P_i 所对应的参数分别为 t_{i-1},t_i, 不妨设 $t_{i-1}<t_i$ (当 $t_{i-1}>t_i$ 时, 类似讨论). 于是, 由积分中值定理可得弧段 $\widehat{P_{i-1}P_i}$ 的长

$$\begin{aligned}\Delta s_i&=\int_{t_{i-1}}^{t_i}\sqrt{\dot{x}^2(t)+\dot{y}^2(t)+\dot{z}^2(t)}\mathrm{d}t\\&=\sqrt{\dot{x}^2(\tau_i)+\dot{y}^2(\tau_i)+\dot{z}^2(\tau_i)}\Delta t_i.\end{aligned}$$

其中 $\tau_i\in[t_{i-1},t_i]$, $\Delta t_i=t_i-t_{i-1}$ ($\dot{x},\dot{y},\dot{z}$ 即为 x,y,z 对 t 的导数).

取 $\xi_i=x(\tau_i),\eta_i=y(\tau_i),\zeta_i=z(\tau_i)$, 则有

$$\begin{aligned}&\lim_{d\to 0}\sum_{i=1}^{n}\boldsymbol{F}(\xi_i,\eta_i,\zeta_i)\cdot\boldsymbol{T}(\xi_i,\eta_i,\zeta_i)\Delta s_i\\=&\lim_{d\to 0}\sum_{i=1}^{n}\boldsymbol{F}(x(\tau_i),y(\tau_i),z(\tau_i))\cdot\boldsymbol{T}(x(\tau_i),y(\tau_i),z(\tau_i))\sqrt{\dot{x}^2(\tau_i)+\dot{y}^2(\tau_i)+\dot{z}^2(\tau_i)}\Delta t_i,\end{aligned}$$

因为 $\boldsymbol{T}(x(\tau_i),y(\tau_i),z(\tau_i))=\dfrac{1}{\sqrt{\dot{x}^2(\tau_i)+\dot{y}^2(\tau_i)+\dot{z}^2(\tau_i)}}(\dot{x}(\tau_i),\dot{y}(\tau_i),\dot{z}(\tau_i))$, 所以

$$\begin{aligned}&\lim_{d\to 0}\sum_{i=1}^{n}\boldsymbol{F}(\xi_i,\eta_i,\zeta_i)\cdot\boldsymbol{T}(\xi_i,\eta_i,\zeta_i)\Delta s_i\\=&\lim_{d'\to 0}\sum_{i=1}^{n}\boldsymbol{F}(x(\tau_i),y(\tau_i),z(\tau_i))\cdot(\dot{x}(\tau_i),\dot{y}(\tau_i),\dot{z}(\tau_i))\Delta t_i\\=&\lim_{d'\to 0}\sum_{i=1}^{n}\big(P(x(\tau_i),y(\tau_i),z(\tau_i)),Q(x(\tau_i),y(\tau_i),z(\tau_i)),R(x(\tau_i),y(\tau_i),z(\tau_i))\big)\cdot\\&\big(\dot{x}(\tau_i),\dot{y}(\tau_i),\dot{z}(\tau_i)\big)\Delta t_i,\\=&\lim_{d'\to 0}\sum_{i=1}^{n}[P(x(\tau_i),y(\tau_i),z(\tau_i))\dot{x}(\tau_i)+Q(x(\tau_i),y(\tau_i),z(\tau_i))\dot{y}(\tau_i)+\\&R(x(\tau_i),y(\tau_i),z(\tau_i))\dot{z}(\tau_i)]\Delta t_i,\end{aligned}$$

其中 $d'=\max\limits_{1\leqslant i\leqslant n}\{\Delta t_i\}$, 当 $d\to 0$ 时, $d'\to 0$.

由于 $P(x(t),y(t),z(t))x'(t),Q(x(t),y(t),z(t))y'(t),R(x(t),y(t),z(t))z'(t)$ 在 $[\alpha,\beta]$ 上连续, 所以上式右端和式的极限即为定积分

$$\int_{\alpha}^{\beta}[P(x(t),y(t),z(t))x'(t)+Q(x(t),y(t),z(t))y'(t)+R(x(t),y(t),z(t))z'(t)]\mathrm{d}t,$$

故式 (9.2.1) 成立.

特别地, 当 L 是平面曲线时, 其参数方程为 $x=x(t), y=y(t)$, 有计算公式

$$\begin{aligned}\int_L \boldsymbol{F}(x,y)\cdot\boldsymbol{T}\mathrm{d}s &= \int_L P(x,y)\mathrm{d}x+Q(x,y)\mathrm{d}y\\ &= \int_\alpha^\beta [P(x(t),y(t))x'(t)+Q(x(t),y(t))y'(t)]\mathrm{d}t. \qquad (9.2.2)\end{aligned}$$

若平面曲线 L 由直角坐标方程 $y=y(x), a\leqslant x\leqslant b$ 给出, 其起点对应 $x=a$, 终点对应 $x=b$, 则有计算公式

$$\begin{aligned}\int_L \boldsymbol{F}(x,y)\cdot\boldsymbol{T}\mathrm{d}s &= \int_L P\mathrm{d}x+Q\mathrm{d}y\\ &= \int_a^b [P(x,y(x))+Q(x,y(x))y'(x)]\mathrm{d}x. \qquad (9.2.3)\end{aligned}$$

应当注意, 公式 (9.2.1), (9.2.2), (9.2.3) 中右端定积分的下限是与曲线 L 的起点 A 对应的参数值, 而上限是与 L 的终点 B 对应的参数值, 下限不一定小于上限.

例 1 计算曲线积分 $I=\int_L y^2\mathrm{d}x+xy\mathrm{d}y$, 其中 L 为抛物线 $y=x^2$ 上由 $A(1,1)$ 到 $B(-1,1)$ 的一段曲线 (图 9.5) .

解 法一 以 x 为参数. $L: y=x^2$, x 从 1 到 -1.

$$I=\int_1^{-1}(x^4+x\cdot x^2\cdot 2x)\mathrm{d}x=\int_1^{-1}3x^4\mathrm{d}x=-\frac{6}{5}.$$

法二 以 y 为参数. $L=\widehat{AO}+\widehat{OB}$, 其中 $\widehat{AO}: x=\sqrt{y}$, y 从 1 到 0; $\widehat{OB}: x=-\sqrt{y}$, y 从 0 到 1.

$$\begin{aligned}I&=\int_{\widehat{AO}} y^2\mathrm{d}x+xy\mathrm{d}y+\int_{\widehat{OB}} y^2\mathrm{d}x+xy\mathrm{d}y\\ &=\int_1^0\left(y^2\frac{1}{2\sqrt{y}}+\sqrt{y}\cdot y\right)\mathrm{d}y+\int_0^1\left[y^2\left(-\frac{1}{2\sqrt{y}}\right)+(-\sqrt{y})\cdot y\right]\mathrm{d}y\\ &=-3\int_0^1 y\sqrt{y}\mathrm{d}y=-\frac{6}{5}.\end{aligned}$$

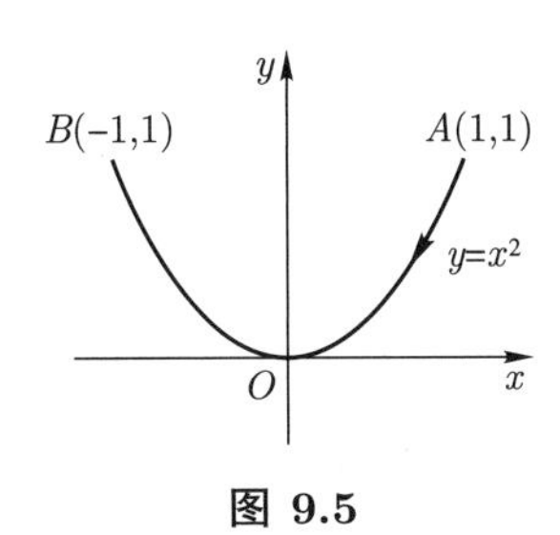

图 9.5

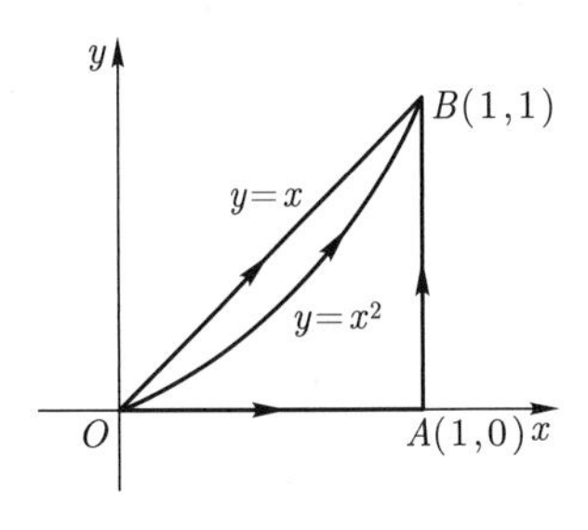

图 9.6

例 2 计算曲线积分 $\int_L 2xy\mathrm{d}x + x^2\mathrm{d}y$, 其中 L 为

(1) 由点 $O(0,0)$ 沿抛物线 $y=x^2$ 至点 $B(1,1)$;

(2) 由点 $O(0,0)$ 沿直线 $y=x$ 至点 $B(1,1)$;

(3) 由点 $O(0,0)$ 沿连接点 $O(0,0)$, $A(1,0)$, $B(1,1)$ 的折线到点 $B(1,1)$.

解 作出积分路线图并标出方向（图 9.6）.

(1) $L: y=x^2$, x 从 0 到 1.

$$\int_L 2xy\mathrm{d}x + x^2\mathrm{d}y = \int_0^1 (2x\cdot x^2 + x^2\cdot 2x)\mathrm{d}x = 4\int_0^1 x^3\mathrm{d}x = 1;$$

(2) $L: y=x$, x 从 0 到 1.

$$\int_L 2xy\mathrm{d}x + x^2\mathrm{d}y = \int_0^1 (2x^2 + x^2)\mathrm{d}x = 3\int_0^1 x^2\mathrm{d}x = 1;$$

(3) $L=\overline{OA}+\overline{AB}$, 其中 $\overline{OA}: y=0$, x 从 0 到 1. $\overline{AB}: x=1$, y 从 0 到 1.

$$\int_L 2xy\mathrm{d}x + x^2\mathrm{d}y = \int_{\overline{OA}} 2xy\mathrm{d}x + x^2\mathrm{d}y + \int_{\overline{AB}} 2xy\mathrm{d}x + x^2\mathrm{d}y = \int_0^1 1\mathrm{d}y = 1.$$

上例表明, 虽然沿不同的积分路线, 但曲线积分的值却可以相等. 一般说来, 这个结果是不成立的. 关于这方面的问题将在下一节进行讨论.

例 3 计算曲线积分 $I=\int_L \dfrac{-y\mathrm{d}x + x\mathrm{d}y}{x^2+y^2}$, 其中 $L: x^2+y^2=a^2$, 取逆时针方向.

解 曲线 L 的参数方程为

$$x=a\cos t, y=a\sin t, \quad 0\leqslant t\leqslant 2\pi,$$

于是

$$I=\int_0^{2\pi} \frac{a^2\sin^2 t + a^2\cos^2 t}{a^2}\mathrm{d}t = 2\pi.$$

计算结果表明, 积分值与圆 L 的半径无关, 这引起我们的猜想: 沿椭圆周 $\dfrac{x^2}{a^2}+\dfrac{y^2}{b^2}=1$ (取逆时针方向), 曲线积分的值是否也是 2π? 关于这一问题也将在下一节进行讨论.

例 4 计算曲线积分 $I=\oint_L (-y^2)\mathrm{d}x + x\mathrm{d}y + z^2\mathrm{d}z$, L 是柱面 $x^2+y^2=1$ 和平面 $y+z=2$ 的交线, 方向从原点向 z 轴看去为顺时针方向（图 9.7）.

解 曲线的参数方程为

$$x=\cos\theta, \quad y=\sin\theta, \quad z=2-\sin\theta, \quad \theta\in[0,2\pi],$$

于是

$$\begin{aligned} I &= \int_0^{2\pi} (-\sin^2\theta)\mathrm{d}\cos\theta + \cos\theta\mathrm{d}\sin\theta + (2-\sin\theta)^2\mathrm{d}(2-\sin\theta) \\ &= \left(\frac{1}{3}\cos^3\theta - \cos\theta + \frac{1}{2}\theta + \frac{1}{4}\sin 2\theta + \frac{1}{3}(2-\sin\theta)^3\right)\Big|_0^{2\pi} = \pi. \end{aligned}$$

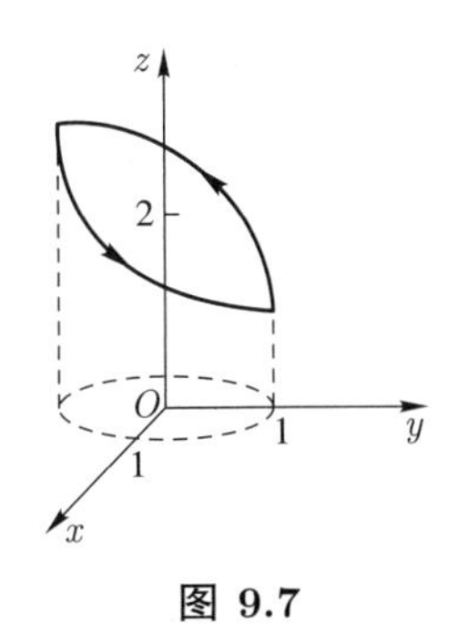

图 9.7

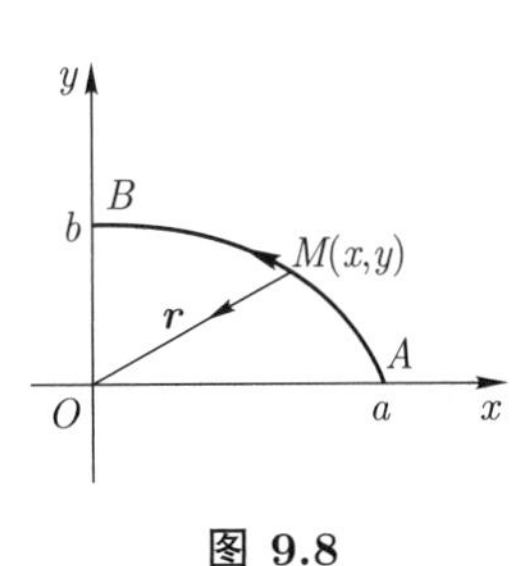

图 9.8

例 5 质点在平面力场 $\boldsymbol{F}(x,y)$ 的作用下沿椭圆 $\dfrac{x^2}{a^2}+\dfrac{y^2}{b^2}=1$ 在第一象限部分从点 $A(a,0)$ 移动到点 $B(0,b)$, 求力 $\boldsymbol{F}$ 所做的功. 已知 $\boldsymbol{F}$ 的大小与质点到坐标原点的距离成正比, 方向指向坐标原点.

解 如图 9.8, $|\boldsymbol{F}|=k\sqrt{x^2+y^2}$ (k 为常数), 因为 $\boldsymbol{F}$ 与 $\boldsymbol{r}$ 平行, 所以

$$\begin{aligned}\boldsymbol{F}&=-k\sqrt{x^2+y^2}\boldsymbol{r}_0\\&=-k\sqrt{x^2+y^2}\cdot\frac{1}{\sqrt{x^2+y^2}}(x,y)\\&=-k(x,y),\end{aligned}$$

力 $\boldsymbol{F}$ 所做的功为

$$\begin{aligned}W&=\int_{\overset{\frown}{AB}}\boldsymbol{F}\cdot\boldsymbol{T}\mathrm{d}s=\int_{\overset{\frown}{AB}}-k(x\mathrm{d}x+y\mathrm{d}y)\\&=-k\int_0^{\frac{\pi}{2}}(-a^2\sin t\cos t+b^2\sin t\cos t)\mathrm{d}t\\&=k(a^2-b^2)\int_0^{\frac{\pi}{2}}\sin t\cos t\mathrm{d}t=\frac{1}{2}k(a^2-b^2).\end{aligned}$$

第一型曲线积分与第二型曲线积分分别来自不同的物理模型, 因而有不同的特性, 但它们之间又有一定的联系. 因为单位切向量 $\boldsymbol{T}$ 可表示为

$$\boldsymbol{T}=\frac{1}{\mathrm{d}s}(\mathrm{d}x,\mathrm{d}y,\mathrm{d}z)=(\cos\alpha,\cos\beta,\cos\gamma),$$

所以

$$\mathrm{d}x=\mathrm{d}s\cos\alpha,\quad \mathrm{d}y=\mathrm{d}s\cos\beta,\quad \mathrm{d}z=\mathrm{d}s\cos\gamma.$$

因而

$$\begin{aligned}\int_L\boldsymbol{F}\cdot\boldsymbol{T}\mathrm{d}s&=\int_L P\mathrm{d}x+Q\mathrm{d}y+R\mathrm{d}z\\&=\int_L(P\cos\alpha+Q\cos\beta+R\cos\gamma)\mathrm{d}s,\end{aligned}$$

其中 $\cos\alpha,\cos\beta,\cos\gamma$ 是 L 上点 (x,y,z) 处对于所给方向的单位切向量 $\boldsymbol{T}$ 的方向余弦.

上式表明, 向量值函数 $\boldsymbol{F}(x,y,z)$ 沿有向光滑曲线 L 的第二型曲线积分等于数量值函数 $\boldsymbol{F}(x,y,z)\cdot\boldsymbol{T}(x,y,z)$ 或 $P\cos\alpha+Q\cos\beta+R\cos\gamma$ 沿曲线 L 的第一型曲线积分.

习 题 9.2

1. 计算下列第二型曲线积分:

(1) $\displaystyle\int_L(2a-y)\mathrm{d}x-(a-y)\mathrm{d}y$, 其中 L 为摆线 $\begin{cases}x=a(t-\sin t),\\ y=a(1-\cos t)\end{cases}$ 从原点起的一拱 $(0\leqslant t\leqslant 2\pi)$;

(2) $\displaystyle\int_L\frac{x^2\mathrm{d}y-y^2\mathrm{d}x}{x^{5/3}+y^{5/3}}$, 其中 L 为星形线 $\begin{cases}x=a\cos^3 t,\\ y=a\sin^3 t\end{cases}$ 从点 $A(a,0)$ 到点 $B(0,a)$ 的位于第一象限的一段;

(3) $\displaystyle\int_L xy\mathrm{d}x+(y-x)\mathrm{d}y$, 其中 L 为

1° 抛物线 $y=x^2$ 从 $O(0,0)$ 到 $B(1,1)$ 的一段;

2° 抛物线 $y^2=x$ 从 $O(0,0)$ 到 $B(1,1)$ 的一段;

3° 有向折线 OAB,O,A,B 三点的坐标依次为 $O(0,0),A(1,0),B(1,1)$;

(4) $\displaystyle\int_L -x\cos y\mathrm{d}x+y\sin x\mathrm{d}y$, 其中 L 为从点 $A(0,0)$ 到点 $B(\pi,2\pi)$ 的线段;

(5) $\displaystyle\int_L\frac{\mathrm{d}x+\mathrm{d}y}{|x|+|y|}$, 其中 L 为从点 $A(1,0)$ 出发, 经过点 $B(0,1),C(-1,0),D(0,-1)$ 回到 A 的正方形路线;

(6) $\displaystyle\int_L(y^2-z^2)\mathrm{d}x+2yz\mathrm{d}y-x^2\mathrm{d}z$, 其中 L 为沿 t 增加方向行进的曲线 $x=t,y=t^2,z=t^3,0\leqslant t\leqslant 1$;

(7) $\displaystyle\int_L(x^2-yz)\mathrm{d}x+(y^2-zx)\mathrm{d}y+(z^2-xy)\mathrm{d}z$, 其中 L 为螺线 $x=\cos t,y=\sin t,z=t$ 由点 $A(1,0,0)$ 到点 $B(1,0,2\pi)$ 的一段;

(8) $\displaystyle\int_L(y^2-z^2)\mathrm{d}x+(z^2-x^2)\mathrm{d}y+(x^2-y^2)\mathrm{d}z$, 其中 L 为球面 $x^2+y^2+z^2=1$ 在第一卦限部分的边界线 $ABCA$, 点 A,B,C 的坐标分别为 $(1,0,0),(0,1,0)$ 和 $(0,0,1)$.

2. 设有一平面力场 $\boldsymbol{F},\boldsymbol{F}$ 在任一点的大小等于该点横坐标的平方, 而方向与 y 轴正方向相反, 求质量为 m 的质点沿抛物线 $1-x=y^2$ 从点 $(1,0)$ 移动到点 $(0,1)$ 时力场所做的功.

3. 设空间力场 $\boldsymbol{F}=(y,-x,x+y+z)$, 求质点由点 $A(a,0,0)$ 沿直线 $L:x=a,y=0,z=ht(0\leqslant t\leqslant 1)$ 移动到点 $B(a,0,h)$ 时力 $\boldsymbol{F}$ 所做的功.

4. 试将第二型曲线积分 $\displaystyle\int_L P(x,y)\mathrm{d}x+Q(x,y)\mathrm{d}y$ 化成第一型曲线积分, 其中 L 为

(1) Oxy 平面上从点 $(0,0)$ 到点 $(1,1)$ 的直线段;

(2) 沿抛物线 $y=x^2$ 从点 $(0,0)$ 到点 $(1,1)$ 的弧线段;

(3) 沿上半圆周 $x^2+y^2=2x(y\geqslant 0)$ 从点 $(0,0)$ 到点 $(1,1)$ 的弧线段.

§9.3 Green (格林) 公式及其应用

在这一节我们将讨论函数沿平面区域边界的第二型曲线积分与相关联的函数在区域上的二重积分之间的关系.

设 D 为平面区域. 如果区域 D 内任意一条闭曲线所包围的全体点都属于 D, 则称 D 为**单连通区域** (图 9.9(a)), 否则称为**复连通区域**. 通俗地说, 无"洞"的区域是单连通区域, 有"洞"的区域是复连通区域 (图 9.9(b)). 例如, 平面上的圆 $\{(x,y)|x^2+y^2<1\}$ 是单连通区域, 去心圆环 $\left\{(x,y)\left|\frac{1}{2}<x^2+y^2<1\right.\right\}$ 是复连通区域.

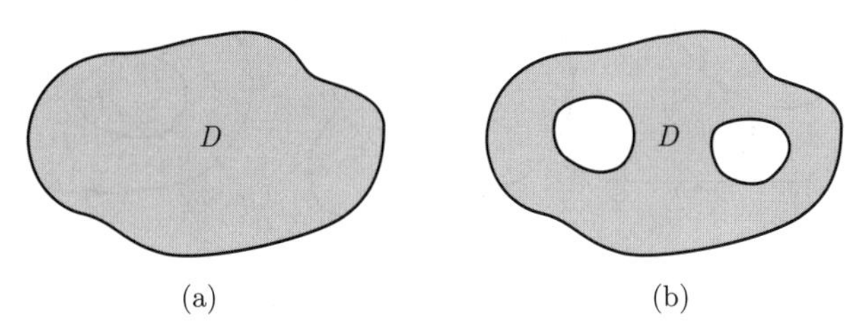

(a) (b)

图 9.9

规定 Oxy 平面上区域 D 的边界线 C 的正向如下: 当沿 C 的正向前进时, 区域 D 总在前进方向的左侧. 例如, 区域 $\{(x,y)|x^2+y^2<1\}$ 的边界线 $x^2+y^2=1$ 为逆时针方向 (图 9.10(a)). 区域 $\{(x,y)|1<x^2+y^2<4\}$ 的边界线为 $x^2+y^2=1$ 与 $x^2+y^2=4$, 其正向为外圆周 $x^2+y^2=4$ 取逆时针方向, 内圆周 $x^2+y^2=1$ 取顺时针方向 (图 9.10(b)).

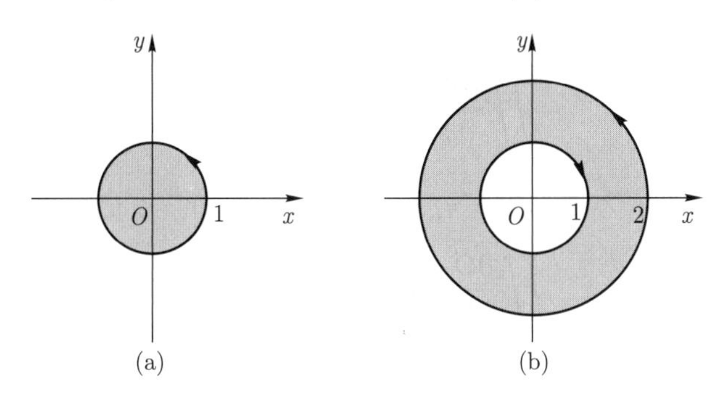

(a) (b)

图 9.10

9.3.1 Green 公式

定理 1 (Green 定理) 设 D 是以逐段光滑曲线 L 为边界的平面闭区域, 函数 $P(x,y)$, $Q(x,y)$ 在 D 上具有一阶连续偏导数, 则有

$$\oint_L P\mathrm{d}x+Q\mathrm{d}y=\iint\limits_D\left(\frac{\partial Q}{\partial x}-\frac{\partial P}{\partial y}\right)\mathrm{d}x\mathrm{d}y, \tag{9.3.1}$$

其中曲线积分是沿闭曲线 L 的正向.

证 设区域 D 如图 9.11(a) 所示, $D=\{(x,y)|a\leqslant x\leqslant b, y_1(x)\leqslant y\leqslant y_2(x)\}$, 平行于坐标轴的直线与 D 的边界 L 至多有两个交点 (除去 L 可能含有平行于坐标轴的直线段外). 由二重积分计算公式, 有

$$\iint\limits_D \frac{\partial P}{\partial y}\mathrm{d}x\mathrm{d}y=\int_a^b \mathrm{d}x\int_{y_1(x)}^{y_2(x)}\frac{\partial P}{\partial y}\mathrm{d}y=\int_a^b[P(x,y_2(x))-P(x,y_1(x))]\mathrm{d}x.$$

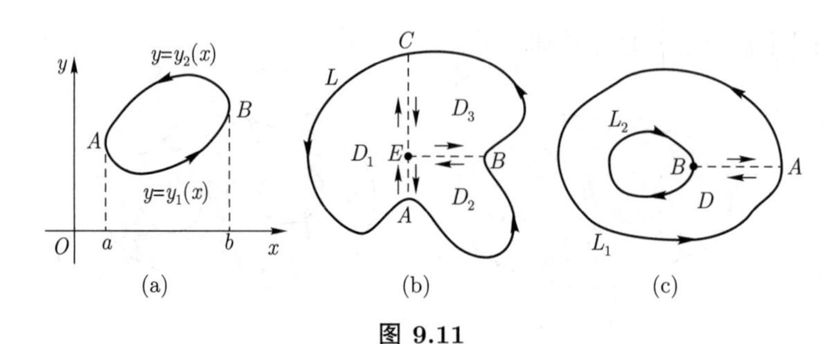

图 9.11

另一方面, 由第二型曲线积分的计算公式, 有

$$\begin{aligned}\oint_L P(x,y)\mathrm{d}x&=\int_{\widehat{AB}}+\int_{\widehat{BCA}}=\int_a^b P(x,y_1(x))\mathrm{d}x+\int_b^a P(x,y_2(x))\mathrm{d}x\\&=\int_a^b[P(x,y_1(x))-P(x,y_2(x))]\mathrm{d}x=-\int_a^b[P(x,y_2(x))-P(x,y_1(x))]\mathrm{d}x,\end{aligned}$$

于是

$$-\iint\limits_D \frac{\partial P}{\partial y}\mathrm{d}x\mathrm{d}y=\oint_L P(x,y)\mathrm{d}x.$$

同理, 若将区域 D 表示为 $D=\{(x,y)|x_1(y)\leqslant x\leqslant x_2(y), c\leqslant y\leqslant d\}$, 则可证得

$$\iint\limits_D \frac{\partial Q}{\partial x}\mathrm{d}x\mathrm{d}y=\oint_L Q(x,y)\mathrm{d}y.$$

两式相加即得

$$\oint_L P\mathrm{d}x+Q\mathrm{d}y=\iint\limits_D\left(\frac{\partial Q}{\partial x}-\frac{\partial P}{\partial y}\right)\mathrm{d}x\mathrm{d}y.$$

如果区域 D 不同时为 X 型和 Y 型区域, 如图 9.11(b) 所示, 则可通过作辅助线将 D 分成三个子区域 D_1,D_2,D_3, 使每个小区域都是既 X 型又 Y 型区域. 在这些小区域上应用 Green 公式

$$\iint\limits_{D_1}\left(\frac{\partial Q}{\partial x}-\frac{\partial P}{\partial y}\right)\mathrm{d}x\mathrm{d}y=\int_{\widehat{CA}}P\mathrm{d}x+Q\mathrm{d}y+\int_{\overline{AEC}}P\mathrm{d}x+Q\mathrm{d}y,$$

$$\iint\limits_{D_2}\left(\frac{\partial Q}{\partial x}-\frac{\partial P}{\partial y}\right)\mathrm{d}x\mathrm{d}y=\int_{\widehat{AB}}P\mathrm{d}x+Q\mathrm{d}y+\int_{\overline{BE}}P\mathrm{d}x+Q\mathrm{d}y+\int_{\overline{EA}}P\mathrm{d}x+Q\mathrm{d}y,$$

$$\iint\limits_{D_3}\left(\frac{\partial Q}{\partial x}-\frac{\partial P}{\partial y}\right)\mathrm{d}x\mathrm{d}y=\int_{\widehat{BC}}P\mathrm{d}x+Q\mathrm{d}y+\int_{\overline{CE}}P\mathrm{d}x+Q\mathrm{d}y+\int_{\overline{EB}}P\mathrm{d}x+Q\mathrm{d}y,$$

然后相加, 注意到沿辅助线上的积分出现两次, 但方向相反, 所以相加时相互抵消. 故有 Green 公式仍然成立.

如果 D 是复连通区域, 则可以添加辅助线将其“割开”成单连通区域. 如图 9.11(c), 若 D 是由两条闭曲线 L_1,L_2 围成的有“洞”区域, 沿辅助线 AB 割开后可以看成以 $L_1+\overline{AB}+L_2+\overline{BA}$ 为正向边界的单连通区域. 于是有

$$\iint\limits_{D}\left(\frac{\partial Q}{\partial x}-\frac{\partial P}{\partial y}\right)\mathrm{d}x\mathrm{d}y=\int_{L_1+\overline{AB}+L_2+\overline{BA}}P\mathrm{d}x+Q\mathrm{d}y=\int_{L_1+L_2}P\mathrm{d}x+Q\mathrm{d}y=\oint_{\partial D}P\mathrm{d}x+Q\mathrm{d}y,$$

即 Green 公式仍然成立.

例 1 计算曲线积分 $I=\oint_L(2xy-2y)\mathrm{d}x+(x^2-4x)\mathrm{d}y$, 其中 L 为正向圆周 $x^2+y^2=9$.

解 所给积分可以通过圆周的参数方程化成定积分计算, 但利用 Green 公式计算更简便. 因为

$$P=2xy-2y,Q=x^2-4x,\frac{\partial Q}{\partial x}-\frac{\partial P}{\partial y}=-2,$$

所以

$$I=\iint\limits_{D}(-2)\mathrm{d}x\mathrm{d}y=-2\iint\limits_{D}\mathrm{d}x\mathrm{d}y=-2\times 9\pi=-18\pi.$$

利用 Green 公式可以得到用曲线积分计算有界闭区域面积的公式. 事实上, 若取 $P(x,y)=-y,Q(x,y)=x$, 则 $\frac{\partial Q}{\partial x}-\frac{\partial P}{\partial y}=2$, 于是

$$\oint_L -y\mathrm{d}x+x\mathrm{d}y=\iint\limits_{D}2\mathrm{d}x\mathrm{d}y=2\iint\limits_{D}\mathrm{d}x\mathrm{d}y=2A,$$

其中 A 是分段光滑闭曲线 L 所围成的有界闭区域 D 的面积. 因而,

$$A=\frac{1}{2}\oint_L -y\mathrm{d}x+x\mathrm{d}y. \tag{9.3.2}$$

例 2 计算椭圆 $x=a\cos t,y=b\sin t\ \ (a>0,b>0)$ 的面积.

解 $$A=\frac{1}{2}\oint_L -y\mathrm{d}x+x\mathrm{d}y=\frac{1}{2}\int_0^{2\pi}(ab\sin^2 t+ab\cos^2 t)\mathrm{d}t=\pi ab.$$

例 3 计算曲线积分

$$I=\oint_L(\mathrm{e}^x\sin y-y^3)\mathrm{d}x+(\mathrm{e}^x\cos y+x^3)\mathrm{d}y,$$

其中 L 为沿半圆周 $x=-\sqrt{a^2-y^2}$ 由点 $A(0,-a)$ 到点 $B(0,a)$ 的弧段（图 9.12）.

解 L 不是闭曲线, 不能直接应用 Green 公式. 添加有向线段 $\overline{BA}$, 使 $L+\overline{BA}$ 成为闭曲线, 应用 Green 公式得

$$\oint_{L+\overline{BA}}(\mathrm{e}^x\sin y-y^3)\mathrm{d}x+(\mathrm{e}^x\cos y+x^3)\mathrm{d}y$$
$$=-\iint_D 3(x^2+y^2)\mathrm{d}x\mathrm{d}y=-3\int_{\frac{\pi}{2}}^{\frac{3\pi}{2}}\mathrm{d}\varphi\int_0^a\rho^2\cdot\rho\mathrm{d}\rho=-\frac{3}{4}\pi a^4,$$

而

$$\int_{\overline{BA}}(\mathrm{e}^x\sin y-y^3)\mathrm{d}x+(\mathrm{e}^x\cos y+x^3)\mathrm{d}y=\int_a^{-a}\cos y\mathrm{d}y=-2\sin a,$$

所以

$$I=-\frac{3}{4}\pi a^4+2\sin a.$$

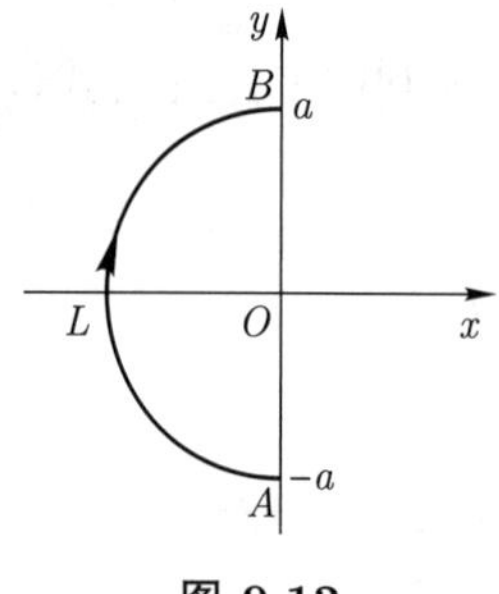

图 9.12

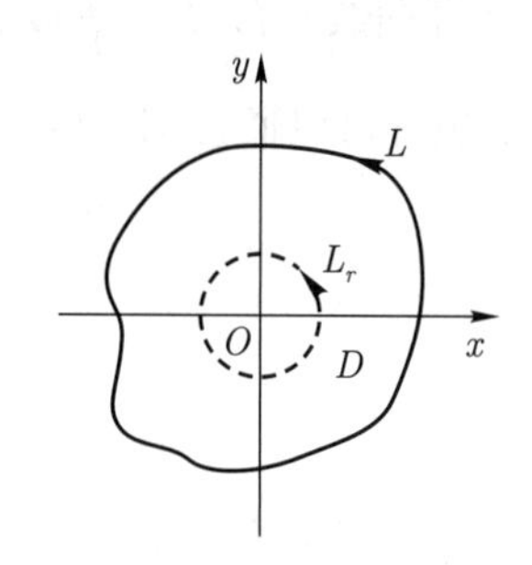

图 9.13

例 4 计算曲线积分 $\oint_L\dfrac{-y\mathrm{d}x+x\mathrm{d}y}{x^2+y^2}$, 其中 L 为

(1) 不包围原点 O 的分段光滑闭曲线;

(2) 圆周 $x^2+y^2=a^2$;

(3) 包围原点 O 的分段光滑闭曲线.

解 $P=\dfrac{-y}{x^2+y^2},Q=\dfrac{x}{x^2+y^2},\dfrac{\partial Q}{\partial x}=\dfrac{y^2-x^2}{(x^2+y^2)^2},\dfrac{\partial P}{\partial y}=\dfrac{y^2-x^2}{(x^2+y^2)^2},$

除点 $(0,0)$ 外, $\dfrac{\partial P}{\partial y},\dfrac{\partial Q}{\partial x}$ 连续.

(1) 当原点 O 在闭曲线 L 所围的区域 D 之外时, P,Q 在 D 上有一阶连续偏导数, 满足 Green 公式的条件, 且 $\dfrac{\partial P}{\partial y}\equiv\dfrac{\partial Q}{\partial x}$, 于是有

$$\oint_L\frac{-y\mathrm{d}x+x\mathrm{d}y}{x^2+y^2}=\iint_D\left(\frac{\partial Q}{\partial x}-\frac{\partial P}{\partial y}\right)\mathrm{d}x\mathrm{d}y=0.$$

(2) 当 L 为圆周 $x^2+y^2=a^2$ 时, 原点 O 在 D 内, P,Q 在点 O 不连续, 不能应用 Green 公式, 需要直接计算曲线积分. 由 §9.2 例 3 知

$$\oint_L\frac{-y\mathrm{d}x+x\mathrm{d}y}{x^2+y^2}=2\pi.$$

(3) 当 L 包围原点 O 时, 以 O 为圆心, 作半径为 r 的小圆 L_r, 使小圆域包含在 L 所围成的区域内, 如图 9.13 所示. 记逆时针方向为 L_r^+, 顺时针方向为 L_r^-, L_r 与 L 之间的环形域为 D. 在区域 D 上应用 Green 公式得

$$\oint_{L+L_r^-} \frac{-y\mathrm{d}x + x\mathrm{d}y}{x^2+y^2} = 0,$$

于是

$$\int_L \frac{-y\mathrm{d}x + x\mathrm{d}y}{x^2+y^2} = -\int_{L_r^-} \frac{-y\mathrm{d}x + x\mathrm{d}y}{x^2+y^2} = \int_{L_r^+} \frac{-y\mathrm{d}x + x\mathrm{d}y}{x^2+y^2} = 2\pi.$$

9.3.2 平面曲线积分与路径无关的条件

由曲线积分的定义可知, 当曲线的起点与终点给定后, 曲线积分的值一般说来和积分路线有关. 但也有一些曲线积分, 其值不随路径改变而仅仅依赖于端点所在的位置. 所谓曲线积分与路径无关, 是指对以 A 为起点, B 为终点的任意两条曲线 L_1, L_2, 都有

$$\int_{L_1(AB)} P\mathrm{d}x + Q\mathrm{d}y = \int_{L_2(AB)} P\mathrm{d}x + Q\mathrm{d}y,$$

或

$$\int_{L_1(AB)} \boldsymbol{F}\cdot\boldsymbol{T}\mathrm{d}s = \int_{L_2(AB)} \boldsymbol{F}\cdot\boldsymbol{T}\mathrm{d}s.$$

下面将讨论在什么条件下曲线积分与路径无关.

定理 2 若向量值函数 $\boldsymbol{F}(x,y) = (P(x,y), Q(x,y))$ 在单连通区域 G 上有一阶连续偏导数, 则以下四个命题等价:

(1) 对 G 内每一点 (x,y), 有 $\dfrac{\partial P}{\partial y} = \dfrac{\partial Q}{\partial x}$;

(2) 沿 G 内任意的逐段光滑闭曲线 L, 有

$$\oint_L \boldsymbol{F}\cdot\boldsymbol{T}\mathrm{d}s = \oint_L P\mathrm{d}x + Q\mathrm{d}y = 0;$$

(3) 曲线积分 $\displaystyle\int_{L(AB)} \boldsymbol{F}\cdot\boldsymbol{T}\mathrm{d}s$ 与路径无关, 只与位于 G 内的起点 A 和终点 B 有关;

(4) 表达式 $P\mathrm{d}x + Q\mathrm{d}y$ 在 G 内是某个二元函数 $u(x,y)$ 的全微分, 即存在 $u(x,y)$, 使得

$$\mathrm{d}u = P\mathrm{d}x + Q\mathrm{d}y.$$

证 我们按顺序 (1) $\Rightarrow$ (2) $\Rightarrow$ (3) $\Rightarrow$ (4) $\Rightarrow$ (1) 来证明.

由 (1) $\Rightarrow$ (2). 设 D 是 L 所包围的区域, 因 G 是单连通区域, 所以 $D \subset G$. 在 D 上 $\dfrac{\partial P}{\partial y} = \dfrac{\partial Q}{\partial x}$, 由 Green 公式有

$$\oint_L \boldsymbol{F}\cdot\boldsymbol{T}\mathrm{d}s = \oint_L P\mathrm{d}x + Q\mathrm{d}y = \iint\limits_D \left(\frac{\partial Q}{\partial x} - \frac{\partial P}{\partial y}\right)\mathrm{d}x\mathrm{d}y = 0.$$

由 (2) ⇒ (3). 在 G 中任取两点 A 与 B, 以不同的路线 L_1, L_2 连接 A 与 B (设 L_1 与 L_2 不相交), 由 $L_1 \cup (-L_2)$ 构成闭曲线, 记为 L. 于是

$$\int_{L_1} P\mathrm{d}x + Q\mathrm{d}y + \int_{-L_2} P\mathrm{d}x + Q\mathrm{d}y = \oint_L P\mathrm{d}x + Q\mathrm{d}y = 0,$$

从而 $\int_{L_1} P\mathrm{d}x + Q\mathrm{d}y = -\int_{-L_2} P\mathrm{d}x + Q\mathrm{d}y = \int_{L_2} P\mathrm{d}x + Q\mathrm{d}y.$

若 L_1 与 L_2 相交, 则再引第三条曲线 L_3, 使 L_3 与 L_1 及 L_2 均不相交. 由上所证

$$\int_{L_1} P\mathrm{d}x + Q\mathrm{d}y = \int_{L_3} P\mathrm{d}x + Q\mathrm{d}y,$$

$$\int_{L_2} P\mathrm{d}x + Q\mathrm{d}y = \int_{L_3} P\mathrm{d}x + Q\mathrm{d}y,$$

故

$$\int_{L_1} P\mathrm{d}x + Q\mathrm{d}y = \int_{L_2} P\mathrm{d}x + Q\mathrm{d}y.$$

由 (3) ⇒ (4). 因为 P, Q 连续, 所以由函数可微的充分条件, 只需找出一个二元函数 $u(x, y)$, 使

$$\frac{\partial u}{\partial x} \equiv P(x, y), \quad \frac{\partial u}{\partial y} \equiv Q(x, y).$$

因为曲线积分与路径无关, 所以它只依赖于起点和终点. 当起点固定为 $M_0(x_0, y_0) \in G$ 后, 曲线积分则是终点 $(x, y) \in G$ 的函数, 记为 $u(x, y)$, 即

$$u(x, y) = \int_{(x_0, y_0)}^{(x, y)} P\mathrm{d}x + Q\mathrm{d}y, \tag{9.3.3}$$

这个函数就是要找的 $u(x, y)$.

事实上, 当自变量 x 有增量 Δx 时,

$$u(x + \Delta x, y) = \int_{(x_0, y_0)}^{(x+\Delta x, y)} P\mathrm{d}x + Q\mathrm{d}y,$$

因为曲线积分与路径无关, 所以由 (x, y) 到 $(x + \Delta x, y)$ 的一段积分路线可取为平行于 x 轴的直线段 (图 9.14), 于是

$$\begin{aligned}
&u(x + \Delta x, y) - u(x, y)\\
=&\int_{(x_0, y_0)}^{(x+\Delta x, y)} P\mathrm{d}x + Q\mathrm{d}y - \left(\int_{(x_0, y_0)}^{(x, y)} P\mathrm{d}x + Q\mathrm{d}y\right)\\
=&\int_{(x, y)}^{(x+\Delta x, y)} P\mathrm{d}x + Q\mathrm{d}y,\\
=&P(x + \theta\Delta x, y) \cdot \Delta x \quad (0 < \theta < 1).
\end{aligned}$$

上式最后一个等号是利用了积分中值定理.

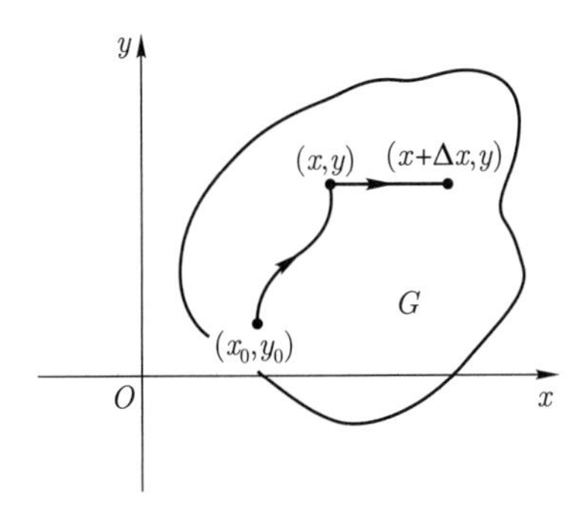

图 9.14

由偏导数定义及 $P(x,y)$ 的连续性, 得

$$\begin{aligned}\frac{\partial u}{\partial x}&=\lim_{\Delta x\to 0}\frac{u(x+\Delta x,y)-u(x,y)}{\Delta x}\\&=\lim_{\Delta x\to 0}P(x+\theta\Delta x,y)=P(x,y).\end{aligned}$$

同理可证

$$\frac{\partial u}{\partial y}=Q(x,y).$$

由于 $\dfrac{\partial u}{\partial x}$ 和 $\dfrac{\partial u}{\partial y}$ 在 G 内连续, 故 $u(x,y)$ 可微, 且

$$\mathrm{d}u=\frac{\partial u}{\partial x}\mathrm{d}x+\frac{\partial u}{\partial y}\mathrm{d}y=P\mathrm{d}x+Q\mathrm{d}y.$$

由 (4) ⇒ (1). 由函数 $u(x,y)$ 的全微分 $\mathrm{d}u=P\mathrm{d}x+Q\mathrm{d}y$, 得

$$P(x,y)=\frac{\partial u}{\partial x},\qquad Q(x,y)=\frac{\partial u}{\partial y},$$

于是

$$\frac{\partial P}{\partial y}=\frac{\partial^2 u}{\partial y\partial x},\quad \frac{\partial Q}{\partial x}=\frac{\partial^2 u}{\partial x\partial y},$$

因为 $\dfrac{\partial P}{\partial y}$, $\dfrac{\partial Q}{\partial x}$ 连续, 即 $\dfrac{\partial^2 u}{\partial x\partial y}$, $\dfrac{\partial^2 u}{\partial y\partial x}$ 连续, 所以 $\dfrac{\partial P}{\partial y}=\dfrac{\partial Q}{\partial x}$.

定理 2 表明, 在单连通域内, 如果 $\dfrac{\partial P}{\partial y}=\dfrac{\partial Q}{\partial x}$, 则曲线积分 $\displaystyle\int_L P\mathrm{d}x+Q\mathrm{d}y$ 与路径无关, 此时我们可以选择特殊的路线计算给定的曲线积分.

例 5 计算曲线积分:

(1) $I_1=\displaystyle\int_L\frac{(3y-x)\mathrm{d}x+(y-3x)\mathrm{d}y}{(x+y)^3}$, 其中 L 为由点 $A\left(\dfrac{\pi}{2},0\right)$ 沿曲线 $y=\dfrac{\pi}{2}\cos x$ 到点 $B\left(0,\dfrac{\pi}{2}\right)$ 的弧段 (图 9.15(a));

(2) $I_2=\displaystyle\int_L\frac{(x-y)\mathrm{d}x+(x+y)\mathrm{d}y}{x^2+y^2}$, 其中 L 为由点 $A(-a,0)$ 沿曲线 $\dfrac{x^2}{a^2}+\dfrac{y^2}{b^2}=1(y\geqslant 0)$ 到 $B(a,0)$ 的弧段 (图 9.15(b)).

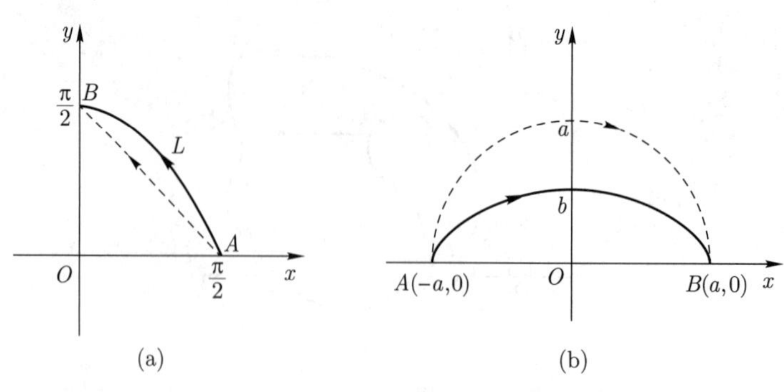

图 9.15

解 (1) 设 $P(x,y)=\dfrac{3y-x}{(x+y)^3},Q(x,y)=\dfrac{y-3x}{(x+y)^3}$, 由于

$$\frac{\partial P}{\partial y}=\frac{\partial Q}{\partial x}=\frac{6x-6y}{(x+y)^4},\quad x+y\neq 0.$$

故在单连通域 $\{(x,y)|x+y>0\}$ 内所给曲线积分与路径无关. 因此取

$$\overline{AB}:x+y=\frac{\pi}{2},$$

x 从 $\dfrac{\pi}{2}$ 到 0, 则

$$\begin{aligned}I_1&=\int_{\overline{AB}}\frac{(3y-x)\mathrm{d}x+(y-3x)\mathrm{d}y}{(x+y)^3}\\&=\frac{8}{\pi^3}\int_{\frac{\pi}{2}}^{0}[3(\frac{\pi}{2}-x)-x-(\frac{\pi}{2}-x)+3x]\mathrm{d}x\\&=\frac{8}{\pi^3}\int_{\frac{\pi}{2}}^{0}\pi\mathrm{d}t=-\frac{4}{\pi}.\end{aligned}$$

(2) 设 $P(x,y)=\dfrac{x-y}{x^2+y^2},Q(x,y)=\dfrac{x+y}{x^2+y^2}$, 由于

$$\frac{\partial P}{\partial y}=\frac{\partial Q}{\partial x}=\frac{y^2-x^2-2xy}{(x^2+y^2)^2},\quad (x,y)\neq(0,0),$$

所以曲线积分在单连通区域 $\{(x,y)|y>0\}$ 内与路径无关. 现取上半圆周 $L_1:x^2+y^2=a^2(y\geqslant 0)$, L_1 参数方程为

$$x=a\cos t,y=a\sin t,$$

t 从 π 到 0, 则有

$$\begin{aligned}I_2&=\int_{L_1}\frac{(x-y)\mathrm{d}x+(x+y)\mathrm{d}y}{x^2+y^2}\\&=\int_{\pi}^{0}\Big(\frac{a\cos t-a\sin t}{a^2}(-a\sin t)+\frac{a\cos t+a\sin t}{a^2}a\cos t\Big)\mathrm{d}t\\&=\int_{\pi}^{0}\mathrm{d}t=-\pi.\end{aligned}$$

若函数 $u(x,y)$ 的全微分 $\mathrm{d}u=P\mathrm{d}x+Q\mathrm{d}y$, 则称 $u(x,y)$ 是表达式 $P\mathrm{d}x+Q\mathrm{d}y$ 的一个**原函数**. 容易看出, 若表达式 $P\mathrm{d}x+Q\mathrm{d}y$ 存在原函数, 则必有无穷多个原函数, 且任意两个原函数之间仅相差一个常数.

由定理 2 可知, 若 $P(x,y),Q(x,y)$ 在单连通区域 D 上具有一阶连续偏导数, 则表达式 $P\mathrm{d}x+Q\mathrm{d}y$ 在 D 内存在原函数的充要条件是 $\dfrac{\partial P}{\partial y}\equiv\dfrac{\partial Q}{\partial x}$. 此时原函数 $u(x,y)$ 可用曲线积分表示为

$$u(x,y)=\int_{(x_0,y_0)}^{(x,y)}P(x,y)\mathrm{d}x+Q(x,y)\mathrm{d}y+C,$$

其中 C 为任意常数, (x_0,y_0) 为 D 内任一定点. 由于曲线积分与路径无关, 所以通常可取 D 内的折线 AMB 作为积分路线（图 9.16(a)）或折线 $AM'B$（图 9.16(b)）, 于是原函数为

$$u(x,y)=\int_{\overline{AMB}}P(x,y)\mathrm{d}x+Q(x,y)\mathrm{d}y=\int_{x_0}^{x}P(x,y_0)\mathrm{d}x+\int_{y_0}^{y}Q(x,y)\mathrm{d}y$$

或

$$u(x,y)=\int_{\overline{AM'B}}P(x,y)\mathrm{d}x+Q(x,y)\mathrm{d}y=\int_{y_0}^{y}Q(x_0,y)\mathrm{d}y+\int_{x_0}^{x}P(x,y)\mathrm{d}x.$$

有了原函数的概念, 就可以得到与定积分的 Newton－Leibniz 公式类似的一个结果.

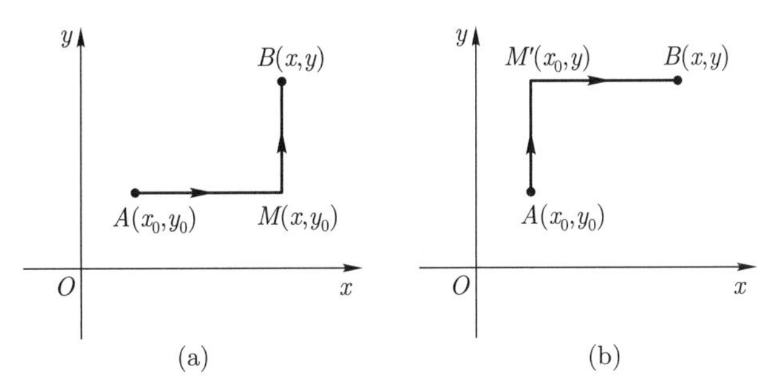

图 9.16

定理 3 设 $P(x,y),Q(x,y)$ 在单连通区域 D 上连续, 若 $u(x,y)$ 是表达式 $P\mathrm{d}x+Q\mathrm{d}y$ 在 D 内的一个原函数, 而 $A(x_1,y_1)$ 和 $B(x_2,y_2)$ 是 D 内任意两点, 则

$$\int_{L(AB)}P\mathrm{d}x+Q\mathrm{d}y=u(x_2,y_2)-u(x_1,y_1)=u(x,y)\Big|_{(x_1,y_1)}^{(x_2,y_2)}.$$

证 在 D 内任取连接点 A 和点 B 的光滑或分段光滑曲线 $L:x=\varphi(t),y=\psi(t),\alpha\leqslant t\leqslant\beta$. 且设

$$(x_1,y_1)=(\varphi(\alpha),\psi(\alpha)),(x_2,y_2)=(\varphi(\beta),\psi(\beta)).$$

于是由曲线积分的计算公式有

$$\int_{L(AB)}P\mathrm{d}x+Q\mathrm{d}y=\int_{\alpha}^{\beta}[P(\varphi(t),\psi(t))\varphi'(t)+Q(\varphi(t),\psi(t))\psi'(t)]\mathrm{d}t.$$

另一方面, 由 $u(x,y)$ 是 $P\mathrm{d}x+Q\mathrm{d}y$ 的原函数, 知 $P=\dfrac{\partial u}{\partial x}, Q=\dfrac{\partial u}{\partial y}$, 所以

$$\begin{aligned}\int_{L(AB)} P\mathrm{d}x+Q\mathrm{d}y &= \int_\alpha^\beta [\frac{\partial u}{\partial x}\varphi'(t)+\frac{\partial u}{\partial y}\psi'(t)]\mathrm{d}t \\ &= \int_\alpha^\beta \frac{\mathrm{d}}{\mathrm{d}t}u(\varphi(t),\psi(t)) = u(\varphi(t),\psi(t))\Big|_\alpha^\beta \\ &= u(x_2,y_2)-u(x_1,y_1).\end{aligned}$$

定理 3 也称为**曲线积分基本定理**, 它是微积分基本定理在曲线积分情形下的推广.

例 6 验证 $(\mathrm{e}^{xy}+xy\mathrm{e}^{xy})\mathrm{d}x+x^2\mathrm{e}^{xy}\mathrm{d}y$ 是某个函数的全微分, 并求其一个原函数.

解 这里 $P(x,y)=\mathrm{e}^{xy}+xy\mathrm{e}^{xy}$, $Q(x,y)=x^2\mathrm{e}^{xy}$. 因为 $\dfrac{\partial P}{\partial y}=x\mathrm{e}^{xy}+(x+x^2y)\mathrm{e}^{xy}=(2x+x^2y)\mathrm{e}^{xy}=\dfrac{\partial Q}{\partial x}$, 所以表达式 $(\mathrm{e}^{xy}+xy\mathrm{e}^{xy})\mathrm{d}x+x^2\mathrm{e}^{xy}\mathrm{d}y$ 是某一函数的全微分, 取 $A(0,0)$ 作为起点, 则有

$$\begin{aligned}u(x,y) &= \int_0^x P(x,0)\mathrm{d}x+\int_0^y Q(x,y)\mathrm{d}y \\ &= \int_0^x \mathrm{d}x+\int_0^y x^2\mathrm{e}^{xy}\mathrm{d}y = x+x(\mathrm{e}^{xy}-1) \\ &= x\mathrm{e}^{xy}.\end{aligned}$$

求原函数也可以用“凑微分法”. 由 $\mathrm{d}u=(\mathrm{e}^{xy}+xy\mathrm{e}^{xy})\mathrm{d}x+x^2\mathrm{e}^{xy}\mathrm{d}y$, 得

$$\mathrm{d}u=\mathrm{e}^{xy}\mathrm{d}x+x\mathrm{d}\mathrm{e}^{xy}=\mathrm{d}(x\mathrm{e}^{xy}),$$

故 $u=x\mathrm{e}^{xy}+C$.

例 7 已知曲线积分 $\displaystyle\int_L [\mathrm{e}^x+2f(x)]y\mathrm{d}x-f(x)\mathrm{d}y$ 与路径无关, 其中 $f(x)$ 具有连续导数, 且 $f(0)=0$, 计算

$$I=\int_{(0,0)}^{(1,1)} [\mathrm{e}^x+2f(x)]y\mathrm{d}x-f(x)\mathrm{d}y.$$

解 $P(x,y)=[\mathrm{e}^x+2f(x)]y, Q(x,y)=-f(x)$, 由曲线积分与路径无关, 得 $\dfrac{\partial P}{\partial y}=\dfrac{\partial Q}{\partial x}$, 即

$$\mathrm{e}^x+2f(x)=-f'(x)$$

或

$$f'(x)+2f(x)=-\mathrm{e}^x.$$

这是一阶线性非齐次方程, 其通解为 $f(x)=C\mathrm{e}^{-2x}-\dfrac{1}{3}\mathrm{e}^x$. 由 $f(0)=0$, 得 $C=\dfrac{1}{3}$, 所以

$$f(x)=\frac{1}{3}(\mathrm{e}^{-2x}-\mathrm{e}^x).$$

此时

$$\begin{aligned}P\mathrm{d}x+Q\mathrm{d}y&=(\frac{1}{3}\mathrm{e}^{x}+\frac{2}{3}\mathrm{e}^{-2x})y\mathrm{d}x-\frac{1}{3}(\mathrm{e}^{-2x}-\mathrm{e}^{x})\mathrm{d}y\\&=\frac{1}{3}(\mathrm{e}^{x}y\mathrm{d}x+\mathrm{e}^{x}\mathrm{d}y)+\frac{1}{3}(2\mathrm{e}^{-2x}y\mathrm{d}x-\mathrm{e}^{-2x}\mathrm{d}y)\\&=\mathrm{d}(\frac{1}{3}\mathrm{e}^{x}y-\frac{1}{3}\mathrm{e}^{-2x}y),\end{aligned}$$

于是表达式 $P\mathrm{d}x+Q\mathrm{d}y$ 的一个原函数为 $u(x,y)=\left(\frac{1}{3}\mathrm{e}^{x}-\frac{1}{3}\mathrm{e}^{-2x}\right)y$.

由定理 3

$$I=\left(\frac{1}{3}\mathrm{e}^{x}-\frac{1}{3}\mathrm{e}^{-2x}\right)y\Big|_{(0,0)}^{(1,1)}=\frac{1}{3}\mathrm{e}-\frac{1}{3}\mathrm{e}^{-2}=\frac{\mathrm{e}^{3}-1}{3\mathrm{e}^{2}}.$$

我们也可以通过选择特殊路径的办法来计算 I. 取折线 $OAB(A(1,0),B(1,1))$ 作为积分路线, 则

$$I=-\int_{0}^{1}f(1)\mathrm{d}y=\frac{\mathrm{e}^{3}-1}{3\mathrm{e}^{2}}.$$

9.3.3 全微分方程

定义 1 若一阶微分方程 $P(x,y)\mathrm{d}x+Q(x,y)\mathrm{d}y=0$ 的左端是某个二元函数 $u(x,y)$ 的全微分, 即 $\mathrm{d}u=P\mathrm{d}x+Q\mathrm{d}y$, 则称该方程为**全微分方程**或**恰当方程**.

此时方程的通解为 $u(x,y)=C$ 或

$$\int_{x_0}^{x}P(x,y_0)\mathrm{d}x+\int_{y_0}^{y}Q(x,y)\mathrm{d}y=C.$$

由以上讨论可得全微分方程的判别条件: 若 $P(x,y),Q(x,y)$ 在单连通域 D 内具有一阶连续偏导数, 则方程 $P(x,y)\mathrm{d}x+Q(x,y)\mathrm{d}y=0$ 为全微分方程的充要条件是在 D 内恒有 $\frac{\partial P}{\partial y}=\frac{\partial Q}{\partial x}$.

例 8 求解方程 $(2x\cos y-y^2\sin x)\mathrm{d}x+(2y\cos x-x^2\sin y)\mathrm{d}y=0$.

解

$$P(x,y)=2x\cos y-y^2\sin x,\quad Q(x,y)=2y\cos x-x^2\sin y,$$

$$\frac{\partial P}{\partial y}=-2x\sin y-2y\sin x=\frac{\partial Q}{\partial x},$$

所以方程是全微分方程.

$$\begin{aligned}P\mathrm{d}x+Q\mathrm{d}y&=2x\cos y\mathrm{d}x-y^2\sin x\mathrm{d}x+2y\cos x\mathrm{d}y-x^2\sin y\mathrm{d}y\\&=\cos y\mathrm{d}x^2+y^2\mathrm{d}\cos x+\cos x\mathrm{d}y^2+x^2\mathrm{d}\cos y\\&=\mathrm{d}(x^2\cos y+y^2\cos x),\end{aligned}$$

从而方程的通解为 $x^2\cos y+y^2\cos x=C$ (C 为任意常数).

习 题 9.3

1. 应用 Green 公式计算下列曲线积分:

(1) $\oint_L -x^2y\mathrm{d}x + xy^2\mathrm{d}y$, 其中 L 为圆周 $x^2+y^2=a^2$ 取正向;

(2) $\oint_L (x+y)\mathrm{d}x-(x-y)\mathrm{d}y$, 其中 L 为椭圆 $\dfrac{x^2}{a^2}+\dfrac{y^2}{b^2}=1$ 取正向;

(3) $\oint_L (x+y)^2\mathrm{d}x-(x^2-y^2)\mathrm{d}y$, 其中 L 是沿顶点为 $A(1,1),B(3,2),C(3,5)$ 的 $\triangle ABC$ 边界正向一圈的路径;

(4) $\int_{L(OA)} (\mathrm{e}^x\sin y - my)\,\mathrm{d}x + (\mathrm{e}^x\cos y - m)\,\mathrm{d}y$, 其中 $L(OA)$ 为由点 $O(0,0)$ 至 $A(a,0)$ 的上半圆周 $x^2+y^2=ax\,(y\geqslant 0, a>0)$;

(5) $\int_{L(AB)} (x^2+y)\mathrm{d}x+(x-y^2)\mathrm{d}y$, 其中 $L(AB)$ 为由点 $A(0,0)$ 至点 $B(1,1)$ 的曲线 $y^3=x^2$.

2. 利用曲线积分计算下列曲线所围图形的面积:

(1) 星形线 $\begin{cases} x=a\cos^3 t, \\ y=a\sin^3 t; \end{cases}$

(2) 封闭曲线 $\begin{cases} x=2a\cos t-a\cos 2t, \\ y=2a\sin t-a\sin 2t. \end{cases}$

3. 应用 Green 公式计算下列二重积分:

(1) $\iint\limits_D \mathrm{e}^{-y^2}\mathrm{d}x\mathrm{d}y$, 其中 D 是以 $A(0,0),B(1,1),C(0,1)$ 为顶点的三角形域;

(2) $\iint\limits_D x^2\mathrm{d}x\mathrm{d}y$, 其中 D 是以 $A(1,1),B(3,2),C(2,4)$ 为顶点的三角形域.

4. 证明 $\oint_L f(xy)(y\mathrm{d}x+x\mathrm{d}y)=0$, 其中 $f(u)$ 为连续可微函数.

5. 设 $u(x,y),v(x,y)$ 在区域 $D=\{(x,y)|x^2+y^2\leqslant 1\}$ 上有一阶连续偏导数, $\boldsymbol{F}(x,y)=(v(x,y),u(x,y))$, $\boldsymbol{G}(x,y)=\left(\dfrac{\partial u}{\partial x}-\dfrac{\partial u}{\partial y},\dfrac{\partial v}{\partial x}-\dfrac{\partial v}{\partial y}\right)$, 又已知在圆周 $x^2+y^2=1$ 上 $u(x,y)=1$, $v(x,y)=y$, 求 $\iint\limits_D \boldsymbol{F}\cdot\boldsymbol{G}\mathrm{d}x\mathrm{d}y$.

6. 验证下列各式为某一函数的全微分, 并求其原函数:

(1) $2xy\mathrm{d}x+x^2\mathrm{d}y$;

(2) $4(x^2-y^2)(x\mathrm{d}x-y\mathrm{d}y)$;

(3) $\dfrac{x\mathrm{d}x+y\mathrm{d}y}{x^2+y^2}$;

(4) $\mathrm{e}^x[\mathrm{e}^y(x-y+2)+y]\mathrm{d}x+\mathrm{e}^x[\mathrm{e}^y(x-y)+1]\mathrm{d}y$.

7. 证明下列曲线积分与路径无关, 并计算其值:

(1) $\int_{(0,1)}^{(2,3)} (x+y)\,\mathrm{d}x + (x-y)\,\mathrm{d}y$;

(2) $\int_{(2,1)}^{(1,2)} \frac{y\mathrm{d}x - x\mathrm{d}y}{x^2}$ (在上半平面内);

(3) $\int_{(1,\pi)}^{(2,\pi)} \left(1-\frac{y^2}{x^2}\cos\frac{y}{x}\right)\mathrm{d}x + \left(\sin\frac{y}{x}+\frac{y}{x}\cos\frac{y}{x}\right)\mathrm{d}y$ (在上半平面内).

8. 计算下列曲线积分:

(1) $\int_L \frac{x\mathrm{d}x + y\mathrm{d}y}{\sqrt{x^2+y^2}}$, 其中 L 是从点 $(1,0)$ 到点 $(6,8)$ 的不经过坐标原点的有向曲线.

(2) $\int_L (1+x\mathrm{e}^{2y})\mathrm{d}x + (x^2\mathrm{e}^{2y}-y)\mathrm{d}y$, 其中 L 是从点 $O(0,0)$ 经圆周 $(x-2)^2+y^2=4$ 的上半段到点 $A(2,2)$ 的弧段;

(3) $\int_L \frac{1+y^2f(xy)}{y}\mathrm{d}x + \frac{x}{y^2}[y^2f(xy)-1]\mathrm{d}y$, 其中 L 是从点 $A\left(3,\frac{2}{3}\right)$ 到点 $B(1,2)$ 的直线段, $f(u)$ 为连续可微函数;

(4) $\oint_L \frac{(x-y)\mathrm{d}x + (x+y)\mathrm{d}y}{x^2+y^2}$, 其中 L 是折线 $|x|+|y|=2$, 方向取逆时针方向;

(5) $\oint_L \frac{-y\mathrm{d}x + x\mathrm{d}y}{4x^2+y^2}$, 其中 L 是圆周 $x^2+y^2=1$, 取逆时针方向.

9. 求函数 $f(x)$, 使得曲线积分 $\int_{P_1}^{P_2} [\mathrm{e}^x + f(x)]y\mathrm{d}x - f(x)\,\mathrm{d}y$ 与路径无关, 假定 $f(x)$ 连续可微, 且 $f(0)=-\frac{1}{2}$, 并求 P_1, P_2 分别为点 $(0,0),(1,1)$ 时此曲线积分的值.

10. 设曲线积分 $\int_L [f'(x)+2f(x)+\mathrm{e}^x]y\mathrm{d}x + f'(x)\mathrm{d}y$ 与路径无关, 且 $f(0)=0$, $f'(0)=1$, $f''(x)$ 连续, 试计算

$$\int_{(0,0)}^{(1,1)} [f'(x)+2f(x)+\mathrm{e}^x]y\mathrm{d}x + f'(x)\mathrm{d}y.$$

11. 设 L 为封闭曲线, $\boldsymbol{l}$ 为任意给定的方向, 证明 $\oint_L \cos(\widehat{\boldsymbol{l},\boldsymbol{n}})\mathrm{d}s = 0$, 其中 $\boldsymbol{n}$ 为 L 的外法线方向.

12. 验证下列方程是全微分方程, 并求其通解:

(1) $(4y+y^2\cos x)\mathrm{d}x + (4x+2y\sin x)\mathrm{d}y = 0$;

(2) $x\mathrm{d}x + y\mathrm{d}y = \frac{x\mathrm{d}y - y\mathrm{d}x}{x^2+y^2}$.

§9.4 第二型曲面积分

9.4.1 曲面侧的概念

我们日常遇到的曲面都有两侧, 例如一张纸、一块布有正面与反面之分, 一个球面有内侧与外侧之分. 这样的曲面叫双侧曲面. 一般地, 设 Σ 是一光滑曲面, 过 Σ 上任一点 P 作曲面的法向量, 它有两个指向, 我们选定其中一个设为 $\boldsymbol{n}$. 如果当点 P 在曲面 Σ 上不越过边界而任意连续变动又回到原来的位置时, 法向量 $\boldsymbol{n}$ 总不改变方向, 我们称这样的曲面为**双侧曲面**, 否则称为**单侧曲面**. 例如球面、柱面、锥面等都是双侧曲面. 单侧曲面也是存在的, 例如 Möbius (默比乌斯) 带.

对于双侧曲面, 可以通过曲面上法向量的指向来区分曲面的两侧. 例如, 对于曲面 $\Sigma: z=f(x,y)$, 如取它的法向量 $\boldsymbol{n}$ 的指向朝上 (即 $\boldsymbol{n}$ 与 z 轴的正向成锐角), 我们就说是取定了曲面的**上侧** (图 9.17(a)) , 如取它的法向量 $\boldsymbol{n}$ 的指向朝下 (即 $\boldsymbol{n}$ 与 z 轴的正向成钝角), 我们就说是取定了曲面的**下侧** (图 9.17(b)) . 类似地, 对于由方程 $x=x(y,z)$ (或 $y=y(x,z)$ 所表示的曲面, 可以规定其**前侧**与**后侧** (或**右侧**与**左侧**). 对于封闭曲面, 如果取它的法向量的指向朝外, 我们就说是取定了曲面的**外侧**; 如果取它的法向量的指向朝内, 则说是取定了曲面的**内侧**. 这种取定了法向量亦即选定了侧的曲面, 称为**有向曲面**. 在讨论第二型曲面积分时, 所涉及的曲面都是指有向曲面.

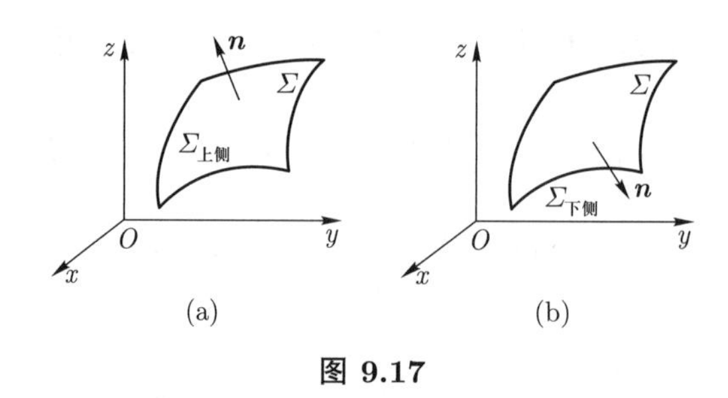

图 9.17

9.4.2 第二型曲面积分的概念

考虑稳定流动的不可压缩流体 (所谓不可压缩是指流体的密度不随时间变化) 流向有向曲面 Σ 指定侧的流量 Φ (即单位时间内通过曲面 Σ 的流体的体积).

设流体的速度场为

$$\boldsymbol{v}(x,y,z)=P(x,y,z)\boldsymbol{i}+Q(x,y,z)\boldsymbol{j}+R(x,y,z)\boldsymbol{k},$$

有向曲面 Σ 指定侧的单位法向量 $\boldsymbol{n}=\cos\alpha\boldsymbol{i}+\cos\beta\boldsymbol{j}+\cos\gamma\boldsymbol{k}$.

如果 Σ 为平面上面积为 A 的区域, 而流速 $\boldsymbol{v}$ 是常向量, 则在单位时间内流过 Σ 的流体组

成一个底面积为 A, 斜高为 $|\boldsymbol{v}|$ 的斜柱体 (图 9.18) , 其体积为

$$A|\boldsymbol{v}|\cos\theta = A\boldsymbol{v}\cdot\boldsymbol{n}.$$

于是, 流向 Σ 指定侧的流量 $\Phi = A\boldsymbol{v}\cdot\boldsymbol{n}$.

在一般情况下, 我们将 Σ 任意分成 n 小块 $\Delta\Sigma_i(i=1,2,\cdots,n)$, ΔS_i 表示其面积. 在每一小块 $\Delta\Sigma_i$ 上任取一点 $M_i(\xi_i,\eta_i,\zeta_i)$, 该点处曲面的单位法向量为 $\boldsymbol{n}_i$, 在 Σ 是光滑的和 $\boldsymbol{v}$ 是连续的前提下, 只要 $\Delta\Sigma_i$ 的直径很小, 就可用点 M_i 处的流速 $\boldsymbol{v}_i=\boldsymbol{v}(M_i)$ 和单位法向量 $\boldsymbol{n}_i$ 分别代替小块曲面 $\Delta\Sigma_i$ 上其他各点处的流速和单位法向量, 从而得到流体流过 $\Delta\Sigma_i$ 指定侧的流量的近似值为 $\boldsymbol{v}_i\cdot\boldsymbol{n}_i\Delta S_i(i=1,2,\cdots,n)$ (图 9.19) . 于是流体流过 Σ 的流量的近似值为

$$\begin{aligned}\Phi &\approx \sum_{i=1}^{n}\boldsymbol{v}_i\cdot\boldsymbol{n}_i\Delta S_i\\ &=\sum_{i=1}^{n}[P(\xi_i,\eta_i,\zeta_i)\cos\alpha_i+Q(\xi_i,\eta_i,\zeta_i)\cos\beta_i+R(\xi_i,\eta_i,\zeta_i)\cos\gamma_i]\Delta S_i.\end{aligned}$$

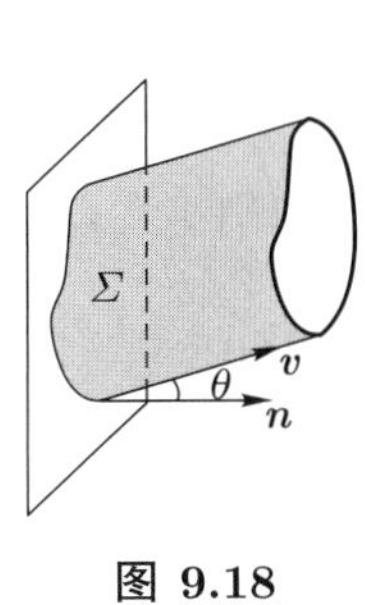

图 9.18

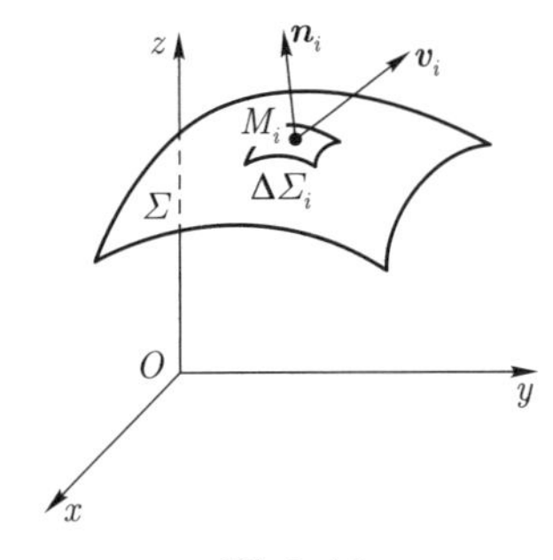

图 9.19

当 n 小块曲面 $\Delta\Sigma_i$ 的直径的最大值 d 趋于零时, 上述和式的极限就是流体流过有向曲面 Σ 指定侧的流量 Φ, 即

$$\Phi=\lim_{d\to 0}\sum_{i=1}^{n}\boldsymbol{v}(\xi_i,\eta_i,\zeta_i)\cdot\boldsymbol{n}_i\Delta S_i.$$

抽去上式的物理意义, 就得出第二型曲面积分的概念.

定义 1 设 Σ 是向量场 $\boldsymbol{F}(x,y,z)$ 所在空间中的一有向光滑曲面. 将 Σ 任意分成 n 小块 $\Delta\Sigma_i$ $(i=1,2,\cdots,n)$, 其面积亦记为 ΔS_i, d 表示 n 小块曲面直径的最大值. 在每一小块曲面 $\Delta\Sigma_i$ 上任取一点 $M_i(\xi_i,\eta_i,\zeta_i)$, 有向曲面 Σ 在该点处的单位法向量为 $\boldsymbol{n}_i$, 作和式

$$\sum_{i=1}^{n}\boldsymbol{F}(\xi_i,\eta_i,\zeta_i)\cdot\boldsymbol{n}_i\Delta S_i,$$

如果当 $d\to 0$ 时, 对 Σ 的任意分法及点 M_i 的任意取法, 上述和式恒有同一极限, 则称此极限值为向量值函数 (或向量场) $\boldsymbol{F}(x,y,z)$ 在有向曲面 Σ 上的**第二型曲面积分** (或**对坐标的曲面**

积分), 记为 $\iint\limits_{\Sigma} \boldsymbol{F}(x,y,z)\cdot\boldsymbol{n}\mathrm{d}S$, 即

$$\iint\limits_{\Sigma} \boldsymbol{F}(x,y,z)\cdot\boldsymbol{n}\mathrm{d}S=\lim_{d\to 0}\sum_{i=1}^{n}\boldsymbol{F}(\xi_i,\eta_i,\zeta_i)\cdot\boldsymbol{n}_i\Delta S_i.$$

由以上定义可知, 流体 $\boldsymbol{v}(x,y,z)$ 流向曲面 Σ 指定侧的流量 Φ 可以表示为

$$\Phi=\iint\limits_{\Sigma}\boldsymbol{v}(x,y,z)\cdot\boldsymbol{n}\mathrm{d}S.$$

我们指出, 当向量值函数 $\boldsymbol{F}(x,y,z)$ 在光滑的有向曲面 Σ 上连续时, 其第二型曲面积分存在. 今后总假定 $\boldsymbol{F}(x,y,z)$ 在 Σ 上连续.

第二型曲面积分具有与第二型曲线积分相类似的一些性质, 这些性质都可以由第二型曲面积分的定义导出, 这里仅仅列出而不加证明.

性质 1 (线性性质) 设 α,β 为常数, 则

$$\iint\limits_{\Sigma}[\alpha\boldsymbol{A}(x,y,z)+\beta\boldsymbol{B}(x,y,z)]\cdot\boldsymbol{n}\mathrm{d}S=\alpha\iint\limits_{\Sigma}\boldsymbol{A}\cdot\boldsymbol{n}\mathrm{d}S+\beta\iint\limits_{\Sigma}\boldsymbol{B}\cdot\boldsymbol{n}\mathrm{d}S.$$

性质 2 (对积分曲面块的可加性) 若 Σ 可分成仅有公共边界的两块 Σ_1 与 Σ_2, 则

$$\iint\limits_{\Sigma}\boldsymbol{F}\cdot\boldsymbol{n}\mathrm{d}S=\iint\limits_{\Sigma_1}\boldsymbol{F}\cdot\boldsymbol{n}\mathrm{d}S+\iint\limits_{\Sigma_2}\boldsymbol{F}\cdot\boldsymbol{n}\mathrm{d}S;$$

性质 3 (方向性) 若 $-\Sigma$ 表示与 Σ 取相反侧的有向曲面 (即 Σ 与 $-\Sigma$ 是同一曲面的两侧), 则

$$\iint\limits_{\Sigma}\boldsymbol{F}\cdot\boldsymbol{n}\mathrm{d}S=-\iint\limits_{-\Sigma}\boldsymbol{F}\cdot\boldsymbol{n}\mathrm{d}S.$$

上式表明, 当积分曲面 Σ 改变为相反侧时, 第二型曲面积分要改变符号.

下面利用向量的坐标表示式, 给出第二型曲面积分的数量表达式.

设向量值函数 $\boldsymbol{F}(x,y,z)=(P(x,y,z),Q(x,y,z),R(x,y,z))$, 有向曲面 Σ 在点 (x,y,z) 处的单位法向量 $\boldsymbol{n}=(\cos\alpha,\cos\beta,\cos\gamma)$, 则

$$\boldsymbol{F}(x,y,z)\cdot\boldsymbol{n}\mathrm{d}S=(P\cos\alpha+Q\cos\beta+R\cos\gamma)\mathrm{d}S,$$

其中 $\mathrm{d}S$ 为曲面 Σ 的面积元素.

记 $\mathrm{d}\boldsymbol{S}=\boldsymbol{n}\mathrm{d}S=(\cos\alpha\mathrm{d}S,\cos\beta\mathrm{d}S,\cos\gamma\mathrm{d}S)$, 称 $\mathrm{d}\boldsymbol{S}$ 为有向曲面 Σ 的面积元向量, 显然 $\mathrm{d}\boldsymbol{S}$ 的大小为面积元素 $\mathrm{d}S$, 方向由法线向量 $\boldsymbol{n}$ 确定. 我们约定 $\cos\alpha\mathrm{d}S=\mathrm{d}y\wedge\mathrm{d}z$, $\cos\beta\mathrm{d}S=\mathrm{d}z\wedge\mathrm{d}x$, $\cos\gamma\mathrm{d}S=\mathrm{d}x\wedge\mathrm{d}y$, 于是

$$\mathrm{d}\boldsymbol{S}=(\mathrm{d}y\wedge\mathrm{d}z,\mathrm{d}z\wedge\mathrm{d}x,\mathrm{d}x\wedge\mathrm{d}y),$$

$$\boldsymbol{F}\cdot\boldsymbol{n}\mathrm{d}S=\boldsymbol{F}\cdot\mathrm{d}\boldsymbol{S}=P\mathrm{d}y\wedge\mathrm{d}z+Q\mathrm{d}z\wedge\mathrm{d}x+R\mathrm{d}x\wedge\mathrm{d}y,$$

从而第二型曲面积分可以写成

$$\iint_{\Sigma} \boldsymbol{F} \cdot \boldsymbol{n} \mathrm{d}S = \iint_{\Sigma} P\mathrm{d}y \wedge \mathrm{d}z + Q\mathrm{d}z \wedge \mathrm{d}x + R\mathrm{d}x \wedge \mathrm{d}y. \tag{9.4.1}$$

特别, 当 P, Q, R 中有两个为零时, 有以下特殊形式

$$\iint_{\Sigma} R(x,y,z)\mathrm{d}x \wedge \mathrm{d}y, \quad \iint_{\Sigma} Q(x,y,z)\mathrm{d}z \wedge \mathrm{d}x, \quad \iint_{\Sigma} P(x,y,z)\mathrm{d}y \wedge \mathrm{d}z,$$

它们分别称为函数 $R(x,y,z)$ **对坐标** x, y **的曲面积分**, 函数 $Q(x,y,z)$ **对坐标** z, x **的曲面积分**以及函数 $P(x,y,z)$ **对坐标** y, z **的曲面积分**.

在此需要指出, 按照 $\mathrm{d}\boldsymbol{S}$ 的定义, $\mathrm{d}x \wedge \mathrm{d}y$ 是有向曲面 Σ 的面积元向量 $\mathrm{d}\boldsymbol{S}$ 在 z 轴上的投影 (它是一个数, 当 $\cos\gamma > 0$ 时取正值, 当 $\cos\gamma < 0$ 时取负值, 当 $\cos\gamma = 0$ 时取值为零). 同样, $\mathrm{d}y \wedge \mathrm{d}z$, $\mathrm{d}z \wedge \mathrm{d}x$ 分别是 $\mathrm{d}\boldsymbol{S}$ 在 x 轴和 y 轴上的投影, 它们的取值或者为正, 或者为负, 也可以为零.

9.4.3 第二型曲面积分的计算

我们以 $\iint\limits_{\Sigma} R(x,y,z)\mathrm{d}x \wedge \mathrm{d}y$ 为例说明第二型曲面积分的计算方法.

设有向光滑曲面 Σ 的方程为 $z = z(x,y)$, Σ 取上侧, 又 Σ 在 Oxy 平面上的投影区域为 D_{xy}, 向量值函数 $\boldsymbol{F}(x,y,z) = R(x,y,z)\boldsymbol{k}$ 在 Σ 上连续. 由第二型曲面积分的定义有

$$\begin{aligned}\iint_{\Sigma} R(x,y,z)\mathrm{d}x \wedge \mathrm{d}y &= \iint_{\Sigma} \boldsymbol{F}(x,y,z) \cdot \mathrm{d}\boldsymbol{S} \\ &= \lim_{d \to 0} \sum_{i=1}^{n} R(\xi_i, \eta_i, \zeta_i) \cos\gamma_i \Delta S_i.\end{aligned}$$

因为点 (ξ_i, η_i, ζ_i) 在小块曲面 $\Delta\Sigma_i$ 上, 所以 $\zeta_i = z(\xi_i, \eta_i)$, 又因曲面 Σ 取上侧, 所以 $\cos\gamma_i > 0$, 故 $\Delta S_i \cos\gamma_i$ 表示小块曲面 ΔS_i 在 Oxy 平面上的投影区域 $\Delta\sigma_i$ 的面积 (仍记为 $\Delta\sigma_i$) 的近似值, 即 $\Delta\sigma_i \approx \Delta S_i \cos\gamma_i$, 当 $d \to 0$ 时, $\Delta\sigma_i (i = 1, 2, \cdots, n)$ 的最大直径 $d' \to 0$, 于是

$$\begin{aligned}\iint_{\Sigma} R(x,y,z)\mathrm{d}x \wedge \mathrm{d}y &= \lim_{d \to 0} \sum_{i=1}^{n} R(\xi_i, \eta_i, \zeta_i) \cos\gamma_i \Delta S_i \\ &= \lim_{d' \to 0} \sum_{i=1}^{n} R(\xi_i, \eta_i, z(\xi_i, \eta_i)) \Delta\sigma_i,\end{aligned}$$

上式右端正是二元连续函数 $R(x,y,z(x,y))$ 在区域 D_{xy} 上的二重积分, 因此有

$$\iint_{\Sigma} R(x,y,z)\mathrm{d}x \wedge \mathrm{d}y = \iint_{D_{xy}} R(x,y,z(x,y))\mathrm{d}x\mathrm{d}y.$$

若曲面 Σ 取下侧, 则 $\cos\gamma_i<0$, $\Delta\sigma_i\approx-\Delta S_i\cos\gamma_i$, 从而

$$\iint_{\Sigma} R(x,y,z)\mathrm{d}x\wedge\mathrm{d}y=-\iint_{D_{xy}} R(x,y,z(x,y))\mathrm{d}x\mathrm{d}y.$$

综合上面的讨论, 有如下定理.

定理 1　设函数 $R(x,y,z)$ 在有向光滑曲面 $\Sigma: z=z(x,y), (x,y)\in D_{xy}$ 上连续, 则有

$$\iint_{\Sigma} R(x,y,z)\mathrm{d}x\wedge\mathrm{d}y=\pm\iint_{D_{xy}} R(x,y,z(x,y))\mathrm{d}x\mathrm{d}y, \tag{9.4.2}$$

其中符号 "±" 的选取由曲面 Σ 所取的侧决定, 当 Σ 取上侧时, 取正号; 当 Σ 取下侧时, 取负号.

公式 (9.4.2) 表明, 在计算曲面积分 $\iint\limits_{\Sigma} R(x,y,z)\mathrm{d}x\wedge\mathrm{d}y$ 时, 只要把被积函数 $R(x,y,z)$ 中的变量 z 换成表示曲面 Σ 的函数 $z(x,y)$, 然后在 Σ 的投影区域 D_{xy} 上计算二重积分, 最后确定取正号还是取负号就行了.

类似地, 若 Σ 由方程 $x=x(y,z)$ 给出, 则有

$$\iint_{\Sigma} P(x,y,z)\mathrm{d}y\wedge\mathrm{d}z=\pm\iint_{D_{yz}} P(x(y,z),y,z)\mathrm{d}y\mathrm{d}z, \tag{9.4.3}$$

此处当 Σ 取前侧时取正号, 当 Σ 取后侧时取负号.

若 Σ 由方程 $y=y(x,z)$ 给出, 则有

$$\iint_{\Sigma} Q(x,y,z)\mathrm{d}z\wedge\mathrm{d}x=\pm\iint_{D_{xz}} Q(x,y(x,z),z)\mathrm{d}z\mathrm{d}x, \tag{9.4.4}$$

此处当 Σ 取右侧时取正号, 当 Σ 取左侧时取负号.

例 1　计算曲面积分 $\iint\limits_{\Sigma} xyz\mathrm{d}x\wedge\mathrm{d}y$, 其中 Σ 是球面 $x^2+y^2+z^2=1$ 外侧在 $x\geqslant 0, y\geqslant 0$ 的部分.

解　将曲面 Σ (图 9.20) 分为 Σ_1 和 Σ_2 两部分, Σ_1 的方程为

$$z=\sqrt{1-x^2-y^2},$$

Σ_2 的方程为

$$z=-\sqrt{1-x^2-y^2},$$

它们在 Oxy 平面上的投影区域 D_{xy} 是四分之一圆域

$$\{(x,y)|x^2+y^2\leqslant 1, x\geqslant 0, y\geqslant 0\}.$$

于是

$$\begin{aligned}
\iint\limits_{\Sigma} xyz\mathrm{d}x\wedge\mathrm{d}y &= \iint\limits_{\Sigma_1} xyz\mathrm{d}x\wedge\mathrm{d}y + \iint\limits_{\Sigma_2} xyz\mathrm{d}x\wedge\mathrm{d}y \\
&= \iint\limits_{D_{xy}} xy\sqrt{1-x^2-y^2}\mathrm{d}x\mathrm{d}y - \iint\limits_{D_{xy}} xy(-\sqrt{1-x^2-y^2})\mathrm{d}x\mathrm{d}y \\
&= 2\iint\limits_{D_{xy}} xy\sqrt{1-x^2-y^2}\mathrm{d}x\mathrm{d}y \\
&= 2\int_0^{\frac{\pi}{2}}\mathrm{d}\varphi\int_0^1 \rho^3\sqrt{1-\rho^2}\sin\varphi\cos\varphi\mathrm{d}\rho = \frac{2}{15}.
\end{aligned}$$

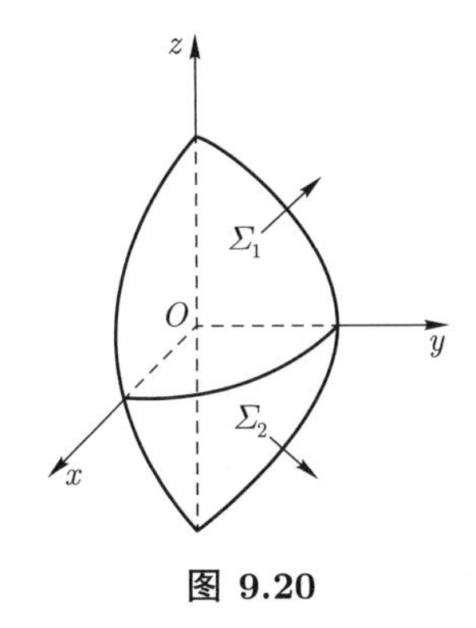

图 9.20

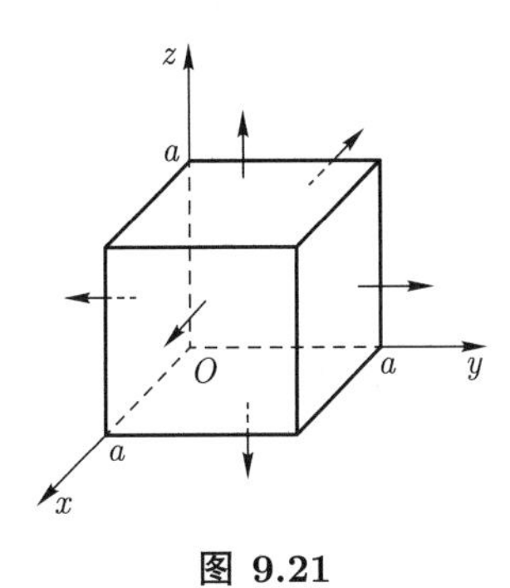

图 9.21

例 2 计算曲面积分

$$I = \oiint\limits_{\Sigma} y(x-z)\mathrm{d}y\wedge\mathrm{d}z + x^2\mathrm{d}z\wedge\mathrm{d}x + (y^2+xz)\mathrm{d}x\wedge\mathrm{d}y,$$

其中 Σ 是正六面体表面的外侧（图 9.21）, $\oiint$ 表示沿闭曲面的积分.

解 将有向曲面 Σ 分成以下六个部分:

$\Sigma_1: x=a, 0\leqslant y\leqslant a, 0\leqslant z\leqslant a$, 前侧; $\Sigma_2: y=a, 0\leqslant x\leqslant a, 0\leqslant z\leqslant a$, 右侧;

$\Sigma_3: x=0, 0\leqslant y\leqslant a, 0\leqslant z\leqslant a$, 后侧; $\Sigma_4: y=0, 0\leqslant x\leqslant a, 0\leqslant z\leqslant a$, 左侧;

$\Sigma_5: z=a, 0\leqslant x\leqslant a, 0\leqslant y\leqslant a$, 上侧; $\Sigma_6: z=0, 0\leqslant x\leqslant a, 0\leqslant y\leqslant a$, 下侧.

$$I = \iint\limits_{\Sigma} y(x-z)\mathrm{d}y\wedge\mathrm{d}z + \iint\limits_{\Sigma} x^2\mathrm{d}z\wedge\mathrm{d}x + \iint\limits_{\Sigma} (y^2+xz)\mathrm{d}x\wedge\mathrm{d}y.$$

先算 $\iint\limits_{\Sigma} y(x-z)\mathrm{d}y\wedge\mathrm{d}z$. 将 Σ 投影到 Oyz 平面, $\Sigma_2, \Sigma_4, \Sigma_5, \Sigma_6$ 在 Oyz 平面上的投影区域的面

积均为零 (它们的法向量与 x 轴正向的夹角 $\alpha=\dfrac{\pi}{2}$, $\cos\alpha=0$), 所以

$$\begin{aligned}\iint_{\Sigma} y(x-z)\mathrm{d}y\wedge\mathrm{d}z&=\Big(\iint_{\Sigma_1}+\iint_{\Sigma_3}\Big)y(x-z)\mathrm{d}y\wedge\mathrm{d}z\\&=\iint_{D_{yz}} y(a-z)\mathrm{d}y\mathrm{d}z-\iint_{D_{yz}} y(0-z)\mathrm{d}y\mathrm{d}z\\&=a\iint_{D_{yz}} y\mathrm{d}y\mathrm{d}z=a\int_0^a y\mathrm{d}y\int_0^a\mathrm{d}z\\&=\frac{a^4}{2},\end{aligned}$$

同样地, 有

$$\begin{aligned}\iint_{\Sigma} x^2\mathrm{d}z\wedge\mathrm{d}x&=\Big(\iint_{\Sigma_2}+\iint_{\Sigma_4}\Big)x^2\mathrm{d}z\wedge\mathrm{d}x\\&=\iint_{D_{xz}} x^2\mathrm{d}z\mathrm{d}x-\iint_{D_{xz}} x^2\mathrm{d}z\mathrm{d}x=0,\end{aligned}$$

$$\begin{aligned}\iint_{\Sigma}(y^2+xz)\mathrm{d}x\wedge\mathrm{d}y&=\Big(\iint_{\Sigma_5}+\iint_{\Sigma_6}\Big)(y^2+xz)\mathrm{d}x\wedge\mathrm{d}y\\&=\iint_{D_{xy}}(y^2+ax)\mathrm{d}x\mathrm{d}y-\iint_{D_{xy}}(y^2+0\cdot x)\mathrm{d}x\mathrm{d}y\\&=a\iint_{D_{xy}} x\mathrm{d}x\mathrm{d}y=a\int_0^a x\mathrm{d}x\int_0^a\mathrm{d}y=\frac{a^4}{2},\end{aligned}$$

因此

$$I=\frac{a^4}{2}+0+\frac{a^4}{2}=a^4.$$

按照 9.4.1 计算积分时, 需要将不同类型的积分转化为不同坐标面的二重积分, 这种方法计算比较烦琐. 下面我们介绍的方法可以将 9.4.1 中的三类型积分转化为同一坐标面上的二重积分, 故名为合一投影法.

定理 2 如果 Σ 的方程为 $z=z(x,y)$, $(x,y)\in D_{xy}$ (D_{xy} 为 Σ 在 Oxy 平面上的投影区域), 函数 P,Q,R 在 Σ 上连续, 则

$$\iint_{\Sigma}\boldsymbol{F}\cdot\boldsymbol{n}\mathrm{d}S=\iint_{D_{xy}}(-Pz_x-Qz_y+R)\mathrm{d}x\mathrm{d}y.$$

证 设 $f(x,y,z)=z-z(x,y)$, 则

$$\boldsymbol{n}=\frac{-z_x\boldsymbol{i}-z_y\boldsymbol{j}+\boldsymbol{k}}{\sqrt{1+z_x^2+z_y^2}},$$

从而

$$\iint\limits_{\Sigma} \boldsymbol{F}\cdot\boldsymbol{n}\mathrm{d}S = \iint\limits_{D_{xy}} (P\boldsymbol{i}+Q\boldsymbol{j}+R\boldsymbol{k})\cdot\frac{-z_x\boldsymbol{i}-z_y\boldsymbol{j}+\boldsymbol{k}}{\sqrt{1+z_x^2+z_y^2}}\sqrt{1+z_x^2+z_y^2}\mathrm{d}x\mathrm{d}y$$
$$= \iint\limits_{D_{xy}} (-Pz_x - Qz_y + R)\mathrm{d}x\mathrm{d}y.$$

例 3 已知稳定流体的流速为 $\boldsymbol{v} = x\boldsymbol{i}+y\boldsymbol{j}+z\boldsymbol{k}$. 求通过抛物面 $z=1-x^2-y^2$ 在 Oxy 平面上部分的流量, 曲面取上侧.

解 曲面方程为

$$z = 1-x^2-y^2,\ (x,y)\in D_{xy},$$

曲面在 Oxy 的投影区域为 $D_{xy}=\{(x,y)|x^2+y^2\leqslant 1\}$, 又 $z_x=-2x$, $z_y=-2y$,

$$-Pz_x - Qz_y + R = 2x^2+2y^2+z = 2x^2+2y^2+1-x^2-y^2 = 1+x^2+y^2,$$

从而

$$\iint\limits_{\Sigma} \boldsymbol{v}\cdot\boldsymbol{n}\mathrm{d}S = \iint\limits_{D_{xy}} (1+x^2+y^2)\mathrm{d}x\mathrm{d}y = \int_0^{2\pi}\mathrm{d}\varphi\int_0^1(1+\rho^2)\rho\mathrm{d}\rho = \frac{3}{2}\pi.$$

9.4.4 两类曲面积分的关系

设曲面 Σ 指定侧的单位法向量 $\boldsymbol{n}=(\cos\alpha,\cos\beta,\cos\gamma)$, 则有

$$\iint\limits_{\Sigma} \boldsymbol{F}\cdot\boldsymbol{n}\mathrm{d}S = \iint\limits_{\Sigma} P\mathrm{d}y\wedge\mathrm{d}z + Q\mathrm{d}z\wedge\mathrm{d}x + R\mathrm{d}x\wedge\mathrm{d}y$$
$$= \iint\limits_{\Sigma} (P\cos\alpha + Q\cos\beta + R\cos\gamma)\mathrm{d}S. \tag{9.4.5}$$

上式表明, 向量值函数 $\boldsymbol{F}(x,y,z)$ 在有向曲面 Σ 上的第二型曲面积分等于数量值函数 $P\cos\alpha+Q\cos\beta+R\cos\gamma$ 在曲面 Σ 上的第一型曲面积分.

当曲面 Σ 选定另一侧时, (9.4.5) 式第一个等号后面的积分值应变号, 但因为此时单位法向量 $\boldsymbol{n}$ 也改变方向, 其方向余弦随之变号, 所以 (9.4.5) 式第二个等号后面的积分也变号, 因此, 式 (9.4.5) 仍成立.

例 4 计算 $\iint\limits_{\Sigma}\boldsymbol{r}\cdot\boldsymbol{n}\mathrm{d}S$, 其中 $\boldsymbol{r}=\{x,y,z\}$, Σ 为球面 $x^2+y^2+z^2=R^2$ 外侧.

解 因为 $\boldsymbol{r}$ 与球面 Σ 外侧法向量共线, 所以 $\boldsymbol{r}=|\boldsymbol{r}|\boldsymbol{n}$, 而

$$\boldsymbol{r}\cdot\boldsymbol{n} = |\boldsymbol{r}|\boldsymbol{n}\cdot\boldsymbol{n} = |\boldsymbol{r}|\cdot|\boldsymbol{n}|^2 = |\boldsymbol{r}| = R,$$

故

$$\oint\!\!\!\oint\limits_{\Sigma}\boldsymbol{r}\cdot\boldsymbol{n}\mathrm{d}S = \oint\!\!\!\oint\limits_{\Sigma} R\mathrm{d}S = R\oint\!\!\!\oint\limits_{\Sigma}\mathrm{d}S = R\cdot 4\pi R^2 = 4\pi R^3.$$

在此例中, 我们利用了 $\boldsymbol{n}$ 与 Σ 的特殊性, 将第二型曲面积分转化为第一型曲面积分计算.

习 题 9.4

1. 计算下列第二型曲面积分:

(1) $\displaystyle\iint_{\Sigma} x^2y^2z\,\mathrm{d}x\wedge\mathrm{d}y$, Σ 为球面 $x^2+y^2+z^2=R^2$ 的下半部的下侧;

(2) $\displaystyle\iint_{\Sigma}(x+y+z)\mathrm{d}x\wedge\mathrm{d}y+(y-z)\mathrm{d}y\wedge\mathrm{d}z$, Σ 为三坐标面及 $x=1, y=1, z=1$ 所围成的正方体的整个边界面的外侧;

(3) $\displaystyle\iint_{\Sigma}\frac{\mathrm{e}^z\,\mathrm{d}x\wedge\mathrm{d}y}{\sqrt{x^2+y^2}}$, Σ 为锥面 $z=\sqrt{x^2+y^2}$ 及平面 $z=1, z=2$ 所围成的立体整个界面的外侧;

(4) $\displaystyle\iint_{\Sigma} x^2\sqrt{z}\mathrm{d}x\wedge\mathrm{d}y$, Σ 为抛物面 $z=x^2+y^2$ 被圆柱面 $x^2+y^2=R^2$ 所截部分的上侧;

(5) $\displaystyle\iint_{\Sigma} 2x\,\mathrm{d}y\wedge\mathrm{d}z+y\,\mathrm{d}z\wedge\mathrm{d}x+z\,\mathrm{d}x\wedge\mathrm{d}y$, Σ 为球面 $x^2+y^2+z^2=R^2$ 的外侧;

(6) $\displaystyle\iint_{\Sigma}(x^2+y^2)\mathrm{d}y\wedge\mathrm{d}z$, Σ 为锥面 $x=\sqrt{z^2-y^2}$, 平面 $z=1$, Oyz 坐标面所围成的闭曲面的外侧;

(7) $\displaystyle\iint_{\Sigma} x^2\mathrm{d}y\wedge\mathrm{d}z+y^2\mathrm{d}z\wedge\mathrm{d}x+z^2\mathrm{d}x\wedge\mathrm{d}y$, Σ 为球面 $(x-a)^2+(y-b)^2+(z-c)^2=R^2$ 的外侧;

(8) $\displaystyle\iint_{\Sigma} z\mathrm{d}x\wedge\mathrm{d}y$, Σ 为椭球面 $\dfrac{x^2}{a^2}+\dfrac{y^2}{b^2}+\dfrac{z^2}{c^2}=1$ 的外侧;

(9) $\displaystyle\iint_{\Sigma}(y-z)\,\mathrm{d}y\wedge\mathrm{d}z+(z-x)\,\mathrm{d}z\wedge\mathrm{d}x+(x-y)\,\mathrm{d}x\wedge\mathrm{d}y$, Σ 为锥面 $x^2+y^2=z^2$ $(0\leqslant z\leqslant h)$ 的下侧.

2. 求流速为 $\boldsymbol{v}=(0,0,x+y+z)$ 的稳定流体流过曲面 $z=x^2+y^2$ $(0\leqslant z\leqslant h)$ 的流量, 曲面的法向量与 z 轴正向的夹角是钝角.

3. 已知稳定流体的流速为 $\boldsymbol{v}=(xy,yz,zx)$, 求通过球面 $x^2+y^2+z^2=1$ 在第一卦限部分的流量, 曲面取上侧.

§9.5 Gauss（高斯）公式

Green 公式给出了平面区域上的二重积分与沿着这个区域边界曲线的第二型曲线积分之间的关系. 设 ∂D 是 Oxy 平面上区域 D 的边界线, 取正方向. 参数方程为 $x=x(s)$, $y=y(s)$, 则

$$\boldsymbol{n}=\frac{\mathrm{d}y}{\mathrm{d}s}\boldsymbol{i}-\frac{\mathrm{d}x}{\mathrm{d}s}\boldsymbol{j}$$

是 ∂D 的单位外法向量. 如果向量场 $\boldsymbol{F}=P(x,y)\boldsymbol{i}+Q(x,y)\boldsymbol{j}$ 在 ∂D 上连续, 在区域 D 内具有一阶连续偏导数, 则有

$$\begin{aligned}\oint_{\partial D}\boldsymbol{F}\cdot\boldsymbol{n}\mathrm{d}s&=\oint_{\partial D}(P\boldsymbol{i}+Q\boldsymbol{j})\cdot\left(\frac{\mathrm{d}y}{\mathrm{d}s}\boldsymbol{i}-\frac{\mathrm{d}x}{\mathrm{d}s}\boldsymbol{j}\right)\mathrm{d}s\\&=\oint_{\partial D}(-Q\mathrm{d}x+P\mathrm{d}y)=\iint_D\left(\frac{\partial P}{\partial x}+\frac{\partial Q}{\partial y}\right)\mathrm{d}\sigma\end{aligned}$$

最后一个等式由 Green 公式得到. 另一方面, 由散度定义 $\mathrm{div}\boldsymbol{F}=\nabla\cdot\boldsymbol{F}=\dfrac{\partial P}{\partial x}+\dfrac{\partial Q}{\partial y}$ 知,

$$\oint_{\partial D}\boldsymbol{F}\cdot\boldsymbol{n}\mathrm{d}s=\iint_D\mathrm{div}\boldsymbol{F}\mathrm{d}\sigma=\iint_D\nabla\cdot\boldsymbol{F}\mathrm{d}\sigma.$$

这表明向量场 $\boldsymbol{F}$ 向外通过区域 D 的边界线 ∂D 的通量应当是 D 内散度的总和. 下面将 Green 公式推广到三维情形, 即得 Gauss 公式.

定理 1 (Gauss 定理) 设 Ω 是以分片光滑曲面 $\partial\Omega$ 为边界面的空间闭区域, 向量场 $\boldsymbol{F}=P(x,y,z)\boldsymbol{i}+Q(x,y,z)\boldsymbol{j}+R(x,y,z)\boldsymbol{k}$ 在 Ω 上具有一阶连续偏导数, 则有

$$\begin{aligned}\oint\!\!\!\oint_{\partial\Omega}\boldsymbol{F}\cdot\boldsymbol{n}\mathrm{d}S&=\oint\!\!\!\oint_{\Sigma}P\mathrm{d}y\wedge\mathrm{d}z+Q\mathrm{d}z\wedge\mathrm{d}x+R\mathrm{d}x\wedge\mathrm{d}y\\&=\iiint_\Omega\left(\frac{\partial P}{\partial x}+\frac{\partial Q}{\partial y}+\frac{\partial R}{\partial z}\right)\mathrm{d}x\mathrm{d}y\mathrm{d}z,\end{aligned}\tag{9.5.1}$$

其中 $\partial\Omega$ 取外侧.

证 假定穿过 Ω 内部且平行于 z 轴的直线与 Ω 的边界曲面 $\partial\Omega$ 的交点恰好是两个（图 9.22(a)）, 设区域 Ω 在 Oxy 面上的投影区域为 D_{xy}. 此时, Ω 可以表示为

$$\Omega=\{(x,y,z)|\ z_1(x,y)\leqslant z\leqslant z_2(x,y),\quad (x,y)\in D_{xy}\}$$

$\partial\Omega$ 可以分为 Σ_1, Σ_2, Σ_3 三部分, 其中 $\Sigma_1=\{(x,y,z)|z=z_1(x,y),(x,y)\in D_{xy}\}$, 取下侧; $\Sigma_2=\{(x,y,z)|z=z_2(x,y),(x,y)\in D_{xy}\}$, 取上侧; $\Sigma_3=\{(x,y,z)|z_1(x,y)\leqslant z\leqslant z_2(x,y),(x,y)\in\partial D_{xy}\}$, 取外侧.

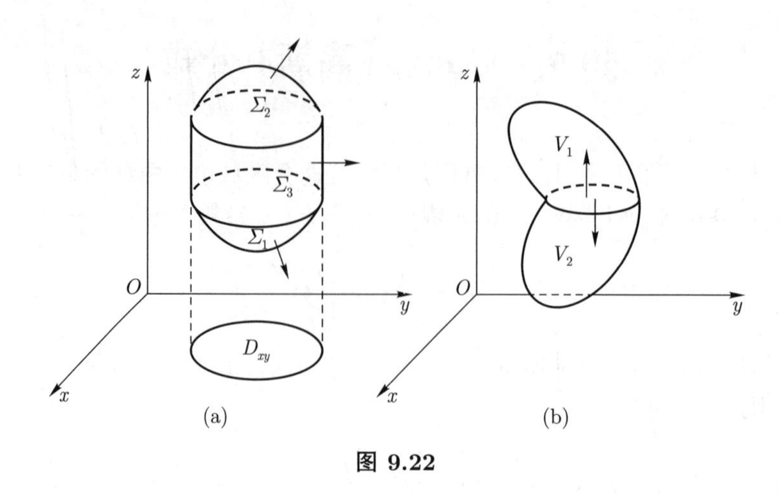

图 9.22

由三重积分计算法, 有

$$\begin{aligned}\iiint\limits_{\Omega} \frac{\partial R}{\partial z}\mathrm{d}x\mathrm{d}y\mathrm{d}z &= \iint\limits_{D_{xy}} \mathrm{d}x\mathrm{d}y \int_{z_1(x,y)}^{z_2(x,y)} \frac{\partial R}{\partial z}\mathrm{d}z \\ &= \iint\limits_{D_{xy}} [R(x,y,z_2(x,y)) - R(x,y,z_1(x,y))]\mathrm{d}x\mathrm{d}y,\end{aligned}$$

又根据第二型曲面积分的计算法, 并注意到 Σ_3 在 Oxy 平面上投影区域面积为 0, 得

$$\begin{aligned}\oiint\limits_{\partial\Omega} R\mathrm{d}x\wedge\mathrm{d}y &= \oiint\limits_{\Sigma_1+\Sigma_2+\Sigma_3} R\mathrm{d}x\wedge\mathrm{d}y \\ &= \iint\limits_{D_{xy}} R(x,y,z_2(x,y))\mathrm{d}x\mathrm{d}y - \iint\limits_{D_{xy}} R(x,y,z_1(x,y))\mathrm{d}x\mathrm{d}y,\end{aligned}$$

所以

$$\oiint\limits_{\partial\Omega} R\mathrm{d}x\wedge\mathrm{d}y = \iiint\limits_{\Omega} \frac{\partial R}{\partial z}\mathrm{d}x\mathrm{d}y\mathrm{d}z.$$

同理可证

$$\oiint\limits_{\partial\Omega} P\mathrm{d}y\wedge\mathrm{d}z = \iiint\limits_{\Omega} \frac{\partial P}{\partial x}\mathrm{d}x\mathrm{d}y\mathrm{d}z,$$

$$\oiint\limits_{\partial\Omega} Q\mathrm{d}z\wedge\mathrm{d}x = \iiint\limits_{\Omega} \frac{\partial Q}{\partial y}\mathrm{d}x\mathrm{d}y\mathrm{d}z,$$

三式两边分别相加, 即得 Gauss 公式 (9.5.1).

如果穿过 Ω 内部且平行于坐标轴的直线与 Ω 的边界曲面 $\partial\Omega$ 的交点多于两个 (图 9.22(b)), 我们可以引进几个辅助曲面把 Ω 分为有限个区域, 使得每个区域满足上面所说的条件, 并注意到沿辅助曲面相反两侧的两个曲面积分的绝对值相等而符号相反, 相加正好抵消, 所以 Gauss 公式对这样的区域仍然成立.

Gauss 公式建立了空间有界闭区域上的三重积分与该区域边界曲面上的曲面积分之间的联系，它是 Green 公式在三维空间的一种推广.

在 Gauss 公式 (9.5.1) 中，若取 $P=x, Q=y, R=z$，则可得到用第二型曲面积分表示空间区域 Ω 的体积的公式

$$V=\iiint\limits_{\Omega}\mathrm{d}x\mathrm{d}y\mathrm{d}z=\frac{1}{3}\oiint\limits_{\Sigma}x\mathrm{d}y\wedge\mathrm{d}z+y\mathrm{d}z\wedge\mathrm{d}x+z\mathrm{d}x\wedge\mathrm{d}y, \tag{9.5.2}$$

其中 Σ 为空间区域 Ω 的边界面的外侧.

例 1 计算曲面积分 $I=\oiint\limits_{\Sigma}(x-y)\mathrm{d}x\wedge\mathrm{d}y+(y-z)x\mathrm{d}y\wedge\mathrm{d}z$，其中 Σ 为柱面 $x^2+y^2=1$ 及平面 $z=0, z=2$ 所围成的空间区域 Ω 的整个边界曲面的外侧（图 9.23）.

解 因 Σ 是封闭曲面，首先考虑利用 Gauss 公式计算. 此时

$$P=(y-z)x,\quad Q=0,\quad R=x-y,$$

$$\frac{\partial P}{\partial x}=y-z,\quad \frac{\partial Q}{\partial y}=0,\quad \frac{\partial R}{\partial z}=0,$$

于是

$$\begin{aligned}I&=\iiint\limits_{\Omega}(y-z)\mathrm{d}x\mathrm{d}y\mathrm{d}z=\iiint\limits_{\Omega}(\rho\sin\varphi-z)\rho\mathrm{d}\rho\mathrm{d}\varphi\mathrm{d}z\\&=\int_0^{2\pi}\mathrm{d}\varphi\int_0^1\rho\mathrm{d}\rho\int_0^2(\rho\sin\varphi-z)\mathrm{d}z\\&=\int_0^{2\pi}\mathrm{d}\varphi\int_0^1\rho(2\rho\sin\varphi-2)\mathrm{d}\rho=-2\pi.\end{aligned}$$

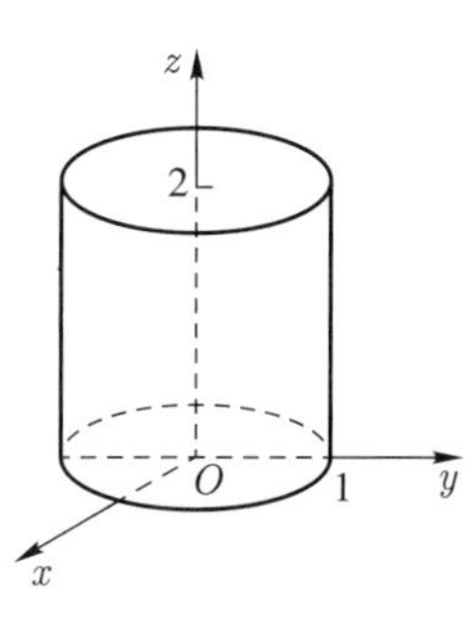

图 9.23

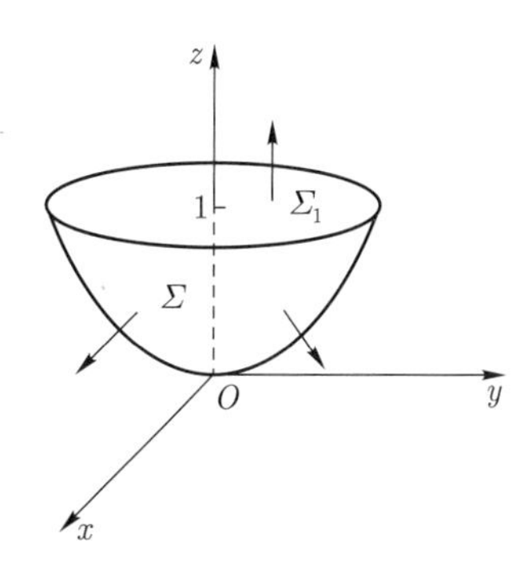

图 9.24

例 2 计算曲面积分

$$I=\iint\limits_{\Sigma}(2xy+z^2)\mathrm{d}y\wedge\mathrm{d}z-y^2\mathrm{d}z\wedge\mathrm{d}x+x^2z^2\mathrm{d}x\wedge\mathrm{d}y,$$

其中 Σ 为曲面 $z=x^2+y^2(0\leqslant z\leqslant 1)$ 的下侧（图 9.24）.

解 Σ 不是闭曲面, 不能直接应用 Gauss 公式. 补上曲面 $\Sigma_1=\{x^2+y^2\leqslant 1, z=1\}$, 取其法向量的方向与 z 轴的正向相同, 封闭曲面 $\Sigma+\Sigma_1$ 围成区域 Ω. 用 Gauss 公式

$$\begin{aligned}&\oiint\limits_{\Sigma+\Sigma_1}(2xy+z^2)\mathrm{d}y\wedge\mathrm{d}z-y^2\mathrm{d}z\wedge\mathrm{d}x+x^2z^2\mathrm{d}x\wedge\mathrm{d}y\\ =&\iiint\limits_{\Omega}2x^2z\mathrm{d}x\mathrm{d}y\mathrm{d}z=2\int_0^{2\pi}\mathrm{d}\varphi\int_0^1\mathrm{d}\rho\int_{\rho^2}^1\rho^3\cos^2\varphi z\mathrm{d}z=\frac{\pi}{8}.\end{aligned}$$

从而

$$\begin{aligned}I&=(\oiint\limits_{\Sigma+\Sigma_1}-\iint\limits_{\Sigma_1})(2xy+z^2)\mathrm{d}y\wedge\mathrm{d}z-y^2\mathrm{d}z\wedge\mathrm{d}x+x^2z^2\mathrm{d}x\wedge\mathrm{d}y\\ &=\frac{\pi}{8}-\iint\limits_{x^2+y^2\leqslant 1}x^2\mathrm{d}x\mathrm{d}y=\frac{\pi}{8}-\int_0^{2\pi}\mathrm{d}\varphi\int_0^1\rho^3\cos^2\varphi\mathrm{d}\rho=\frac{\pi}{8}-\frac{\pi}{4}=-\frac{\pi}{8}.\end{aligned}$$

下面利用 Gauss 公式来解释散度的物理意义. Gauss 公式 (9.5.1) 可表示为

$$\oiint\limits_{\partial\Omega}\boldsymbol{F}\cdot\boldsymbol{n}\mathrm{d}S=\iiint\limits_{\Omega}\mathrm{div}\boldsymbol{F}\mathrm{d}x\mathrm{d}y\mathrm{d}z. \tag{9.5.3}$$

根据积分中值定理, 存在点 $M^*\in\Omega$, 使得

$$\iiint\limits_{\Omega}\mathrm{div}\boldsymbol{F}\mathrm{d}x\mathrm{d}y\mathrm{d}z=\mathrm{div}\boldsymbol{F}|_{M^*}\cdot V,$$

其中 V 为空间区域 Ω 的体积, 所以

$$\frac{\oiint\limits_{\partial\Omega}\boldsymbol{F}\cdot\boldsymbol{n}\mathrm{d}S}{V}=\mathrm{div}\boldsymbol{F}|_{M^*}. \tag{9.5.4}$$

在向量场中取一点 M, 围绕点 M 任作一闭曲面 $\Delta\Sigma$, 设 $\Delta\Sigma$ 所围的空间区域 $\Delta\Omega$ 的体积为 ΔV, 直径为 d, $\Delta\Sigma$ 外侧的单位法向量为 $\boldsymbol{n}$. 如果当 $d\to 0$ 时, 比式 $\dfrac{1}{\Delta V}\oiint\limits_{\Delta\Sigma}\boldsymbol{F}\cdot\boldsymbol{n}\mathrm{d}S$ 的极限存在, 由 (9.5.4) 知, 此极限为向量场 $\boldsymbol{F}(x,y,z)$ 在点 M 处的散度.

下面我们以流量问题为背景, 进一步分析散度的物理意义. 一稳定的不可压缩的流体 $\boldsymbol{v}=(P(x,y,z),Q(x,y,z),R(x,y,z))$ 流过有向封闭曲面 Σ 外侧的流量 $\Phi=\oiint\limits_{\Sigma}\boldsymbol{v}\cdot\boldsymbol{n}\mathrm{d}S$, 其中 $\boldsymbol{n}$ 是 Σ 外侧的单位法向量. 当流体流出曲面时, 流速 $\boldsymbol{v}$ 与法向量 $\boldsymbol{n}$ 相交成锐角, $\boldsymbol{v}\cdot\boldsymbol{n}>0$, 此时在流出的那部分曲面上的曲面积分为正值; 而在流体流入曲面时, 与 n 相交成钝角, $\boldsymbol{v}\cdot\boldsymbol{n}<0$, 此时在流入的那一部分曲面上的曲面积分为负值, 因此, $\Phi=\oiint\limits_{\Sigma}\boldsymbol{v}\cdot\boldsymbol{n}\mathrm{d}S$ 是单位时间内流出和流入闭曲面 Σ 的流量的代数和. 如果 $\Phi>0$, 那么流出的流体量大于流入的流体量, 这说明 Σ 所围成的

区域 Ω 内有产生流体的“源”存在; 如果 $\varPhi < 0$, 那么流出的流体量小于流入的流体量, 这说明区域 Ω 内有吸收流体的“汇”存在; 当 $\varPhi = 0$ 时, 流入与其中流出的流体量相等, 完全有可能在 Ω 内既有“源”又有“汇”存在. 不难明白, 比式 $\dfrac{\displaystyle\oint\!\!\!\!\oint_{\Delta\Sigma} \boldsymbol{v}\cdot\boldsymbol{n}\mathrm{d}S}{\Delta V}$ 表示小区域 $\Delta\Omega$ 内“源”或“汇”的平均强度; 而散度 $\mathrm{div}\boldsymbol{v}$ 则反映了流速场在点 M 处的“源”或“汇”的强度. 当 $\mathrm{div}\boldsymbol{v} > 0$ 时, 表示该点处有“源”; 当 $\mathrm{div}\boldsymbol{v} < 0$ 时, 表示该点处有“汇”; 其绝对值 $|\mathrm{div}\boldsymbol{v}|$ 表示该点处“源”或“汇”的强度; 当 $\mathrm{div}\boldsymbol{v} = 0$ 时, 表示该点处既无“源”也无“汇”.

习 题 9.5

1. 用 Gauss 公式计算下列曲面积分:

(1) $\displaystyle\oint\!\!\!\!\oint_{\Sigma} xz^2\,\mathrm{d}y\wedge\mathrm{d}z + (x^2y - z)\,\mathrm{d}z\wedge\mathrm{d}x + (2xy + y^2z)\,\mathrm{d}x\wedge\mathrm{d}y$, 其中 Σ 是上半球面 $z = \sqrt{a^2 - x^2 - y^2}$ 和平面 $z = 0$ 所围立体表面的外侧;

(2) $\displaystyle\oint\!\!\!\!\oint_{\Sigma} xz\mathrm{d}y\wedge\mathrm{d}z$, 其中 Σ 是由 $z = x^2 + y^2, x^2 + y^2 = 1$ 及 $z = 0$ 所围立体表面的外侧;

(3) $\displaystyle\oint\!\!\!\!\oint_{\Sigma} x^3\mathrm{d}y\wedge\mathrm{d}z + y^3\mathrm{d}z\wedge\mathrm{d}x + z^3\mathrm{d}x\wedge\mathrm{d}y$, 其中 Σ 为球面 $x^2 + y^2 + z^2 = a^2$ 的外侧;

(4) $\displaystyle\iint_{\Sigma} x^3\,\mathrm{d}y\wedge\mathrm{d}z + x^2y\,\mathrm{d}z\wedge\mathrm{d}x + x^2z\,\mathrm{d}x\wedge\mathrm{d}y$, 其中 Σ 为柱面 $x^2 + y^2 = a^2$ 在 $0 \leqslant z \leqslant h$ 一段的外侧;

(5) $\displaystyle\iint_{\Sigma} (x^2\cos\alpha + y^2\cos\beta + z^2\cos\gamma)\,\mathrm{d}S$, 其中 Σ 为由曲线弧段 $\begin{cases} x = 0, \\ z = y^2 \end{cases}$ $(1 \leqslant z \leqslant 4)$ 绕 z 轴旋转所成的旋转曲面, $\cos\alpha, \cos\beta, \cos\gamma$ 为 Σ 的内法线向量的方向余弦.

(6) $\displaystyle\iint_{\Sigma} \frac{xy^2\mathrm{d}y\wedge\mathrm{d}z\wedge + \mathrm{e}^x\sin x\mathrm{d}z\wedge\mathrm{d}x + x^2z\mathrm{d}x\wedge\mathrm{d}y}{x^2 + y^2}$, Σ 是柱面 $x^2 + y^2 = 4$ 位于平面 $z = 0, z = 2$ 之间的部分, 取外侧.

2. 设在原点 $O(0,0,0,)$ 处有一点电荷 q, 它在空间任一点 $P(x,y,z)$ 处产生的电场强度为 $\boldsymbol{E} = \dfrac{q}{r^3}\boldsymbol{r}\,(r \neq 0)$ 其中 $\boldsymbol{r} = x\boldsymbol{i} + y\boldsymbol{j} + z\boldsymbol{k}$, $r = |\boldsymbol{r}|$. 证明:

(1) 若光滑闭曲面 Σ 所围成的区域内不包含原点 O, 则电通量

$$\varPhi = \oint\!\!\!\!\oint_{\Sigma_{外}} \boldsymbol{E}\cdot\boldsymbol{n}\,\mathrm{d}S = 0;$$

(2) 若曲面 Σ 是球面 $x^2 + y^2 + z^2 = R^2$ 的外侧, 则电通量 $\varPhi = 4\pi q$;

(3) 若光滑闭曲面 Σ 所围成的区域内包含原点 O, 则电通量 $\varPhi = 4\pi q$, 其中 Σ 取外侧.

3. 设 Σ 是光滑闭曲面, $\boldsymbol{l}$ 是任意给定的常向量, 证明 $\displaystyle\oiint_{\Sigma}\cos(\widehat{\boldsymbol{n},\boldsymbol{l}})\mathrm{d}S=0$, 其中 $\boldsymbol{n}$ 是曲面 Σ 的外法线向量.

§9.6 Stokes (斯托克斯) 公式

Green 公式给出了平面区域上的二重积分与沿着这个区域边界曲线的第二型曲线积分之间的关系. 设 ∂D 是 Oxy 平面上区域 D 的边界线, 取正方向. 参数方程为 $x=x(s)$, $y=y(s)$, 则

$$\boldsymbol{T}=\frac{\mathrm{d}x}{\mathrm{d}s}\boldsymbol{i}+\frac{\mathrm{d}y}{\mathrm{d}s}\boldsymbol{j}$$

是 ∂D 的单位切向量. 如果向量场 $\boldsymbol{F}=P(x,y)\boldsymbol{i}+Q(x,y)\boldsymbol{j}$ 在 ∂D 上连续, 在区域 D 内具有一阶连续偏导数, 则有

$$\begin{aligned}\oint_{\partial D}\boldsymbol{F}\cdot\boldsymbol{T}\mathrm{d}s&=\oint_{\partial D}(P\boldsymbol{i}+Q\boldsymbol{j})\cdot\left(\frac{\mathrm{d}x}{\mathrm{d}s}\boldsymbol{i}+\frac{\mathrm{d}y}{\mathrm{d}s}\boldsymbol{j}\right)\mathrm{d}s\\&=\oint_{\partial D}(P\mathrm{d}x+Q\mathrm{d}y)=\iint_{D}\left(\frac{\partial Q}{\partial x}-\frac{\partial P}{\partial y}\right)\mathrm{d}\sigma.\end{aligned}$$

另一方面由旋度的定义

$$\mathbf{rot}\boldsymbol{F}=\nabla\times\boldsymbol{F}=\begin{vmatrix}\boldsymbol{i}&\boldsymbol{j}&\boldsymbol{k}\\\dfrac{\partial}{\partial x}&\dfrac{\partial}{\partial y}&\dfrac{\partial}{\partial z}\\P&Q&0\end{vmatrix}=\left(\frac{\partial Q}{\partial x}-\frac{\partial P}{\partial y}\right)\boldsymbol{k},$$

因此

$$\mathbf{rot}\boldsymbol{F}\cdot\boldsymbol{k}=\frac{\partial Q}{\partial x}-\frac{\partial P}{\partial y},$$

从而

$$\oint_{\partial D}\boldsymbol{F}\cdot\boldsymbol{T}\mathrm{d}s=\iint_{D}\mathbf{rot}\boldsymbol{F}\cdot\boldsymbol{k}\mathrm{d}\sigma.$$

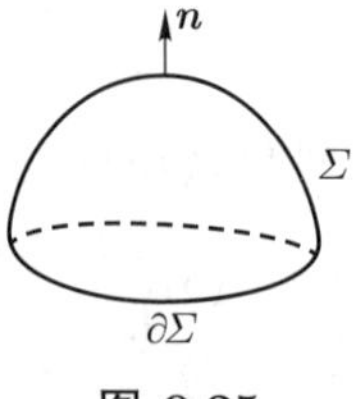

图 9.25

下面将 Green 公式推广到三维空间.

设 Σ 是有向曲面, $\partial\Sigma$ 表示曲面的边界曲线, 其中曲线 $\partial\Sigma$ 的取向与曲面 Σ 的侧符合 "右手螺旋法则" (图 9.25).

定理 1 (Stokes 定理) 设分片光滑曲面 Σ 的边界是分段光滑曲线 $\partial\Sigma$, 向量场 $\boldsymbol{F}=P(x,y,z)\boldsymbol{i}+Q(x,y,z)\boldsymbol{j}+R(x,y,z)\boldsymbol{k}$ 在某一包含曲面 Σ 的空间区域内具有连续的一阶偏导数, 则有

$$\begin{aligned}&\oint_{\partial\Sigma}P\mathrm{d}x+Q\mathrm{d}y+R\mathrm{d}z\\=&\iint_{\Sigma}\left(\frac{\partial R}{\partial y}-\frac{\partial Q}{\partial z}\right)\mathrm{d}y\wedge\mathrm{d}z+\left(\frac{\partial P}{\partial z}-\frac{\partial R}{\partial x}\right)\mathrm{d}z\wedge\mathrm{d}x+\left(\frac{\partial Q}{\partial x}-\frac{\partial P}{\partial y}\right)\mathrm{d}x\wedge\mathrm{d}y.\end{aligned}\tag{9.6.1}$$

定理的证明从略.

为了便于记忆, 可以利用行列式符号将 Stokes 公式 (9.6.1) 形式地写成

$$\oint_{\partial\Sigma} P\mathrm{d}x+Q\mathrm{d}y+R\mathrm{d}z=\iint_{\Sigma}\begin{vmatrix}\mathrm{d}y\wedge\mathrm{d}z & \mathrm{d}z\wedge\mathrm{d}x & \mathrm{d}x\wedge\mathrm{d}y\\ \dfrac{\partial}{\partial x} & \dfrac{\partial}{\partial y} & \dfrac{\partial}{\partial z}\\ P & Q & R\end{vmatrix},$$

其中行列式按第一行展开, 约定 $\dfrac{\partial}{\partial x}$ 与 Q 乘积理解为 $\dfrac{\partial Q}{\partial x}$ 等.

特别, 当定理中的曲面 Σ 为 Oxy 平面上一块取上侧的平面区域时, Stokes 公式就变成 Green 公式. 因此, Stokes 公式是 Green 公式在三维空间的直接推广.

例 1 计算曲线积分

$$I=\int_L (y^2-z^2)\mathrm{d}x+(z^2-x^2)\mathrm{d}y+(x^2-y^2)\mathrm{d}z,$$

其中 L 为用平面 $x+y+z=\dfrac{3}{2}$ 截立方体 $0\leqslant x\leqslant 1, 0\leqslant y\leqslant 1, 0\leqslant z\leqslant 1$ 的表面所得的截痕, 其方向如图 9.26(a) 所示.

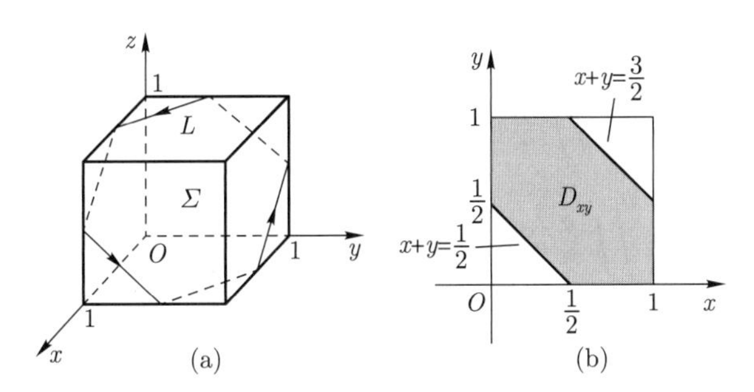

图 9.26

解 设 $P=y^2-z^2, Q=z^2-x^2, R=x^2-y^2$, 则

$$\frac{\partial R}{\partial y}-\frac{\partial Q}{\partial z}=-2(y+z),$$
$$\frac{\partial P}{\partial z}-\frac{\partial R}{\partial x}=-2(z+x),$$
$$\frac{\partial Q}{\partial x}-\frac{\partial P}{\partial y}=-2(x+y).$$

取 Σ 为平面 $x+y+z=\dfrac{3}{2}$ 上由闭曲线 L 所围成的有限部分, 取上侧. 由 Stokes 公式得

$$\begin{aligned}&\oint_L (y^2-z^2)\mathrm{d}x+(z^2-x^2)\mathrm{d}y+(x^2-y^2)\mathrm{d}z\\ =&-2\iint_{\Sigma}(y+z)\mathrm{d}y\wedge\mathrm{d}z+(z+x)\mathrm{d}z\wedge\mathrm{d}x+(x+y)\mathrm{d}x\wedge\mathrm{d}y.\end{aligned}$$

由于上式右端三个曲面积分的形式相同, 且 Σ 在三个坐标面上的投影区域也具有相同的形状, Σ 的法向量 $\boldsymbol{n}$ 与三坐标轴正向的夹角也相同, 所以只需计算其中的一个积分.

$$\begin{aligned}\iint_{\Sigma}(x+y)\mathrm{d}x\wedge\mathrm{d}y&=\iint_{D_{xy}}(x+y)\mathrm{d}x\mathrm{d}y\\&=\int_0^{\frac{1}{2}}\mathrm{d}x\int_{\frac{1}{2}-x}^{1}(x+y)\mathrm{d}y+\int_{\frac{1}{2}}^{1}\mathrm{d}x\int_0^{\frac{3}{2}-x}(x+y)\mathrm{d}y\\&=\frac{3}{4},\end{aligned}$$

其中 D_{xy} 是曲面在 Oxy 平面上的投影区域 (图 9.26(b)).

$$\oint_L(y^2-z^2)\mathrm{d}x+(z^2-x^2)\mathrm{d}y+(x^2-y^2)\mathrm{d}z=(-2)\times 3\times\frac{3}{4}=-\frac{9}{2}.$$

由于 Σ 为平面 $x+y+z=\dfrac{3}{2}$ 的一部分, 其法向量 $\boldsymbol{n}$ 的方向余弦为 $\cos\alpha=\cos\beta=\cos\gamma=\dfrac{1}{\sqrt{3}}$, 所以此题也可利用两类曲面积分的关系将第二型曲面积分化为第一型曲面积分求解.

$$\begin{aligned}I&=-2\iint_{\Sigma}[(y+z)\cos\alpha+(z+x)\cos\beta+(x+y)\cos\gamma]\mathrm{d}S\\&=-2\cdot\frac{1}{\sqrt{3}}\iint_{\Sigma}2(x+y+z)\mathrm{d}S\\&=-\frac{4}{\sqrt{3}}\iint_{\Sigma}\frac{3}{2}\mathrm{d}S=-2\sqrt{3}\cdot\frac{3\sqrt{3}}{4}=-\frac{9}{2}.\end{aligned}$$

下面利用 Stokes 公式来解释旋度的物理意义. 公式 (9.6.1) 的向量形式为

$$\oint_{\partial\Sigma}\boldsymbol{F}\cdot\boldsymbol{T}\mathrm{d}s=\iint_{\Sigma}\mathbf{rot}\boldsymbol{F}\cdot\boldsymbol{n}\mathrm{d}S.$$

因为函数 $\mathbf{rot}\boldsymbol{F}\cdot\boldsymbol{n}$ 在曲面 Σ 上连续, 所以由积分中值定理有

$$\iint_{\Sigma}\mathbf{rot}\boldsymbol{F}\cdot\boldsymbol{n}\mathrm{d}S=(\mathbf{rot}\boldsymbol{F}\cdot\boldsymbol{n})_{M^*}\cdot S,$$

其中 M^* 为曲面 Σ 上的一点, S 为 Σ 的面积. 当曲面 Σ 无限收缩于一定点 M 时 (此时 $M^*\to M$), 有

$$\begin{aligned}\lim_{\Sigma\to M}\frac{1}{S}\oint_{\partial\Sigma}\boldsymbol{F}\cdot\boldsymbol{T}\mathrm{d}s&=\lim_{\Sigma\to M}\frac{1}{S}\iint_{\Sigma}\mathbf{rot}\boldsymbol{F}\cdot\boldsymbol{n}\mathrm{d}S\\&=\lim_{M^*\to M}(\mathbf{rot}\boldsymbol{F}\cdot\boldsymbol{n})_{M^*}=(\mathbf{rot}\boldsymbol{F}\cdot\boldsymbol{n})_M.\end{aligned}\tag{9.6.2}$$

设有向量场 $\boldsymbol{F}(x,y,z)$, 称 $\boldsymbol{F}$ 沿有向闭曲线 L 的曲线积分 $\oint_L\boldsymbol{F}\cdot\boldsymbol{T}\mathrm{d}s$ 为向量场 $\boldsymbol{F}$ 沿有向曲

线 L 的**环量**. 设 M 为向量场 $\boldsymbol{F}$ 中一点, 在点 M 处取定一个方向 $\boldsymbol{n}$, 过 M 点作一小曲面 $\Delta\Sigma$, 使其在点 M 的法向量为 $\boldsymbol{n}$. 小曲面的面积记为 ΔS, 其边界为分段光滑闭曲线 Δl, Δl 的正向与 $\boldsymbol{n}$ 的关系按右手法则确定, 向量场 $\boldsymbol{F}$ 沿 Δl 正向的环量 $\Delta\Gamma$ 与曲面面积 ΔS 之比

$$\frac{\Delta\Gamma}{\Delta S}=\frac{1}{\Delta S}\oint_{\Delta l}\boldsymbol{F}\cdot\boldsymbol{T}\mathrm{d}s$$

表示向量场 $\boldsymbol{F}$ 在点 M 沿曲线 Δl 绕法向量 $\boldsymbol{n}$ 的平均环量面密度. 如果不论曲面 $\Delta\Sigma$ 的形状如何, 只要曲面 $\Delta\Sigma$ 无限收缩于点 M(同时有面积 $\Delta S\to 0$), 而在点 M 处的法向量 $\boldsymbol{n}$ 保持不变时, 平均环量面密度的极限存在, 就称此极限为向量场 $\boldsymbol{F}$ 在点 M 处沿方向 $\boldsymbol{n}$ 的**环量面密度**.

由环量面密度的定义, (9.6.2) 式右端的数 $(\mathbf{rot}\boldsymbol{F}\cdot\boldsymbol{n})_M$ 是向量场 $\boldsymbol{F}$ 在点 M 处沿方向 $\boldsymbol{n}$ 的环量面密度. 点 M 处的环量面密度等于旋度 $\mathbf{rot}\boldsymbol{F}$ 在 $\boldsymbol{n}$ 方向上的投影. 于是, 点 M 处的旋度是一个向量, 其方向是 $\boldsymbol{F}$ 在点 M 处环量面密度取最大值的方向, 其模恰好是环量面密度所取得的最大值.

利用 Stokes 公式可推出空间曲线积分与路径无关的条件.

定理 2 若向量值函数 $\boldsymbol{F}(x,y,z)=\big(P(x,y,z),Q(x,y,z),R(x,y,z)\big)$ 在空间线单连通域 Ω 上具有一阶连续偏导数, 则以下四个命题等价:

(1) 对 Ω 内任一点 (x,y,z), 有 $\mathbf{rot}\boldsymbol{F}=\mathbf{0}$;

(2) 对 Ω 内任意光滑或逐段光滑闭曲线 L 有

$$\oint_L\boldsymbol{F}\cdot\boldsymbol{T}\mathrm{d}s=\oint_L P\mathrm{d}x+Q\mathrm{d}y+R\mathrm{d}z=0;$$

(3) 曲线积分 $\displaystyle\oint_{L(AB)}\boldsymbol{F}\cdot\boldsymbol{T}\mathrm{d}s$ 与路径无关, 只与位于 Ω 内的起点 A 和终点 B 有关;

(4) 表达式 $P\mathrm{d}x+Q\mathrm{d}y+R\mathrm{d}z$ 是某个三元函数 $u(x,y,z)$ 的全微分, 即

$$\mathrm{d}u=P\mathrm{d}x+Q\mathrm{d}y+R\mathrm{d}z.$$

定理的证明从略.

在定理的条件下, 原函数 $u(x,y,z)$ 可按下面的公式计算

$$\begin{aligned}u(x,y,z)&=\int_{(x_0,y_0,z_0)}^{(x,y,z)}P\mathrm{d}x+Q\mathrm{d}y+R\mathrm{d}z\\&=\int_{x_0}^{x}P(x,y_0,z_0)\mathrm{d}x+\int_{y_0}^{y}Q(x,y,z_0)\mathrm{d}y+\int_{z_0}^{z}R(x,y,z)\mathrm{d}z,\end{aligned}$$

此时

$$\int_{L(AB)}P\mathrm{d}x+Q\mathrm{d}y+R\mathrm{d}z=\int_{L(AB)}\mathrm{d}u=u(x,y,z)\Big|_A^B=u(B)-u(A).$$

例 2 验证 $(y\cos xy)\mathrm{d}x+(x\cos xy)\mathrm{d}y+\sin z\mathrm{d}z$ 为某一函数的全微分, 并求其原函数.

解 因为

$$\begin{vmatrix}\boldsymbol{i}&\boldsymbol{j}&\boldsymbol{k}\\\dfrac{\partial}{\partial x}&\dfrac{\partial}{\partial y}&\dfrac{\partial}{\partial z}\\y\cos xy&x\cos xy&\sin z\end{vmatrix}=\mathbf{0},$$

所以给定式子为某一函数的全微分, 用凑微分法求原函数.

$$\begin{aligned}&(y\cos xy)\mathrm{d}x+(x\cos xy)\mathrm{d}y+\sin z\mathrm{d}z\\=&\cos xy\mathrm{d}(xy)-\mathrm{d}\cos z\\=&\mathrm{d}[\sin(xy)-\cos z],\end{aligned}$$

所以原函数为 $\sin(xy)-\cos z+C$.

由定理 2 不难得到: 在空间线单连通域内向量场 $\boldsymbol{F}$ 为保守场的充要条件为 $\mathbf{rot}\boldsymbol{F}=\mathbf{0}$.

例 3 证明力场 $\boldsymbol{F}=(2x^2+6xy, 3x^2-y^2, 0)$ 是保守场, 求其势函数, 并计算质点从点 $(1,0,0)$ 移动到点 $(1,1,0)$ 时, 力 $\boldsymbol{F}$ 所做的功.

解 因为

$$\mathbf{rot}\boldsymbol{F}=\begin{vmatrix}\boldsymbol{i}&\boldsymbol{j}&\boldsymbol{k}\\\dfrac{\partial}{\partial x}&\dfrac{\partial}{\partial y}&\dfrac{\partial}{\partial z}\\2x^2+6xy&3x^2-y^2&0\end{vmatrix}=\mathbf{0},$$

所以 $\boldsymbol{F}$ 为保守场. 由

$$\mathrm{d}u=(2x^2+6xy)\mathrm{d}x+(3x^2-y^2)\mathrm{d}y=\mathrm{d}\left(\frac{2}{3}x^3+3x^2y-\frac{1}{3}y^3\right)$$

得势函数

$$u=\frac{2}{3}x^3+3x^2y-\frac{1}{3}y^3+C.$$

质点从点 $(1,0,0)$ 移动到点 $(1,1,0)$ 时, 力 $\boldsymbol{F}$ 所做的功

$$\begin{aligned}W&=\int_{(1,0,0)}^{(1,1,0)}\boldsymbol{F}\cdot\boldsymbol{T}\mathrm{d}s=\int_{(1,0,0)}^{(1,1,0)}P\mathrm{d}x+Q\mathrm{d}y+R\mathrm{d}z\\&=\int_{(1,0,0)}^{(1,1,0)}\mathrm{d}u=u(1,1,0)-u(1,0,0)=\frac{8}{3}.\end{aligned}$$

例 4 证明静电场 $\boldsymbol{E}=\dfrac{q}{r^3}\boldsymbol{r}$ 是保守场并求势函数, 其中 $\boldsymbol{r}=(x,y,z)$, $r=|\boldsymbol{r}|$.

证 因为

$$\mathbf{rot}\boldsymbol{E}=\begin{vmatrix}\boldsymbol{i}&\boldsymbol{j}&\boldsymbol{k}\\\dfrac{\partial}{\partial x}&\dfrac{\partial}{\partial y}&\dfrac{\partial}{\partial z}\\x&y&z\end{vmatrix}=\mathbf{0},$$

所以 $\boldsymbol{E}$ 是保守场.

$$\begin{aligned}P\mathrm{d}x+Q\mathrm{d}y+R\mathrm{d}z&=\frac{q}{r^3}x\mathrm{d}x+\frac{q}{r^3}y\mathrm{d}y+\frac{q}{r^3}z\mathrm{d}z\\&=\frac{q}{2r^3}\mathrm{d}(r^2)=\mathrm{d}\left(\frac{-q}{r}\right),\end{aligned}$$

所以 $\boldsymbol{E}$ 的势函数为 $-\dfrac{q}{r}+C$.

习 题 9.6

1. 用 Stokes 公式计算下列曲线积分:

(1) $\displaystyle\oint_L -y^2\mathrm{d}x+x\mathrm{d}y+z^2\mathrm{d}z$, L 为平面 $z+y=0$ 与柱面 $x^2+y^2=1$ 的交线, 方向从原点向 z 轴正向看去取顺时针;

(2) $\displaystyle\oint_L (y-z)\mathrm{d}x+(z-x)\mathrm{d}y+(x-y)\mathrm{d}z$, L 为从点 $(a,0,0)$ 经 $(0,a,0)$ 和 $(0,0,a)$ 再回到 $(a,0,0)$ 的三角形;

(3) $\displaystyle\oint_L x^2z\mathrm{d}x+xy^2\mathrm{d}y+z^2\mathrm{d}z$, L 是抛物面 $z=1-x^2-y^2$ 在第一卦限部分的边界线, 方向从原点向 z 轴正向看去取逆时针;

(4) $\displaystyle\oint_L x^2yz\mathrm{d}x+(x^2+y^2)\mathrm{d}y+(x+y+1)\mathrm{d}z$, 其中 L 为曲面 $x^2+y^2+z^2=5$ 和 $x^2+y^2=1$ 的交线, 方向为从原点 O 向 z 轴正向看去时, 取顺时针方向;

(5) $\displaystyle\oint_L (y-z)\mathrm{d}x+(z-x)\mathrm{d}y+(x-y)\mathrm{d}z$, 其中 L 为椭圆 $\begin{cases} x^2+y^2=a^2, \\ \dfrac{x}{a}+\dfrac{z}{b}=1 \end{cases}$ $(a>0,b>0)$, 若从原点 O 向 x 轴正向看去时, 取逆时针方向.

(6) $\displaystyle\oint_L (y^2+z^2)\mathrm{d}x+(z^2+x^2)\mathrm{d}y+(x^2+y^2)\mathrm{d}z$, 其中 L 是上半球面 $x^2+y^2+z^2=R^2(z\geqslant 0)$ 与圆柱面 $x^2+y^2=Rx(R>0)$ 的交线, 方向为从原点 O 向 z 轴正向看去时, 取顺时针方向.

2. 证明下列向量场是保守场, 并求其势函数:

(1) $\boldsymbol{F}=(yz(2x+y+z),\ xz(x+2y+z),\ xy(x+y+2z))$;

(2) $\boldsymbol{F}=G\dfrac{m_1m_2}{r^3}\boldsymbol{r}$, 其中 $\boldsymbol{r}=(x_0-x,y_0-y,z_0-z)$, $r=|\boldsymbol{r}|$.

3. 确定常数 a, b, 使向量场 $\boldsymbol{F}=(x^2-ayz,\ y^2-2xz,\ z^2-bxy)$ 为保守场, 并求其势函数.

4. 设向量场 $\boldsymbol{F}=(x^3+3y^2z,\ 6xyz,\ f(x,y,z))$ 为保守场, 函数 $f(x,y,z)$ 满足 $\dfrac{\partial f}{\partial z}=0$, $f(0,0,z)=0$, 求 $f(x,y,z)$ 和向量场 $\boldsymbol{F}$ 的势函数.

5. 设曲面 Σ 方程为 $z=z(x,y)$. 证明 Stokes 公式的另一形式为

$$\iint_{\Sigma}(\mathbf{rot}\boldsymbol{F})\cdot\boldsymbol{n}\mathrm{d}S=\iint_{D_{xy}}(\mathbf{rot}\boldsymbol{F})\cdot(-z_x\boldsymbol{i}-z_y\boldsymbol{j}+\boldsymbol{k})\mathrm{d}\sigma,$$

其中 $\boldsymbol{n}$ 为曲面 Σ 单位外法向量, D_{xy} 是曲面 Σ 在 Oxy 面上的投影区域.

6. 设 $\partial\Sigma$ 为柱面 $x^2+y^2=ay$ 和半球面 $z=\sqrt{a^2-x^2-y^2}, a>0$ 的交线. 求质点在变力 $\boldsymbol{F}=2z\boldsymbol{i}+2y\boldsymbol{k}$ 的作用下沿闭合曲线 $\partial\Sigma$ 逆时针一周所做的功.

7. 设向量场为 $\boldsymbol{F}=f(|\boldsymbol{r}|)\boldsymbol{r}$, 其中 f 在除 $|\boldsymbol{r}|=0$ 外有连续的导数. 证明质点在变力 $\boldsymbol{F}$ 作用下沿任何一条不经过原点的闭合曲线所做的功为 0.

总习题九

1. 计算下列曲线积分:

(1) $\displaystyle\int_{\widehat{AOB}}(12xy+\mathrm{e}^y)\mathrm{d}x-(\cos y-x\mathrm{e}^y)\mathrm{d}y$, 其中 $\widehat{AOB}$ 为由点 $A(-1,1)$ 沿曲线 $y=x^2$ 到点 $O(0,0)$, 再沿 x 轴到点 $B(2,0)$ 的路径;

(2) $\displaystyle\int_L\frac{(3y-x)\mathrm{d}x+(y-3x)\mathrm{d}y}{(x+y)^3}$, 其中 L 为由点 $A\left(\dfrac{\pi}{2},0\right)$ 沿曲线 $y=\dfrac{\pi}{2}\cos x$ 到点 $B\left(0,\dfrac{\pi}{2}\right)$ 的弧段;

(3) $\displaystyle\oint_L\frac{-xy^2\mathrm{d}x+x^2y\mathrm{d}y}{x^4+y^4}$, 其中 L 为 Oxy 平面上任一不通过原点的光滑闭曲线.

(4) $\displaystyle\oint_L\frac{\cos(\widehat{\boldsymbol{r},\boldsymbol{n}})}{r}\mathrm{d}s$, 其中 L 为椭圆周 $\dfrac{x^2}{a^2}+\dfrac{y^2}{b^2}=1$, $\boldsymbol{n}$ 为 L 上动点 P 处的单位外法向量, $\boldsymbol{r}=\overrightarrow{OP}$, $r=|\boldsymbol{r}|$;

(5) $\displaystyle\int_{L(\widehat{AB})}[f(y)\cos x-\pi y]\,\mathrm{d}x+[f'(y)\sin x-\pi]\,\mathrm{d}y$, 其中 $A(\pi,2),B(3\pi,4),f(y)$ 连续可微, $\widehat{AB}$ 为连接 A,B 两点在线段 $\overline{AB}$ 下方的任意光滑曲线, 且它与 $\overline{AB}$ 围成的图形的面积为 2.

2. 设位于点 $(0,1)$ 的质点 A 对质点 M 的引力大小为 $\dfrac{k}{r^2}$ ($k>0$ 为常数, r 为质点 A 与 M 之间的距离), 质点 M 沿曲线 $y=\sqrt{2x-x^2}$ 自点 $(2,0)$ 运动到点 $(0,0)$. 求在此运动过程中质点 A 对质点 M 的引力所做的功.

3. 一质点在变力 $\boldsymbol{F}$ 作用下沿螺线 $x=a\cos t,\ y=a\sin t,\ z=bt(a>0,\ b>0)$ 从点 $A(a,0,0)$ 移动到点 $B(a,0,2b\pi)$, $\boldsymbol{F}$ 的方向始终指向原点而大小和作用点与原点间的距离成正比 (图 9.27), 比例系数 $k>0$, 求力 $\boldsymbol{F}$ 对质点所做的功.

4. 质点 P 沿着以 AB 为直径的半圆周, 从点 $A(1,2)$ 运动到点 $B(3,4)$ 的过程中受变力 $\boldsymbol{F}$ 的作用 (图 9.28), $\boldsymbol{F}$ 的大小等于点 P 与原点 O 之间的距离, 其方向垂直于线段 OP 且与 y 轴正向的夹角小于 $\dfrac{\pi}{2}$. 求变力 $\boldsymbol{F}$ 对质点 P 所做的功.

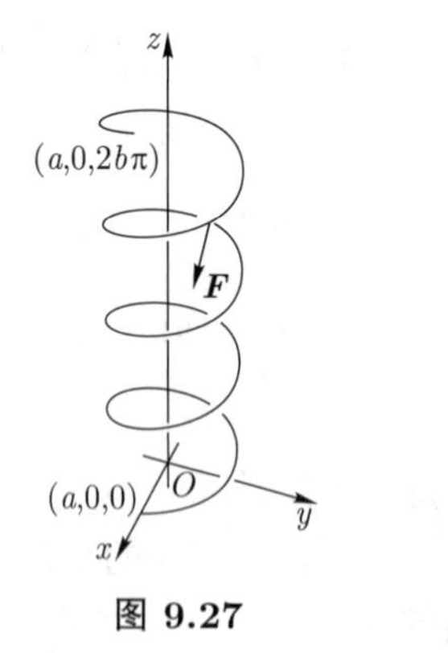

图 9.27

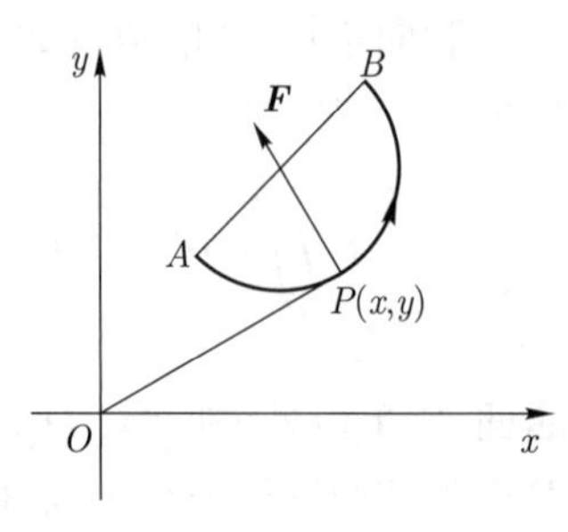

图 9.28

5. 设曲线积分

$$\int_L[f(x)-\mathrm{e}^x]\sin y\mathrm{d}x-f(x)\cos y\mathrm{d}y$$

与路径无关, 其中 $f(x)$ 具有一阶连续导数, 且 $f(0)=0$, 求 $f(x)$, 并计算从点 $O(0,0)$ 到点 $A(1,1)$ 的曲线积分值.

6. 设函数 $Q(x,y)$ 在 Oxy 平面上具有一阶连续偏导数, 已知曲线积分 $\int_L 2xy\mathrm{d}x+Q(x,y)\mathrm{d}y$ 与路径无关, 且对任意的 t 都有

$$\int_{(0,0)}^{(t,1)} 2xy\mathrm{d}x+Q(x,y)\mathrm{d}y=\int_{(0,0)}^{(1,t)} 2xy\mathrm{d}x+Q(x,y)\mathrm{d}y,$$

试求 $Q(x,y)$.

7. 在过点 $O(0,0)$ 和 $A(\pi,0)$ 的曲线族 $y=a\sin x(a>0)$ 中, 求一条曲线 L, 使沿该曲线从 O 到 A 的积分 $\int_L(1+y^3)\mathrm{d}x+(2x+y)\mathrm{d}y$ 的值最小.

8. 设 $f(x,y)$, $g(x,y)$ 在 Oxy 平面上除原点外有一阶连续偏导数, 且 $\dfrac{\partial f}{\partial y}=\dfrac{\partial g}{\partial x}$, 又在 $L: y=\sqrt{1-x^2}, |x|\leqslant 1$ 上 $f(x,y)=y$, $g(x,y)=x$, 求 $\int_{L(AB)} f(x,y)\mathrm{d}x+g(x,y)\mathrm{d}y$, 其中 $L(AB)$ 为连接点 $A(1,0)$ 和 $B(-1,0)$ 且位于上半平面的任一光滑曲线.

9. 证明曲线积分 $I=\oint_L \dfrac{x}{x^2+y^2-1}\mathrm{d}x+\dfrac{y}{x^2+y^2-1}\mathrm{d}y=0$, 其中 L 为区域 $D: x^2+y^2>1$ 中任意光滑闭曲线.

10. 已知曲线积分 $\int_L \dfrac{1}{y^2+\varphi(x)}(x\mathrm{d}y-y\mathrm{d}x)=A$ (常数), 其中 $\varphi(x)$ 为连续可微函数, 且 $\varphi(1)=1$, L 为绕原点 $(0,0)$ 一周的任意正向逐段光滑闭曲线. 试求 $\varphi(x)$, 并求 A 的值.

11. 计算曲面积分 $I=\iint\limits_{\Sigma}(8y+1)x\mathrm{d}y\wedge\mathrm{d}z+2(1-y^2)\mathrm{d}z\wedge\mathrm{d}x-4yz\mathrm{d}x\wedge\mathrm{d}y$, 其中 Σ 为由曲线 $\begin{cases} z=\sqrt{y-1}, \\ x=0 \end{cases}$ $(1\leqslant y\leqslant 3)$ 绕 y 轴旋转一周所成的曲面, 它的法向量与 y 轴正向的夹角恒大于 $\dfrac{\pi}{2}$.

12. 计算曲面积分 $I=\iint\limits_{\Sigma}-y\mathrm{d}z\wedge\mathrm{d}x+(z+1)\mathrm{d}x\wedge\mathrm{d}y$, 其中 Σ 是圆柱面 $x^2+y^2=4$ 被平面 $x+z=2$ 和 $z=0$ 所截下部分的外侧.

13. 计算下列曲面积分:

(1) $\iint\limits_{\Sigma} xy\sqrt{1-x^2}\mathrm{d}y\wedge\mathrm{d}z+\mathrm{e}^x\sin y\mathrm{d}x\wedge\mathrm{d}y$, 其中 Σ 为 $x^2+z^2=1(0\leqslant y\leqslant 2)$ 的外侧;

(2) $\iint\limits_{\Sigma}\dfrac{x\mathrm{d}y\wedge\mathrm{d}z+z^2\mathrm{d}x\wedge\mathrm{d}y}{x^2+y^2+z^2}$, 其中 Σ 为由曲面 $x^2+y^2=R^2$ 及两平面 $z=R$, $z=-R(R>0)$ 所围成立体表面的外侧;

(3) $\iint\limits_{\Sigma}[f(x,y,z)+x]\mathrm{d}y\wedge\mathrm{d}z+[2f(x,y,z)+y]\mathrm{d}z\wedge\mathrm{d}x+[f(x,y,z)+z]\mathrm{d}x\wedge\mathrm{d}y$, 其中 f 连续,

Σ 是平面 $x-y+z=1$ 在第四卦限部分, 取上侧;

(4) $\iint\limits_{\Sigma} x^3\mathrm{d}y\wedge\mathrm{d}z+\left[\dfrac{1}{z}f\left(\dfrac{y}{z}\right)+y^3\right]\mathrm{d}z\wedge\mathrm{d}x+\left[\dfrac{1}{y}f\left(\dfrac{y}{z}\right)+z^3\right]\mathrm{d}x\wedge\mathrm{d}y$, 其中 f 具有一阶连续导数, Σ 是锥面 $z=\sqrt{x^2+y^2}$ 与两球面 $x^2+y^2+z^2=1$, $x^2+y^2+z^2=4$ 所围立体表面, 取外侧.

(5) $\iint\limits_{\Sigma}\dfrac{x\mathrm{d}y\wedge\mathrm{d}z+y\mathrm{d}z\wedge\mathrm{d}x+z\mathrm{d}x\wedge\mathrm{d}y}{(x^2+y^2+z^2)^{\frac{3}{2}}}$, 其中 Σ 是立方体 $|x|\leqslant 2$, $|y|\leqslant 2, |z|\leqslant 2$ 的表面, 取外侧.

14. 计算曲面积分 $I=\oint\!\!\!\oint\limits_{\Sigma}\dfrac{\cos(\widehat{\boldsymbol{r},\boldsymbol{n}})}{r^2}\mathrm{d}S$, 其中 Σ 为椭球面 $\dfrac{x^2}{a^2}+\dfrac{y^2}{b^2}+\dfrac{z^2}{c^2}=1$, $\boldsymbol{n}$ 为 Σ 上动点 P 处的单位外法向量, $\boldsymbol{r}=\overrightarrow{OP}$, $r=|\boldsymbol{r}|$.

15. 设质点在变力 $\boldsymbol{F}=yz\boldsymbol{i}+zx\boldsymbol{j}+xy\boldsymbol{k}$ 的作用下, 由原点沿直线运动到椭球面 $\dfrac{x^2}{a^2}+\dfrac{y^2}{b^2}+\dfrac{z^2}{c^2}=1$ 上第一卦限的点 $M(\xi,\eta,\zeta)$, 问当 ξ,η,ζ 取何值时, 力 $\boldsymbol{F}$ 所做的功 W 最大? 并求出 W 的最大值.

16. 设向量场 $\boldsymbol{F}=((1+x^2)\varphi(x), 2xy\varphi(x), 3z)$, 其中 $\varphi(x)$ 是可微函数, 且 $\varphi(0)=0$. 试确定 $\varphi(x)$, 使通量 $Q=\iint\limits_{\Sigma}\boldsymbol{F}\cdot\boldsymbol{n}\mathrm{d}S$ 只依赖于闭曲线 L, 其中 Σ 为张在空间闭曲线 L 上的任一光滑曲面.

第九章
部分习题答案